수학 탐구를 위한
종이접기 프로젝트

Project Origami Activities for Exploring Mathematics

Second Edition

Thomas Hull 지음

안재만 · 김영록 · 임해미 옮김

경문사

옮긴이의 글

4차 산업혁명 시대를 맞이하여 앞으로 다가올 미래는 산업화, 정보화를 넘어 창의력이 경쟁력의 핵심이 되고 있습니다. 이러한 미래는 융합적인 사고를 통해 문제를 해결할 수 있는 인재를 요구하고 있습니다. 우주기술, 로봇기술, 바이오 등 앞으로 주목을 받게 될 융합분야의 기술 경쟁력이 국가 성장을 이끄는 원동력이 될 것입니다. 이러한 분야들의 근간을 이루는 것이 수학이며, 따라서 수학적 소양을 바탕으로 다른 분야를 공부하고 융합적인 사고를 통해 이를 실생활에서 활용할 수 있는 역량이 필요합니다.

이러한 역량을 키우기 위해 많은 교사들이 새로운 주제와 형식으로 수업을 진행하며 노력해 왔습니다. 그들은 학생들이 즐겁게 수학을 공부할 수 있도록 고민하고 보다 좋은 교육이 현장에 뿌리내릴 수 있도록 힘써 왔습니다. 그러나 일상 속에서 일어나는 현상이나 패턴 등을 수학적인 언어로 설명하는 것은 훈련이 필요하고 이를 위한 수업모델과 콘텐츠를 개발하는 것은 쉽지 않은 일입니다.

최근 들어 수학자와 전산학자 그리고 공학자들은 수세기 동안 계속되어 온 종이접기가 다양한 분야의 문제들을 해결하기 위해 사용될 수 있다는 것을 발견하였습니다. 종이접기는 넓은 의미에서 접기 이론(Folding Theory)의 한 분야로 최근 로봇공학, 바이오, 우주공학, 의학, 영화 및 예술 등 다양한 분야에서 그 응용을 찾을 수 있습니다. 이 분야의 석학들은 수학이 이 분야의 연구를 위한 도구로써 매우 중요하다고 한결같이 이야기합니다. 이러한 필요에 부응하여 최근 미국과 일본의 여러 대학에서 관련 교육이 이루어지고 있습니다.

수학교육의 측면에서 종이접기는 이론 중심의 교육을 넘어 직접 만져보고 체험하는 활동을 통해 학생들이 흥미를 가지고 수학을 학습할 수 있는 장점이 있습니다. 종이접기는 기하학, 대수학, 정수론 및 조합론에 이르는 다양한 수학적 주제를 학습할 수 있는 기회를 제공합니다. 그럼에도 불구하고 관련 교육을 위한 좋은 교재가 국내에는 충분치 않고 대부분 수학적 내용보다는 활동에 치중되어 있는 경우가 많아 아쉬움이 있었습니다.

토머스 헐(Thomas Hull)의 책 《수학 탐구를 위한 종이접기 프로젝트》는 종이접기의 수학적 이론과 활동이 균형을 이루고 있는 책이며, 학습자들이 관련 활동을 통해 수학의 다양한 분야를 배울 수 있는 기회를 제공합니다. 이 책의 저자는 어린 시절부터 종이접기에 몰두해 열정과 흥미를 가지고 종이접기와 관련된 기술을 습득했습니다. 그는 대학에서 수학을 전공하고 종이접기와 수학 사이의 연관성을 이해하기 위해 많은 이론 연구를 진행해 온 학자입니다. 종이접기와 관련된 수학 자료들을 모으고 자료들이 잘 정리되어 있지 않거나 관련성이 부족한 경우 직접 연구를 수행하는 노력을 기울였습니다. 그 결과 기하학, 대수학, 정수론 및 조합론에 이르는 다양한 수학적 주제와 종이접기 이론의 연관성을 찾아냈습니다. 또한 저자는 이러한 자료들을 활동 중심의 교수학습 자료로 구성하고 대학생과 고등학생 및 교사들을 가르치는데 사용하였습니다. 그들로부터 다양한 피드백을 받고 수학교육을 위한 도구로써 종이접기를 어떻게 활용할 것인지 탐구했습니다. 이 책은 이러한 과정을 거치면서 빛을 보게 되었습니다. 이 책에는 30가지 활동지와 교수법이 함께 포함되어 있습니다. 관련 활동 주제들은 중고등학교부터 대학 수준의 수학교육과정과 연관되어 있으며, 학생들은 종이접기 활동을 통해 스스로 패턴을 발견하고 수학적 지식이나 아이디어를 사용하여 문제를 해결 할 수 있도록 디자인되어 있습니다. 이 책은 영재교육에서 R&E 자료로 사용할 수 있으며 예비교사들이나 현직 교사들을 위한 자료로서 대학에서 사용할 수 있습니다.

이미 일본과 중국에서는 이 책의 번역판이 출판되어 있습니다. 다소 늦은 감이 있지만 종이접기 수학교재로서 탁월한 이 책을 한국에 소개하는 일에 참여하게 되어 기쁨이 큽니다. 아무쪼록 이 책이 우리나라의 수학교육 발전에 조금이나마 공헌할 수 있기를 바라는 마음입니다.

2022년 4월
옮긴이 일동

머리말

《수학 탐구를 위한 종이접기 프로젝트》 책의 제1판은 2006년에 출판되었다. 그 이후 아주 많은 피드백이 있었다. 매 학기 나는 이 책을 사용했던 다양한 사람들로부터 어떤 식으로든 이메일을 받았다. 그 중에는 대학 교수도 있었고, 또 어떤 이는 고등학교 교사도 있었다. 그들은 나에게 아주 잘 진행되었던 활동들에 대해 말해주거나, 그들이 가진 아이디어, 또는 학생들과 함께 작업하는 방법에 대해 말해주었나. 학생들이 직접 이메일을 보내기도 했다. 그들은 지금 수행하고 있는 프로젝트에 대한 조언을 구하거나 탐구할 만한 추가적인 자료들을 요구하기도 했다. 그 밖의 다른 사람들도 이메일을 보냈는데, 그들은 종이접기수학의 팬이자 이 책에 대한 감사를 전하고자 했던 사람들이었다.

물론, 나도 이 책을 무척이나 많이 사용했다! 나는 메리맥 대학(Merrimack College)과 웨스턴 뉴잉글랜드 대학(Western New England University)에서 종이접기수학과 관련하여 여러 과목을 강의했다. 대학 수준의 기하학, 다변수 미적분학, 또는 그래프 이론을 가르칠 때면 언제나 이 책의 활동들을 수업에 사용했다.

모든 교사가 알고 있듯이, 가르치는 활동은 교사로부터 학생들에게 일방적으로 정보가 전달되는 방식으로 진행되는 것이 아니다. 오히려 학생들이 배우고 반응하는 것을 보면서 교사가 새로운 것을 배우는, 피드백 순환 고리(feedback loop)에 가깝다. 따라서 《수학 탐구를 위한 종이접기 프로젝트》 및 내 강의와 관련하여 수년 동안의 피드백이 쌓여 새로운 활동이 개발된 것은 전혀 놀라운 일이 아니다. 때때로 학생들은 종이접기 모델을 온라인이나 책에서 스스로 찾고, 이에 대한 수학적 질문을 하곤 했다. 나는 학생 및 동료들과의 대화로부터 여러 아이디어를 얻었다. 이러한 일이 있기 전에도, 나에게는 종이접기 수학 활동을 위한 6개의 자료가 더 있었다. 이 모든 일을 인식한 후, 제2판을 만드는 것이 피할 수 없는 일임을 알았다.

이 책을 사용하는 사람들과 열정으로부터 만들어진 새로운 자료들은 제2판을 집필할 때 큰 기쁨이 되었다. 하지만 난처한 점도 있었다. 많은 정보를 담고 있고, 광범위하게 읽히는 책들은 오류가 발견되기 마련이다. 이 책 또한 많은 오류들이 발견되거나 보고되었다. 오타나 누락된 것은 쉽게 고칠 수 있었다. 그러나 다른 오류 중에는 수학적 범주에 속하는 것도 있었다. 전국의 여러 대학 교수들과 학생들에 의해 광범위한 베타 테스트를 거쳤음에도 불구하고, 제1

판 원고에는 발견하지 못한 수학적 오류들이 여전히 있었다.

이러한 오류 중 가장 터무니 없는 것은 '5개의 교차하는 정사면체' 활동에서 있었다. 제1판에서 주어졌던 해답은 정답에 매우 가깝지만 100% 옳지는 않았다. 이는 제2판에서 수정되었다. 사실 새롭게 주어진 정답은 이전 것에 비해 훨씬 더 간단하다.

《수학 탐구를 위한 종이접기 프로젝트》의 제2판을 준비하는 과정은 나에게 비판적인 눈으로 전체를 다시 검토할 수 있는 기회가 되었다. 제1판이 출간된 이후 5년이 지나면서, 이 자료들을 가장 단순하게 제시하고 가르칠 수 있는 방법에 대한 내 견해가 바뀌었다. 이 사실은 나에게 뜻밖의 일이었다. 심지어 '평평한 꼭짓점 접기의 행렬 모델'과 같이 비교적 직관적인 결과를 제시함에 있어서도 더 나아질 여지가 있는 것처럼 보였다. 따라서 제1판의 거의 모든 활동들이 개선된 해답 및 교수법과 함께 개정되었다.

내 관점에서 제2판은 제1판보다 훨씬 더 좋은 책이 되었다. 목차는 22개의 활동에서 30개로 늘어나고, 새로 추가된 것만 100여 쪽이 넘는다. 나뿐만 아니라, 감사의 글을 통해 언급된 수십 명의 사람들로부터 받은 많은 경험들이 상당수의 다른 활동들을 크게 향상시켰다. 이 모든 일이 가치가 있는 일이었음을 이 글을 읽는 모두가 동의해 주었으면 한다!

메사추세츠 스프링필드

웨스턴 뉴잉글랜드 대학

토머스 헐

들어가며

왜 이 책을 쓰게 되었는가?

나는 종이접기 수학을 위한 다양한 종류의 책들이 있기를 바랐다. 그리고 이 책은 그러한 책 중 내가 가장 원했던 것이다. 나는 평생에 걸쳐 두 가지 주제에 대한 큰 열정이 있었고, 이 책은 이로부터 비롯된 것이다. 내가 종이접기를 처음 배운 것은 심촌이 종이접기 책을 나에게 주면서부터였다. 그 당시에 일본에서 출간된 많은 책들이 번역되어 있었지만 나로서는 도저히 알 수 없을 정도로 난해했다. 그러나 어떤 이유에서인지 나는 그 책에 매달렸고, 신기하게도 많은 부분들을 그럭저럭 이해할 수 있었다. 이즈음 나는 내가 수학에 재능이 있다는 사실을 깨달았고, 덧셈과 곱셈에서 찾은 패턴들이 기억하기 쉽고 재미있다는 사실도 알았다. 또한 내가 분명히 기억하는 것은, 그 시절 나는 종이접기와 수학 사이에 어떤 연관성이 있음을 알게 되었다는 사실이다. 나는 동물 중 아마도 가장 전형적인 모델인 '펄럭이는 새'를 접었고, 계속 늘어나고 있던 내 보물 상자에 이것을 넣는 대신, 조심스럽게 펼쳐보았다. 종이 위에 있던 주름선들의 패턴은 복잡했지만 아름다웠다. 분명히 여기에는 수학과 관련된 무엇인가가 있는 것처럼 보였다. 이 선들의 패턴이 몇 가지 기하학적 법칙을 따라야 한다는 것이 분명했지만, 그 당시의 나로서는 이를 도저히 이해할 수 없었다.

내가 종이접기와 수학이 만나는 교차로에 다시 서게 된 것은 대학에 다닐 때였다. 그 때까지 나는 복잡한 수준의 종이접기에도 조예가 깊었고, 존 몬트롤, 로베르트 랑, 준 마에카와, 그리고 피터 엥갤의 책을 탐독했다. (참조 [Eng89], [Kas83], [Lang95], [Mon79].) 나는 뉴욕에서, 지금은 종이접기USA(OrigamiUSA)로 알려진 비영리단체에서 주최한, 몇 개의 종이접기집회에 참석했고, 나아가 많은 수의 종이접기 디자인을 스스로 연구하여 만들어냈다. 또한 나는 많은 수학 과목을 수강했으며, 수리과학분야로 진로를 고려하고 있었다. 이 때, 종이접기와 수학이 만나는 지점에 대해 고민하고 이를 탐구하도록 이끈 사건이 일어났다. 그것은 쿤히코 카사하라(Kunhiko Kasahara)와 토쉬 타가하마(Toshi Takahama)가 쓴 이 분야의 고전적인 책 《전문가를 위한 종이접기(Origami for the Connoisseur)》의 사본을 얻게 된 것이다 [Kas87]. 처음에는 이 책이 단지 복잡한 수준의 종이접기를 다룬 여러 책 중 하나일 것이라 생각했다.

사실, 내가 이 책을 구입했던 이유는 존 몬트롤(John Montroll)이 디자인하여 어렵기로 악명 높았던 스테고사우루스 공룡 모델을 접는 방법이 이 책에 수록되어 있기 때문이었다. 누구나 정사각형 모양의 종이 한 장으로 공룡을 접을 수 있도록 나무랄 데 없이 상세하게 제시되어 있었다. 이 당시, 이 책에 완전히 매료되어, 일을 마치기까지 수십 시간이 걸릴 것이라는 사실을 거의 알지 못했다. 이 책에서 나는 모듈러 종이접기를 처음 접하게 되었다. 이는 작은 정사각형 모양의 종이들을 같은 모양의 '유닛'으로 접은 후, 이들을 결합하여 다채로운 형태로 모델을 만드는 접기 방법이다. 여기서는 유닛들을 사용하여 정사면체, 정육면체, 정팔면체, 정십이면체, 정이십면체 등 모든 정다면체 모양을 만드는 방법에 대해 알려준다. 이를 접하기 전에 이러한 수학적 대상에 대한 나의 이해는 다소 표면적인 것에 그쳤다. 그러나 때때로 수백개의 유닛을 사용하여, 정다면체 및 다른 형태의 다면체들을 많이 접어본 이후 이들에 대한 나의 이해는 무척 깊어졌다. 모듈러 종이접기는 다면체 기하학 과목에 대한 나의 으뜸가는 교사였다.

그 당시에는 단지 무척이나 재미있었고, 내 기숙사 방을 꾸밀 멋진 기하학적 대상들을 만드는 것이 전부인 줄 알았지만, 지금 돌이켜 생각해보면, 나에게 일어난 일들이 어떤 의미를 가지는지 쉽게 알 수 있다. 종이접기는 나를 가르치고 있었다. 그리고 탐구하고 충분히 배워 익숙해져야 하는 여러 다면체들의 성질들을 나에게 알려주고 있었다. 예를 들면 다음과 같다. 육팔면체(cuboctahedron)[1]의 각 꼭짓점 주변에 유닛들을 어떻게 배치해야 하는가? 십이이십면체(icosidodecahedron)[2]를 색칠하기 위해 사용하는 각각의 색마다, 그 색을 가지는 유닛들을 얼마나 많이 만들어야 하는가?[3]

이후 몇 년 동안, 대학원을 거쳐, 메리맥 대학(Merrimack College)과 웨스턴 뉴잉글랜드 대학(Western New England University)의 교수로 근무하면서 나는 종이접기수학에 필요한 자료들을 계속해서 힘껏 모았다. 많은 자료들이 찾기 어렵거나, 단지 기본 패턴들에 대한 힌트만을 줄 뿐이었다. 따라서 이러한 퍼즐 조각을 맞추기 위해 종종 스스로 연구를 수행해야만 했다. 그 과정에서 나는 종이접기가 보다 분명한 기하학의 영역에서 시작하여 대수학, 정수론 및 조합론 분야에 이르기까지 다양한 수학적 주제와 관련이 있음을 알게 되었다.

종이접기 및 관련 수학 자료를 수집하면서 동시에, 나는 이와 관련된 주제를 가지고 대학생 및 고등학교 학생, 그리고 교사를 대상으로 강의를 시작했다. 이로부터 나는, 수학교육을 위한 도구로써, 종이접기에 더욱 분명한 관심을 가지게 되었다. 종이접기를 활용한 수업과 관련하여 교사들은 보다 많은 정보들을 어디서 찾을 수 있는지 종종 나에게 묻곤 했다. 얼마 지나지 않아, 모듈러 종이접기를 활용하여 기하학 개념을 가르칠 수 있는 몇 권의 책이 출판되었다. 그러나 이 중의 어떤 책도 대학 수준에 미치지 못하거나, 종이접기가 제공할 수 있는 다양한 주제들을 다루지는 않았다. 이러한 배경하에 이 책이 나오게 되었다. 이 책을 쓴 목적은 내가 발견한

[1] 정사각형 6개와 정삼각형 8개로 만들어진 다면체.

[2] 정오각형 12개와 정삼각형 20개로 만들어진 다면체.

[3] 여기서의 색칠문제는 그래프 이론에서 변의 채색문제, 즉 서로 인접한 변이 다른 색이 되도록 채색하는 문제를 의미한다. 유닛은 다면체의 변을 이루므로, 이는 '각각의 색을 가지는 유닛들을 얼마나 많이 만들어야 하는가?' 라는 문제로 귀결된다.

종이접기수학의 여러 관점들을 한 권의 책으로 엮고, 이를 대학 또는 고등학교 심화 수업에서 쉽게 사용할 수 있도록 하는 것이었다.

이 책을 활용하는 법

다양한 수학의 영역을 다루는 서른 개의 활동이 이 책에 실려 있다. 이 책을 집필한 의도는 대학이나 어쩌면 고등학교에서 수학을 가르치는 사람들이 수업에 사용할 수 있는 유용한 자료들을 제공하는 것이다.

각각의 활동의 첫 부분은 이와 관련된 과목의 목록으로 시작한다. 각 과목에 어울리는 활동 목록은 부록에서 찾을 수 있다.

그러나 이러한 활동의 많은 부분이 다양한 수준별 수업에서 효과적으로 활용될 수 있다는 사실을 인식하는 것이 중요하다. 예를 들어, 각의 삼등분 활동은 고등학교 기하를 가르치는 교사들 사이에서는 매우 인기가 있다. 그러나 이는 상위 수준의 갈루아 이론 수업에서 실제 예를 설명하는 활동으로 사용될 수 있다. 피츠(PHiZZ) 유닛으로 버키볼을 만드는 활동은 일반 '교양수학' 과목을 위한 훌륭한 프로젝트로 확장될 수 있다. 하지만 이는 지오데식 돔의 분류 문제와 관련하여 상급 기하학 수업에서 활용할 수 있을 뿐 아니라, 차수가 3인 평면그래프의 변-삼색문제[4]와 사색정리[5] 사이의 연관성을 학습하는 실습 방법을 제공하기 때문에 그래프 이론 수업에서 다룰 수도 있다.

요약하면, 이 책을 활용하는 핵심어는 융통성이다. 각 장에는 해결방안, 활동지의 활용법, 교수법에 대한 제안, 그리고 추가적인 지침뿐 아니라, 수업시간에 복사하여 사용할 수 있는 활동지가 실려 있다. 그러나 교사는 수업상황, 수업시간, 종이접기에 대한 관심도에 따라 이 자료들을 활용할 수 있는 자신만의 방법을 찾는 것이 좋다. 아마도 어떤 교사는 '정사각형 안에 정삼각형 접기'와 '종이접기로 주어진 각을 삼등분할 수 있는가?' 활동을 같이 하는 것이 좋다고 생각할 수 있다. 어쩌면 다른 교사는 활동지의 한 부분만을 활용하거나, 자신의 탐구문제를 덧붙이고 싶어 할 수 있다. 때에 따라 어떤 활동들은 숙제나 추가 점수를 부여하기 위한 과제로 적합하다고 생각하는 교사도 있을 수 있다. 어떤 활동들은 상급 학생들을 위한 연구과제의 기초가 될 수 있다. 또한 대학이나 고등학교의 수학동아리에서 이러한 활동을 하며 한 해를 보낼 수도 있다.

독자들에게 가능한 한 많은 융통성을 제공하기 위해, 본 출판사 A. K. Peters/CRC Press는 이 책에 있는 모든 활동지를 온라인에서 사용 가능하도록 만들고 있다. 이러한 활동들을 사전에 검토한 많은 교수들이 활동지의 PDF 버전에 접근할 수 있었고, 이를 통해 취향에 맞게 수정할 수 있었다. 몇몇 교수들은 그림을 별도의 문서에 복사하여 자신들의 글을 작성하고 질문들을

---

[4]그래프 이론에서 변-삼색문제란, 3개의 색을 가지고 그래프의 변을 색칠하는 문제이다. 이 때, 한 점에서 만나는 두 변이 서로 다른 색이 되도록 칠해야 한다.

[5]지도에서 서로 인접한 국가를 다른 색이 되도록 칠하려면 최소 몇 개의 색이 필요할까? 이는 4개의 색이면 충분하다는 사실이 수학적으로 증명되어 있다. 증명을 통하여 참임이 밝혀진 명제를 정리(Theorem)라 한다.

수정할 수 있었다. 또 다른 교수들은 어떤 질문을 삭제하거나 여러 활동들과 하나로 합치기도 하였다. 일부 교수들은 학생들을 위해 더 많은 설명을 추가하였다. 교사는 자신이 가르치는 학생들을 가장 잘 알고 있기에, 이에 맞추어 교사 본인이 원하는 대로 이 책의 활동들을 구성할 수 있기를 바란다.

나는 정말로 사람들이 이 책을 어떻게 활용하는지 알고 싶다. 만약 당신이 이 활동들을 재구성하거나 활용하는 좋은 방법을 발견했다면, 당신의 경험을 나누기 위해 주저하지 말고 나에게 이메일(thull@wne.edu)을 보내주기 바란다.

발견 중심 학습

이 책에 수록된 모든 활동의 이면에 있는 교육학적 접근 방법은 강의 중심 학습이 아닌 능동적 발견 중심 학습이다. 이러한 접근법을 선택한 것에는 어떤 논리적인 이유가 있다.

종이접기를 활용하여 수학을 가르칠 때, 매력적인 점 중 하나는 학생들이 몸소 체험하는 수업을 할 수 있다는 것이다. 예를 들어 Activity 29의 '강체 접기 1' 에서 쌍곡 포물면을 접고자 모두가 노력할 때, 누군가가 교실 뒤에 숨거나 잠을 자고 있을 가능성은 없다. 체험학습의 의미 그대로, 종이접기는 능동적인 학습에 아주 적합하다. 어떤 이는 학생들이 종이로 기하학 모델을 접을 때 그들에게 잠재적인 수학 학습이 항상 일어난다고 주장할 수 있다. 정십이면체의 근본적인 성질들을 이해하지 못한다면 어떤 학생도 삼십 개의 피츠(PHiZZ) 유닛을 결합하여 이를 만들 수는 없다.

보다 조직화된 수학 지도를 위한 수단으로 종이접기를 활용할 때, 손쉬운 선택은 학생들이 스스로 무엇인가를 발견하게 하는 것이다. 수학을 가르치는 이러한 접근법, 즉 학생들이 직접 실험하게 하고, 기본원리와 정리들을 직접 발견하도록 하는 것은 대학 수준의 기하수업에서 데이비드 핸더슨에 의해 처음 시작되었다(참조 [Hen01]). 이러한 접근법은 학생들이 탐구뿐만 아니라, 그 과정에서 바른 질문을 하는 법을 습득하는 것에도 기반을 두고 있다.

나는 이 책에 있는 활동지에서 이러한 점을 성취하고자 노력했다. 이 중 일부에서는, 예를 들어 Activity 11의 '하가의 종이접기수학' 처럼, 학생들이 적절한 질문을 하도록 유도하여 그들 스스로 정리에 이르도록 했다. 다른 활동들에서는, 예를 들면 Activity 21의 '평평한 꼭짓점 접기 탐구하기' 와 같이 의도적으로 개방형 질문을 하기도 하였다. 이러한 개방형 활동의 구체적인 목적은 학생들이 질문을 하고 가설 구축의 경험을 얻도록 하기 위함이다. 나는 교사들이 이러한 접근 방법을 피하지 않기를 적극 권장한다. 너무나 자주 교수들은 학생들이 가설을 세우는 것에 능하도록 지도할 필요가 있다고 생각한다. 하지만 이러한 과정을 배우는 최고의 방법은 이를 스스로 실행해 보는 것이다. 학생들 중 일부는 이 일을 무척이나 하고 싶어 하고, 일단 교사가 학생들에게 이를 하게 하면, 그들은 답을 주기까지 멈추지 않을 것이다! 다른 학생들은 개방형 과제를 정말 어려워한다. 그러나 이러한 어려움은 적절한 질문을 하는 법을 알지 못해 발생한다. 이런 학생들에게는 소크라테스 대화법(산파법)이 종종 많은 도움이 된다.

예를 들어, 교사는 평평한 꼭짓점 접기 활동에서 어떠한 패턴도 찾지 못한 학생들에게 다음과 같이 질문할 수 있다. "골짜기 주름과 산 주름을 관찰해 봅시다. 어떤 일이 일어나고 있나요?" 이 질문이 도움이 되지 못한다면, 다음과 같이 더 구체적인 질문을 할 수 있다. "한 꼭짓점 주변으로 이러한 주름이 몇 개씩 있나요?" 학생들은 이런 질문을 통해 접고 있는 종이조각이 자신의 실험 실습실이 될 수 있다는 것을 알게 된다. 수학은 학생들의 마음속에만 존재하는 추상적 실체가 아니다. 이는 분명히 실재하는 어떤 것으로, 손으로 잡을 수 있고, 셀 수 있는 것이며, 패턴, 추측, 그리고 정리를 이끌어내는 데이터들을 계산하기 위해 사용할 수 있는 것이다.

학생들이 수학적 발견에 대한 주인 의식을 가질 수 있도록 하기 위해서, 패턴을 발견하고 추측한 학생의 이름을 붙여주는 것보다 더 나은 것은 없다. Activity 21 '평평한 꼭짓점 접기 탐구하기'에서 한 꼭짓점 주변의 골짜기 주름과 산 주름의 개수는 항상 2개 차이라는 사실은 마에카와의 정리(Maekawa's Theorem)로 알려져 있다. 그러나 학생들과 수업을 통해 이를 발견하고 증명하고자 할 때 '다니엘 추측'과 같이 패턴을 발견하고 추측한 학생의 이름을 붙여주는 것도 좋다.

하지만 발견 중심 학습 방법이 모든 사람을 위한 것이 아님을 유의해야 한다. 강의 중심 수업에 더 익숙한 교사들은 활동지를 20분 동안 사용하고, 강의를 통해 학생들의 발견과 핵심을 요약할 수 있다. 그럼에도 학생들이 문제에 대해 생각한 것을 이해하고, 그 결과를 수업시간에 발표하도록 하는 것이 보다 흥미로울 수 있다.

발견 중심의 접근법은 학생들에게 수학 연구자가 되는 경험을 제공한다는 점에서 그 가치가 분명하다. 만약 독립적인 연구나 상급자를 위한 최고과정의 경험을 위해 학생들을 훈련하고자 한다면, 이를 반드시 시도해 보길 바란다. 사실, 수학적 탐구를 위한 기술과 경험을 고려한다면, 교사는 수업 방법을 완전히 바꾸게 될 수도 있다. 예를 들면, 수학을 연구하는 사람들이 반드시 성공할 필요가 없다는 것을 이해하는 것이 매우 중요하다. 실패는 수학적 발견의 자연스러운 일부이기 때문이다. 따라서 이러한 종이접기 활동을 탐구할 때, 교사는 학생들이 성공하지 못할 수도 있으며, 이 또한 괜찮다는 사실을 받아들일 준비를 해야 한다. 이 사실은 다음 주제로 이어진다.

준비하기

이러한 활동을 위해 교사가 준비해야 할 여러 사항이 있다.

먼저, 모듈러 접기나 종이학 접기와 같이 접기가 중심 요소가 되는 활동의 경우, 교사는 미리 접는 연습을 해야 한다. 더욱이 교사는 수업 중인 학생들, 또는 어려워하는 개인에게 접기 과정을 어떻게 설명할지 생각해야 한다. 종이접기를 가르치는 것은 수학을 가르치는 것과 상당히 다르다. 이는 '보여주고 말하기'를 통해 삼차원 접기 동작을 학생들에게 설명하는 것과 연관된다. 활동지에 수록된 접기 지침은 학생들에게 도움을 주기 위한 것이다. 그러나 이는 종이를 가지고 손으로 작업하는 삼차원 접기 동작에 대한 이차원적 설명이므로, 어떤 학생은 이를 해석하기 매우 어려워할 수 있다. 따라서 이 과정에서 일대일 도움이 필요한 학생이 있을 수 있음을 염두에 두자.

디지털 이미지 또는 동영상 촬영을 위해 카메라를 사용하는 것이 큰 도움이 될 수 있다. 이는 종이를 접는 과정을 직접 스크린에 투사할 수 있게 한다. 이로써 모든 학생들이 가까이서 실제 종이를 접는 과정을 볼 수 있다. 이 방법은 이제까지의 내 경험상 종이접기수업을 위한 가장 효과적인 교육 방법이다. 또한 모듈러 유닛을 함께 결합하는 방법을 시연할 때, 교육적 효과가 매우 크다. 이러한 유닛은 보통 작기 때문에 성능이 좋은 카메라를 사용하여 유닛을 조립하는 과정을 확대하여 보여줄 수 있다.

하지만 피츠(PHiZZ) 유닛에 익숙해지기 위해 버키볼 접기 활동지를 사용하는 교사는 십이면체의 변-삼색문제를 해결하고, 이를 30개의 유닛으로 만들어 보아야 한다. 이를 통해 유닛들의 조립과정을 잘 이해하는 것이 중요하다. 그 외의 장기 프로젝트는 학생들이 수행할 수 있도록 남겨 둘 수 있다. 교사는 이러한 활동이 재미있고 그 과정에서 연구실을 위한 멋진 장식품을 만들 수 있지만, 사전에 270개, 84개의 유닛을 결합하여 각각 버키볼과 토러스를 만들 여유가 없을 수 있다. 교사는 학생들이 더 큰 프로젝트를 시도해 보도록 격려해야 한다. 학생들은 교사가 직접 해보지 못한 것을 해내었을 때 더 큰 성취감을 느낄 수 있다.

종이접기 외에도, 모든 교사가 이러한 활동들을 그들 자신의 수업에 맞추어야 한다는 것은 두말할 나위가 없다. 만약 활동의 목표와 성취에 대한 기대를 확실히 하여 분명하게 초점을 맞춘다면, 활동을 통해 목적하는 바를 이룰 가능성은 극적으로 증가할 것이다. '버키볼 접기' 활동에서 오일러 공식과 그 응용에 대한 학생들의 이해도를 높이는 것이 주요 목표인가? '띠종이로 매듭 접기' 활동이나 '후지모토 근사법' 활동에서 정수론과 대수적 성질을 손으로 하는 활동을 통해 실제로 적용해보는 것이 목표인가? 또는 보다 적극적인 학생들의 수업 참여를 유도하는 것이 목표인가? 아니면 학생들이 스스로 수학을 탐구하고 발견하게 하는 것이 목표인가?

교사는 이러한 질문들에 대한 답을 통해 수업시간에 이 활동들을 어떻게 활용해야 하는지 분명히 알 수 있다. 즉 실습 부분과 그룹 토론에 얼마나 많은 시간을 할애해야 하는지, 또는 접기 방법을 미리 숙지해 오도록 학생들에게 과제를 내줄 것인지 아닌지, 또는 학생들 스스로 수업 시간에 여러 추측들을 찾아내도록 할 것인지 아닌지를 알 수 있다. 물론 새로운 활동, 특히 능동적인 발견 중심의 학습 요소를 가지는 활동을 처음으로 시도하는 경우 누구나 이를 실험으로 생각할 필요가 있다. 두 번째 이를 시도할 때는 준비가 훨씬 덜 필요할 것이다.

종이를 어디서 구할 수 있는가?

접기에 적합한 종이를 어디서 구할 수 있는지 답하기는 약간 까다롭다. 이는 전적으로 접는 대상이 무엇인지에 달려있다. 종이는 종이일 뿐이지만, 그 종류는 무척 다양하다. 일부 프로젝트나 활동은 어떤 종이로도 할 수 있지만, 교사 또는 학생들의 수월한 활동을 위해 선호되는 종이들이 있다. 나는 이들을 아래와 같은 범주로 분류할 것이다.

피츠 유닛, 평평한 꼭짓점 접기, 하가의 종이접기 수학, 행렬 모델, 나비 폭탄 접기

이 활동을 위한 종이로는 정사각형 메모지 모양의 3인치 색종이를 추천한다. 이는 일반 사무용품 판매점에서 쉽게 구할 수 있고, 가격은 500장에 약 3달러 정도이며, 무지개 색의 메모지들이 정육면체 모양의 용기에 담겨 있다. 포스트잇 메모지가 있는 곳에서 찾되, 포스트잇 메모지는 구입하지 말아야 한다. 접착부분이 끈적끈적하여 모듈러 유닛을 결합할 때 방해가 된다. 메모지 타입의 종이 중 가장 좋은 것은 보통 정육면체 모양의 플라스틱 용기에 들어 있고, 그렇지 않은 것보다 더 정사각형 모양에 가깝다. 또한 자세히 찾아보면 빈 메모 용지를 발견할 수 있다. 운이 없다면 발견한 종이마다 반대쪽 면에 '외출 중'이라는 메시지가 있을 수 있다. 이러한 종이들을 사용해도 괜찮다. 어쨌든 학생들은 이보다 더 유머러스한 것을 찾을 수도 있다.

비즈니스 명함

이 책에 제시된 것 외에도 명함을 활용한 다양한 모듈러 접기 활동이 있다. 일단 업무용 명함을 사용한 모듈러 접기의 매력에 빠지게 되면, 버려진 명함을 대량으로 모으는데 관심을 가지게 될 것이다. 이를 좀 더 쉽게 모으려면 명함 인쇄소나 사무용품점을 방문하여 사용하지 않는 명함들이 있는지 문의하면 된다. 종종 프린터 오류나 여러 달 고객들에 의해 선택되지 못하고 방치된 명함들이 박스째 있을 수 있다. 당신이 이러한 명함들에 관심이 있다는 것이 알려지면, 그들은 당신을 위해 상으로 주는 물품처럼 때마다 이들을 모아 둘 것이다.

유사시에는, 아무것도 쓰여 있지 않은 빈 명함의 구입도 가능하다. 그러나 인쇄된 것이 훨씬 더 좋을 수 있다. 이런 맥락에서, 다채롭거나 멋진 무늬가 있는 업무용 명함들을 여러 레스토랑에서 찾아보자. 이를 한 번에 대략 10장 정도 집어서 천천히 모으면 멋진 수집품이 될 수 있다. 수업을 위해 학생들이 명함을 미리 준비하여 가지고 오게 할 수도 있다.

매듭 접기를 위한 띠 종이

얇고 긴 두루마리를 구하기가 쉽지 않을 수 있다. 티커-테이프(ticker-tape)[6]가 이상적이지만 회계 업무를 위한 테이프 두루마리를 구할 수도 있다. 이는 회계 업무를 위한 계산에 사용하는 종이[7]로 종이가 지나가면서 계산 결과가 출력되어 나온다. 일반적으로 사무용품 판매점에서 이러한 두루마리를 구입할 수 있다.

[6] 증권 시세 표시기 등에서 정보가 찰칵찰칵 찍혀 나오는 수신용 테이프를 말한다. 미국 도시에서 공개적으로 누군가를 축하하고 기리기 위해 높은 창문에서 던졌던 띠 모양의 색종이를 뜻하기도 한다.

[7] 마트에서 물건을 구입하고 받게 되는 영수증 용지도 이에 해당한다.

실제 종이접기를 위한 용지

한 면은 흰색이고 다른 면에는 색이 있는 종이로, 종이접기 활동가들은 종종 '종이(kami)'[8] 또는 '평범한 종이(plain kami)'로 부른다. 이는 아주 잘 접히며 종이접기를 위해 특화된 종이로 여겨진다. 학생들이 '종이학 접기 및 색칠하기' 활동에서 학을 접거나, 그 밖의 전통적인 종이접기 모델을 접을 때 사용하고 싶어 하는 것이 바로 이 종이다. 이는 미술 용품점 어디서나 찾을 수 있다. 한 변의 길이가 6인치인 경우, 가격은 일반적으로 100장에 5~6달러 정도이며 다양한 색상이 있다. 비영리 단체인 오리가미USA(OrigamiUSA)[9]에서 주문할 수도 있다. 만약 본인이 종이접기의 발전을 위한 지지자 또는 그러한 사람이 되기를 원한다면, 회원으로 가입할 수 있다. 회원의 경우 관련 잡지, 회원만을 위한 웹 콘텐츠 접근 권한, 관련 대회에 참석할 수 있는 자격, 판매하는 모든 물품들에 대한 10% 구입할인권까지 모두 얻을 수 있다. (http://origamiusa.org을 참조하라.)

다른 선택지, 그리고 5개의 교차하는 정사면체

다른 선택지로 사용할 수 있는 가장 기본적인 종이에는 복사용지가 있다. 사무실에 쌓여 있는 가로 8.5인치, 세로 11인치 크기의 복사용지[10]를 정사각형 모양으로 오려 사용할 수 있다. 이는 필요한 요소를 모두 갖춘 훌륭한 만능 종이로 수업에 사용할 수 있다. 학을 접을 때 사용할 수 있는 좋은 종이이며, 일반 종이접기 용지보다 더 무겁기 때문에, 5개의 교차하는 정사면체 모델을 만들 때도 사용하기에 아주 좋은 종이이다. 게다가 대학의 프린트 센터 또는 사무용품점 어디서나 다양한 색상별로 이를 쉽게 구입할 수 있다.

사실 위에서 소개한 정사각형 종이와 명함, 심지어는 띠종이까지, 모두 구입할 수 있는 최적의 장소는 캠퍼스 내에 있는 친근한 프린트 센터이다. 모든 사람이 자신의 학교에 친근한 프린트 센터를 갖고 있지는 않기에, 원한다면 시간을 내어 그곳을 찾아볼 가치는 있다. 일단 방문해서 수업시간에 종이접기를 하고 있다고 말을 건네 보자. 어쩌면 그들은 당신을 위해 기꺼이 종이를 오려주거나, 버려진 명함 카드를 줄 수도 있다. 또한 가까이에 긴 띠 종이의 두루마리를 가지고 있을 수 있다.

---

[8] 종이접기란 뜻의 일본어 'origami'는 각각 '접기'와 '종이'라는 의미를 가진 'ori'와 'kami'로부터 온 단어이다. 여기서 kami가 연탁(れんだく)현상으로 gami로 변형되었다. 일본어 kami는 신도에서 성스러운 존재 또는 영적인 힘을 뜻하는 말이기도 하다.

[9] 보통 일 년에 한 번씩 미국에서 대회가 열린다. 종이접기 수학과 관련된 최고 전문가들이 미국 전역에서 모인다. MIT를 비롯한 유명 대학의 학자부터 아마추어 종이접기 전문가까지 함께 어울려 종이접기를 주제로 다양한 강의와 실습을 진행한다. 또한 높은 수준의 종이접기 작품에 대한 전시와 함께, 관련 상품이나 책의 판매도 함께 이루어진다.

[10] 한국에서 사용하는 복사용지는 A4용지로 21cm, 29.7cm 크기이다. 미국은 8.5인치, 11인치 크기의 복사용지를 주로 사용한다. 이를 환산하면 약 21.6cm, 28cm가 된다.

참고할 자료들

각각의 활동에서, 나는 더 많은 정보를 얻을 수 있는 곳이나 자료들을 제공하고자 노력했다. 종이접기수학에 대한 관심이 늘어나면서, 종이접기와 관련된 특정 주제에 초점을 맞추어 쓰인 유용한 책들이 있다. 또한 학술대회의 프로시딩이나 도움이 되는 책들 외에도, 일부 장(Chapter)을 종이접기에 할애한 몇몇 책들도 있다. 이는 종이접기수학에 대한 관심도에 따라 매우 중요한 자료이므로 특별히 언급할 가치가 있다.

갈루아 이론 (저자: 데이비드 콕스(David Cox)) [Cox04].

저자인 데이비드 콕스는 글 짓는 솜씨가 능한 사람으로, 이는 탁월한 책이다. 하지만 10장에서 기하학적 작도에 관하여 다루고, 종이접기에 관한 내용은 이 장의 3절에서만 다룬다.[11] 이 책은 대수적으로 갈루아 이론 관점에서 종이접기의 기하학 구성을 설명한 가장 좋은 책일 것이다. '포물선 접기 활동', '종이접기로 주어진 각을 삼등분할 수 있는가?' 그리고 '종이접기로 삼차 방정식 풀기' 활동에 관심이 있는 교사는 내수학 심화 수업에서 이 책을 참고할 수 있다.

기하학적 접기 알고리즘: 링키지, 종이접기, 다면체 (저자: 에릭 드메인(Erik Demaine), 죠셉 오로크(Joseph O' Rourke)) [Dem07].

계산적 종이접기[12] 분야에 관심이 있는 사람이라면 누구나 꼭 읽어야 하는 책으로, 여기서는 어려운 (또는 그렇게 어렵지 않은) 접기 문제의 답을 찾는 것이 계산적으로 얼마나 실현 가능한지를 다룬다. 제목에서 알 수 있듯이 저자들은 이 책에서 링키지(1차원 접기), 종이, 그리고 다면체[13]를 접었다 펴는 과정을 자세히 들여다본다. 이론전산학에서 접기 이론이 매우 활발한 연구 분야가 될 수 있었던 이유가 궁금한 사람은 이 책을 살펴보면 로보틱스, 단백질 접힘, 그리고 수많은 다른 것들에 대한 응용을 이해할 수 있다. 이 책에 담긴 많은 수학적 내용은 우리의 책 《수학 탐구를 위한 종이접기 프로젝트》에 있는 수학적 내용과 동일 선상에 있다.

기하학적 종이접기 (저자: 로베르트 게레칠레거(Robert Geretschläger)) [Ger08].

이 책은 종이접기의 기하학적 구성에 초점을 맞추고 있으며, 이를 위해 매우 공리적이고 통합적 방법론을 취한다. 기하학의 열렬한 지지자로 포물선 접기 또는 각의 삼등분 접기 활동을 좋아하는 사람은 이 책을 무척이나 즐길 수 있을 것이다.

---

[11] 기하학적 작도에서는 눈금이 없는 자와 컴퍼스로 작도할 수 있는 것과 없는 것을 수학적으로 다룬다. 이는 대수학 분야의 '체이론(field theory)' 과 연관이 있다.

[12] 계산적 종이접기(Computational Origami)는 기하학(수학), 알고리즘(이론전산학) 그리고 계산(고성능 컴퓨팅)이 융합된 분야로, 관련 이론이 생물정보학, 로보틱스, 패킹 그리고 건축 등 다양한 분야의 문제의 해결을 위해 연구되고 있다.

[13] 기하학적 접기 이론에서 1차원 접기는 '링키지', 2차원 접기는 '종이접기' 그리고 3차원 접기는 '다면체' 로 나뉜다.

종이접기수학: 종이접기를 활용한 수학 탐구 (저자: 카즈오 하가(Kazuo Haga)) [Haga08].

이 책은 일본어로 쓰인 하가의 다양한 글들을 영어로 번역한 책이다. 이 책은 학생들이 수학적 발견에 이르도록 하기 위해 매우 단순한 기하학 접기 문제들을 사용한다. 종이접기의 기하학에 대한 하가의 접근법은 다소 독특하며, 하가의 '종이접기수학' 책에 있는 활동들을 통해 이를 맘껏 맛볼 수 있다.

종이접기[3] [Hull02-2], 종이접기[4] [Lang09], 종이접기[5] [Wang11].

세 권의 책들은 '종이접기 과학, 수학, 그리고 교육'을 주제로 열린 3차, 4차, 5차 국제회의(OSME)의 프로시딩이다. 처음 두 번의 회의는 각각 이탈리아(1989)와 일본(1994)에서 열렸다. 그러나 이 책들은 절판되어 찾기 매우 어렵다. 5차 회의 프로시딩은 여전히 출간되고 있으며, 과학, 수학, 그리고 교육 분야에서 활용되는 종이접기의 연구 현황에 대한 훌륭한 스냅사진을 제공한다. 나는 다소 치우친 견해를 가진 사람이자 종이접기[3] 책의 편집자로서, 종이접기에 대한 개개인의 취향과 상관없이, 이 책들에 실린 많은 흥미로운 글들을 누구나 발견하게 될 것이라고 자신 있게 말할 수 있다. 학생들이 종이접기 분야의 최근 연구 동향을 파악할 수 있도록 하려면 도서관에 이 책들이 비치되어야 한다.

종이접기 디자인의 비밀: 고전 예술을 위한 수학적 방법, 제2판 (저자: 로베르트 랑(Robert Lang)) [Lang11].

로베르트 랑은 복잡하고 예술적인 종이접기 모델을 만드는 출중한 창작자 중 한 명으로, 이 책은 그의 최고 걸작품이다. 여기서 저자는 자신의 트리메이커 알고리즘[14] 뿐 아니라 여러 종이접기 디자인 기법을 상세히 설명한다. 이 《수학 탐구를 위한 종이접기 프로젝트》의 어떤 활동도 종이접기 디자인을 직접적으로 다루지 않는다. 다시 말해, "정사각형 모양의 종이를 오리지 않으면서 어떻게 곤충을 접을 수 있을까?" 와 같은 질문에 답하려고 하지 않는다. 그러나 현대 종이접기 활동가들이 사용하는 기법들은 종이접기의 수학적 원리를 따른다. 예를 들어, '평평한 꼭짓점 접기 탐구하기'와 같은 활동에서 다루는 마에카와의 정리, 카와사키의 정리 같은 것들이 그러하다. 종이접기에 매료된 학생들은 이 책을 엄청난 관심과 열의로 집어삼킬 듯이 읽어야 한다. 이 책은 이 분야에서 학생들의 프로젝트를 위한 최고의 자료이다.

[14]원하는 모델을 종이로 접기 위해서는 완성품을 펼쳤을 때 종이에 나타나는 주름을 디자인 하는 것이 중요하다. 트리메이커 알고리즘은 그래프의 수형도(tree)를 활용한 방법으로 로베르트 랑에 의하여 개발되었다.

수학적 반사: 거울이 많이 있는 방에서 (저자: 피터 힐튼(Peter Hilton), 데릭 힐튼(Derek Holton), 장 페데르센(Jean Pedersen)) [Hil97].

이 책은 스프링거에서 출판한, 학부생을 위한 수학 시리즈의 하나로 '종이접기와 정수론' 이라는 제목으로 57쪽 분량 한 장을 관련 내용으로 할애하고 있다. 이는 피터 힐튼과 장 페데르센의 연구 결과들을 모은 것으로 띠종이로 다각형과 다면체를 접는 과정에서 그 이면에 담긴 정수론 내용을 다룬다. 비록 힐튼과 페데르센은 다른 관점에서 자료들을 택하고 접근법도 상이하지만, 이는 '후지모토 근사법' 과 '띠종이로 매듭 접기' 활동에서 다루는 주제와 깊은 관련이 있다. 만약 이러한 활동들이 마음에 든다면 이 책을 꼭 탐독하기 바란다.

전문가를 위한 종이접기 (저자: 쿠니히코 카사하라(Kunihiko Kasahara), 토시에 다카하마 (Toshie Takahama)) [Kas87].

출간된 많은 종이접기 지도서 중에서도 이 책은 가장 수학적으로 쓰인 책이며, 서론 첫 부분에서도 나는 이 책을 언급했다. 이 책에는 다면체, 나선형 조개 등 많은 기하학적 모델을 접는 방법이 소개되어 있다. 이는 한 장의 종이로 접는 방법과 모듈러 접기 방법 모두를 포함한다. 이 책은 하가의 종이접기수학 활동 일부와 마에카와의 정리, 카와사키 정리에 대한 내용을 담고 있다. 여러 모델들은 접기에 매우 복잡하여 전문적인 기술을 요구하지만 그 밖의 것은 놀라울 정도로 단순하고 아름답다. 이는 보석 같은 책이다.

기하학적 작도법 (저자: 조지 E. 마틴(George E. Martin)) [Mar98].

이 책의 마지막 장(14쪽)에서 종이접기를 활용한 기하학적 구성방법을 다룬다. 콕스가 대수적 해석법을 사용했던 것과는 다르게 마틴은 순전히 기하학적 방법만을 사용하여 접근한다. 이는 종이접기 기하학을 보다 잘 알기 원하는 기하학 교사들이 선호하는 접근법이다. 마틴은 단일 접기 시행 중에서 가장 기교적인 부분, 즉 '종이접기로 삼차방정식 풀기' 활동에서 탐구하는 내용에 집중한다. 이는 각의 삼등분 접기, 또는 부피가 두 배인 정육면체 접기를 하기 위해 필요로 하는 모든 것이다. 또한 마틴은 이 방법을 다른 구성방법, 이를테면 눈금 있는 자와 컴퍼스를 활용한 작도법 등과 비교한다.

다면체 접기 디자인 (저자: 존 몬트롤(John Montroll)) [Mon09].

존 몬트롤은 종이접기 분야의 전설과 같은 존재이다. 1979년 출간한 그의 책에서 볼 수 있듯이, 오늘날 종이접기 복잡도의 수준과 연관지어 생각해도, 그는 가장 어렵고 난해한 접기를 할 수 있었고, 그러한 수준에 도달한 첫 번째 사람 중 한 명이다. 그는 한 장의 종이로 오리지 않고 다면체를 접는 것에 매우 관심이 많았다. 그의 책에서는 이와 관련된 많은 양의 프로젝트와 이에 대한 접기 방법을 제공할 뿐만 아니라, 그 이면에 있는 수학을 설명한다. 이러한 방식으로 평면기하나 공간기하 뿐 아니라 삼각법에 훌륭하게 응용할 수 있다는 것을 보여준다. 이는 동기 부여된 고등학생들이 수학을 쉽게 받아들일 수 있게 한다. 종이접기에서 삼각법과 기하학의 쓰임새를 학생들에게 보여줄 수 있는 흥미로운 방법을 찾고 있는 교사들은 이 책을 즐길 수 있을 것이다.

접기 방법: 링키지, 종이접기, 그리고 다면체의 수학 (저자: 죠셉 오로크(Joseph O' Rourke)) [OR011].

제목에서 알 수 있듯이, 이 책은 주제와 관련해서 드메인과 오로크의 책 [Dem07]과 유사하기도 하지만, 동시에 매우 다르기도 하다! 오로크의 책 '접는 방법' 은 훨씬 분량이 작고, 고등학생과 대학생을 대상으로 한다. 반면 [Dem07]은 보다 연구 논문의 성격이 강하다. 이 책은 명쾌한 설명과 함께 다양한 프로젝트를 담고 있으며 우리의 책 《수학 탐구를 위한 종이접기 프로젝트》의 좋은 동반자가 될 수 있다.

무한의 조각 (저자: 아이바스 피터슨(Ivars Peterson)) [Pet01].

이 책은 일반인들을 대상으로 쓰인 인기 있는 수학 도서이고, 22쪽 분량의 한 장(Chapter)에서 종이접기를 의미하는 평면 접기를 다룬다. 수학기호를 사용하지 않으면서도, 평평한 종이주름 패턴, 마에카와 정리, 로베르트 랑의 트리메이커 알고리즘, 그리고 종이접기 테셀레이션에 대한 좋은 개요를 제공한다. 특히, 이 책은 크리스 팔머에 의해 제작된 복잡한 종이접기 테셀레이션 작품들과 이에 대한 멋진 사진이 담겨 있다. 만일 '정사각형 꼬인 주름 접기' 활동에 관심이 있다면 반드시 이 책을 살펴보기 바란다.

종이접기로 하는 기하학 연습 (저자: 순다라 로우(T. Sundra Row)) [Row66].

이 책은 고전이다. 저자인 순다라 로우는 인도의 수학 교사였고, 그는 1800년대 말에 종이접기로 구성할 수 있는 기초 기하학을 주제로 이 책을 집필했다. 이 책은 수학자 펠릭스 클라인(Felix Klein)의 관심을 끌었고, 클라인이 자신의 책 일부에서 이를 언급한 이후로, 서양의 출판사들이 전세계적으로 이 책을 출판하기 시작했다. 가장 최근의 것은 도버(Dover)에서 출판한 것이고, 대부분의 도서관에서 어렵지 않게 찾을 수 있다. 이 책을 주의 깊게 읽고 나면, 로우가 각의 삼등분 접기와 같은 것을 알고 있었는지 의심하게 된다. 이 책에는 이와 관련된 어떠한 방법도 소개하지 않지만, 로우는 특정한 형태의 삼차방정식의 풀이와 관련된 종이접기에 대해서는 언급하고 있다. 그럼에도 불구하고, 이 책은 다양한 다각형과 기하학적 모양을 접는 방법을 소개하는 탁월한 자료이다. 백여 년 전, 매우 틀에 박힌 형식으로 쓰여 있는 책이지만, 그 구성 방법은 매우 단순하여 지금의 고등학교 및 대학에서의 기하학 수업에 쉽게 적용할 수 있다

감사의 글

많은 도움이 있었기에 이 책의 출판이 가능했습니다. 먼저 가장 중요한 도움을 준 폴 E. 머레이 장학 기금에 감사를 드립니다. 이 기금은 메리맥 대학에서 받았고, 이 책의 초안을 작성하기 위해 지원 되었습니다. 머레이 가문의 충분한 지원이 없었다면 이 프로젝트는 시작하지 못했을 것입니다.

일반적으로 메리맥 대학과 햄프셔 대학 여름 수학 연구회[15]는 창의적이고 자유롭게 종이접기 수학을 교육하고 연구할 수 있는 환경을 제공해 주었습니다. 이는 나에게 말할 수 없이 큰 도움이 되었습니다.

이 책을 쓰면서 많은 사람들의 도움과 의견을 받을 수 있었던 것은 나에게 큰 행운이었습니다. 로저 알페린, 사라-마리 벨카스트로, 에단 버코브, 베라 체레핀스키, 데이비드 콕스, 에릭과 마티, 드메인, 코시로 하토리, 미유키 카와무라, 데이비드 캘리, 제이슨 쿠, 로베르트 랑, 지닌 모즐리, 제임스 탄톤, 타마라 빈스트라, 그리고 캐롤린 야켈 등 종이접기수학 커뮤니티에 몸담고 있는 여러 사람들과의 토론과 그들로부터 받은 피드백은 헤아릴 수 없을 만큼 값진 것이었습니다.

프로젝트 넥스트(Project NExT)[16]의 많은 동료들 또한 나에게는 큰 도움이 되었습니다. 그들은 베타 테스터로서 2005년 봄과 가을에 자신의 강좌에서 이 활동으로 수업을 진행했습니다. 프로젝트 넥스트는 새롭게 수학 교수가 된 사람들이 중간에 수학계를 떠나거나 좌절하지 않도록 돕고, 더 좋은 교사 또는 학자가 될 수 있도록 돕기 위해 설립된 미국수학회(MAA)의 펠로우쉽 프로그램입니다. 이들의 교육학적 집단 지성과 경험이 이 책을 직접 만들었다고 해도 과언이 아닙니다. 더 나아가, 이 책은 프로젝트 넥스트를 통해 더 큰 수학 공동체로 퍼져 나갔습니다. 여기에는 대학원과 대학, 심지어는 고등학교의 수많은 교수진, 대학원생, 그리고 교사들까지 포함됩니다. 그들은 스스로 베타테스터를 자청하였습니다. 특별히, 감사를 표현하고 싶은

[15]Hampshire College Summer Studies in Mathematics를 줄여서 HCSSiM으로 쓴다. 미국의 고등학생들을 대상으로 매년 여름 6주간 대학 수준의 다양한 수학 활동을 하는 연구회이다. 자세한 사항은 다음 홈페이지에서 확인할 수 있다. https://hcssim.org

[16]프로젝트 넥스트에서 '넥스트(NExT)' 는 교육에서의 새로운 경험(New Experience in Teaching)을 의미한다. 미국에서 수리과학으로 박사학위를 취득한 신규 연구자들을 위한 전문 개발 프로그램이다. 자세한 사항은 다음 홈페이지에서 확인할 수 있다. https://www.maa.org/programs-and-communities/professional-development/project-next

사람들이 있습니다. 크리스티나 바쿠타, 돈 바카우스카스, 마크 볼먼, 데이비드 브레너, 카일 칼더헤드, 스콧 딜러리, 멜리사 지아르디나, 수잔 골드스틴, 아파르나 히긴스, 바바라 카이저, 마이클 랭, 클로이 만델, 호프 맥클웨인, 블레이크 멜러, 엔드류 밀러, 셰릴 슈트 밀러, 도나 몰리넥, 죠지 모스, 카타르지나 포토카, 제이슨 리반도, 리즈 로버트슨, 카메론 소여, 아만다 세레네비, 브리짓 세르베이셔스(그리고 그녀의 학생인 로저 번스, 오날리 소탁, 존 탬플), 린다 반 니발, 캐서린 웰드, 제니퍼 윌슨, 그리고 이 조우에게 감사를 드립니다.

또한 로드아일랜드 대학, 메리맥 대학, 햄프셔 대학 여름 수학 연구회, 신시네티 대학, 그리고 웨스턴 뉴잉글랜드 대학을 포함하여 종이접기 수학 수업에 참여했던 모든 학생들에게도 감사를 표하고 싶습니다. 자신이 가르치는 것에 관심을 가지고 이를 깊이 생각하는 교사라면, 학생들이 교사를 통해 배우는 것만큼이나 교사 또한 학생들로부터 배우게 됩니다. 그러나 이를 깨닫고 있는 사람들이 그렇게 많지는 않은 것 같습니다. 나 또한 학생들로부터 많은 것을 배웠습니다. 이름을 일일이 언급하기에는 너무 많은 학생이 있지만 그 중에서도 다음 학생들에게 감사를 표현하고 싶습니다. 한나 알퍼트, 마이크 보로우작, 마이클 칼더뱅크, 알레산드라 피오렌자, 에밀리 진그라스, 조쉬 그린, 모니크 랜드리, 케빈 말라키, 윙 뮤이, 에밀리 피터스, 고우리 라마찬드란, 얀 시바노비치, 아리 터너, 지나 볼프, 하오빈 유, 1995~1996년에 로드아일랜드 대학에 재학했던 수학과 대학원생들, 그리고 2005년 봄 메리맥 대학에서 개설된 조합론적 기하학 과목을 수강한 학생들에게 감사를 드립니다. 이들은 이 책의 제1판의 제작이 끝나갈 때, 실험 대상자로 이 활동에 참여한 이름 모를 고마운 학생들입니다.

또한, 중고등학교 교사들과 함께 이러한 활동들 중 다수를 테스트하고 그 결과를 공유했습니다. 이들은 웨스턴 뉴잉글랜드 대학에서 문학 석사(MAMT)과정의 일환으로 개설된 수학 교육 과정에서의 종이접기 수업을 수강했던 수학 교사들이었습니다. 이 '학생들'은 종이접기 수학을 배운 후 바로 다음 날 자신의 수업에서 이를 활용한 후, 나에게 즉각적인 피드백을 주곤 했습니다. 특히 앤 판햄과 다이앤 글레텐버그가 제안한 아이디어들은 이 책 《수학 탐구를 위한 종이접기 프로젝트》의 제2판에 수록된 새로운 활동들 중 일부에 영향을 주었습니다.

이 책의 제목과 기본적인 방향에 대한 영감을 주었으며
끝까지 지원을 아끼지 않았던 사라-마리 벨카스트로 박사에게
이 책을 헌정합니다.

차　례

정사각형 안에 정삼각형 접기 Activity 01

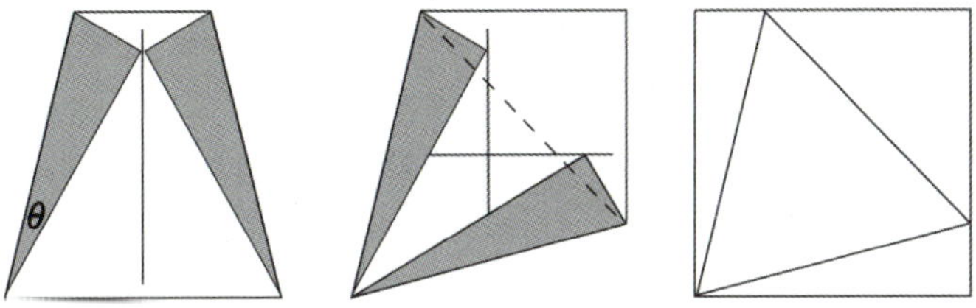

관련 과목: 기초 미적분학, 기초 대수학, 삼각법, 기하학, 미적분학(최적화), 모델링

개요

학생들에게 정사각형 종이로 정삼각형을 접는 방법을 찾아보게 한다. 그리고 주어진 정사각형 종이로 접을 수 있는 것 중 가능한 가장 큰 정삼각형을 찾아보도록 한다. 이때 학생들은 추측한 삼각형이 가장 큰 정삼각형임을 증명해야 한다.

내용

이 문제는 기하 요소와 관련하여 단지 세 각이 30°-60°-90° 인 삼각형을 다루는 능력만을 요구한다. 그러나 학생들이 보다 창의적인 기하적 통찰력을 가지고 있다면 보다 우아한 해법을 얻을 수 있을 것이다.

미적분학 수업에서, 이 문제는 "정사각형 안에 내접하는 가장 큰 정삼각형은 무엇인가?"와 같이 종이접기에 대한 실제적인 언급 없이도 제기될 수 있다. 그러나 종이접기 활동가들이 실제로 이 지식을 사용하는 것을 알면 학생들에게 추가적인 동기를 부여할 수 있다. 이는 학생들이 모델을 신중하게 설정하고 삼각법을 확실하게 알고 적절한 그래프 분석을 한다면, 미분 없이도 완벽하게 수행할 수 있는 도전적인 모델링 문제이다. 미적분학 교과서에서 전형적으로 접하는 틀에서 벗어난 최적화 문제로, 학생들이 자신의 지식을 새로운 실생활 문제에 적용할 수 있도록 해준다.

활동지

세 가지 선택적 활동지가 제공된다.

(1) 정사각형 안에 정삼각형을 접는 일반적인 문제를 소개한다.

(2) 최적화 모델 설정에 대한 몇 가지 안내 단계를 제공한다.

(3) 최적화 모델을 통해 단계별로 학생들을 안내한다.

수업 시간

활동지 1은 학생들이 탐구한 것과 정삼각형을 접는 방법을 급우들에게 발표하는 것을 포함하여 약 40분의 시간이 필요하다. 활동지 2 또는 활동지 3은 50~60분이 걸릴 수 있는데, 이는 학생들이 수학적 모델을 얼마나 빨리 만드는지에 달려 있다.

활동지 1 정삼각형을 접는 방법

이 활동의 목표는 정사각형 종이로 정삼각형을 접는 것이다.

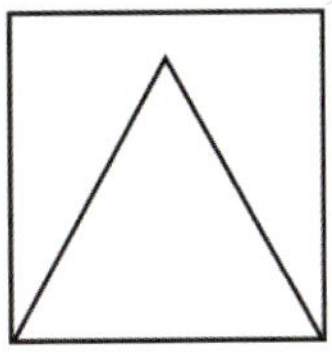

질문 1: 우선 정사각형 종이를 접어서 그 안에 세 각이 30°-60°-90° 인 삼각형을 만드시오. 힌트: 빗변의 길이가 어느 한 변의 길이의 두 배가 되는 삼각형을 접으시오. 계속 해보시오! 아래 여백에 그 방법이 적절한 이유를 설명하시오.

질문 2: 이제 질문 1에서 접은 것을 사용하여 정사각형 안에 정삼각형을 접으시오.

추가 활동: 처음 정사각형의 한 변의 길이가 1인 경우, 정삼각형의 한 변의 길이는 얼마인가? 정삼각형의 변의 길이를 더 길게 만들 수 있는가?

활동지 2 정사각형 안에 접을 수 있는 가장 큰 정삼각형 I

정사각형 종이 안에 접을 수 있는 **가능한 가장 큰** 정삼각형을 만들고자 한다. 이 활동의 과제는 정사각형 안에 들어갈 수 있는 **최대 넓이**를 가진 정삼각형을 찾기 위한 수학적 모델을 만드는 것이다. 다음 단계에 따라 모델을 설정하시오.

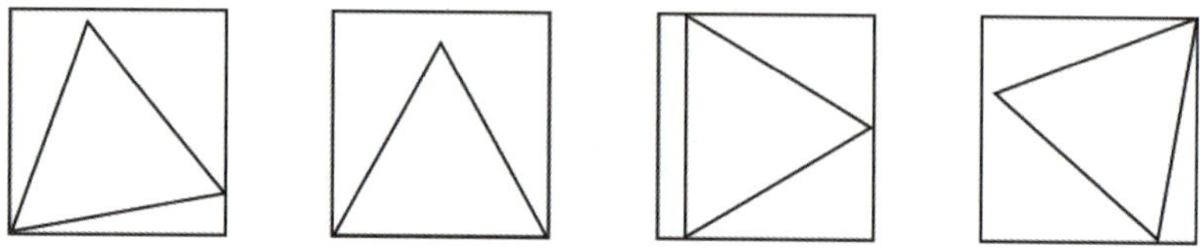

질문 1: 어떤 정삼각형이 최대이려면, 정삼각형의 꼭짓점 중 하나가 정사각형의 꼭짓점과 일치한다고 가정할 수 있는가? 그 이유는 무엇인가?

질문 2: 질문 1의 가정하에, 정삼각형과 정사각형의 '공통 꼭짓점' 이 왼쪽 아래에 있는 경우, 정사각형 안의 정삼각형이 어떻게 보일지 그림으로 나타내시오. 이제 몇 가지 변수를 도입하여 모델을 만드시오. 어떤 것을 변수로 둘 것인가? (힌트: 변수 중 하나는 정사각형의 밑변과 정삼각형의 밑변 사이의 각도가 될 수 있다. 이것을 θ라고 하자.)

질문 3: 변수 중 하나는 삼각형이 최대 넓이에 도달할 때까지 변화시켜야 하는 매개변수(parameter)가 된다. 변수를 하나 선택하고 이 변수에 대한 삼각형의 넓이 공식을 제시하시오. (주의: 변수를 잘못 선택하면 문제를 더 어렵게 만들 수 있으므로 신중하게 선택하시오.)

질문 4: 앞서 만든 공식을 사용하여, 정삼각형의 넓이가 최대일 때의 변수 값을 구하시오. 이때 매개변수의 범위에 주의하시오.

질문 5: 구한 답은 무엇인가? 넓이가 최대인 정삼각형은 무엇인가? 이 정삼각형을 만들 수 있는 접기 방법을 찾으시오.

추가 활동: 질문 5에 대한 답은 정사각형 종이 안에 가장 큰 정육각형을 접는 방법을 제공할 수도 있다. 이 경우는 어떻게 되는지 알 수 있겠는가?

활동지 3 정사각형 안에 접을 수 있는 가장 큰 정삼각형 II

이 활동의 과제는 한 변의 길이가 1인 정사각형 안에 들어갈 수 있는 가장 큰 정삼각형을 찾는 것이다. 단계별 절차는 이 문제의 수학적 모델을 찾고, 정삼각형의 위치와 최대 넓이를 구하는 최적화 문제를 해결하는 데 도움이 될 것이다.

다음은 몇 가지 예시이다.

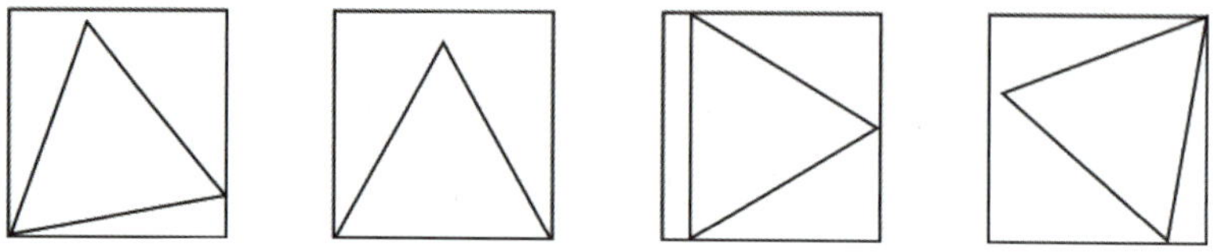

질문 1: 어떤 정삼각형이 최대이려면, 정삼각형의 꼭짓점 중 하나가 정사각형의 꼭짓점과 일치한다고 가정할 수 있는가? (힌트: 대답은 "그렇다"이다. 이유를 설명하시오.)

질문 2: 위를 1단계로 가정하고 두 도형의 공통 꼭짓점이 왼쪽 아래에 있다고 하자. 정사각형 안의 정삼각형이 어떻게 나타날지 그림으로 나타내시오. (힌트: 위의 네 가지 예 중 하나를 참조하시오.) 이제 몇 가지 변수에 이름을 붙이고 그림에 나타내어 모델을 만드시오. (힌트: θ를 정사각형의 밑변과 정삼각형의 밑변 사이의 각도, x를 정삼각형의 한 변의 길이라고 하자.)

질문 3: 변수 x에 대한 정삼각형의 넓이 공식을 제시하시오. 그런 다음, 두 변수 x와 θ의 관계를 나타내는 방정식을 구하시오. 이 두 가지 식을 결합하여 한 변수 θ에 대한 정삼각형의 넓이 공식을 구하시오. (힌트: 최종 공식은 $A = \frac{\sqrt{3}}{4}\sec^2\theta$가 될 것이다.)

질문 4: 변수 θ의 범위는 무엇인가? 설명하시오. (힌트: 범위는 $0^\circ \le \theta \le 15^\circ$ 이어야 한다.)

질문 5: 가장 중요한 부분: 구한 공식과 θ의 범위에 대하여, 최적화 기술을 사용하여 정삼각형의 넓이가 최대가 되는 θ값을 구하시오. 이때의 최대 넓이도 구하시오. (힌트: 단순화를 위해, sin, cos과 같은 삼각함수로 표현할 수 있다.)

해답과 교수법

정삼각형 접기

정사각형 안에 정삼각형을 접는 방법에는 여러 가지가 있다. 이 방법들은 모두 60°를 만드는 방법을 찾는 것이다. 학생들이 60°를 만드는 새롭고 창의적인 방법을 찾을 수 있지만, 이미 알려진 가장 일반적인 방법은 다음과 같다. 이때, 그림에서 처음 주어진 정사각형의 한 변의 길이를 1이라 하자.

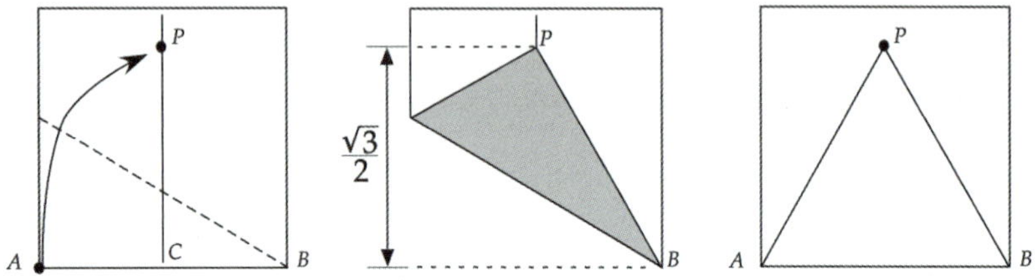

여기서 종이접기 '동작(move)'은 정사각형의 꼭짓점 A를 택하여 미리 접어둔 중심선 위에 놓이도록 접는 동시에 주름선이 꼭짓점 B를 통과하도록 하는 것이다.[1] 접힌 부분 아래에 있는 점 A의 상(image)을 점 P라고 하자. 그러면 ABP가 정삼각형임을 알 수 있다. 이것은 여러 가지 방법으로 확인할 수 있다.

- 점 C를 $\overline{AB}$의 중점이라고 하자. 이때 $\triangle BCP$에서 $\overline{BP}$는 $\overline{AB}$의 상이므로 길이는 1이고, $\overline{BC}$의 길이는 $\frac{1}{2}$이다. 피타고라스 정리에 의해 $\overline{CP}$의 길이가 $\frac{\sqrt{3}}{2}$이 되므로 $\triangle BCP$는 30°-60°-90°인 삼각형이 된다. 이때 주름선 $\overline{AP}$는 정삼각형의 한 변이 된다.
- $\overline{BP}$는 접힌 $\overline{AB}$의 상이므로 $\overline{BP}$의 길이는 1이다. 그런 다음 'B를 같은 방식으로 중심선으로 접기' 또는 '대칭'에 의해 $\overline{AP}$의 길이는 1이 된다. 따라서 $\triangle ABP$는 정삼각형이다.

여기서 제시된 풀이에서 정삼각형의 한 변의 길이는 정사각형의 한 변의 길이와 같다. 그러나 점 A를 중심으로 정삼각형이 시계 반대 방향으로 약간 회전한 것을 상상해보면 변의 길이를 약간 길게 해도 여전히 정사각형 내부에 둘 수 있음을 알 수 있다. 따라서 정사각형 안에 더 큰 정삼각형을 만드는 것이 가능하다.

[1] 이것은 표준적인 종이접기 동작에 해당한다. 점 p_1을 직선 l 위로 접었지만, 주름선이 정확하게 어디에 만들어져야 하는지를 결정하기에는 충분하지 않다. 따라서 두 번째 점인 p_2가 필요한데, 주름선은 p_2를 통과하는 동시에 직선 l 위에 있는 p_1을 지나야 한다. 보다 상세한 정보는 포물선 접기 활동을 참조하시오.

교수법. 많은 학생들은 처음에 직각이 정사각형의 꼭짓점에 오도록 하는 세 각이 30°-60°-90° 인 삼각형을 구성하려고 한다. 이것은 가장 쉬운 방법이 아니므로 학생들에게 정사각형 안에 꼭짓점을 접어볼 것을 제안한다. 학생들에게 수직 중심선을 사용하도록 제안할 수도 있다.

대체로 학생들은 수업 중에 다른 그룹의 아이디어를 건너듣게 되거나 한 그룹에서 다른 그룹으로 좋은 아이디어가 전달되기도 한다. 이는 괜찮지만, 모든 학생들이 자신들이 찾은 삼각형이 실제로 세 각이 30°-60°-90° 인 삼각형 또는 정삼각형이라는 증명을 작성하도록 해야 한다. 모둠은 급우를 대상으로 자신들의 증명을 발표해야 하며, 이를 통해 학생들은 증명을 한 가지 방법 이상으로 할 수 있음을 알게 된다. 형식적인 증명을 작성하는 것은 필요한 경우에 개별 숙제로 부과할 수 있다.

가장 큰 정삼각형 찾기

가장 큰 정삼각형을 찾는 것과 관련해서는 두 가지 버전의 활동지가 있다. 하나는 문제에 대한 틀만 제공하고 모든 세부 사항은 학생들에게 남겨두는 것이고, 다른 하나는 학생들에게 문제를 단계별로 안내하는 것이다. 해답은 기본적으로 동일하기 때문에 여기서는 한 번에 제시하고자 한다.

활동지의 첫 번째 질문에 대한 답은 "그렇다"이다. 정삼각형의 꼭짓점이 정사각형의 꼭짓점 위에 하나도 놓이지 않으면 정삼각형의 꼭짓점은 정사각형의 한 변에는 닿지 않는다. 왜냐하면 정삼각형은 꼭짓점이 3개이고 정사각형은 변이 4개이기 때문이다. 이때 닿지 않는 변을 왼쪽 변이라고 가정하자. 그러면 정삼각형의 세 꼭짓점은 정사각형의 나머지 세 변에 닿아야만 한다. 그렇지 않으면 정삼각형을 더 크게 만들 수 있다. 이때 윗변이나 밑변에 닿은 꼭짓점 중 하나가 왼쪽 변에 닿을 때까지 정삼각형을 왼쪽으로 밀 수 있다. 이렇게 하면 정삼각형의 꼭짓점이 정사각형의 꼭짓점 위에 놓이게 된다.

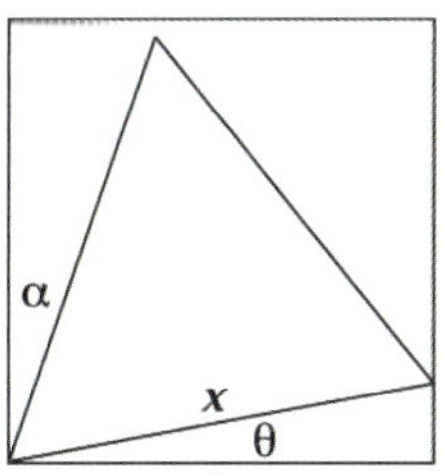

모델을 설정하려면 학생들은 위와 같은 그림이 필요하다. 정삼각형의 길이 x인 밑변은 정사각형의 왼쪽 아래 꼭짓점부터 오른쪽 변까지 늘어나야 한다. 그런 다음 $0° \leq \theta \leq 15°$ 인 범위를 고려해야 하는데, $\theta > 15°$ 인 경우는 $\alpha \leq 15°$ 가 되고, 대칭성에 의해 $\theta \leq 15°$ 로 가정할 수 있다. 즉, 정사각형에서 대칭에 의해 고려해야 할 θ의 범위가 제한된다.

이제 정삼각형의 넓이 A에 대한 공식을 찾은 다음, 이 공식을 최대화하는 θ를 찾아야 한다. 이때 x 대신 θ를 구하는 이유는 θ가 정사각형에서 정삼각형의 위치를 알려주는 변수이기 때문이다. 삼각형의 밑면이 x이므로 높이는 $(\sqrt{3}/2)\,x$가 된다. 따라서 $A = (\sqrt{3}/4)\,x^2$가 되지만, 이를 θ에 대한 식으로 나타내야 한다. 이때 $\cos\theta = 1/x$이므로 $x = 1/\cos\theta = \sec\theta$가 된다. 따라서 $A = (\sqrt{3}/4)\sec^2\theta$가 된다.

미적분법을 사용하여 이식을 미분하여 최대일 때를 찾을 수 있지만 실제로 그렇게 할 필요는 없다. $\cos\theta$는 구간 $0 \le \theta \le \pi/12$에서 감소함수이므로 $\sec\theta$가 이 구간에서 증가함수가 된다. 이때 θ는 라디안으로 나타내야 한다. $\sec^2\theta$도 마찬가지이므로 A의 최대값은 구간의 오른쪽 끝값인 $\theta = \pi/12$일 때라는 것을 알 수 있다. 학생들은 함수 $A(\theta)$의 그래프를 통해 이를 확인할 수 있다.

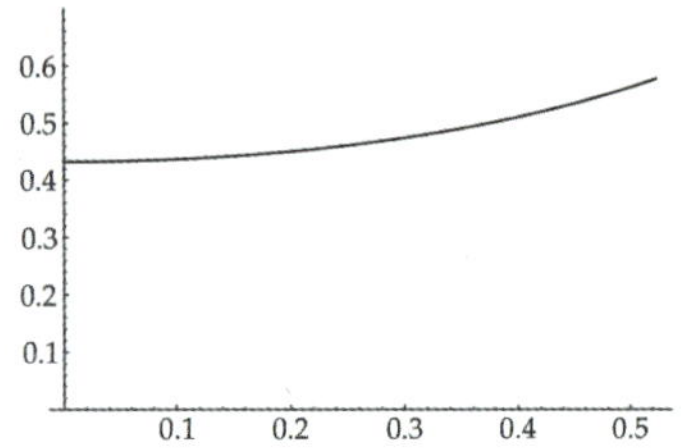

따라서 최대 넓이는 $\theta = \pi/12 = 15^\circ$일 때 구할 수 있다. 이 결과는 그림에서 정삼각형의 한 꼭짓점이 정사각형의 꼭짓점 위에 있고 정삼각형이 정사각형의 대각선에 대해 대칭일 때이다.

이 질문에 답하기 위해 미분을 사용하는 학생들은 다음을 구할 수 있다.

$$\frac{dA}{d\theta} = 2\frac{\sqrt{3}}{4}\sec^2\theta\tan\theta = \frac{\sqrt{3}\sin\theta}{2\cos^3\theta}$$

이때 $0^\circ \le \theta \le 15^\circ$이므로 $\theta = 0^\circ$일 때만 $\dfrac{dA}{d\theta} = 0$이 된다. 이는 넓이 공식이 $\theta = 0^\circ$에서 임계점(critical point)을 갖는다는 것을 의미한다. 그러나 이는 구간의 끝점일 뿐이며, 넓이 A의 극값은 두 끝점 사이에 임계점이 없기 때문에 A의 최댓값은 끝점 $\theta = 0^\circ$과 $\theta = 15^\circ$에서 나타날 수 있다. 그렇다면 위의 두 각 중 언제 넓이 A가 최대가 되고 최소가 될까? A의 이계도함수를 취하면 임계점 $\theta = 0$에서 오목임을 알 수 있다. $\theta = 0^\circ$ 및 $\theta = 15^\circ$일 때 A의 값을 구하면 15°일 때가 답임을 알 수 있다!

이 두 활동지를 수행한 학생들은 가장 큰 정삼각형을 접는 순서를 찾을 수 있어야 한다. 아래 그림은 접는 순서뿐만 아니라 '말이 필요 없는 증명(proof without words)'의 역할도 한다. 이때 제일 왼쪽 그림에서 $\theta = 15^\circ$임을 주목할 필요가 있다. 접는 순서에 대한 증명은 에밀리 진그라스(Emily Gingras)가 2002년에 메리맥 대학(Merrimack College)에서 한 강의에서 개발되었다.

교수법. '헛간 둘레에 설치한 울타리' 또는 '마분지로 접은 상자'와 같은 고전적인 미적분 문제에 익숙한 학생들은 최대 정삼각형 문제를 유사한 방법을 사용하여 해결할 수 있을 것이라고 생각할

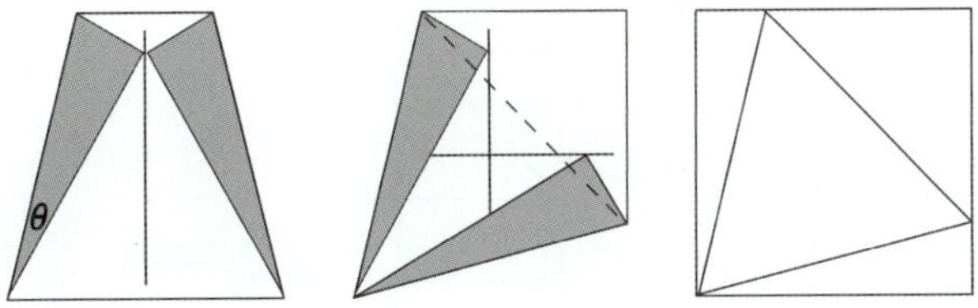

것이다. 그러나 이 문제의 모델은 고전적인 문제들과는 매우 다르며 대부분의 학생들이 적합한 모델을 설정하는 것이 매우 어렵다고 느낀다. 어렵고 미묘한 부분은 정사각형에서 정삼각형의 위치를 알려주는 변수로 문제를 매개화 할 수 있는지에 대한 것이다. 이를 위한 가장 좋은 방법은 각도를 사용하는 것으로 보이며, 정삼각형의 넓이 공식도 각도에 대한 것으로 구해야 한다. 어쨌든, 이 문제는 미적분학 학생들이 최적화 문제를 학습할 때 풀 수 있는 적절한 수준에 있다. 그러나 이 활동의 가치는 학생들의 수학적 모델링 기술을 기르는데 있으므로, 교사는 이미 활동지에 제공된 것 이상의 힌트를 제공하지 않아야 한다. 또한 학생들이 정확한 증명을 하기 위해 선택할 수 있는 수치적, 그래픽 또는 분석적 접근 등 어떤 방법에 의한 탐색이든 권장할 필요가 있다

그러나 모든 교사가 이러한 활동의 세부 사항을 완전히 열어두고 싶어 하는 것은 아니다. 최적화와 관련된 두 번째 활동지 즉, 활동지 3은 학생들이 이러한 문제에 대한 적절한 절차를 알고 세부 사항을 보면서 수행하기를 원하는 교사를 위한 것이다. 이 활동지의 형식과 단계는 뉴저지주 라마포 대학(Ramapo College of New Jersey)의 베타 테스터(beta-tester)인 카타르지나 포토카(Katarzyna Potocka)의 제안을 따른 것이다.

수학 분야 간의 내적 연결을 강조하기 위해 기하 강의에서 이 활동을 수행하는 것도 가치가 있을 것으로 보인다. 일반적으로, 수학 전공 학부생들이 기하 강의에서 미적분을 모두 잊어버렸다고 하는 경우가 종종 있기 때문에 이 모든 것을 더 가치 있게 만들 수 있을 것이다.

추가 활동

다음 그림과 같이 정사각형 안에 최대 정육각형이 어떻게 내접할지 생각하면서 수평 및 수직 방향으로 반씩 접어 주름선을 만들면 정사각형의 4등분 안에 나타나는 주름선이 최대 정삼각형일 때의 주름선 패턴과 동일함을 알 수 있다. 따라서 정삼각형의 접는 방법을 수정하여 최대 정육각형을 얻을 수 있다. 다음의 제일 오른쪽 그림은 이 방법을 축약하여 나타낸 것이다.

물론 이 문제들은 정사각형 내부에 임의의 정다각형을 접기를 요구할 수 있고 최대임을 증명하는 것은 더 복잡하겠지만, 학부생의 평균 수준을 넘어서는 것은 아니며 훌륭한 프로젝트로 확장될 수 있다. 다음 그림은 최대 정육각형 사례를 증명하는 방법을 보여준다. θ를 정육각형과 한 변의 길이가 1인 정사각형의 밑변과 이루는 각도, x를 육각형 한 변의 길이라고 하자. 정육각형은 6개의 정삼각형으로 구성되기 때문에 정육각형의 넓이는 쉽게 계산할 수

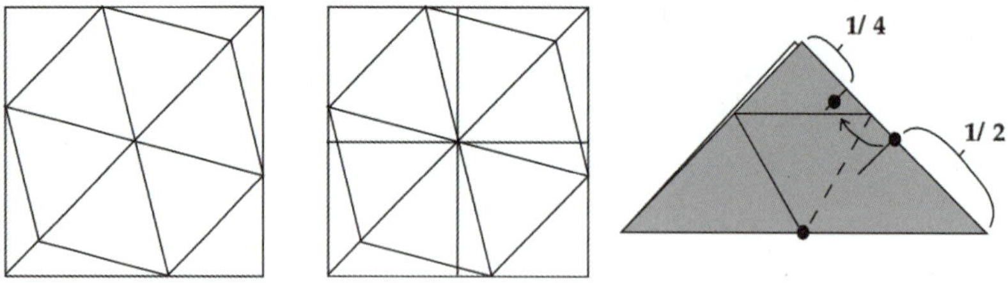

있다.

$$A = 6 \times (\text{한 삼각형의 넓이}) = 6\left(\frac{x}{2}\right)\left(\frac{\sqrt{3}}{2}\right)x = \frac{3\sqrt{3}}{2}x^2.$$

이제 이 식을 θ에 대해 나타내고 언제 최대가 되는지 구해보자.

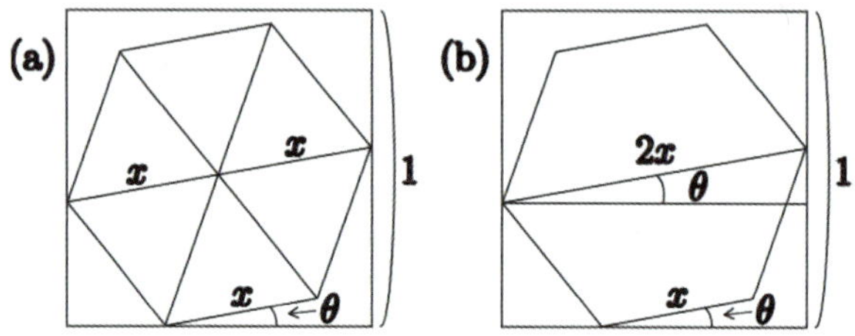

그림 (b)는 이것을 어떻게 구할 수 있는지를 보여준다. 정육각형의 지름이 $2x$이고, 지름의 양쪽 꼭짓점 2개가 정사각형의 왼쪽 변과 오른쪽 변에 닿을 것이라고 가정하면 이러한 꼭짓점 중 하나에서 밑변의 길이가 1이고 대각선 중 하나가 길이가 $2x$인 빗변을 가지는 직각삼각형을 만들 수 있다. 이 직각삼각형의 밑변은 정사각형의 밑변과 평행하고 빗변은 정육각형의 밑변과 평행하기 때문에 이 직각삼각형의 한 내각의 크기는 θ가 된다. 따라서 $\cos\theta = 1/(2x)$ 또는 $x = (1/2)\sec\theta$이다. 그러므로 정육각형의 넓이는 $A = (3\sqrt{3}/8)\sec^2\theta$가 된다.

이 넓이를 최대화하려면, 먼저 θ의 범위를 고려해야 한다. 이때 정육각형의 대칭성은 $0° \le \theta \le 15°$임을 보여준다. 정삼각형의 경우와 마찬가지로 이 구간의 가장 큰 끝점인 $\theta = 15°$일 때 넓이가 최대가 된다. 이는 정육각형의 대각선 중 하나는 정사각형의 대각선을 따라 놓이게 됨을 보여준다.

종이접기 삼각법

Activity 02

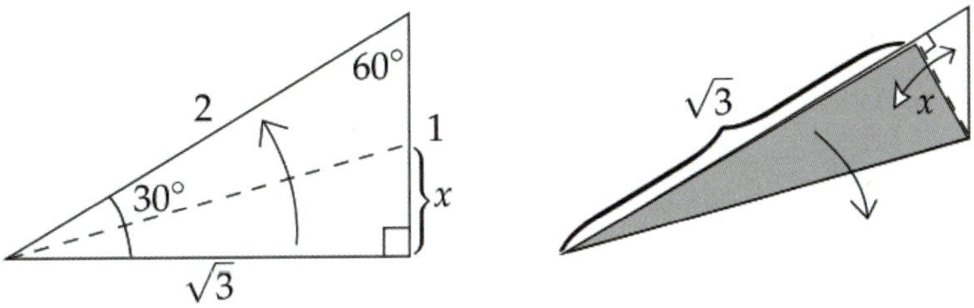

관련 과목: 삼각법, 기초 미적분학

개요

직각삼각형 종이를 접어서 심화된 삼각법의 아이디어를 탐구한다.

내용

학생들은 종이접기 방법을 통해 $\sin x$ 및 $\cos x$에 대한 배각 공식을 증명할 수 있다. 세 각이 $45°$-$45°$-$90°$인 삼각형과 $30°$-$60°$-$90°$인 삼각형을 접으면 $15°$-$75°$-$90°$인 삼각형과 $22.5°$-$67.5°$-$90°$인 삼각형의 변의 길이에 대한 정확한 표현을 찾을 수 있다. 이로부터 $15°$, $75°$, $22.5°$ 및 $67.5°$에 대한 사인, 코사인, 탄젠트의 정확한 표현을 찾을 수 있다.

이 두 가지 활동은 사인, 코사인 및 탄젠트에 대한 기본적인 지식을 사용한다. 두 번째 활동은 단계들 중 하나에서 닮은 삼각형을 사용하며, 분모의 유리화 등의 제곱근 연산을 할 수 있어야 한다.

활동지

위에 설명된 각 활동당 하나씩 2개의 활동지가 있다.

수업 시간

직각삼각형을 미리 잘라둔다면 이 활동들에서 접는 부분은 매우 간단하다. 대부분의 시간은 학생들이 활동지에 있는 질문에 답하고 대수 학습을 하는 데 소요될 것이다. 각 활동지에 대해 최소 30분을 계획하는 것이 적절하지만 학생들이 삼각함수에 얼마나 익숙한지, 두 번째 활동의 경우는 제곱근을 얼마나 잘 다루는지에 따라 달라질 수 있다.

활동지 1 배각 공식 증명하기

다음과 같이 가장 작은 각이 θ인 직각삼각형의 모양으로 종이를 자른다.

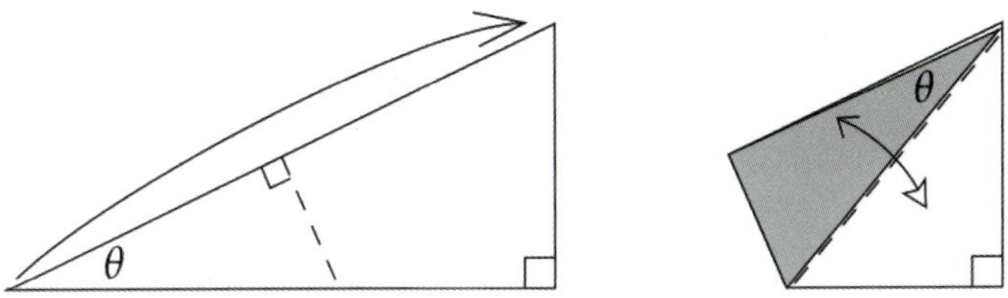

위 그림과 같이 가장 작은 각에 해당하는 꼭짓점을 다른 꼭짓점으로 접는다. 그런 다음 방금 만든 덮개의 변을 따라 접는다. 그리고 접은 것을 모두 펼친다.

종이를 접은 결과, 직각삼각형은 아래 그림과 같이 3개의 작은 삼각형으로 나뉜다. 그림과 같이 점의 이름을 A부터 D, O로 붙이고, 이때 $AO = 1$, $OC = 1$이라고 하자. (점 O를 반지름이 1인 원의 중심이라고 생각하자.)

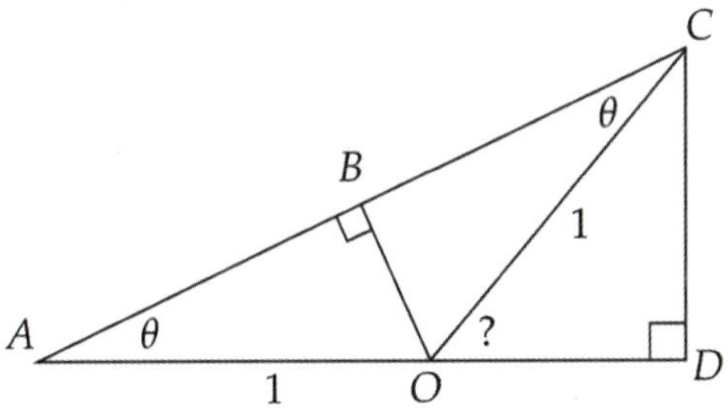

$\angle COD$는 θ로 어떻게 표현되는가? $\angle COD =$ ______________

다음 길이를 각 θ에 대한 삼각함수로 나타내시오.

$AB =$ ______________ $BC =$ ______________

$CD =$ ______________ $OD =$ ______________

질문 1: 큰 삼각형 ACD에서 $\sin\theta$는 무엇과 같은가? 이를 이용하여 $\sin 2\theta$에 대한 공식, 즉 배각 공식을 만드시오.

질문 2: 다시 삼각형 ACD에서 $\cos\theta$는 무엇과 같은가? 이를 이용하여 $\cos 2\theta$에 대한 공식, 즉 배각 공식을 만드시오.

활동지 2 다른 삼각형들에서의 삼각법

중고등학교 수학 수업 시간에 세 각이 $45°$-$45°$-$90°$ 인 삼각형과 $30°$-$60°$-$90°$ 인 삼각형의 변의 길이의 비와 이를 활용하여 이 각에 대한 사인, 코사인 및 탄젠트 값을 구하는 법을 배웠다. 예를 들어, 세 각이 $30°$-$60°$-$90°$ 인 삼각형의 변의 길이의 비가 1, 2, $\sqrt{3}$이기 때문에 $\sin 60° = \frac{\sqrt{3}}{2}$ 이 된다는 것을 알고 있다.

그러나 다른 삼각형들에 대해서는 어떨까? 이미 알고 있는 삼각형을 접어서 다른 삼각형의 변의 길이를 구할 수 있다.

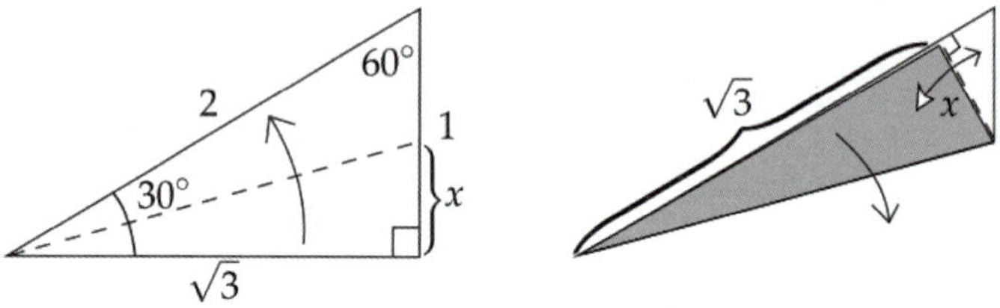

연습문제 1: 세 각이 $30°$-$60°$-$90°$ 인 삼각형에서 밑변을 빗변으로 접어서 $30°$ 에서 $15°$ 의 각도를 만든다. 그런 다음 위에 표시된 대로 나머지 삼각형을 이 덮개 위로 접었다가 다시 펼친다. 이 그림에서 x로 표시된 길이는 얼마인가? (힌트: 닮은 삼각형을 찾으시오.)

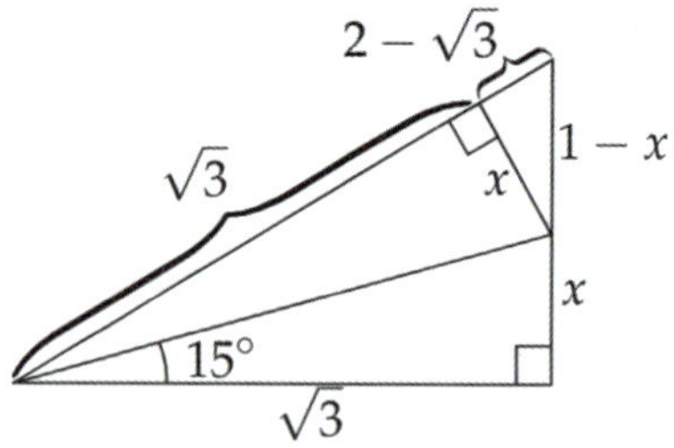

위의 답을 사용하여 세 각이 $15°$-$75°$-$90°$ 인 삼각형에서 가장 짧은 변의 길이를 1이라 할 때 세 변의 길이를 구하시오. (길이는 가능한 간단하게 나타내시오.)

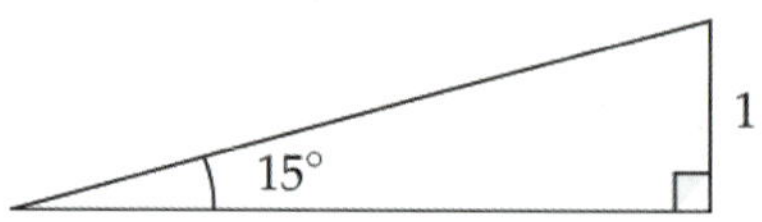

빈 칸을 채우시오: $\sin 15° =$ _______, $\cos 15° =$ _______, $\tan 15° =$ _______.

연습문제 2: 세 각이 $45°$-$45°$-$90°$ 인 삼각형으로 동일한 작업을 수행하여 $22.5°$-$67.5°$-$90°$ 인 삼각형의 세 변의 길이를 구하시오.

해답과 교수법

이 활동지를 검토하고 테스트한 뒤, 교사들은 이 활동들에서 종이접기가 필요하지 않다고 비판적으로 생각할 수 있다. 즉, 학생들에게 직각삼각형 그림을 주의 깊게 그려보도록 하고, 각의 이등분선 또는 변의 수직이등분선을 그린 뒤, 삼각법 등을 탐구하도록 할 수 있다고 비판할 수 있다. 학생들에게 이 활동지에 제시된 그림만 제시하거나 활동지를 제시하면 실제 종이를 접는 활동 없이도 해당 내용을 다룰 수 있다. 그렇기 때문에 이 활동은 진정한 종이접기 활동이 아니라고 결론을 내릴 수도 있다.

어떤 의미에서 이 평가는 정확하다. 종이와 연필로 수행할 수 있는 모든 활동에는 수학적인 것이 있다. 그러나 종이접기의 관점에서 이러한 활동을 탐색함으로써 다음과 같이 다양한 목적에 도움이 되는 것을 추가하는 논의도 있을 수 있다.

- 삼각형을 물리적으로 접음으로써, 이 활동에 나타난 수학적 연역은 종이에 그려진 추상적인 그림으로부터 학생이 실제로 다룰 수 있는 것으로 옮겨진다. (이 논의는 실습을 통한 학습이 수학을 보다 잘 이해할 수 있게 하는 것이다.)
- 삼각형을 접을 때 한 대상(각 또는 길이)이 다른 대상으로 접을 때, 합동인 대상(합동인 각 또는 길이)이 생성될 수 있음을 관찰할 필요가 있는 문제들에 어떤 논리적인 영역이 추가된다. 이는 종이접기의 중요한 측면으로 '종이접기에 의한 증명' 이 되며, 이 책에 수록된 각의 삼등분선 활동과 같은 다른 활동들에서 이용된다.

또한, 많은 학생들은 삼각법의 방법과 유용성을 내면화하는 데 어려움을 겪는다는 것이 저자의 생각이다. 대학에서의 미적분학 강의자는 학생들이 중고등학교에서 접한 삼각법에 대한 지식을 떠올리기 위해 고군분투하는 모습을 많이 접하게 된다. 학생들이 삼각법을 보다 실감나게 다루는 경험을 하는 기회를 갖는 것은 학생들이 삼각법의 힘을 이해하고 기억하는 데 도움이 될 것이다.

활동지 1: 배각 공식

이 활동은 교사가 학생들에게 접을 수 있는 직각삼각형 종이를 배부하고 기호를 표기하게 하면 수월하게 진행할 수 있다. 이 삼각형을 빠르게 만드는 한 가지 쉬운 방법은 A4 용지에서 직사각형의 대각선 중 하나를 따라 잘라 2개의 직각 삼각형을 만드는 것이다. 이러한 삼각형의 각도는 분명하지 않으므로 실험할 수 있는 좋은 일반적인 삼각형이 된다.

다음은 학생들이 접은 삼각형에 그릴 수 있는 그림의 예를 보여준다. 먼저 활동지에 표시된 것처럼 삼각형을 위쪽으로 접으면 θ를 복제할 수 있다. 따라서 $\triangle AOC$는 이등변삼각형이고 BO는 AC의 수직이등분선이 된다. 직각삼각형 $\triangle ABO$를 보면 $\cos\theta = \dfrac{AB}{1}$ 이므로 $AB = BC = \cos\theta$가 된다.

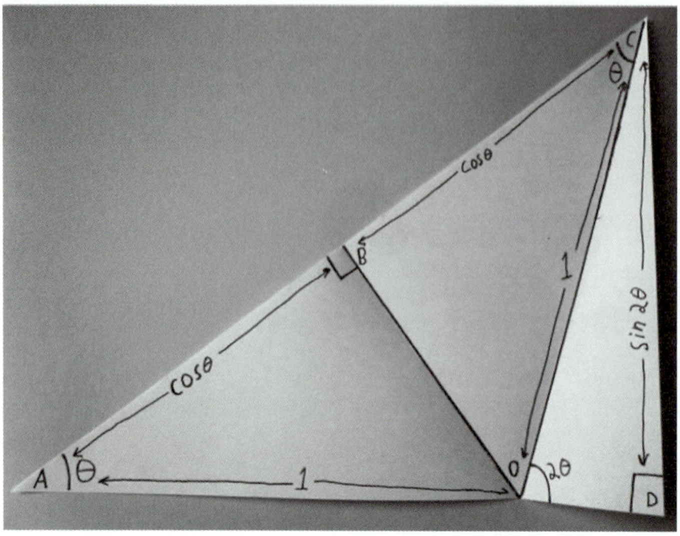

삼각형 주위의 각을 따라 가면 활동지의 첫 번째 질문인 $\angle COD = 2\theta$ 에 대한 답을 구할 수 있다. 즉, 큰 삼각형 $\triangle ACD$에서 $\angle ACD = 90° - \theta$ 이므로 $\angle OCD = \angle ACD - \theta = 90° - 2\theta$ 이다. 그러나 $\triangle OCD$의 관점에서 보면 $\angle OCD = 90° - \angle COD$이다. 두 식을 합치면 $\angle COD = 2\theta$ 임을 알 수 있다.

따라서 직각삼각형 $\triangle OCD$를 보면 $CD = \sin 2\theta$ 및 $OD = \cos 2\theta$가 된다.

따라서 $\triangle ACD$에서 다음이 성립하는데, 이것이 바로 사인의 배각 공식이다.

$$\sin\theta = \frac{\sin 2\theta}{\cos\theta + \cos\theta} \Rightarrow \sin 2\theta = 2\sin\theta\cos\theta$$

다시 $\triangle ACD$를 살펴보면 다음이 성립하는데, 이것이 바로 코사인의 배각 공식이다.

$$\cos\theta = \frac{1 + \cos 2\theta}{\cos\theta + \cos\theta} \Rightarrow \cos 2\theta = 2\cos^2\theta - 1$$

이때 $\sin^2\theta + \cos^2\theta = 1$을 사용하면 변형 공식인 $\cos 2\theta = \cos^2\theta - \sin^2\theta$도 구할 수 있다.

이 활동은 이미 알려진 배각 공식에 대한 증명의 종이접기 버전이다. 여기에 제시된 증명에서의 수학적 부분은 엘리 마오(Eli Maor)의 저서에 종이접기 없이 제시된 것을 간단히 나타낸 것이다 ([Maor98], pp. 89~90).

활동지 2: 특수 삼각형이 아닌 경우의 삼각함수

이 활동은 세 각이 30°-60°-90° 인 삼각형과 45° 직각삼각형 모양의 종이를 준비해야 하기 때문에, 삼각형 조각을 준비하는 것이 활동지 1과 비교하여 조금 더 어렵다. 세 각이 30°-60°-90° 인 삼각형을 준비하는 가장 쉬운 방법은 정사각형 또는 직사각형에서 정삼각형을 접은 다음, 이를 반으로 자르는 것이다(정사각형에서 정삼각형 접기 활동 참조). 45° 직각 삼각형은 정사각형을 대각선을 따라 반으로 잘라서 비교적 쉽게 만들 수 있다.

이 활동의 목적 중 하나는 학생들에게 '특수' 삼각형은 주어진 각에 대한 삼각함수를 정확하게 찾을 수 있는 반면 다른 삼각형들은 왜 항상 계산기 사용에 의존해야 했는지에 대해 생각해보도록 하는 것이다. 이를 통해 특수 삼각형이 아닌 삼각형의 삼각비를 정확히 계산할 수 있는 방법을 엿볼 수 있다.

사실, 수년 동안 가장 진보된 컴퓨터 대수 시스템(CAS: Computer Algebra System)조차도 이 활동에 제시된 각도에 대한 삼각함수를 구하는 정확한 공식을 제공하지 못했다. 2010년이 되자 매스매티카(Mathematica)는 $\sin 15°$를 명시적으로 표현할 수 있게 되었지만 여전히 $\sin 22.5°$에 대한 표현은 제시하지 못했다. 그런데 이 활동을 통해 학생들은 진보된 컴퓨터 대수 시스템에서도 처리 할 수 없었던 표현을 만들어낼 수 있다!

활동지에 있는 30°-60°-90° 삼각형의 경우, 첫 번째 과제는 다음 그림에서 길이 x를 결정하는 것이다.

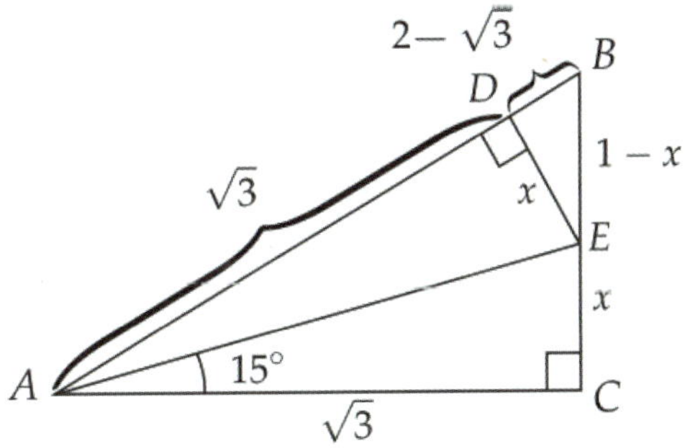

이때 핵심은 $\triangle EDB$와 $\triangle ABC$가 둘 다 직각삼각형이고 각 B를 공유하기 때문에 서로 닮음이 된다는 데 있다. 따라서

$$\frac{x}{1-x}=\frac{\sqrt{3}}{2}\Rightarrow x=\frac{\sqrt{3}}{2+\sqrt{3}}=\frac{\sqrt{3}(2-\sqrt{3})}{1}=2\sqrt{3}-3$$

따라서 세 각이 15°-75°-90°인 삼각형에서 긴 변은 $\sqrt{3}$, 짧은 변은 $2\sqrt{3}-2$, 빗변은 $2\sqrt{6-3\sqrt{3}}$이 된다. 이 값을 보다 간결하게 표현하기 위해 짧은 변의 길이를 1로 정규화하자. 분모를 유리화하면 긴 변의 길이는 $\dfrac{\sqrt{3}}{2\sqrt{3}-2}=2+\sqrt{3}$이 된다.

빗변을 $2\sqrt{3}-3$으로 나누고 분모를 유리화하여 이중근호를 풀어주면, $\sqrt{2}+\sqrt{6}$이 된다. 만약 여기까지 구하는 과정이 어렵고 학생들이 이중근호를 푸는 법을 어려워 한다면 다음과 같이 생각해볼 수도 있다. 빗변의 길이 $2\sqrt{2+\sqrt{3}}$을 최종적인 해라고 하자. $a=2\sqrt{2+\sqrt{3}}$이면 $a^2=8+4\sqrt{3}$이므로,

$$8+4\sqrt{3}=(\sqrt{2}^2+\sqrt{6}^2)+2\sqrt{2}\sqrt{6}=(\sqrt{2}+\sqrt{6})(\sqrt{2}+\sqrt{6})$$

그렇다. 이것은 이차식을 완전제곱식으로 변형하는 경험이 없다면 우연히 발견할 수 있는 종류의 것은 아니다. 어쨌든 세 각이 15°-75°-90° 인 삼각형에 대해 다음과 같은 '정규화된(canonical)' 길이를 얻었다.

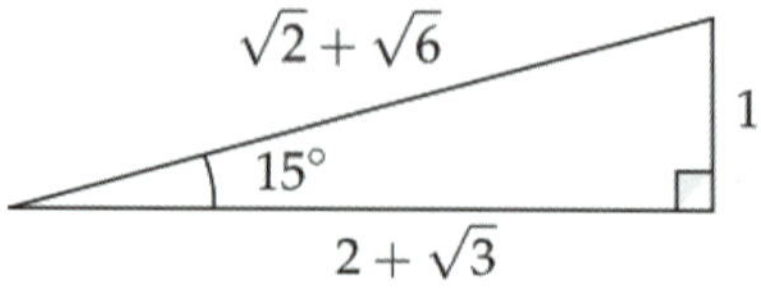

이때 분모를 유리화하면 다음을 구할 수 있다.

$$\sin 15° = \frac{\sqrt{6}-\sqrt{2}}{4},\quad \cos 15° = \frac{\sqrt{2}+\sqrt{6}}{4},\quad \tan 15° = 2-\sqrt{3}$$

45° 직각삼각형에 대해서도 동일한 접근 방법을 적용하면 더 쉽게 삼각함수의 값을 구할 수 있다. 다음 그림은 접힌 삼각형에서 길이 x가 세 번 반복됨을 보여준다. 따라서 닮은 삼각형을 이용하지 않아도 $x=\sqrt{2}-1$임을 알 수 있다.

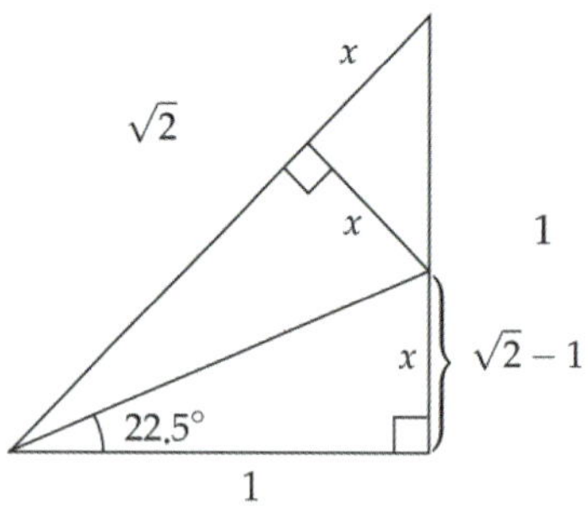

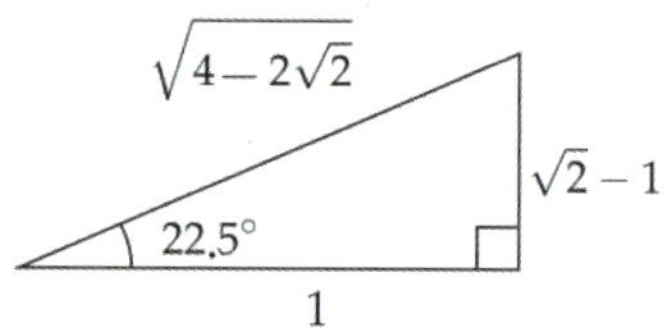

위의 오른쪽 그림은 22.5°-67.5°-90° 삼각형에 대한 '정규화'된 길이를 보여준다. 그러나 이 경우의 빗변은 이중근호가 간결하고 멋지게 정리되지 않는다. 그 결과 22.5°에 대한 정확한 삼각함수 값도 멋있지는 않다.

$$\sin 22.5° = \frac{\sqrt{2-\sqrt{2}}}{2},\quad \cos 22.5° = \frac{\sqrt{2+\sqrt{2}}}{2},\quad \tan 22.5° = \sqrt{2}-1.$$

삼각형의 가장 짧은 변의 길이를 1로 정규화하더라도 개선되지는 않는다.

심층 탐구

누군가는 배각 공식을 넘어서, 예를 들어, $\sin(\alpha+\beta)=\sin\alpha\cos\beta+\cos\alpha\sin\beta$ 와 같은 삼각함수의 덧셈정리에 대한 종이접기 방법을 개발하고 싶어질 수 있다. 또 누군가는 단순히 기존의 기하학적인 증명을 모방할 수 있는데, 이것은 종이 위에 선을 그리는 대신 접는 것과 같다. 그러나 선을 그리는 대신 접는 것이 재미있을 수도 있지만 어느 지점부터는 종이접기와의 연결성이 점차 빈약해질 수 있다.

두 번째 활동지에서, 제시된 방법은 우리가 이미 알고 있는 삼각형을 이등분한 것에만 사용할 수 있기 때문에, 누군가는 다른 삼각형도 탐색할 수 있다. 그러나 다른 삼각형을 찾는 것은 쉬운 일이 아니다. 예를 들어, 기하학에서 볼 수 있는 또 다른 삼각형으로 정오각형 안에서 찾을 수 있는 기본 직각삼각형인 $36°$-$54°$-$90°$ 삼각형이 있다. 그러나 이 삼각형의 변의 길이에 대한 정확한 표현은 도출하기가 상당히 어렵고 이 안에 황금 비율이 존재하지만 특별히 멋진 표현으로 단순화되지도 않는다. 다음 그림을 참조하시오.

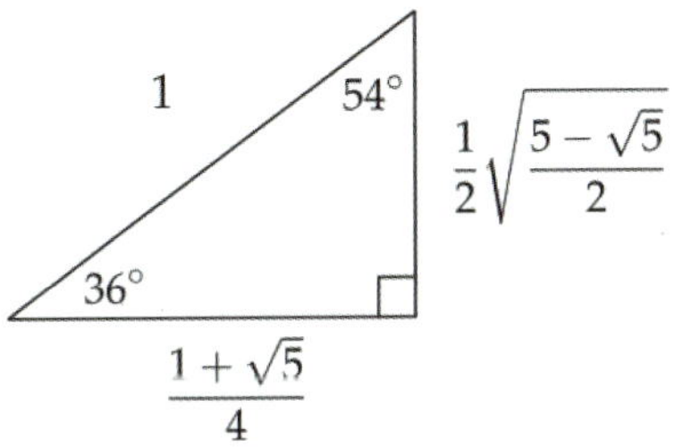

이론적으로, 이것과 두 번째 활동지의 방법은 예를 들어, $\sin 18° = \frac{1}{1+\sqrt{5}}$을 나타내는데 사용될 수 있지만, 이를 위해 필요한 제곱근 계산은 매우 복잡하다. 정오각형과 별모양 오각형(pentagram)에 대한 기하학을 파고 들어서 정오각형의 각에 대한 정확한 삼각함수 표현을 구하는 편이 훨씬 더 쉬울 수 있다.

길이를 근사적으로 N 등분 하기: 후지모토의 근사법

Activity 03

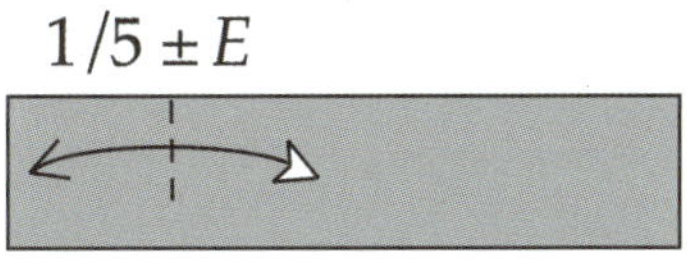

관련 과목: 미적분학, 정수론, 이산 동역학, 수학적 모델링

개요

홀수 n에 대하여, 주어진 띠종이 또는 정사각형 종이의 한 변을 n등분하는 접기 방법으로 후지모토의 근사법이 제시된다. 이와 관련하여 다음과 같이 다양한 질문들을 할 수 있다. "작동하는 원리는 무엇인가?", "이 방법을 사용할 때 왼쪽과 오른쪽 접기 순서가 뜻하는 것은 무엇인가?", "언제 $1/n$, $2/n$, $\dots$ $(n-1)/n$을 나타내는 핀치 [1] 표시를 모두 얻을 수 있는가?"

내용

후지모토의 방법을 가르치고 그것이 작동하는 원리를 살펴보는 것은 오차가 기하급수적으로 줄어드는 것을 설명하는 좋은 실습 과정이 된다. 왜냐하면 처음 추측한 지점에서의 오차는 후지모토의 방법으로 접기를 반복할 때마다 2의 거듭제곱씩 감소하기 때문이다. 지수 함수들과의 연관성 및 뉴턴의 방법 [2] 과의 유사성으로 인해 이 활동은 미적분학 수업에서 적합하다.

후지모토의 방법을 더 자세히 분석하기 위해 이 상황에 대한 수학적 모델을 만드는 것이 필요하다. 주어진 띠 모양의 종이를 수직선 위의 구간 $[0,\ 1]$로 간주하고 접기 과정에서 만들어지는 이진법 소수를 고려하는 것이 아주 유용하다는 사실을 알게 된다.[3] 종이의 주름선을 기준으로 왼쪽 부분과 오른쪽 부분을 절반으로 접는 과정은 이진법의 소수로 수를 표현한 후 소수점 아래 첫째 자리에 각각 0 또는 1을 넣는 과정으로 해석할 수 있고, 이는 종이접기에 대한

[1]여기서 핀치(pinch)란 꼬집듯이 접어 표시한 주름을 의미한다.
[2]뉴턴의 방법은 다항식의 해를 근사적으로 구하는 과정을 설명한다.
[3]종이를 접을 때 얻게 되는 주름선은 구간 $[0,\ 1]$사이의 어떤 실수에 대응한다.

특별한 수학적 의미를 부여한다. 이러한 내용을 공부하는 것은 수학적 모델링 또는 이산 동역학 수업의 맥락에 잘 어울린다.

그 외에 이 활동과 관련된 흥미로운 정수론 내용도 있다. 후지모토의 방법으로 접기를 할 때, $1/n$, $2/n$, $\ldots$ $(n-1)/n$을 나타내는 각각의 핀치 표시가 그 과정에서 모두 만들어지는지 아닌지 판단하는 문제는 n이 소수이고 2가 법 n에 대한 원시근인지 아닌지를 판단하는 것과 동치임이 밝혀진다. 그래서 이 종이접기 활동은 재미있는 응용 정수론 문제를 만들어낸다.

활동지

2개의 활동지가 제시된다. 두 번째 활동지에서는 하나의 질문에서 더 발전된 단계의 다른 질문으로 나아가지만, 이 질문들은 또한 별개로 다룰 수 있다. 예를 들어, 질문 4-6은 정수론 수업에서 생략될 수 있다.

(1) 후지모토 근사법을 소개하고 이 방법이 잘 작동하는 이유에 대해 질문한다.

(2) 후지모토 근사법을 분석한다. 첫 번째 활동은 기본적인 질문이고, 두 번째는 동역학계에 대한 것이며 세 번째는 정수론에 관한 것이다.

수업 시간

후지모토의 근사법을 가르치는 데 10분정도 소요되지만, 학생들이 여러 가지 다른 n에 대해서 시도해보고 이 방법이 작동하는 원리를 이해하기 위해서는 적어도 20분이 추가로 요구된다. 두 번째 활동지를 위해 필요한 시간은 이것이 활용되는 수업 상황에 크게 의존한다.

활동지 1 어떻게 주어진 종이를 N등분 할 수 있을까?

종이접기를 할 때, 우리는 종종 정사각형 모양의 종이 한 변을 같은 길이로 등분해야 하는 상황에 처하곤 한다. 만약 이등분 또는 사등분 접기를 해야 한다면 이는 어렵지 않게 할 수 있다. 그러나 오등분 접기를 시도해보면 이를 하기가 너무 어렵다는 것을 알게 된다. 이 활동에서는 주어진 길이를 등분하기 위해 사용할 수 있는 유명한 접기 방법 중 하나인 **후지모토의 근사법**에 대해 배운다.

(1) 종이의 왼쪽으로부터 1/5 길이 지점을 어림잡아 핀치로 표시한다.

(2) 이렇게 잡은 핀치의 오른쪽은 종이의 $\approx 4/5$이다.[4] 이를 **반으로 접어** 핀치로 나타낸다.

(3) 이렇게 얻어진 핀치는 3/5 위치에 가깝다. 이것의 오른쪽은 종이의 $\approx 2/5$ 길이이고, 이 부분을 **반으로 접어** 핀치로 나타낸다.

(4) 오른쪽에서 1/5 위치 가까이에 핀치가 있다. 이것의 왼쪽 부분은 전체 종이의 $\approx 4/5$이고, 이 부분을 **반으로 접어** 핀치로 나타낸다.

(5) 이렇게 하면 2/5 위치 가까이에 핀치가 얻어진다. 이것의 왼쪽 부분을 **반으로 접어** 핀치로 나타낸다.

(6) 마지막 핀치는 실제 1/5 위치에 **매우 가까운** 곳에 있게 될 것이다.

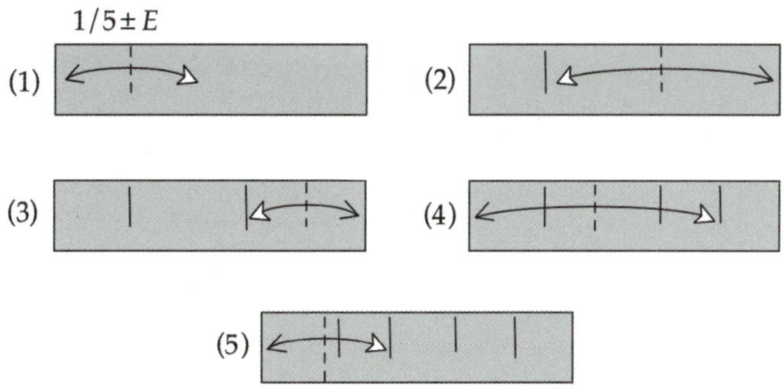

이 작업을 수행하고 난 후, 마지막 핀치부터 위의 단계를 반복 할 수 있다. 단, 이때에는 주름을 핀치로 나타내지 말고, **종이를 가로지르며 각 주름을 선명하게 만들어라**. 이렇게 하면 종이의 1/5 위치를 아주 정확하게 얻게 될 것이다.

[4] 기호 $\approx$은 어림값 또는 근삿값을 의미한다.

질문: 왜 이러한 현상이 일어나는가?

도움말: 띠종이의 길이가 1이라면, 어림하여 잡은'처음 핀치'의 x좌표를 $1/5 \pm E$이라 놓을 수 있다. 여기서 E는 초기 오차를 나타낸다. 위의 그림과 같이, 접기 과정에서 생성된 핀치들의 위치를 x축 위에 나타내보자. 각각의 핀치들의 좌표는 무엇인가?

설명: 도움말에서 수행한 작업을 확인한 후, 후지모토의 근사법이 작동하는 이유에 대한 설명을 1개 또는 2개의 완전한 문장으로 적어라.

활동지 2 후지모토 근사법의 세부 내용

(1) 이진법 소수

십진법의 전개식을 생각해보자. 예를 들어

$$\frac{1}{8} = \frac{1}{10} + \frac{2}{10^2} + \frac{5}{10^3}$$

이므로 $1/8 = 0.125$이다. 만약 $1/8$을 이진법의 전개식으로 나타내고자 한다면 분모에서 10의 거듭제곱 대신 2의 거듭제곱을 사용한다. 그래서

$$\frac{1}{8} = \frac{0}{2} + \frac{0}{2^2} + \frac{1}{2^3}$$

이고 이를 이진법 소수 $1/8 = (0.001)_2$로 나타낸다.

질문 1: $1/5$은 이진법 소수로 어떻게 쓸 수 있는가?

질문 2: 후지모토의 근사법으로 $1/5$ 접기를 할 때, 왼쪽과 오른쪽 접기의 순서는 어떠한가? 여기서 왼쪽(오른쪽) 접기란 종이의 주름을 기준으로 왼쪽(오른쪽) 부분을 절반으로 접는 것을 의미한다. 이는 질문 1과 어떤 연관이 있는가?

질문 3: 새로운 띠종이로 후지모토의 방법을 사용하여 $1/7$ 접기를 해 보자. $1/5$인 경우와 작동하는 방식이 어떻게 다른가? 이진법 소수로 $1/7$을 나타낸 후 질문 2에서 관찰한 내용을 확인해 보자.

(2) 이산 동역학[5]관점에서의 접근[6]

띠종이가 x축 위에 있고 종이의 왼쪽과 오른쪽 끝이 놓인 곳의 좌표는 각각 0과 1이라고 가정하자. 다시 말해 띠종이를 닫힌구간 $[0, 1]$에 대응시킨 것이다. 접기를 통해 얻은 주름선은 0과 1사이에 있는 어떤 수에 대응한다. 닫힌구간 $[0, 1]$ 위에서 두 함수를 정의하자.

$$T_0(x) = \frac{x}{2} \text{ 이고 } T_1(x) = \frac{x+1}{2}$$

질문 4: 후지모토 근사법의 관점에서 두 함수가 의미하는 것이 무엇인가?

질문 5: 후지모토의 방법으로 1/5 접기를 할 때, 처음에 어림잡은 곳에 대응하는 좌표를 $x \in [0, 1]$라 하자. 그러면 $x = 1/5 \pm E$과 같이 놓을 수 있다. 이제 x의 이진법 소수표현을 $x = (0.i_1 i_2 i_3 \ldots)_2$라 하자.

$T_0(x)$와 $T_1(x)$를 이진법 소수로 나타내면 어떻게 되는가? 증명할 수 있는가?

질문 6: 초기 어림값 x에서 시작하여 후지모토의 방법을 시행할 때, 이는 두 함수 T_0, T_1을 계속해서 합성해가며 x의 값을 구하는 과정으로 이해할 수 있다. 후지모토의 근사법으로 1/5을 접을 때 이를 적용하면 x의 이진법 소수표현에 어떤 일이 일어나는가? 이 사실을 사용하여 질문 2에서 관찰한 내용을 증명하라.

---

[5] 동역학계(dynamical system)는 공간 안에서 시간의 변화에 의존하는 어떤 대상(보통 점으로 표현되는)의 움직임을 수학적으로 설명하는 학문이다. 이산 동역학은 시간의 변화가 연속적이지 않은 경우를 다룬다.

[6] 제임스 탄톤(James Tanton)에 의해 제시된 문제이다. 프린스턴에서 대수적 위상수학을 전공한 수학자이며 뛰어난 수학교사이다. 다양한 저서가 있으며 수학과 관련한 콘텐츠를 다루는 그의 유튜브 계정과 트위터 계정은 이 분야에서 유명하다.

(3) 정수론 관련 질문[7]

질문 3에서 후지모토의 방법을 사용하여 1/7을 근사적으로 접는 것에 대해 다루었다. 근사적으로 1/5을 접을 때와는 달리, 1/7 접기 과정에서는 1/7의 배수에 해당하는 핀치가 모두 생기지는 않는다. 실제로 1/7, 4/7 및 2/7에 해당하는 핀치만 만들어진다.

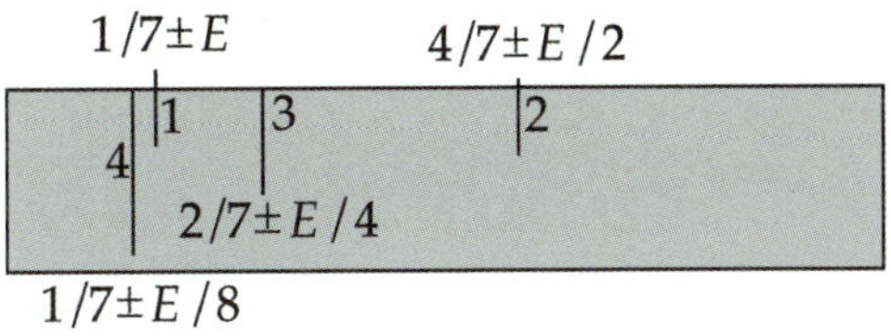

접기 과정에서 어떤 일이 일어나는지 오른쪽 표에서 살펴볼 수 있다. 첫째 줄에서는 첫 번째 핀치의 왼쪽과 오른쪽 부분의 길이가 1/7의 몇 배인지를 보여준다. 둘째 줄은 두 번째 핀치에 대한 결과를 보여준다. 오른쪽은 6에서 시작하여 세 줄만 지나면 다시 6으로 돌아옴을 알 수 있다. 따라서 1/7의 배수에 대응하는 모든 핀치가 만들어지지 않는다.[8]

왼쪽 7등분	오른쪽 7등분
1	6
4	3
2	5
1	6

연구 과제: 후지모토의 방법으로 1/5, 1/9, 1/11, 1/19을 접고 유사한 표를 만들어보자.

왼쪽 5등분	오른쪽 5등분
1	4

왼쪽 9등분	오른쪽 9등분
1	8

왼쪽 11등분	오른쪽 11등분
1	10

왼쪽 19등분	오른쪽 19등분
1	18

질문 7: 이러한 표에서 논의된 내용을 곱셈 연산이 정의된 수체계 $\mathbb{Z}_n$에서 생각해보자.[9] 여기서 n은 등분하고자 하는 수를 의미한다. 이제 다음 질문에 답해보자. 자연수 n에 대하여 후지모토의 방법으로 $1/n$을 접는 과정에서, $1/n$의 각각의 배수에 대응하는 핀치 표시가 모두 나타나는지 아닌지를 어떻게 판단할 수 있는가?

---

[7] 타마라 빈스트라 (Tamara Veenstra)에 의해 제시된 문제이다. 그는 정수론 및 암호학을 연구하는 수학자이며 현재 미국의 레드랜드 대학(University of Redlands) 수학과 교수이다.

[8] 그림에서 볼 수 있듯이 $3/7 + E$, $5/7 \pm E$, $6/7 \pm E$을 나타내는 핀치마크는 생기지 않는다.

[9] $\mathbb{Z}_n$은 n으로 나눈 나머지들의 집합이다. 즉,

$$\mathbb{Z}_n = \{0,\ 1,\ 2, \ldots,\ n-1\}$$

이 집합 위에서 곱셈 연산을 자연스럽게 정의할 수 있다. 예를 들면 4와 5의 곱은 20이지만 수체계 $\mathbb{Z}_7$에서는 20을 7로 나눈 나머지 6으로 정의한다. 기호로는 $4 \times 5 \equiv 6 (\mathrm{mod}\ 7)$로 쓴다.

해답과 교수법

활동지 1: 왜 후지모토의 방법이 통하는가?

아래 그림은 학생들이 $1/5$을 근사시키는 과정에서 얻게 되는 핀치에 할당해야 하는 수들을 보여준다.

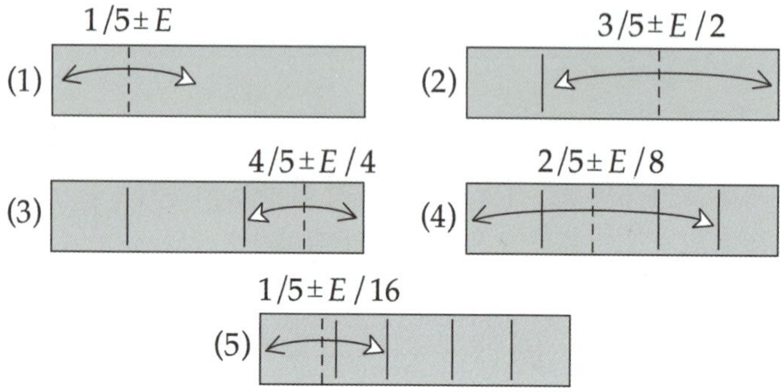

각각의 핀치에서 오차는 기하급수적으로 감소하고 있다. 즉,

$$\lim_{n\to\infty}\frac{E}{2^n}=0$$

이므로 접는 과정에서 오차는 빠른 비율로 감소하게 된다.

이는 종이접기와 같이 '실세계'에서 어떤 일을 할 때 오차의 본질이 무엇인지에 대한 토론으로 이어질 수 있다. 예를 들어 후지모토 방법의 장점은 종이접기를 할 때 발생하는 내재된 오차에도 불구하고 어떻게든 작업할 수 있다는 것이다. 어떠한 주름선도 수학적으로 완벽하게 오차 없이 만들 수는 없다. 아무리 노력해도 접는 과정에서 항상 오차가 있기 마련이다. 수학적으로 완벽하게 $1/5$을 접는 방법과 후지모토의 근사 방법 중 어느 것이 더 좋은 방법일까? 최종 결과에는 동일한 양의 오차가 있다. 전자는 임의의 접기 과정에서 발생하는 고유의 오차가 있는 반면, 후자는 초기 오차를 원하는 만큼 0에 가깝게 줄여갈 수 있다. 실제로 $1/n$을 수학적으로 정확하게 접는 방법은 접을 때마다 오차가 더 커지는 경향이 있지만 후지모토의 방법은 접을 때마다 오차를 계속 줄여나간다. 이러한 이유로 많은 사람들이 홀수 분할을 접을 때 후지모토의 방법을 사용한다. 접는 과정에서 생기는 오차를 참작하여 후지모토 방법에서 발생하는 오차를 더 정확하게 모델링하는 것은 학생들에게 흥미로운 연구 과제가 될 수 있다.

특정한 n에 대하여, 활동지에서 주어진 증명과는 다르게, 여러 방법으로 후지모토의 근사법을 증명할 수 있다. 실제로 교사는 활동지를 사용하지 않고 단지 손으로 하는 시연을 통해 자신의 학생들을 가르칠 수 있다. 그러면 학생은 자신이 원하는 방법으로 증명을 시도해 볼 수 있고, 종종 위에서 보인 간단한 '오차 감소(error-reduction)' 논의와는 다른 증명을 할 수 있다.

다음은 학생들이 발견한 증명 중 하나이다. 근사적으로 1/3을 접으려 한다고 가정하자. 종이의 밑변을 닫힌구간 [0, 1]로 가정하고, 1/3에 해당하는 초기 위치를 어림하여 핀치로 표시할 때, 0에서 그 핀치까지의 길이를 a라 하자. 그러면 나머지 부분의 길이는 $1-a$이고 이 부분을 절반으로 접어 두 번째 핀치를 만들면 길이가 $(1-a)/2$인 두 선분이 생긴다. 세 번째 핀치를 만들면 길이가 $(1-(1-a)/2)/2$인 하나의 선분이 만들어진다. 즉, 이 과정은 반복하여 되풀이된다. 네 번째 핀치로부터 길이가

$$\frac{1-\frac{1-\frac{1-a}{2}}{2}}{2}$$

인 선분을 얻게 된다. 이제 이 과정을 반복할 때 이러한 연분수 형태의 수가 어떤 값에 수렴한다고 가정하고 이를 S라 하자. 그러면 S는 방정식 $S=(1-S)/2$의 해가 되고, 따라서 $S=1/3$이다. 이 방법은 1/5의 경우를 해결하기 위해서 사용될 수 있지만 훨씬 더 복잡하다.

교수법. 활동지에 후지모토 방법의 전 과정이 잘 나타나 있지만, 학생들은 자신들이 해야 할 일을 파악하기 어려워할 수 있다. 후지모토 방법에 학생들이 익숙해질 수 있도록 돕는 최선의 방법은 아마도 1/5의 예를 가지고 함께 접어 보는 것(교사가 접을 때 학생들이 따라서 접는 것)일 것이다.

오차가 거의 없어질 때까지 이를 반복해야 한다는 점을 강조하는 것이 중요하다. 이는 새로운 핀치가 그 이전 핀치 위에 곧바로 만들어지기 시작할 때 알 수 있다. 바로 그 때가 종이를 가로지르며 주름을 선명하게 만들 때이다. 일단 완료되면 주름을 따라 지그재그로 '아코디언 주름'을 만들어 정말로 종이가 오등분으로 나누어진 것을 확인할 수 있다.

학생들이 첫 번째 활동지로 1/5 접기를 마친 후에, 또는 일부 모둠이나 개인이 일찍 활동을 마친 경우에, 그들로 하여금 후지모토 방법을 사용하여 1/7 또는 1/9 (또는 1/3)과 같이 다양한 등분 접기에 도전해 보도록 하자. 이렇게 함으로써 학생들이 실제로 이 방법을 이해하고 있는지 아닌지를 테스트할 수 있다.

활동지 2: (1) 이진법 소수

질문 1에서 1/5은 1/2과 1/4보다는 작고 1/8보다는 크다는 것을 안다. 따라서 1/5의 이진법의 소수 표현에서 처음 세 자리는 $(0.001\ldots)_2$꼴이 된다. 여기서 $1/8=(0.001)_2$을 빼면 $1/5-1/8=3/40=0.075$가 남는다. 이는 1/16보다 크기 때문에 넷째 자리의 수는 1이다. 그러면 $3/40-1/16=1/80=0.0125$이 남고 이는 1/32과 1/64보다 작다. 그런데 잠깐, 나머지 $1/80=(1/5)(1/16)$에서 1/16을 제거하면 1/5을 얻는다. 이는 우리가 1/80로부터 1/16을

인수로 묶으면 처음 시작했던 $1/5$로 돌아온다는 것을 의미한다.[10] 따라서 $1/5$을 이진법 소수로 나타내면 소수점 넷째 자리 이후로 반복된다. 즉 $1/5 = (0.\overline{0011})_2$이다.[11]

질문 2에서 후지모토의 방법을 사용하여 $1/5$을 만들 때 오른쪽을 두 번 접은 다음 왼쪽을 두 번 접었다. 그래서 접는 순서는 오른쪽, 오른쪽, 왼쪽, 왼쪽이다. 학생들은 $1/5$의 이진법 소수에서 나타나는 수와 같은 순서로 오른쪽$=0$, 왼쪽$=1$로 놓으려 할 수 있다. 접는 순서는 오른쪽, 오른쪽, 왼쪽, 왼쪽이고, $1/5 = (0.\overline{0011})_2$이므로 많은 경우에 학생들은 오른쪽을 0, 왼쪽을 1로 놓는다. 그러나 이를 정당화하기는 어려울 것이다. 오히려 오른쪽은 1, 왼쪽은 0으로 두는 것이 더 논리적이다. 그 이유는 종이를 구간 $[0, 1]$로 간주하고 있기 때문이다. 따라서 종이의 오른쪽과 왼쪽은 각각 1과 0에 있다. 그러면 왼쪽-오른쪽 접기 순서는 이진법 소수에서 나타나는 순환마디를 역순으로 하여 얻을 수 있다. $1/5$의 이진법의 전개식에서 순환마디는 0011이다. 이것의 역순은 1100이므로 접는 순서는 오른쪽, 오른쪽, 왼쪽, 왼쪽이다. 실제로 두 번째 활동지에서 이것을 엄밀히 증명한다.

질문 3에서, 후지모토 방법으로 $1/7$을 근사시킬 때 발생하는 차이점은 $1/7$, $4/7$ 그리고 $6/7$ 지점에서만 핀치 표시를 얻는다는 점이다. 반면 $1/5$을 근사시키는 과정에서는 $1/5$의 각각의 배수에 해당하는 모든 핀치 표시를 얻게 된다. 이와 같은 이상한 현상이 일어나는 이유를 두번째 활동지의 '(3) 정수론 관련 질문'에서 탐구한다. 그럼에도 불구하고 $1/7 = (0.\overline{001})_2$이므로 우리가 확실히 아는 것은 접는 순서가 오른쪽, 왼쪽, 왼쪽으로 주어진다는 사실이다. 이는 학생들에게 질문 2에서 했던 어설픈 추측들을 인식하게 할 것이다.

교수법. 학생들과 많은 교사들은 실수를 이진수로 변환하는 방법을 모르거나 기억하지 못할 것이다. 활동지에 제시된 $1/8$의 예는 충분한 개요를 제공하지만 학생들이 $1/5$의 이진법 전개식을 계산할 수 있을 만큼 충분치 않을 수 있다. 필요하다면 교사는 학생들에게 힌트를 제공할 수 있지만, 그 전에 학생들이 $1/5$의 이진법 전개식을 스스로 알아내도록 해야 한다. 모두가 길을 잃었다면 $1/3 = (0.\overline{01})_2$과 같은 예를 다루어 보는 것이 도움이 될 수 있을 것이다.

질문 2에서 학생들의 추측이 틀릴 가능성이 매우 높지만 괜찮다. 주어진 자료로부터 가설을 세울 때, 학생들이 스스로 점검하는 법을 배우고 자신이 세운 가설이 잘못되었을 때 어떻게 만회해야 하는지를 이해하는 것은 학습과정의 일부이다. 학생들은 이것이 중요하다는 사실을 이해할 필요가 있고, 그들은 질문 3에 답하면서 그 기회를 가져야 한다. 학생들이 질문 3에 답한 후 스스로 세운 가설을 버리는 것으로 끝내지 않고, 이를 옳게 수정할 수 있도록 지도하라.

---

[10] $\frac{1}{5} = \frac{0}{2} + \frac{0}{2^2} + \frac{1}{2^3} + \frac{1}{2^4} + \frac{1}{80}$이고 $\frac{1}{80} = \frac{1}{16}\frac{1}{5} = \frac{1}{2^4}\left(\frac{0}{2} + \frac{0}{2^2} + \frac{1}{2^3} + \frac{1}{2^4} + \frac{1}{80}\right)$이다. 따라서 이 과정을 반복하면 $1/5$의 이진법 소수 표현에서 0011이 순환마디가 됨을 알 수 있다.

[11] 순환마디 표기는 보통 $1/5 = (0.\dot{0}01\dot{1})_2$을 사용한다. 이 책에서는 $1/5 = (0.\overline{0011})_2$ 표기를 사용하였다.

활동지 2: (2) 이산적 동역학

이 자료는 제임트 텐트 [Tan01]의 아이디어를 모은 것이다. 함수 $T_0(x)$, $T_1(x)$는 왼쪽 및 오른쪽 접기와 똑같이 작동한다. 즉, $x \in [0,\ 1]$이면 함숫값 $T_0(x)$ 및 $T_1(x)$는 각각 종이의 왼쪽변과 오른쪽 변을 x좌표 위로 접을 때 생기는 핀치의 좌표가 된다. 이는 질문 4에 대한 답을 준다.

질문 5에서는 1/5의 경우만을 언급함으로써 질문 6에서 다루는 논의들이 더욱 의미가 있도록 했다. 만일 $x = (0.i_1i_2i_3\ldots)_2$ 이면 다음 사실을 깨닫는 것이 중요하다.

$$T_0(x) = (0.0i_1i_2i_3\ldots)_2 \text{ 이고 } \quad T_1(x) = (0.1i_1i_2i_3\ldots)_2$$

이는 직접 계산을 통해 증명할 수 있다. $x = \sum_{n=1}^{\infty} i_n/2^n$ 이므로

$$T_0(x) = \frac{1}{2}\sum_{n=1}^{\infty}\frac{i_n}{2^n} = \sum_{n=1}^{\infty}\frac{i_n}{2^{n+1}} = (0.0i_1i_2i_3\ldots)_2 \text{ 이고}$$

$$T_1(x) = \frac{1}{2} + \frac{1}{2}\sum_{n=1}^{\infty}\frac{i_n}{2^n} = \frac{1}{2} + \sum_{n=1}^{\infty}\frac{i_n}{2^{n+1}} = (0.1i_1i_2i_3\ldots)_2$$

이다. 따라서 질문 6에서 후지모토의 방법으로 1/5을 접을 때 순서가 오른쪽, 오른쪽, 왼쪽, 왼쪽이 반복된다면 두 함수의 합성 $T_0(T_0(T_1(T_1(x))))$이 계속해서 반복된다는 것을 알게 된다. 주어진 임의의 초기 추측값이 $x = (0.i_1i_2i_3\ldots)_2$일 때 $T_0(T_0(T_1(T_1(x)))) = (0.0011i_1i_2i_3\ldots)_2$이므로 이 과정이 계속된다면 1/5에 더 가까운 근삿값을 얻게 될 것이다.

따라서 이진법 소수의 순환마디에 나타나는 수들의 역순으로 왼쪽-오른쪽 접기 순서가 결정되는 이유를 알 수 있다. 이는 접는 순서를 구성하고자 할 때, 이진법 소수의 시작 부분에 0 또는 1을 첨가해 가고, 이 순서는 순환마디에서 나타나는 수들의 역순이기 때문이다. 이는 학생들이 함수를 합성할 때, 말로 하는 순서와 반대로 보이기 때문에 그 순서를 혼동하는 것과 같다. [12]

교수법. 함수 T_0 및 T_1은 왼쪽 및 오른쪽 접기를 훌륭하게 포착한다. 교사는 학생들에게 이러한 함수를 스스로 찾도록 발문할 수 있다. 왼쪽 접기는 구간 $[0,\ x]$를 절반으로 나누고 오른쪽 접기는 $[x,\ 1]$을 절반으로 나누는 것이다.

활동지에서 이 부분은 추상적으로 정의된 함수가 매우 실제적인 것의 수학적 의미를 어떻게 담을 수 있는지 보여 주는 좋은 예가 된다. 이 활동에서 학생들은 그들의 손에 이 실제적인 것을 쥐고 있다! 따라서 학생들이 두 함수 T_0, T_1과 후지모토 근사 접기 사이의 연관성을 발견하는 것이 중요하다. 이것이 어려운 일은 아니지만, 학생들은 나머지를 진행하기 전에 그것을 내면화할 필요가 있다.

학생들이 실문 5에 대한 답을 찾기 어려워할 수 있다. 의구심이 들 때, 항상 예를 들어 설명하라. 학생들이 막히는 경우 "만약 $x = 1/2$이면 어떻게 될까요?", "만일 $x = 3/4$라면

[12] 어떤 학생들은 함수의 합성 기호 $f \circ g$의 의미를 f의 값을 계산한 후 g의 값을 계산하는 것으로 (순서를) 혼동하곤 한다.

어떻게 될까요?"라고 물어보자. 이러한 예들은 학생들이 올바른 방향으로 생각하도록 도울 수 있다.

질문 5의 결과를 증명하려면 급수를 잘 알고 있어야 하고 이진법의 전개식에 대한 분명한 이해가 필요하다. 수학적 모델링 또는 동역학 (미적분학 후속과목) 수업을 듣는 학생들은 이를 잘 다룰 수 있을 것이다. 그렇지 않은 경우라도, 이 내용은 기본 기술을 연마하는 데 매우 좋은 연습이 될 것이다!

질문 6은 질문 4와 5에서 배운 것을 종합적으로 다룬다. 이것은 실험-추론-증명 과정의 중요한 부분이다. 학생들 스스로 내린 결론을 완전한 문장으로 명확하게 기록하게 하라.

활동지 2: (3) 정수론

활동지에서 이 부분은 타마라 빈스트라(Tamara Veenstra)에 의해 주어진 것으로 "후지모토의 접기 과정에서 어떤 핀치를 얻게 되는가?" 라는 질문에 대한 답으로부터 파생된 것이다. 표에 들어갈 올바른 값은 다음과 같다.

왼쪽 5등분	오른쪽 5등분
1	4
3	2
4	1
2	3
1	4

왼쪽 9등분	오른쪽 9등분
1	8
5	4
7	2
8	1
4	5
2	7
1	8

왼쪽 11등분	오른쪽 11등분
1	10
6	5
3	8
7	4
9	2
10	1
5	6
8	3
4	7
2	9
1	10

(19등분에 관한 표는 독자에게 남긴다.) 후지모토의 방법으로 등분하고자 하는 수를 n이라 하자. 만약 표를 아래에서 위로 거꾸로 읽어간다면, $\mathbb{Z}_n$ 안에서 2를 거듭제곱한 결과가 지수가 커짐에 따라 나타나고 있음을 어렵지 않게 알 수 있다.[13] 이것은 일리가 있다. 일단 후지모토의 방법으로 한 번 접어서 핀치의 어느 한쪽에 2의 거듭제곱과 같은 수의 등분이 생기면, 남는 부분이 $1/n$ 또는 $(n-1)/n$에 도달할 때까지 그 쪽 부분을 접어나갈 것이다. 그래서 2의 연속적인 거듭제곱이 $\mathbb{Z}_n$ 안에서 1부터 $n-1$ 사이의 모든 값을 생성한다면 $1/n$의 각각의 배수에 해당하는 모든 핀치를 얻게 된다. 즉, 곱셈연산을 가지고 2가 집합 $\mathbb{Z}_n/\{0\}$을 생성하기 위한

[13] $\mathbb{Z}_n$ 안에서 2의 거듭제곱을 본다는 것은 2의 거듭제곱을 n으로 나눈 나머지를 본다는 것을 의미한다. 예를 들어 $\mathbb{Z}_5$에서 2의 거듭제곱을 보면 1, 2, 4 그 다음은 8을 5로 나눈 나머지인 3이 된다.

조건을 찾아야 한다. 이것을 가장 간결하게 말하자면, 2는 $\mathbb{Z}_n$의 원시근(primitive root)이라 할 수 있다. 정수론을 배운 학생들이라면 이렇게 표현하고자 노력해야 한다.

학생들의 수준이나 수업에 할애한 시간에 따라 위와 같은 비형식적인 설명이 적절할 수 있다. 그러나 한편으로는 다음과 같이 훨씬 더 엄밀한 증명이 필요할 수도 있다.

이진법의 전개식이 $1/n = (0.\overline{i_1 i_2 \ldots i_k})_2$라 하자. 이것이 의미하는 바는 다음과 같다.

$$\frac{1}{n} = \sum_{j=0}^{\infty}\left(\frac{i_1}{2^{jk+1}} + \frac{i_2}{2^{jk+2}} + \ldots + \frac{i_k}{2^{jk+k}}\right) = \sum_{j=0}^{\infty}\left(\frac{2^{k-1}i_1 + 2^{k-2}i_2 + \ldots + 2^0 i_k}{2^{jk+k}}\right)$$

이제 마지막 식의 분자를 $a = 2^{k-1}i_1 + 2^{k-2}i_2 + \ldots + 2^0 i_k$라 하자. 이진법 소수로 a를 나타내면 $a = (i_1 i_2 i_3 \ldots i_k)_2$이고 이는 $1/n$의 이진법 소수에서 나타나는 순환마디로부터 얻게 되는 수라는 사실을 주목하자. 또한 a는 j에 의존하지 않는다는 사실도 주목하자. 따라서

$$\begin{aligned}\frac{1}{n} &= a\sum_{j=0}^{\infty}\frac{1}{2^{jk+k}} = \frac{a}{2^k}\sum_{j=0}^{\infty}\frac{1}{2^{jk}} \\ &= \frac{a}{2^k}\frac{1}{1-(1/2)^k} = \frac{a}{2^k}\frac{2^k}{2^k-1} = \frac{a}{2^k-1}\end{aligned}$$

위에서 $1/n$을 분수로 나타냈고 이때 분모는 2의 거듭제곱에서 1을 뺀 형태이다. 이는

$$an = 2^k - 1 \text{ 또는 } 2^k \equiv 1 (\text{mod } n)$$

을 의미한다. 그래서 2는 단원군 $U(\mathbb{Z}_n)$[14] 안에 있다. 또한 $2^k \equiv 1 \pmod n$이 성립하는 최소의 자연수가 k가 아니라면, $m < k$인 자연수 m이 존재하여 $1/n = a/(2^m - 1)$로 쓸 수 있다. 그러나 이 경우, 위에서 행한 계산을 되짚어보면, 더 짧은 길이의 순환마디를 가지는 이진법 소수로 $1/n$을 쓸 수 있게 된다. 가장 짧은 순환마디의 길이가 k라고 가정하고 있으므로, 이러한 일은 일어날 수 없다. 따라서 k는 $2^k \equiv 1 \pmod n$를 만족하는 최소의 자연수이다.

이 모든 것을 다음과 같이 해석할 수 있다. $1/n = (0.\overline{i_1 i_2 \ldots i_k})_2$을 후지모토의 방법을 사용하여 근사시킬 때 $1/n$의 각각의 배수에 대응하는 모든 핀치 표시를 얻기 위한 필요충분조건은 2의 거듭제곱이 $\mathbb{Z}_n/\{0\}$의 모든 원소를 생성하는 것이다. 즉, n은 소수이며 2는 법 n에 대한 원시근이 되어야 한다.

교수법. 정수론 수업시간에 이것을 활용하는 시기에 따라 학생들은 자신이 발견한 것을 표현하는 최선의 방법을 찾는 데에 성공과 실패를 겪게 될 것이다. 그러나 학생들은 표가 나타내는 패턴을 명확하게 밝혀야 한다. 이는 정수론에서의 패턴-매칭에 대한 학생들의 역량을 평가할 수 있는 좋은 테스트를 제공한다. 정수론 이외의 수업에서도 이 활동이 흥미로울 수 있지만, 적어도 $\mathbb{Z}_n$에 대해서 학생들이 잘 알고 있어야 한다. (아마도 학생들이 원시근에 관한 것을 정확히 표현하기는 어려울 것이다.)

[14]단원군 $U(\mathbb{Z}_n)$이란, $\mathbb{Z}_n$의 원소 중 곱셈에 대한 역원이 있는 것들의 집합을 의미한다. 이는 정확히 n과 서로소인 것들의 집합과 같음을 보일 수 있다. 예를 들어, $U(\mathbb{Z}_4) = \{1, 3\}$, $U(\mathbb{Z}_8) = \{1, 3, 5, 7\}$이다.

학생들이 쉽게 틀리는 추측 중 하나는 n이 소수이면 항상 모든 핀치를 얻을 수 있다고 생각하는 것이다. 이러한 생각은 보통 다음과 같은 생각의 흐름으로부터 나온다. 만약 2의 거듭제곱이 $\mathbb{Z}_n/\{0\}$의 모든 원소를 생성하지 못한다면, 이러한 수들이 하나의 진부분군(subgroup)을 생성할 것이다. 그리고 이러한 자명하지 않은 진부분군이 존재하지 않을 때는 오직 n이 소수일 때이다.[15] 당연히 이것은 틀린 증명이지만, 학생들이 이런 식으로 생각하는 것을 볼 때 놀랄 필요는 없다.

후속 연구

슈조 후지모토(Shuzo Fujimoto)가 자신의 근사법을 소개한 일본책은 매우 드물어 찾기 어렵다 [Fuj82]. 또한 그는 홀수 n에 대하여 주어진 각을 n 등분하는 방법으로써 이 근사법을 사용하였다. 이러한 유형의 근사 방법 및 기타 정수론과의 연관성을 또 다른 관점에서 살펴보려면 힐튼(Hilton)과 페데르센(Pedersen)[Hil97]의 연구결과를 참조하라.

[15] 이는 덧셈군 $\mathbb{Z}_n$에 대하여 성립한다. 즉, n이 소수이면 덧셈군 $\mathbb{Z}_n$은 자명하지 않은 진부분군을 가질 수 없다. 이 활동에서는 덧셈연산이 아닌 곱셈연산을 다루고 있다. 군론을 공부하는 많은 학생들이 $\mathbb{Z}_n$ 위의 덧셈연산과 곱셈연산 사이의 차이점을 혼동한다.

길이를 정확히 N 등분 하기

Activity 04

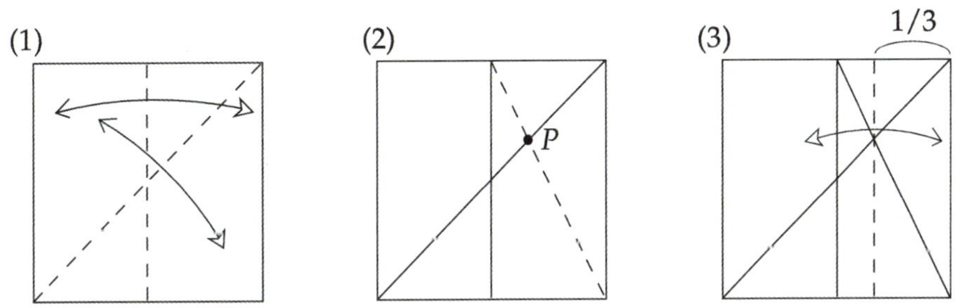

관련 과목: 기하학, 기초 미적분학

개요

학생들은 정사각형 종이의 한 변을 3등분, 5등분 또는 n등분(n은 홀수)하는 접기 방법을 찾아야 한다. 이 활동의 목표는 근사법이 아닌 **정확히** 접는 방법을 탐구하는 것이다.[1]

먼저 학생들이 얼마동안 이를 찾도록 한 후, 또는 다음 차시에 활동지를 나누어 주도록 하자. 이 활동지는 학생들이 1/3 길이를 정확하게 접을 수 있는 종이접기 과정을 보여준다. 이 활동 후에, 학생들이 이 방법을 임의의 등분 접기로 일반화하도록 지도한다.

내용

이 활동은 통합적인 방법과 해석적인 방법 모두를 사용하여 해결할 수 있지만, 대부분은 기하와 관련이 있다. 사실 이 문제를 해석적인 방법으로 푼다면, 이는 직선의 방정식을 찾고 이들의 교점을 활용하는 것이 전부이다. 따라서 이 활동은 기초 미적분학 수업을 위한 실습 활동으로도 적합하다.

[1]후지모토의 방법은 주어진 길이를 근사적으로 n등분 하는 방법을 다룬다. 반면 이 활동에서는 정확하게 n등분하는 방법을 다룬다.

활동지

정사각형 종이를 정확하게 삼등분으로 접는 활동에 대해 접근방법이 다른 두 가지 활동지가 각각 제공된다. 첫 번째 활동지는 학생들이 접는 방법을 보고 그것이 의미하는 바를 발견하게 하는 것이다. 두 번째 활동지는 학생들에게 접는 방법과 의미를 설명해주고 학생들이 이를 증명하도록 하는 것이다.

두 활동지로 수업할 때, 학생들이 먼저 1/3을 정확히 접는 자신만의 방법을 발견하게 함으로써 동기를 부여할 수 있다.

수업 시간

이 활동은 접는 시간, 학생들의 작업 시간, 그리고 이후의 토론시간을 포함하여 최소 30분 이상의 수업 시간을 계획하는 것이 좋다.

활동지 1 아래 접기는 무엇을 하기 위한 것인가?

아래 그림은 어떤 종이접기 방법에 대한 설명이다. 정사각형 모양의 종이를 수직으로 반 접고, 그림과 같이 대각선으로 접어 종이주름을 만들어라. 그런 다음 상단의 중심과 하단 오른쪽 모서리를 연결하는 종이주름을 만들어라.

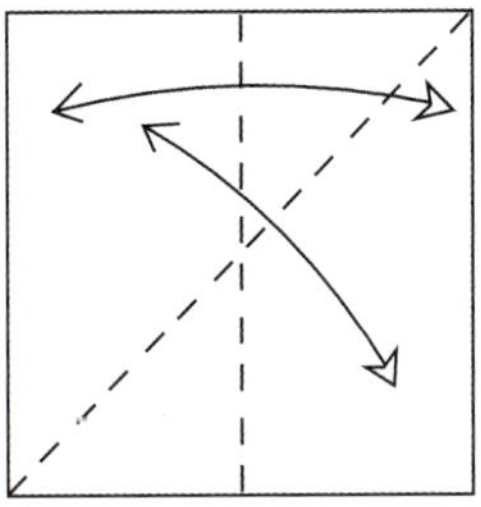

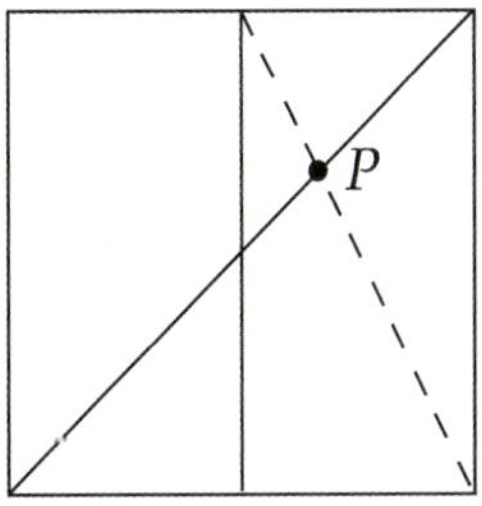

질문 1: 2개의 대각선 주름이 만나는 교점 P의 좌표를 찾아라. 하단 왼쪽 모서리가 원점이고 정사각형 한 변의 길이는 1이라고 가정한다.

질문 2: 이 사실이 흥미로운 이유는 무엇인가? 이 방법은 무엇을 위해 사용할 수 있는가?

질문 3: 5등분 또는 n등분 (n은 홀수)을 정확하게 접기 위해, 이 방법을 어떻게 일반화할 수 있는가?

활동지 2 정확한 삼등분 접기

정사각형의 한 변을 정확하게 절반 또는 4등분 또는 8등분으로 접기는 쉽다. 그러나 3등분처럼 홀수 등분으로 정확하게 분할하는 접기는 훨씬 어렵다. 아래 접기 과정은 1/3을 접는 절차를 보여준다.

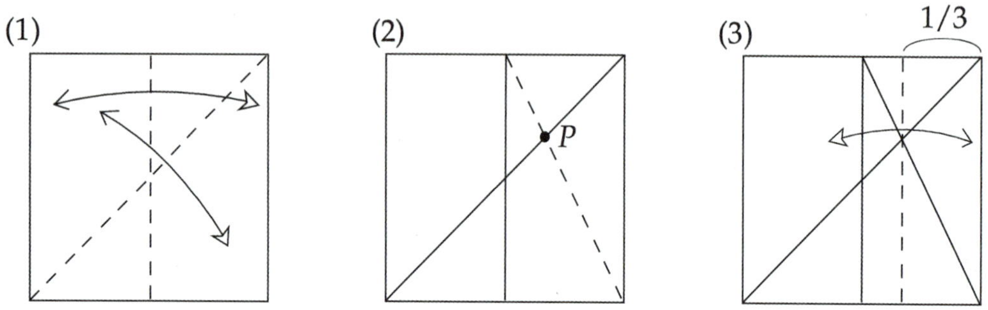

질문 1: 이 방법이 실제로 1/3을 정확하게 접는 방법임을 증명하라.

질문 2: 5등분 또는 n등분 (n은 홀수)을 정확하게 접기 위해, 이 방법을 어떻게 일반화할 수 있는가?

해답과 교수법

2개의 활동지의 내용이 비슷하므로 우리는 첫 번째 활동지의 해답에 초점을 맞추어 설명한다.

질문 1: 통합적인 접근

정사각형의 한 변의 길이가 1이라고 가정하고 아래 그림을 고려해보자. 점 P의 좌표를 (x, x)로 놓자.[2] 그러면 선분 AE의 길이는 x이므로 선분 EB의 길이는 $1-x$이다. 또한 EP의 길이도 x이다.

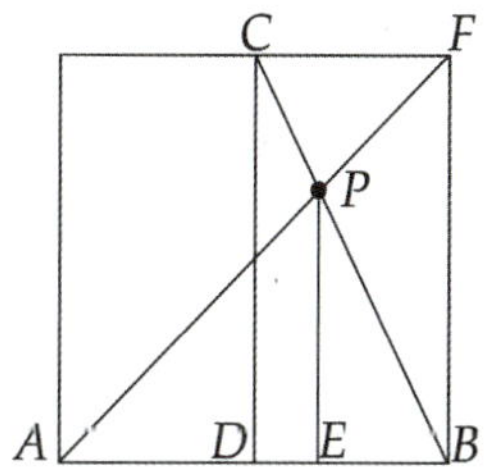

두 삼각형 $\triangle BDC$와 $\triangle BEP$은 닮은 삼각형이다. 그래서 $|CD|/|PE| = |BD|/|BE|$이고

$$\frac{1}{x} = \frac{1/2}{1-x} \quad \Rightarrow \quad 2-2x = x \quad \Rightarrow \quad x = \frac{2}{3}$$

이다. 이 사실은 닮은 삼각형 $\triangle ABP$와 $\triangle CPF$를 사용하여 증명할 수도 있다.

질문 1: 해석학적인 접근

점 A와 B의 좌표가 각각 원점과 $(1, 0)$이 되도록 정사각형을 좌표평면에 놓자. 그러면 점 P는 두 직선 $y = x$ 및 $y - 1 = -2\left(x - \frac{1}{2}\right)$의 교점이다. 이를 찾기 위해 연립방정식을 풀면, $x - 1 = -2x + 1$로부터 $3x = 2$ 또는 $x = \frac{2}{3}$를 얻게 된다.

이 방법은 정사각형을 정확하게 3등분하기 위해 사용할 수 있다. 명백히 이 사실은 질문 2에 대한 답이 된다. 실제로 접어보자!

질문 3:

아래 그림은 이 방법을 일반화하여 정사각형의 변을 정확하게 n등분(n은 홀수)하는 접기 방법을 보여준다. 수직선 $x = \frac{1}{2}$을 사용하는 대신, $x = \left(\frac{n-2}{n-1}\right)$ 또는 오른쪽 변에서 $\frac{1}{n-1}$ 떨어진 수직선을 사용하라.

이 수직선을 찾는 것이 그렇게 어렵지는 않다. n이 홀수이므로 $n-1$은 짝수이기 때문이다. (예를 들어 $n - 1 = 6$인 경우 먼저 $\frac{1}{3}$인 곳을 찾은 다음 절반으로 접어 $\frac{1}{6}$인 지점을 찾을 수 있다. 그래서 어떤 의미에서 이 방법은 귀납적이다.)

[2] 점 P는 원점을 지나는 기울기 1인 직선 위에 있기 때문에 좌표를 (x, x)라 놓을 수 있다.

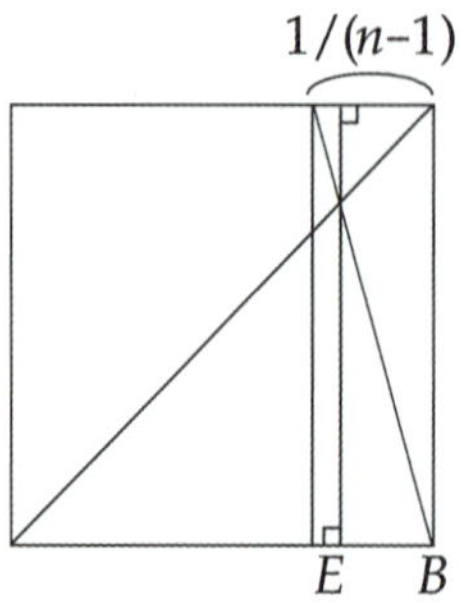

이러한 일반적인 경우에도 질문 1과 똑같은 방법으로 2개의 대각선 주름이 만나는 교점의 좌표가 $\left(\frac{n-1}{n}, \frac{n-1}{n}\right)$ 임을 보일 수 있다. 이는 n등분 접기를 위해 사용할 수 있다.

교수법

앞서 언급했듯이 학생들은 자기 주도적으로 답을 찾고자 고민하는 시간을 가졌을 때, 삼등분을 정확하게 접는 방법에 대한 의미를 더 많이 이해하게 된다. 등분 접기를 위한 다른 방법이 많이 있으며 그 중 일부는 이 글의 끝에서 설명할 것이다. 만약 학생들이 자신만의 방법을 발견하게 되면, 반드시 이를 연구하고 증명해야 한다. 사실 활동지에서 제시된 방법을 누군가 발견하게 된다면 이것을 가지고 증명과 일반화를 탐구하는 것이 가장 좋다. 따라서 학생들 스스로의 탐구가 잘 진행된다면, 활동지가 필요하지 않을 수 있다.

첫 번째 활동지가 좀 더 상급 수준으로 보일 수 있지만, 몇몇 학생들이 매우 능숙하게 이것이 의미하는 바를 찾아 내는 것을 볼 때 놀라곤 한다. 그럼에도 불구하고 첫 번째 활동지는 학생들에게 해석적인 증명을 제공한다. 종이주름을 나타내는 직선의 방정식을 찾고 나면 교점 P의 좌표는 이로부터 쉽게 구할 수 있기 때문이다.

두 번째 활동지에서는 학생들이 수학적인 증명을 구성하는 기술을 개발하는데 더 중점을 둔다. 대부분의 학생들이 발견하게 되는 증명은 닮은 삼각형의 성질을 활용한 것이다. 그러나 해석적인 접근 방식은 다양한 기하학 문제를 풀 때 매우 유용 할 수 있으며 이를 위해서 단지 기초 미적분 내용만을 사용한다. 기하학 수업에서 학생들은 종종 그러한 단순한 지식이나 기술을 사용하여 몇 가지 문제를 해결할 수 있다는 것을 알았을 때 기뻐한다. 따라서 모든 학생 그룹이 통합적인 기하학 증명을 개발하는데 매달리고 있을 때, 이미 정사각형 모양의 종이를 xy-평면에서 생각하고 있는 학생들이 있다면 직선의 방정식을 찾을 수 있도록 몇 가지 힌트를 던져 주는 것도 괜찮다. 보통은 이것이 위에서 설명한 해석적 증명을 개발하고 실행하기 위해 학생들에게 필요한 모든 것이다. 두 번째 활동지는 첫 번째 활동지와 달리 해석적 증명에 대한 힌트를 제공하지 않는다.

학생들이 단순한 경우를 가지고 일반화를 시도해 본다면 그 방법을 쉽게 이해한다. 일반화하는 방법을 찾기 어려워하는 학생들이 있다면 $\frac{1}{5}$ 접기와 같은 예를 먼저 시도해 보도록 독려해야 한다. 이 방법으로 $\frac{1}{5}$을 만들려면 $x = \frac{1}{2}$ 대신 수직선 $x = \frac{3}{4}$을 사용하면 된다. 이것은 매우 직관적이어서 학생들이 이해하기 쉽고 완전한 일반화로 이어질 수 있다.

다른 방법들

앞서 언급했듯이 $\frac{1}{3}$, $\frac{1}{5}$ 또는 일반적인 $\frac{1}{n}$을 접는 다른 많은 방법이 있다. 이 중 몇 가지를 증명 없이 소개한다.

아래는 내각이 각각 30°, 60°, 90°인 직각삼각형을 접는 방법 중 하나로부터 자연스럽게 $\frac{1}{3}$을 접는 방법을 보여준다 (Activity 01 참조). 그러나 이것은 다른 $\frac{1}{n}$을 접는 방법으로 일반화되지 않는다.

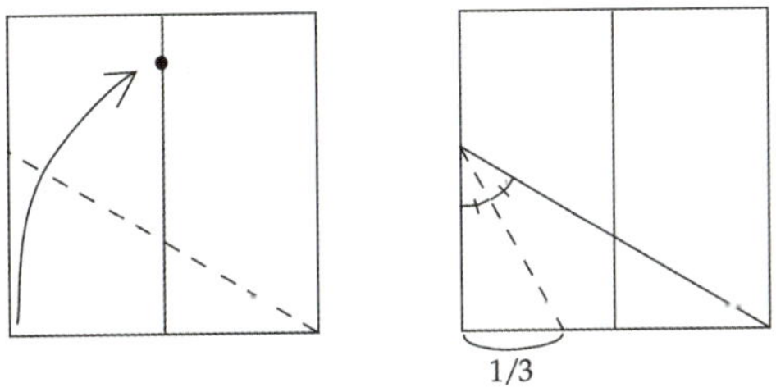

아래에 주어진 다른 일반적인 방법은 2000 햄프셔 대학 하계 수학 연구에서 하오빈 유 (Haobin Yu) 학생이 발견한 것이다. 여기서는 $\frac{1}{2n}$의 분할이 가능하다는 귀납적인 가정을 사용하며, 이로부터 홀수 분할 $\frac{1}{2n+1}$을 이끌어낸다. 삼각형의 닮음이나 앞에서 사용된 해석적 방법을 사용하여 증명할 수 있다.

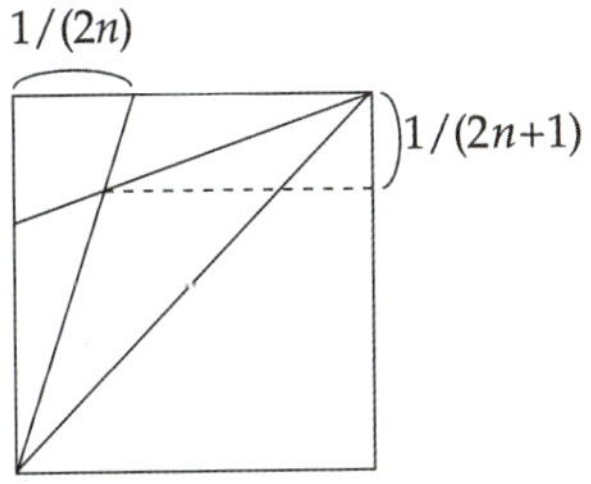

등분 접기를 위한 더 많은 방법은 웹 검색을 통해 찾을 수 있다. 특히 [Hat05]와 [Lang04-1]을 참조하라. 이러한 방법들을 탐구하는 것을 학생들에게 숙제 또는 추가적인 프로젝트로 할당할 수 있다.

종이 나선 접기

Activity 05

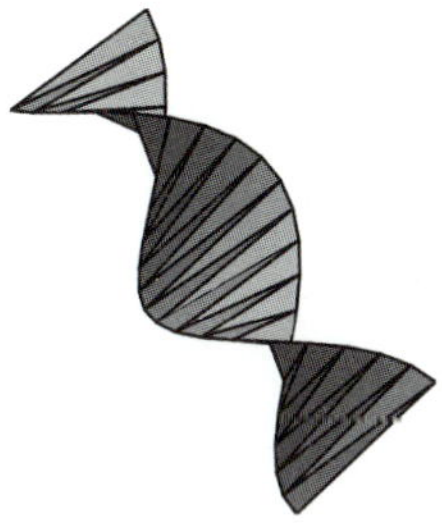

관련 과목: 삼각법, 기초미적분학, 미적분학, 기하학

개요

나선모양의 곡면[1]을 종이로 접는다. 그리고 다음 질문으로 이어진다. "정사각형 모양의 종이로 이 방법을 따라 접을 때 종이가 회전하는 각도의 극한값은 얼마인가?"

내용

이 모델은 단순한 종이접기 기술을 사용하여 종이를 비틀 수 있는 영리한 방법을 보여준다. 최종 결과는 나선처럼 보이면서 동시에 나무로 만든 야외 장식용 바람개비와 유사하다. 이 활동에서의 실습은 접힌 모델을 자연스럽게 확장하는 것으로, 라디안(radian)을 사용한 각의 측정, 기하학적 변환, 삼각 함수 및 극한의 개념을 사용한다. 각을 측정함에 있어 라디안을 명확하게 이해하고 있다면 극한개념의 직접적인 사용을 피하면서도 이 문제에 대한 간단한 답을 얻을 수 있다. 따라서 이 활동은 삼각함수에서 미적분학까지 다양한 수업에 적합하다.

[1] 나선(Helix)은 공간에 있는 매끄러운 곡선으로, 기하학적으로는 각 점에서의 접선이 고정된 한 직선과 일정한 각도를 가지는 곡선이다.

활동지

활동지의 첫 번째 장은 접는 방법에 대한 지침을 알려주고, 두 번째 장은 이 방법을 따라 정사각형 모양의 종이를 접을 때, 종이가 얼마만큼 비틀릴 수 있는지 그 극한에 대해 질문한다.

수업 시간

활동지에 나타난 지침을 따라 이 모델을 접는 데 약 15분 정도가 필요하다. 학생들이 질문에 답하는 시간을 위해서도 15분 정도 고려하라. 큰 종이 나선을 만들기 위해 더 긴 종이를 학생들이 사용하는 경우 시간이 더 필요할 수 있다.

활동지 1 종이 나선 접기

이 모델은 접어가면서 비틀린 모양이 되도록 종이 주름을 디자인한 것이다. 긴 종이로 만들면 나선 모양을 얻게 된다.

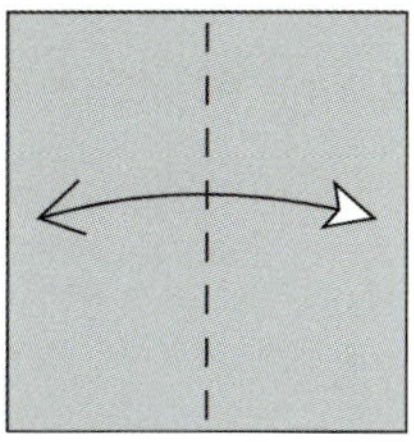

(1) 반으로 접고 펼친다.

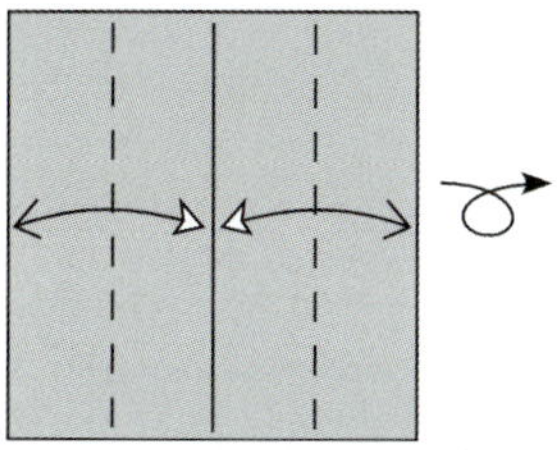

(2) 반으로 접고 펼친다.

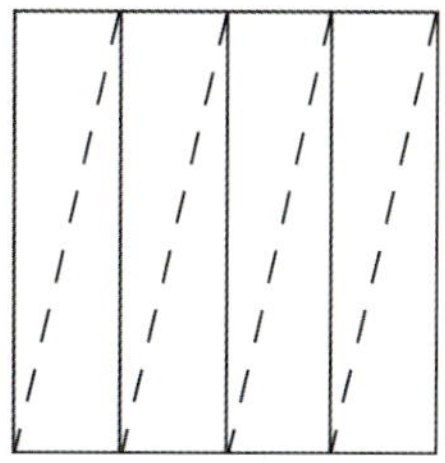

(3) 그림과 같이 각각의 시각형 안에 대각선 모양의 주름이 생기도록 주의하여 접는다.

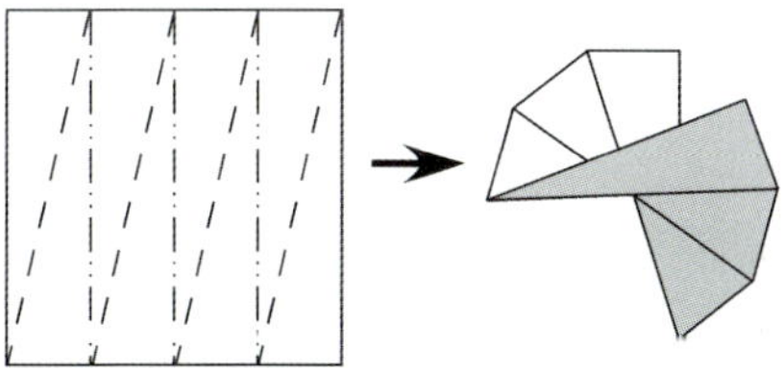

(4) 각각의 종이주름을 따라 모두 접는다. 그러면 비틀린 모양의 종이를 얻게 된다.

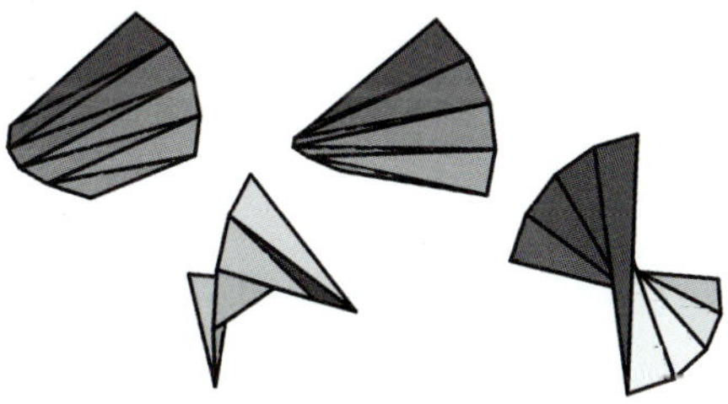

이 평평한 모델을 3차원 공간에 펼치면 흥미로운 모양이 된다.

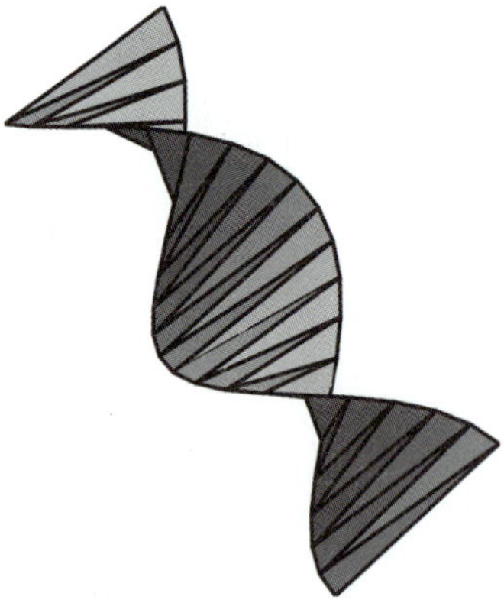

긴 띠모양의 종이를 사용하여 이 모델을 접는다면, 위쪽과 같은 꼬인 나선 모양을 얻게 된다. 이러한 모양을 만들고 싶다면, 종이를 세분하여 훨씬 더 많은 주름을 만들어야 한다.

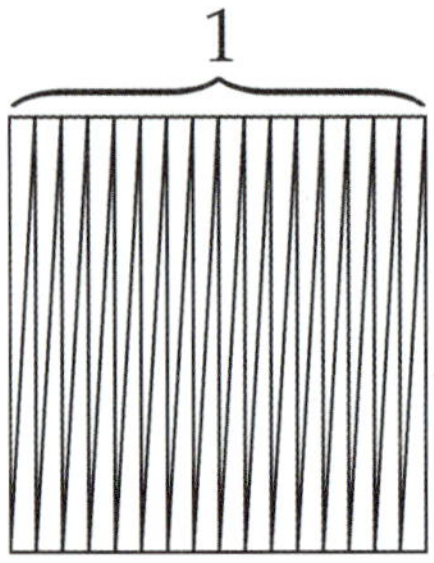

질문: 만약 앞의 (1)~(2) 단계에서 그림과 같이 종이를 더 잘게 나눈다면, 정사각형 모양의 종이가 훨씬 더 많이 비틀린 모양이 될 것이다. 아래는 (1)~(2) 단계에서 3, 6, 8, 13개의 분할을 사용하여 이 모델을 만들었을 때 그 모양이 어떠한지를 보여주는 예들이다. 그림에서 각도 α는 점차 작아지고 있음을 주목하라!

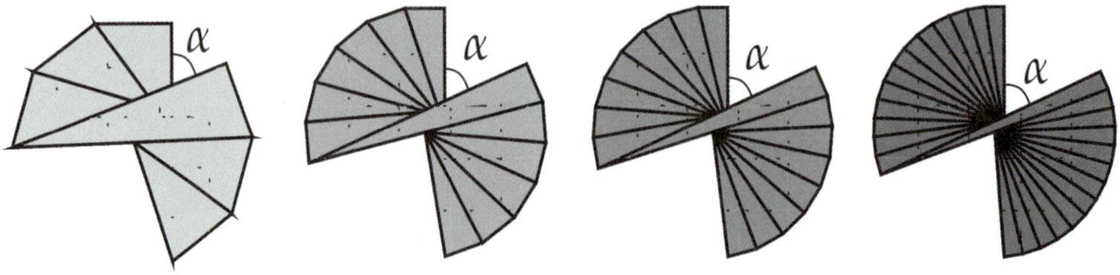

따라서 다음과 같이 질문할 수 있다. "분할의 개수가 더 많아질수록 각도 α는 어떻게 되는가?"

또는, "더 많이 분할을 할수록 정사각형 비틀림이 얼마나 커지는가? 계속해서 비틀어지는가? 아니면 어떤 극한에 가까워지는가?"

해답과 교수법

이러한 종이 나선 접기는 전통적인 종이접기 방법 중 하나로 윈드 스피너(wind spinner) 접기라고도 불린다. 아마도 종이를 접기 시작했던 옛날, 또는 이 모델을 접을 수 있을 만큼 종이의 품질이 좋아진 그 시절부터 사람들은 이 단순한 모델을 접었을 것이다. 이것을 긴 종이로 만들어 짧은 쪽 중앙을 매달아 바람에 멋지게 회전하도록 만드는 일은 적어도 한 세기 동안, 또는 아마 더 오래 전부터 매력적인 민속 공예 활동으로 이어져왔다.

단계 (3)에서 대각선 종이주름을 만드는 것은 학생이나 교사에게 까다로운 일일 수 있다. 왜냐하면 그러한 주름을 만드는 것은 말 그대로 종이접기 동작을 시행하여 종이의 두 점을 잇는 주름선을 만드는 것과 같기 때문이다. 실제로 이를 접어보면, 종이의 나머지 부분이 어디에 위치해야 하는지에 대한 식별 가능한 표시가 없기 때문에 두 점과 주름 자체에 주의를 기울이게 된다. 단계 (3)에서 일대일 도움이 필요한 몇몇의 학생이 있을 수 있기 때문에 교사는 활동을 하기 전에 이러한 접기를 여러 번 연습해야 한다.

또한, 단계 (2)에서 '종이 뒤집기' 부분이 매우 중요하다. 그것이 없이는 산 모양 접기와 계곡 모양 접기의 적절한 반전을 이루지 못할 것이다.[2] 주름이 접히려면 수직선은 한 방향(산 모양 접기)이 되도록 해야 하고, 대각선 주름은 다른 방향(계곡 모양 접기)이 되도록 해야 한다.

이 활동에서 주의해야 할 것은 학생들이 더 긴 나선을 접고자 주의가 분산되어, 정작 두 번째 장에 있는 수학과 관련된 활동을 못하게 되는 것이다. 열렬한 종이접기 활동가로서, 저자는 그러한 열정을 가진 학생들을 설득하여 이를 단념시키는 데 애를 먹었다.

또한 학생들 중 일부는 수학 문제를 의심하여 각도 α가 모두 동일하다고 주장할 수 있다. 그러나 분할이 매우 적은 모델(3등분 또는 4등분)이 분할이 많은 모델 위에 배치되면 아래 그림에서 설명하는 것처럼 각도가 아주 천천히 작아지는 것을 알 수 있다. 실제로 이러한 차이를 확실하게 보기 위해서 이 모델을 매우 정확하게 접어야 함을 유의하라.

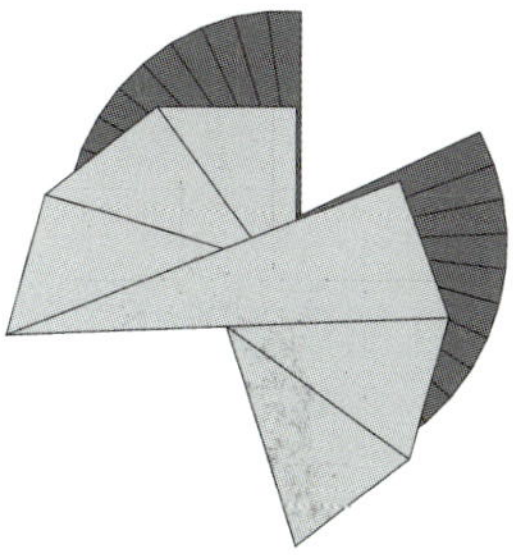

[2]이 책에서는 산 모양 접기와 계곡 모양 접기를 각각 이점쇄선(dash-double dotted line)과 파선(dashed line)으로 나타내었다. 경우에 따라 산 모양 접기를 일점쇄선(dash-single dotted line)으로 나타내기도 한다.

이 질문에 대한 매우 간단한 해법이 있다. 뿐만 아니라 답을 얻기 위한 훨씬 더 체계적인 접근 방식도 있다. 소수의 영리한 학생들만이 쉬운 해법을 빠르게 간파할 수 있다. 그래서 교사는 학생들 대부분이 보다 체계적인 접근 방식을 취할 것으로 기대할 수 있다. 이런 이유로, 더 복잡한 해법을 먼저 제시하고자 한다.

(더 어려운) 첫 번째 해답

종이가 회전하는 정도를 정량화하려면 주름의 패턴을 주의 깊게 조사해야 한다. 특히, 산 모양 접기로부터 얻은 수직 주름과 계곡 모양 접기로부터 얻어진 그 옆의 대각선 주름은 종이의 일부를 회전시키고 이러한 주름이 겹쳐지면서 회전이 더해진다. 아래 그림은 이를 만들어내는 한 쌍의 종이 주름을 나타낸다.

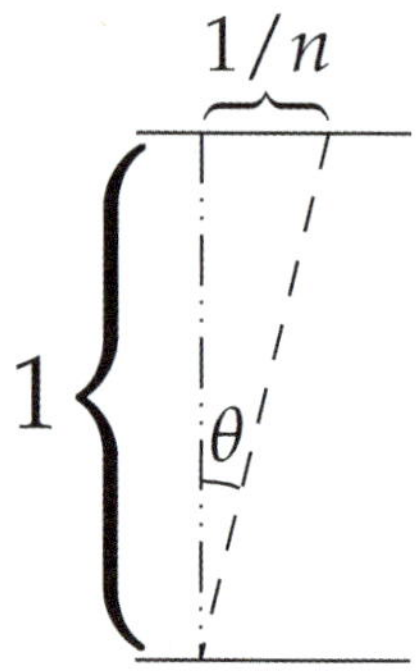

이제, 각각의 주름선을 따라 종이가 평평하게 접힐 것이다. 따라서 이러한 주름선은 종이의 한쪽을 대칭이동시키는 기준선으로 생각할 수 있다.[3] 따라서 2개의 선을 따라 연달아 접는 것은 두 번의 반사를 수행하는 것과 같다. 위의 그림과 같이 각도 θ를 이루며 두 번의 대칭이동을 수행하면 각도 2θ에 의한 회전과 같아진다. 따라서 이러한 주름에 의해 결정되는 각도 θ는 종이의 전체 회전을 결정한다.

두 주름선은 직각삼각형을 이루기 때문에 만일 (1)~(2) 단계에서 n개의 분할을 만든다면

$$\tan\theta = \frac{1/n}{1} \quad \Rightarrow \quad \theta = \arctan\left(\frac{1}{n}\right)$$

을 얻는다. 정사각형에서 이러한 n개의 주름은 각각 2θ만큼 종이를 회전시킨다. 따라서 총 회전수는

$$2n\arctan\left(\frac{1}{n}\right)$$

[3]여기서 대칭이동(reflection)은 기하학 용어로서 평면운동에서 어떤 직선을 기준으로 점을 대칭시키는 등거리 변환을 의미한다. 즉 종이를 평면으로, 접는 선을 직선으로 보면 접는 행위는 대칭이동에 대응한다.

이고, n을 무한으로 보내어 극한값을 구할 수 있다. 미적분학을 배운 학생들은 이러한 극한을 다룰 수 있다. 먼저 $x = \dfrac{1}{n}$을 대입하여 로피탈의 정리를 적용하면 다음을 얻는다.

$$\lim_{n\to\infty} 2n \arctan\left(\frac{1}{n}\right) = \lim_{x\to 0} \frac{2\arctan x}{x} = \lim_{x\to 0} \frac{2}{1+x^2} = 2$$

이 사실은 매우 놀랍다. 이 답은 정사각형의 종이를 이 방법으로 극한까지 접어가면 2라디안의 비틀림을 만들 수 있다는 사실을 보여준다.

기초 미적분 또는 미적분 수업에서 다루는 문제 중 정답이 정수배의 라디안으로 주어지는 경우가 얼마나 될까? 이러한 수업에서 다루는 문제는 대부분 정답이 π라디안의 배수로 주어진다. 종이 나선 접기 문제는 답이 정확히 정수배의 라디안으로 주어진다는 점에서 새롭다.

물론 학생들은 이 각이 몇 도인지 알고 싶어 할 것이다. 이는 약 $114.592°$이다. 반면 학생들은 2라는 답을 알고 혼란스러워할 수 있다. 뭐? 2라고? 학생들이 미적분학에서 arctan과 같은 함수의 값이 라디안으로 주어진다는 사실을 기억하지 못하면 구한 답의 단위를 도(°)라고 생각할 수 있다! 이 수업은 해석학에서 라디안이 차지하는 중심 역할에 대해 학습하거나 복습하는 좋은 기회를 제공한다.

기초 미적분학 또는 미적분학 수업에서 회전각이 2θ에 의해 주어진다는 사실을 차치하더라도, 두 번 반사한 것이 회전이 된다는 것조차 학생들은 인지하지 못할 가능성이 크다. 교사는 수업에서 이러한 정보를 힌트로 제공하고 싶어 할 수 있다. 이 활동은 기하학 수업에서 학생들이 대칭이동에 대해 학습했던 것을 잘 응용할 수 있도록 이끈다.

(보다 쉬운) 두 번째 해답

좀 더 쉬운 해답은 종이접기 활동가인 제이슨 쿠(Jason Ku)와 저녁 식사를 하면서 자연스럽게 알게 된 것이다. 이것은 라디안 각도 측정이 실제로 무엇을 의미하는지 분명히 이해하고 있어야 가능하며, 이는 아래 왼쪽 그림에서 볼 수 있다. 즉, 반지름의 길이가 1인 원에 대하여, 1라디안은 호의 길이가 1일 때의 중심각이다.

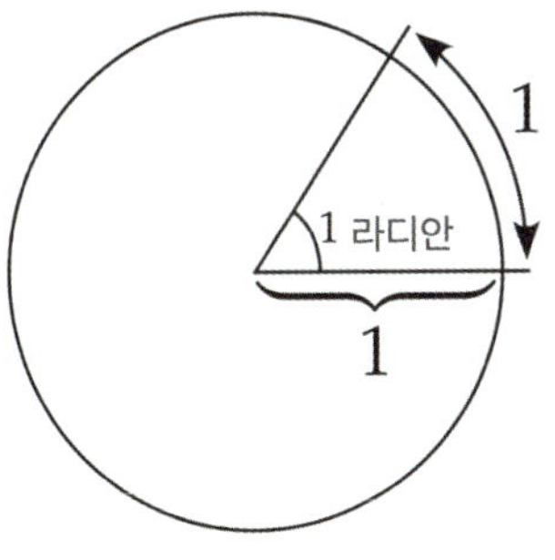

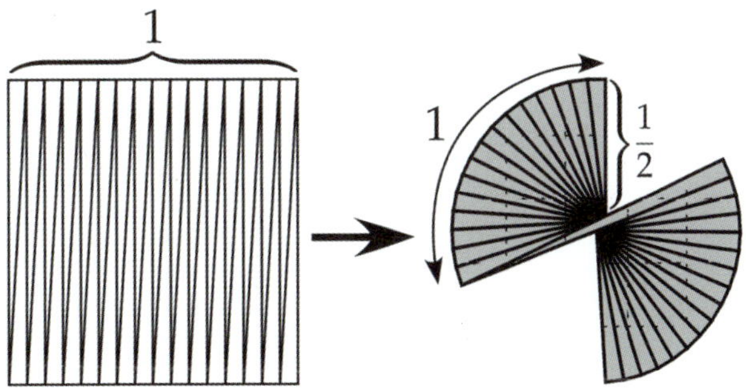

라디안 각도 측정에 대한 이 정의를 염두에 두고 한 변의 길이가 1인 정사각형 모양의 종이를 고려해보자. 이 정사각형을 여러 개로 분할하고 나선으로 접으면 정사각형의 측면은 길이가 1인 원호에 가까워진다. 그러나 위의 그림에서 알 수 있듯이 평평하게 접힌 나선에서 길이가 1인 이 호는 반지름이 $\frac{1}{2}$인 원 위에 있다. 물론 이 모든 측정값은 근삿값이다. '길이 1인 호'는 실제로 완전한 원호가 아니기 때문에 실제 반지름을 측정하는 경우 정확히 $\frac{1}{2}$이 아닐 수 있다. 그러나 이 길이는 극한을 생각할 때 얻어진다.

어쨌든 정사각형 모양의 종이가 회전하는 양은 정확히 호의 길이가 1이 되는 라디안 각에 대응한다. 그러나 원의 반지름이 $\frac{1}{2}$이기 때문에 이것은 1라디안이 아니다. 이러한 원에서는 각도가 1라디안일 때 대응하는 호의 길이는 $\frac{1}{2}$이 된다. 원의 반지름이 $\frac{1}{2}$인 경우를 생각하고 있기 때문에 각도가 1라디안 일 때 대응하는 호의 길이는 $\frac{1}{2}$이다. 따라서 길이가 1인 호는 2라디안의 각도에 대응하고, 이는 앞에서 얻은 해답과 일치한다.

이 해법은 라디안 개념을 학습하기 위한 수업에 분명히 도움이 된다. 학생들에게 위와 같은 그림을 보여 주는 것이 라디안 측정과 종이 나선 사이의 근본적인 연결고리를 발견하는 데 도움이 될 수 있으며, 이를 통해 구하고자 하는 라디안이 자연수가 되는 이유를 설명한다.

추가 탐구

나선은 매우 흥미로운 모양이며 교사는 학생들에게 더 긴 나선을 만들어보도록 권장할 필요가 있다. 긴 나선을 만든 후, 종이의 두 끝을 모아서 겹쳐 놓으면 모래시계 모양이 만들어진다. 아래 왼쪽 그림은 하나의 예를 보여준다.

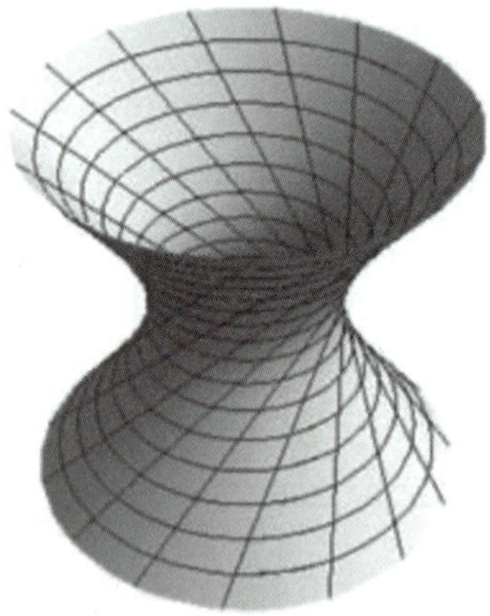

이 모래시계 모양의 종이접기 모델은 오른쪽 그림과 같이 한 장으로 이루어진 쌍곡면(hyperboloid of one sheet)과 비슷하다. 한 장의 쌍곡면은 방정식

$$x^2 + y^2 - z^2 = 1$$

에 의해 주어지고 이는 선직곡면(ruled surface)의 한 예이다. 이 곡면은 삼차원 공간에서 하나의 직선이 이동하면서 생기는 자취로 주어진다. 따라서 선직곡면 위의 임의의 한 점을 택하면, 그 점을 지나는 직선을 곡면 안에서 찾을 수 있다. 위의 오른쪽 그림에서 곡면에 표시된 직선은 곡면 위에서 이 직선이 어떻게 움직이고 있는지를 보여주며, 왼쪽 그림의 나선형 모래시계 모델에서 대각선 주름이 이와 같은 역할을 하는 것처럼 보인다. 이 종이접기 모델을 만들 때 주름이 많아질수록, 즉 더 많은 분할이 만들어질수록 대각선 주름들은 한 장으로 이루어진 쌍곡면에 점점 더 근사하게 될 것이다.

포물선 접기

Activity 06

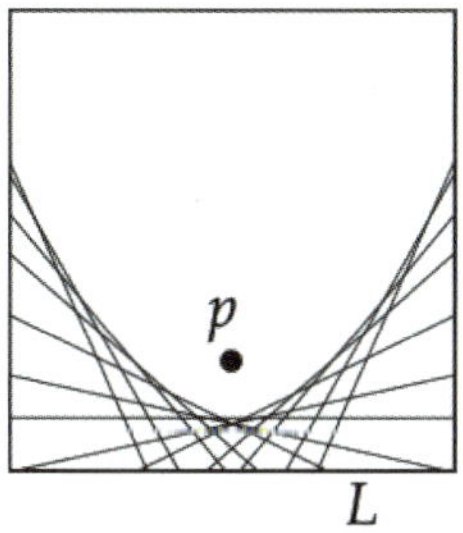

관련 과목: 기하학, 기초 미적분학, 미적분학, 추상 대수학, 모델링

개요

학생들은 포물선에 접하는 것처럼 보이는 주름선을 만들기 위해 기본적인 종이접기 동작[1]을 반복해서 적용하는 연습을 한다. 이때 학생들은 접어서 나타난 것이 포물선임을 증명해야 한다.

후속 활동 : 비슷한 방법으로 타원이나 쌍곡선을 접을 수 있는가? 종이접기를 활용하여 작도할 수 있는 수[2]로 생성되는 유리수체의 확대체(the field extension of the rationals)에 대해 무엇을 말할 수 있는가?

내용

이 활동은 분명히 기하 작도 연습이지만, 자와 컴퍼스를 사용한 작도와는 달리 종이접기를 통해 어떤 기하 작도가 가능한지에 대한 논의의 출발점이 된다는 점에서 의미를 갖는다. 포물선에 대한 기본적인 사실이 확고해지면, 전반적인 증명은 논리와 기초 미적분학만을 사용해서 이루어진다. 다른 한편으로, 엄격한 증명을 제공하는 것은 이 활동에서 접는 과정에 대한 상세한 모델을 만드는 것을 포함하므로 이 활동은 기하적 모델링의 좋은 예가 된다. 나아가 더 우아한

[1] Activity 01에서 필수 동작인 점을 선으로 접기

[2] 종이접기 수(origami number)

증명은 미분 또는 대수 기하 수업에서 자주 접하게 되는 주제인 곡선의 포락선(envelopes)을 사용하여 할 수 있다. 따라서 이 활동은 다양한 수업에서 유용하다.

또한 이 활동은 시각적 기하와 대수 방정식 풀이 사이의 연결을 설명할 수 있는 기회를 제공한다. 즉, 이 활동의 핵심 중 하나는 "종이접기를 하는 것은 이차방정식을 푸는 것과 같다." 라고 말할 수 있다. 기하와 대수 사이의 이런 종류의 연결은 고등 수학에서 중요한 개념이 된다.

활동지

이 활동에는 두 가지 활동지가 제공된다.

(1) 첫 번째 활동지의 첫 페이지에는 학생들에게 포물선 접기 활동을 안내하고 이를 증명하도록 하는 내용이 제시된다. 두 번째 페이지에는 학생들에게 이러한 종류의 종이접기를 해석적인 증명으로 모델링하는 과정을 안내한다.

(2) 두 번째 활동지는 학생들이 동적 기하 소프트웨어를 사용하여 이 내용을 탐구하기를 원하는 교사를 위한 것이다. 이는 첫 번째 활동지를 보충하기 위한 것이지 대체하기 위한 것이 아니다.

수업 시간

이 활동은 교사가 학생들이 모든 활동지를 스스로 해보도록 하거나 일부만 수업에 사용하도록 선택할 수 있기 때문에, 요구되는 시간은 다소 유동적이다. 첫 번째 활동지의 첫 번째 페이지는 약 10~15분, 두 번째 페이지는 약 20~30분이 필요하다. 동적 기하 소프트웨어 활동지는 약 10~15분이 필요하다.

활동지 1 기본 종이접기 동작 살펴보기

종이접기 책에는 종이로 만들 수 있는 다양한 접기 동작들이 있다. 특히 기하적 접기에서 보편적으로 사용되는 동작은 다음과 같다.

두 점 p_1, p_2와 직선 L이 주어졌을 때, 점 p_1을 직선 L위로 접으면 그 결과로 나타난 주름선은 점 p_2를 통과한다.

점을 선으로 접을 때 어떤 일이 일어나는지 정확히 확인하면서 이 기본 종이접기 동작에 대해 살펴보자.

활동

종이의 한 변을 직선 L이라 하자. 다음 그림과 같이 종이 위에 한 점 p를 선택하시오. 점 p를 직선 L위로 계속해서 접으시오.

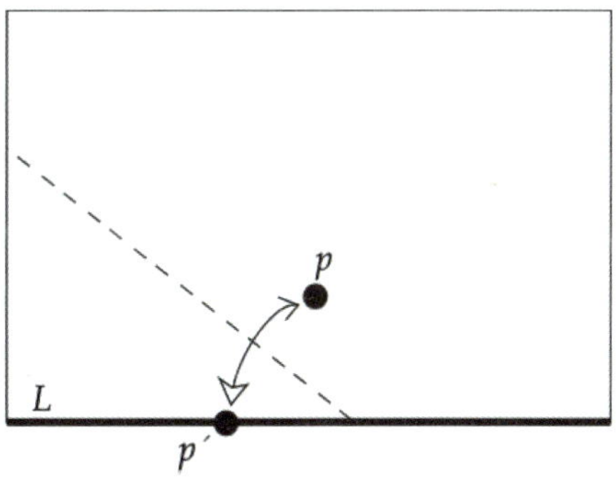

실제로 더 쉬운 방법은 직선 L이 점 p에 닿을 때까지 종이를 구부린 뒤 접은 선을 펼치는 방식으로 직선 L을 점 p로 접는 것이다. 점 p가 직선 L위에 놓일 수 있는 다른 점 p'들을 찾는 과정을 할 수 있는 만큼 많이 반복하시오.

질문 1: 어떤 결과가 나타나는지 정확하게 설명하시오. 주름선은 무엇을 형성하는가? 이때, 선택한 점 p와 직선 L은 어떤 의미를 갖는가? 증명해보시오.

이제 발견한 곡선의 방정식을 구해보자. 먼저, xy평면 위에 대상을 정의하자. 먼저 점 $p=(0,\ 1)$, 직선 L은 $y=-1$이라 하자. 이제 점 p를 직선 L 위의 점 $p'=(t,\ -1)$로 접었다고 가정하자. 이때 t는 임의의 상수이다.

질문 2: 선분 $\overline{pp'}$와 주름선 사이의 관계는 무엇인가? 주름선의 기울기는 얼마인가?

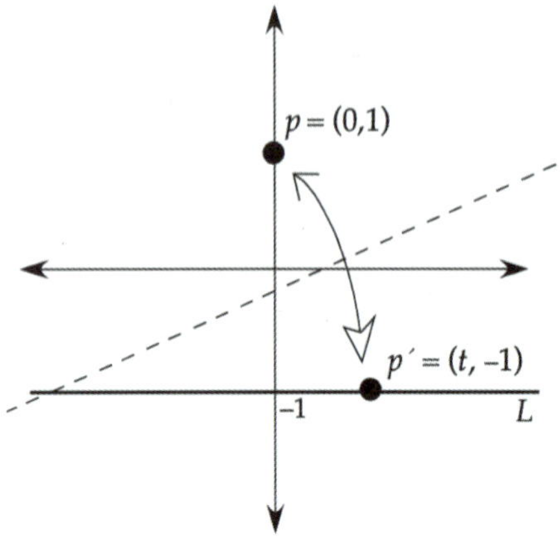

질문 3: 주름선의 방정식을 구하시오. 이때, x와 y에 관한 식으로 구하되, 변수 t가 포함되도록 하시오.

질문 4: 질문 3에 대한 해답은 **매개화된 직선족**으로 나타난다. 즉, t의 각 값에 대해 서로 다른 주름선이 나타난다. 고정값 t에 대해, 질문 1의 곡선에 **접하는** 주름선 위의 점을 찾으시오.

질문 5: 이제 질문 1에서 곡선의 방정식을 구하시오.

활동지 2 기하 소프트웨어로 종이접기

이 활동에서는 지오지브라(GeoGebra) 또는 GSP(Geometer 's Sketchpad)와 같은 기하 소프트웨어를 사용하여 기본 종이접기 동작을 탐색한다.

두 점 p_1, p_2와 직선 L이 주어지면 결과로서의 주름선이 p_2를 통과하도록 p_1을 직선 L위로 접는다.

점을 선위로 접을 때 일어나는 일을 소프트웨어에서 모델링하여 기본적인 종이접기 과정을 살펴보자. 핵심적으로 관찰할 부분은 다음과 같다.

점 p를 점 p'로 접으면 우리가 만드는 주름선은 선분 _____의 ____________이 된다.

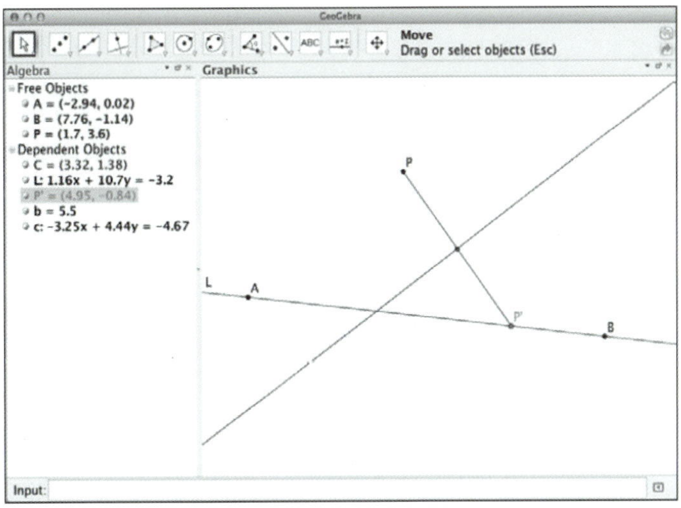

설명: 소프트웨어에서 새 워크시트를 연다. 위 그림은 지오지브라의 화면이다.

(1) 직선 AB를 나타내고 이름을 L이라고 한다.

(2) L 위의 점이 아닌 점 p를 나타낸다.

(3) L 위의 점 p'를 나타낸다.

그런 다음, 위에서 핵심적으로 관찰할 부분을 떠올리면서, 소프트웨어 도구를 사용하여 p를 p'로 접을 때 만들어지는 주름선을 나타낸다.

이 작업을 마치면 주름선을 선택하고 그 선에 대해 **자취 보이기(Trace)** 기능을 실행한다. (지오지브라에서는 Ctrl 키를 누른 채로 선을 클릭하거나 선을 마우스 오른쪽 버튼으로 클릭하여 수행한다). 그런 다음 p'를 직선 L 위에서 움직이면 다양한 주름선을 만들 수 있다. 이런 방법으로 소프트웨어에서 '접기'를 수행할 수 있다!

후속 활동: 직선 L 대신 원을 사용하면 어떻게 될까?

해답과 교수법

활동지 1

포물선 접기에 관한 종이접기의 역사는 꽤 오래 전으로 거슬러 올라간다. 현재까지 알려진 가장 오래된 저서는 1893년 인도에서 처음으로 인쇄된 순다라 로우(T. Sundara Row)의 종이접기에서의 《기하 연습(Geometric Exercises in Paper Folding)》이다 [Row66]. '포물선 접기' 에 대한 언급은 수학교육 문헌에서도 많이 찾아볼 수 있다 ([Lot1907], [Rupp24] 및 [Smi03] 참조). 그러나 점 p를 직선 L위로 반복해서 접을 때 포물선의 윤곽이 형성된다는 것은 학생과 교사 모두에게 늘 경이로움을 선사한다. 실제로 주름선은 초점이 p이고 준선이 L인 포물선에 접하는 것처럼 보인다. (아래 그림 (a) 참조)

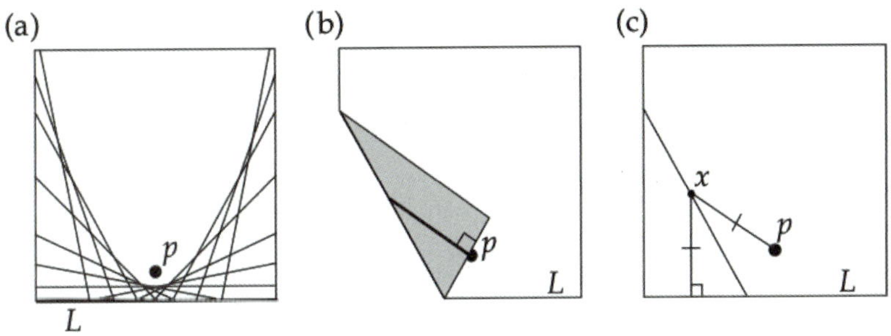

질문 1: 만약 학생들이 포물선에 대한 초점과 준선의 정의를 기억한다면, 위의 그림 (b)와 (c)를 통해 개념적 증명을 구성할 수 있다. 아이디어는 점 p를 직선 L로 접으면, 종이의 일부가 접히면서 직선 L의 일부가 점 p와 만나게 된다. 매우 두꺼운 검정색 마커를 사용하여 위의 그림 (b)에서와 같이 접힌 부분 위에 점 p에서 직선 L의 상(image)에 수직인 선을 그리면, 이 선은 종이의 접힌 변까지 그릴 수 있다. 접힌 종이를 펴면 두꺼운 마커가 종이에 배어 나와서 위의 그림 (c)와 같이 된다. 이것은 주름선 위의 점 x가 점 p와 직선 L에 대해 같은 거리에 있음을 보여준다. 이때 점에서 직선까지의 거리가 수직 거리라는 것을 기억하자. 또한 점 x는 주름선 위에서 이 속성을 가진 유일한 점이다. 포물선의 정의는 초점과 준선으로부터 같은 거리에 있는 모든 점의 집합이기 때문에, 주름선이 초점 p와 준선 L을 가진 포물선에 접한다는 것이 증명된다. 점 p를 직선 L로 접을 위치에 대한 선택은 임의적이기 때문에 이는 모든 주름선에도 적용된다.

질문 2: 점 p를 p'로 접으면, 접힌 주름선은 $\overline{pp'}$의 수직이등분선이 된다. 이것은 매우 분명한 사실이지만 일부 학생들은 이 부분을 엄밀하게 증명하고 싶을 수 있다. 점 p와 점 p'에서 같은 거리에 있는 모든 점의 집합이 $\overline{pp'}$의 수직 이등분선이라는 것은 기하학에서 기본적인 사실이다.

종이의 한 변이 다른 선 위에 놓이도록 접으면 p는 p'로 이동하므로, 주름선 위의 모든 점이 점 p와 p'에서 같은 거리에 있음은 분명하다. 이때 $\overline{pp'}$의 기울기는 $-\dfrac{2}{t}$ 이므로, 주름선의 기울기는 $\dfrac{t}{2}$가 된다.

질문 3: $\overline{pp'}$의 중점은 $\left(\dfrac{t}{2}, 0\right)$이고, 이 점은 주름선 위에 있다. 따라서 $p = (0, 1)$을 $p' = (t, -1)$로 접을 때 생기는 주름선의 방정식은 다음과 같다.

$$y = \frac{t}{2}\left(x - \frac{t}{2}\right) \Rightarrow y = \frac{t}{2}x - \frac{t^2}{4}.$$

질문 4: 이 질문은 우리의 주름선이 실제로 곡선에 접한다는 사실을 드러내지만, 학생들은 질문 1에서 이미 이 사실을 알아내야 한다. 또한 학생들은 이 곡선이 포물선임을 추측하거나 증명해야 한다. 이 정보를 통해 $p' = (t, -1)$에서 주름선 위의 점 q까지 수직선을 그리면 $\overline{qp'}$가 나타나고, 이는 $\overline{qp}$와 길이가 같다. 따라서 주름선은 점 q에서 초점이 p이고 준선 $y = -1$ 인 포물선에 접한다. 점 q가 주름선 위에 있고 이 주름선에 대한 방정식을 알고 있으므로, 점 q의 좌표는 $\left(t, \dfrac{t^2}{4}\right)$임을 알 수 있다.

질문 5: 곡선의 방정식을 구하는 방법에는 여러 가지가 있지만 질문 4는 학생들에게 가장 쉬운 해결 방법을 보여준다. 접점 $\left(t, \dfrac{t^2}{4}\right)$은 실제로 포물선 $y = \dfrac{x^2}{4}$ 위의 점을 매개변수로 나타낸 것으로, 학생들은 $x = t$로 두어 이를 쉽게 알 수 있다.

이 해답은 곡선이 포물선임을 가정한다. 그러나 질문 4의 작업은 곡선이 실제로 포물선임을 증명하기 위해 약간 확장될 수 있다. 곡선의 방정식을 유도하는 다른 방법은 다음과 같다.

근의 공식을 이용하는 방법. 관찰력이 있는 학생들은 첫 번째 활동지에 언급된 기본 종이접기 동작이 항상 작동하지는 않음을 알아챘을 것이다. 즉, 정점 p_1이 정직선 L에 대해 기본 종이접기 동작을 할 수 없게 만드는 점 p_2를 선택할 수 있다.[3] 이는 접기 연습에서 확인할 수 있는데, 포물선 내부의 점 p_2를 선택하면, 점 p를 직선 L로 접을 때 p_2를 통과하도록 하는 선을 접을 수가 없다.

이는 곡선의 방정식을 유도할 때 장점이 될 수 있다. 매개변수로 나타난 주름선의 집합에서 t를 구하면, 주름선이 (x, y)를 통과하는지 확인할 수 있는 t값을 알려주는 공식을 얻을 수 있다. 다음을 살펴보자.

$$\frac{t^2}{4} - \frac{t}{2}x + y = 0 \Rightarrow t = \frac{\dfrac{x}{2} \pm \sqrt{\left(\dfrac{x}{2}\right)^2 - y}}{\dfrac{1}{2}}.$$

[3] 적당한 점 p_2를 선택해서 정점 p_1이 정직선 L 위로 놓이도록 접을 때 생기는 임의의 주름선이 점 p_2를 지나지 않을 수 있다.

이 식은 $\frac{x^2}{4} - y \geq 0$인 경우에만 실수 t를 구할 수 있음을 보여준다. 부등식 $y \leq \frac{x^2}{4}$은 주름선에 의해 만들어지는 평면의 모든 점을 나타내며, $y > \frac{x^2}{4}$은 주름선과 만나지 않는 모든 점을 의미한다. 이 두 영역의 경계는 포물선 $y = \frac{x^2}{4}$이다.

'이것은 포물선이라고 가정' 하는 방법. 이 내용은 [Smi03]에서 스미스(Smith)가 증명한 것이다. $(x,\ y)$를 포물선에 접하는 주름선 위의 점이라고 하자. 그런 다음 $x = t$이고 점 p를 접었을 때 직선 L위의 점 $p' = (t,\ -1)$라 하자. 이는 포물선의 정의로부터 나온 것이지만, 다음 그림에서 보다 명확하게 드러난다.

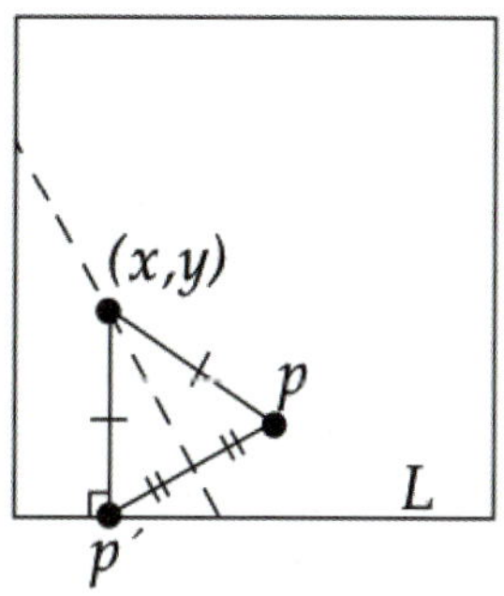

주름선 선의 기울기가 $\frac{t}{2}$라는 것을 알고 있지만, 이것은 점 $(x,\ y)$와 $\overline{pp'}$의 중점인 $\left(\frac{t}{2},\ 0\right)$를 지나는 직선의 기울기와 같아야 한다. 따라서 다음이 성립한다.

$$\frac{t}{2} = \frac{y-0}{x-\frac{t}{2}} \Rightarrow \frac{x}{2} = \frac{y}{\frac{x}{2}} \Rightarrow y = \frac{x^2}{4}.$$

미적분학 방법. 이전 풀이에 따라 포물선의 위의 점 $(x,\ y)$에서 기울기가 $\frac{t}{2}$임을 관찰한다. 그러나 $x = t$이므로 $(x,\ y)$에서 포물선에 접하는 직선의 기울기는 $\frac{x}{2}$가 된다. 따라서 역도함수를 이용하여 다음을 구할 수 있다.

$$\frac{dy}{dx} = \frac{x}{2} \Rightarrow y = \frac{x^2}{4} + C.$$

한편 포물선이 점 $(0,\ 0)$을 통과하므로 $C = 0$이고 포물선의 방정식은 $y = \frac{x^2}{4}$가 된다.

포락선 방법. 이 방법은 [Huz89]에 제시되어 있다. 더 심화된 내용은 매개변수로 표현된 직선족(family of lines)을 보고 이 직선족의 포락선을 구하는 것이다 ([Cox05] 참조) 특히 $F(x, y, t) = 0$이 매개변수로 표현된 곡선족(family of curves)인 경우, 이 곡선족의 포락선[4]은 다음 연립방정

[4]곡선족은 곡선들의 모임이다. 이 모든 곡선에 동시에 접하는 곡선을 이 곡선족의 포락선이라고 한다.

식을 풀이하여 구할 수 있다.

$$F(x,\ y,\ t)=0 \text{ 그리고 } \frac{\partial}{\partial t}F(x,\ y,\ t)=0.$$

우리의 경우는 $\frac{\partial}{\partial t}F(x,\ y,\ t)=\frac{x}{2}-\frac{t}{2}=0$ 또는 $x=t$가 성립한다. 이를 직선의 방정식에 대입하면 $y=\frac{x^2}{2}-\frac{x^2}{4}$ 또는 $y=\frac{x^2}{4}$ 가 되는데, 이것이 우리가 구하는 포물선이다.

교수법

학생들이 접는 연습을 할 때에는 충분히 많은 주름선을 만들어야 한다. 그렇지 않으면 포물선을 관찰하기가 어렵다. 질문 1과 2 사이에 동적 기하 소프트웨어 활동을 하는 것도 유용할 수 있다. 예를 들어 지오지브라[5]는 점 p, 직선 L, 주름선 및 포물선 사이의 기하학적 관계를 탐색하는 데 도움이 된다. 그러나 학생들이 질문 1의 개념적 증명을 개발하도록 돕는 가장 좋은 방법은 종이접기 활동을 하는 것이다. 이때 교사는 반드시 수업에서 포물선의 초점, 준선의 정의를 다루어야 한다. 학생들은 이 내용을 잊어버렸을 수 있으며 최근 고등학교 수학 교육과정에서 이 부분이 얼마나 강조되고 있는지 확실하지 않기 때문이다.

질문 2와 3은 학생들이 어려움을 느끼지 않도록 기울기, 수선, 점과 기울기가 주어졌을 때 직선의 방정식을 구하는 공식을 다루어야 한다. 그러나 질문 3의 해답은 변수 t에 의해 매개화된 직선족이다. 학생들은 종종 매개화에 어려움을 느끼며 변수 t가 있으면 이 문제의 세부 사항을 이해하는 데 어려움을 겪을 수 있다. 주름선은 x와 y에 대한 방정식이지만, 변수 t에 의해 매개화된다는 점을 이해하는 것이 중요하다. 포물선의 최종적인 방정식은 x와 y에 대한 것으로, 학생들에게 더 친숙해야 한다.

질문 4와 5는 개념적으로 어렵다. 아이디어는 학생들이 주름선 위의 접점을 찾아서 포물선의 방정식을 쉽게 찾을 수 있도록 하는 것이다. 그러나 이 과정이 원활하지 않으면 교사는 다른 증명을 염두에 두면서 학생들이 질문 5와 씨름할 때 적절한 팁을 제공해야 한다. 평면의 어느 영역이 어떤 주름선도 포함하지 않는지를 결정하기 위해 이차방정식의 근의 공식의 판별식을 사용하는 증명은 이 종이접기 작업에서 실제로 무슨 일이 일어나고 있는지 가장 잘 설명하므로 학생들과 함께 이 접근 방식을 검토하는 것이 바람직하다. 학생들은 근의 공식의 특이한 적용 사례를 보고 흥미를 가질 수 있다. 이 활동은 학생들이 한 수업 시간에 접기 활동을 소화하고 문제 4와 5에 대한 증명까지 해야 하므로 숙제나 프로젝트 과제로 제시해도 좋다.

이 활동은 또한 원뿔 단면이 특정 조건을 만족하는 점의 자취라는 점을 강조한다. 포물선, 타원 및 쌍곡선은 여전히 고등학교 대수학 교과 과정의 일부이기 때문에 이에 대한 실습 예시를 보는 것은 예비 수학 교사에게 특히 도움이 될 수 있다. 이 활동에 대한 더 높은 수준의 핵심 개념은 "종이접기로 이차방정식을 풀 수 있다." 는 것이다. 이 문장을 완전히 이해한 학생들은

[5] http://www.geogebra.org

이 연습을 통해 수학적 역량이 높아질 것이다. 종이접기 기하학과 같은 하나의 수학 분야에서 우리가 하는 일이 완전히 다른 것처럼 보이는 이차방정식 풀이와 같은 다른 수학 분야와 같은 것일 수 있다는 생각은 수학 전 분야에 적용될 수 있다. 또한, 이 상황은 자와 컴퍼스를 사용하여 각도를 삼등분하는 고전적인 문제와 매우 유사하다. 자와 컴퍼스는 이차방정식만 풀 수 있고 각도를 삼등분하려면 삼차방정식을 풀어야 하기 때문에 이러한 일반적인 작도는 불가능함을 알 수 있다. 종이접기 포물선 활동은 실제로 종이접기가 자와 컴퍼스로 할 수 있는 모든 것을 작도할 수 있을 뿐만 아니라 더 많은 것을 할 수 있음을 보여주는 첫 번째 단계라고 할 수 있다. 이 주제는 이어지는 두 가지 활동에서 더 다룰 것이다.

그러나 이 활동을 통해 포물선을 만들어냈음을 증명하는 것이 종이접기를 통해 모든 이차방정식을 풀 수 있음을 증명하지는 않는다. 그러나 이것은 좋은 증거가 되며, 더 일반적인 주장을 하는 데 필요한 모든 것을 제공한다. 특히 기하 작도를 다루는 추상 대수학 수업에서 이 주제에 대한 토론을 시작하기 위해 이 활동을 사용하면 종종 학생들은 "그런데 종이접기로 모든 이차방정식이나 포물선 문제를 해결할 수 있다는 것을 어떻게 알 수 있습니까?" 라는 질문을 하기 때문에, 여기에 대한 개요를 제시하고자 한다. 다음은 설득력 있는 주장이자 이 주제에 대한 알페린(Alperin)의 보다 심층적인 논문인 [Alp00]에서 가져온 것이다.

종이접기로 일반적인 이차방정식을 풀 수 있음을 증명하기. 근의 공식은 덧셈, 뺄셈, 곱셈, 나눗셈 및 제곱근의 연산을 할 수 있다면 모든 이차방정식의 근을 구할 수 있음을 나타낸다. 대수적으로는 종이접기를 통해 작도할 수 있는 평면 위의 모든 점들의 집합이 제곱근에 대해 닫혀 있는 가장 작은 부분체를 포함한다는 것을 증명할 것이다.[6] 우리의 종이가 무한하다고 가정하고, 예를 들어 x축과 y축에서 단위 길이의 선분으로 시작한다고 가정하면, 덧셈, 뺄셈, 곱셈 및 유리수의 나눗셈은 종이접기로 다룰 수 있다. 선분의 길이를 더하거나 빼는 것은 접기를 통해 쉽게 수행할 수 있다. 나눗셈은 조금 더 까다롭지만 길이를 n등분할 수 있다. 이 책에 제시된 활동들은 정확하게 이런 종류의 일이 가능하다는 것을 증명한다. 유리수의 곱셈은 덧셈과 나눗셈의 확장일 뿐이다. 제곱근을 취하는 것은 우리가 학습한 포물선을 유도하는 종이접기 활동의 힘을 요구하는 유일한 작업이다.

r은 이미 접기로 작도한 숫자(또는 선분의 길이)이고, 어떻게든 $\sqrt{r}$을 작도하고 싶다고 가정하자. 위에서 설정한 대로, 초점을 $p_1 = (0, 1)$, 직선 L이 준선 $y = -1$이라고 하자. 두 번째 점을 $p_2 = \left(0, -\frac{r}{4}\right)$로 두고, 주름선이 p_2를 통과하면서 p_1이 직선 L 위의 점 $p_1' = (t, -1)$에 놓이도록 접는다. 이때 주름선의 방정식은 $y = \frac{t}{2}x - \frac{t^2}{4}$ 임을 이미 알고 있으며, 이 직선은 점 $\left(0, -\frac{r}{4}\right)$을 통과해야 한다. 이 점을 직선에 대입하면 $-\frac{r}{4} = -\frac{t^2}{4}$이 되고, 따라서 $t = \sqrt{r}$이 된다. 즉 p_1이 직선 L 위의 어느 점에 놓이는지 좌표를 알 수 있다.

---

[6]기술적으로 엄밀한 대수적 접근을 수행하는 경우 종이를 복소평면 $\mathbb{C}$로 간주하고 싶을 것이다. 다시 [Alp00]을 참조하시오.

활동지 2 (해답과 교수법)

지오지브라 또는 GSP를 사용하는 데 익숙하다면 이 활동을 쉽게 시뮬레이션해볼 수 있다. 특히 지오지브라는 웹사이트에서 무료로 다운로드받을 수 있기 때문에 지오지브라를 사용하여 탐색하는 것을 권장하고자 한다.

활동지는 학생들이 자신이 생각한 것을 채울 수 있도록 빈칸을 남겨둔다. 학생들이 스스로 알아낼 시간이 있다면 유인물 없이 기하 소프트웨어에서 종이접기 활동을 모델링하도록 알려주어야 한다.

다음은 '빈칸' 으로 주어진 부분에 들어갈 내용이다.

점 p를 점 p'로 접으면 우리가 만드는 주름선은 선분 $\overline{pp'}$의 수직이등분선이 된다.

그런 다음 활동지의 (1)~(3) 단계 이후에 작도를 완성하는 단계는 다음과 같다.

(1) p와 p' 사이에 선분을 그린다.

(2) 선분 $\overline{pp'}$의 중점을 나타낸다.

(3) 선분 $\overline{pp'}$에 수직이면서 중점을 통과하는 직선을 나타낸다. 즉, $\overline{pp'}$의 수직 이등분선을 나타낸다.

그 수직선이 바로 주름선이다. 이 주름선을 클릭한 상태에서 마우스의 오른쪽 버튼을 눌러 **자취 보이기(Trace)**를 선택한 뒤, 직선 L을 따라 점 p'를 앞뒤로 움직이면 다음 그림이 나타난다.

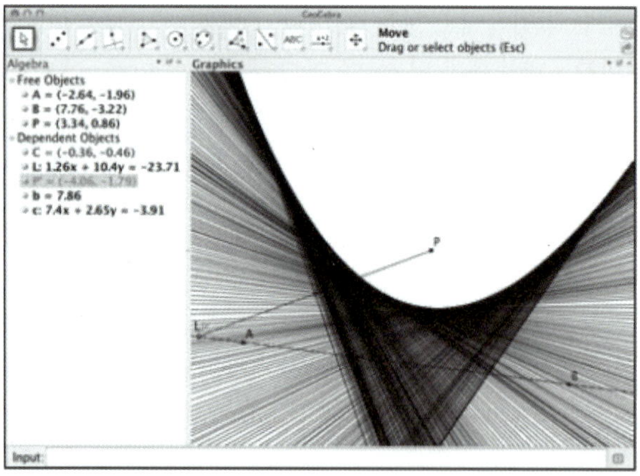

이와 같은 동적 기하 소프트웨어가 재미있는 점은 점과 선을 작도하면 연결 상태가 유지된다는 데 있다. 따라서 학생들은 점 p를 이동한 뒤에, 자취 보이기를 새로 고침하여 이동된 점이 포물선을 어떻게 변경하는지 살펴볼 수 있다.

더 좋은 방법은 학생들이 **자취 그리기(Locus)** 명령을 사용하여 실제로 포물선을 그리도록 하는 것이다. 지오지브라에서 직선 L에 수직이고 점 p'를 통과하는 직선을 나타낸다. 이 직선이 주름선과 교차하는 점 q를 나타낸다. 그런 다음 수직선 메뉴에 있는 자취 그리기 도구를 선택하고 점 q를 클릭한 다음 점 p'를 클릭한다. 그러면 지오지브라에는 점 p'가 직선 L을 따라 앞뒤로 움직일 때 점 q의 자취가 나타날 것이다. 그리고 점 q는 포물선에 대한 직선의 접점이므로 포물선이 나타난다. 그런 다음 점 p를 움직이고 포물선이 어떻게 변하는 지 탐색하는 것은 매우 흥미롭다.

후속 활동은 필수적이다. 작도는 포물선의 경우와 동일하지만 직선 L 대신 원으로 시작해 보자. 결과 그림은 학생들이 점 p를 원의 내부 또는 외부에 두는지에 따라 완전히 달라진다. 학생들이 다음 그림과 같은 작도를 할 때 매우 흥미 있어 할 것이다.

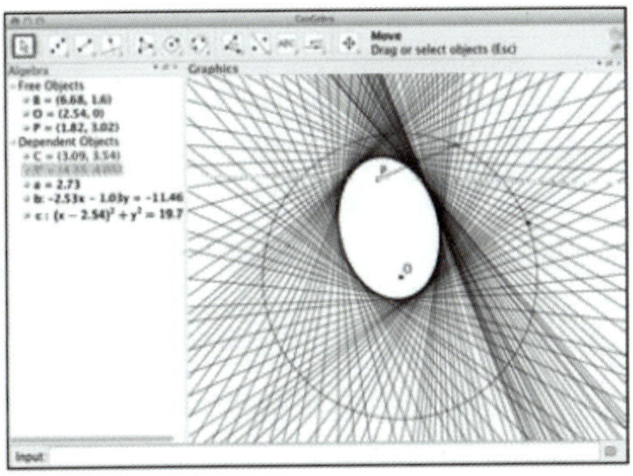

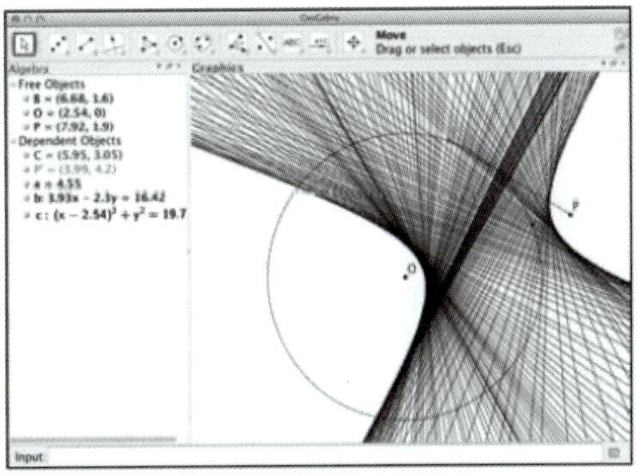

점 p가 원 안에 있으면 초점이 p와 원의 중심이 되는 타원이 나타날 것이다. 점 p가 원 밖에 있으면 동일한 초점을 가진 쌍곡선이 나타난다. 더 높은 개념의 수준에서 이 활동은 매우 의미가 있다. 원의 중심을 무한대로 변환하면 원이 선으로 바뀌고 포물선이 나타난다.

[Sch96]와 같은 일부 연구에서는 컴퓨터 소프트웨어를 사용하여 원뿔곡선을 멋지고 빠르고 쉽게 만들 수 있지만, 학생들이 종이를 접어서 처음 발견하게 하는 것과는 비교할 수 없다고 말한다. 타원과 쌍곡선의 경우 학생들은 컴퍼스나 원 그리기 도구를 사용하여 종이에 원을 그리고 중심을 표시해야 한다. 그런 다음 임의의 점 p를 선택하고 원에서 점 p'를 선택하여 점 p로 접고 펼치기를 반복하면 된다.

원으로 접는 것이 타원이나 쌍곡선을 제공한다는 것을 증명하는 것은 포물선의 경우보다 조금 더 복잡하다. 여기서는 타원의 경우의 개념적 증명을 제시하고자 한다. 해석적 방법과 쌍곡선의 경우는 [Smi03]에서 찾을 수 있다.

O는 원의 중심, 점 p는 원 내부, 점 p'는 원 위의 임의의 점이라고 하자. 그러면 주름선은 $\overline{pp'}$의 수직이등분선이 될 것이고, x가 주름선과 선분 $\overline{Op'}$의 교차점이라고 하자. 타원은 2개의 초점과 고정된 길이 l 에 의해 결정되며, 이때 타원 위의 임의의 점과 두 초점 사이의 거리의 합은 항상 l이 된다.

주장: 주름선은 초점이 점 O와 점 p이고, 고정 길이가 원의 반지름인 타원에 접한다.

| 증명 | 먼저 주름선에 이 타원의 점이 포함되어 있음을 보여준다. 원의 반지름이 $Ox + xp'$와 같고, 접으면 $px = xp'$ 이므로 $Ox + px$는 원의 반지름의 길이와 같고, 이는 점 x가 타원 위에 있음을 의미한다. 다음 그림 (a)는 이를 보여준다.

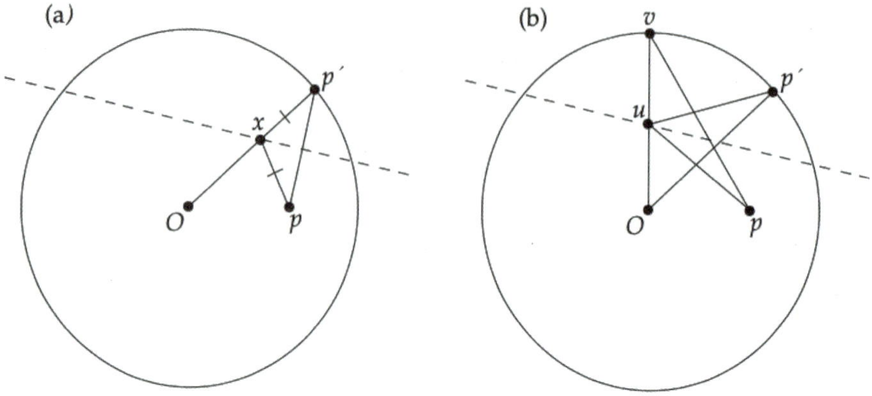

이제 주름선 위의 다른 점이 타원에 있을 수 없음을 보여서 접선이라는 것을 증명하자. 주름선 위의 또 다른 점을 u라 하고 u가 타원 위에 있다고 가정한다. Ov를 u를 포함하는 반지름이라고 하자(위의 그림 (b) 참조). u는 타원에 있으므로 $up = uv$ 이다. (그렇다. 그림에서 이것은 분명히 사실이 아니지만 계속 읽으시오.) 그러나 u는 p'를 p로 접은 주름선 위에 있으므로 $up = up'$이고, 마찬가지로 $uv = up'$가 된다. $Ou + up'$는 반지름으로 Op'와 길이가 같고, u는 Op' 위에 놓여야 한다. 이는 $u = x$를 의미하고 x가 타원에 접하는 주름선 위의 유일한 점이라는 것을 알 수 있다. □

마지막 생각들

이 활동과 관련하여 탐구할 자료가 많다는 것을 눈치 챘을 것이다. 실제로 여기에서 다룬 것보다 더 많은 것들이 있다

마지막 예로, [Smi03]에서 스콧 스미스(Scott G. Smith)는 포물선 접기 활동이 포물선 거울이 흥미로운 반사 특성을 가지고 있다는 훌륭한 '종이접기의 증명' 을 제공하는 방법을 언급했다.

다음 그림에서, x가 주름선이 포물선에 접하는 점이 되도록 점 p를 점 p' 위에 접은 경우, 합동인 삼각형과 직각은 각 α와 θ가 같음을 알려준다. 따라서 α와 θ를 각각 빛이나 음파의 입사각과 반사각(또는 그 반대)으로 생각할 수 있다. 이는 포물선으로 들어와 p에서 만나거나

p에서 나와 평행한 방향으로 포물선에서 반사하는 각도이다. 이것이 포물면이 스포트라이트, 스테레오 스피커 및 위성 접시에 사용되는 이유이다.

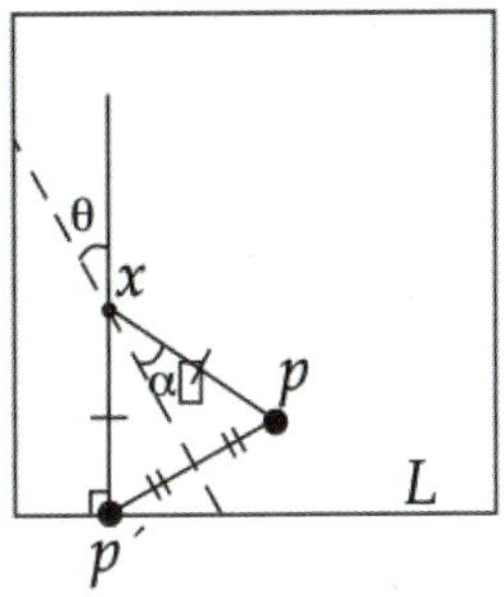

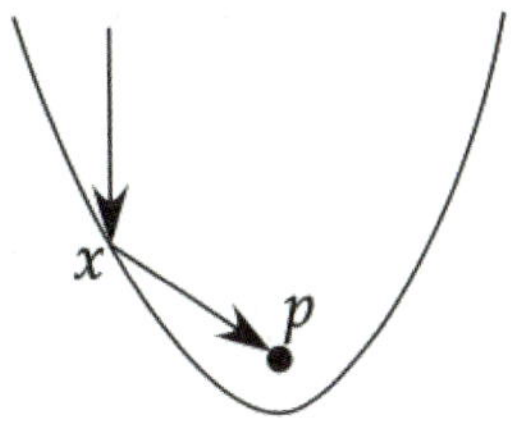

물론 이는 포물선의 기본적인 성질만으로도 증명될 수 있다. 그러나 종이접기는 증명에 필요한 모든 것을 즉시 제공하기 때문에 포물선 접기 활동에 대해 토론하는 동안 이 내용을 언급하는 것이 자연스럽다.

수업에서 이 자료를 얼마나 많이 탐색할 수 있는지는 전적으로 해당 자료에 얼마나 많은 시간을 할애할 수 있는지에 달려 있다. 그러나 숙제나 프로젝트로 연장될 가능성이 매우 높다. 다음으로 나올 두 가지 활동에서는 종이접기에서의 기하 작도에 대한 주제에 대해 보다 자세히 탐구하고자 한다.

종이접기로 주어진 각을 삼등분할 수 있는가?

Activity 07

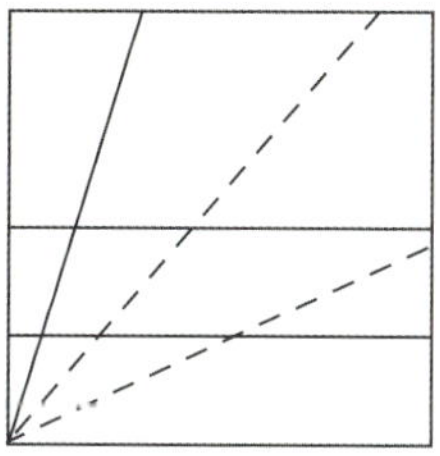

관련 과목: 기하학, 추상 대수학

개요

교사는 학생들에게 임의의 예각을 삼등분하는 것처럼 보이는 종이접기 과정을 보여준다. 이것이 실제 삼등분 접기가 되는가? 학생들은 이 질문에 대해 증명하거나 반론을 제시해야 한다.

내용

기하학이 이 활동의 중심이다. 그러나 종이접기로 각을 삼등분할 수 있다는 사실은 종이접기 방법이 자와 컴퍼스를 활용한 구성 방법보다 더 강력하다는 것을 함축한다. 이것은 종이접기 이론으로 구성할 수 있는 수들의 체(field)[1]가 제곱근에 닫혀 있는 가장 작은 $\mathbb{C}$의 부분체[2]를 포함한다는 사실을 의미한다. 이에 대한 설명은 앞의 활동을 참조하라.

각도를 삼등분하고 정육면체를 두 배로 늘리는 고전적인 그리스 작도 불가능 문제의 맥락에서 이 활동은 특히 매력적일 수 있다. 각의 삼등분과 세제곱근을 구성하는 것은 종이접기로 가능하다!

[1] 체(field)는 유리수, 실수, 복소수들의 집합(각각 $\mathbb{Q}$, $\mathbb{R}$, $\mathbb{C}$로 표기)과 같이 사칙연산이 잘 정의되고, 결합법칙, 교환법칙, 분배법칙과 같은 기본적인 산술법칙들이 성립하는 대수적 구조를 말한다. 종이접기 수들의 집합이 체(field)구조를 가진다는 것은 쉽게 보일 수 있다.

[2] 어떤 수 α를 작도할 수 있다면 $\sqrt{\alpha}$ 또한 작도할 수 있다. 따라서 작도 가능한 수들의 집합은 제곱근에 닫혀 있다. 작도 가능한 수들의 집합은 체가 되며, 제곱근에 닫혀 있는 $\mathbb{C}$의 부분체 중 가장 작은 부분체이다.

활동지

하나의 활동지만 주어진다. 학생들에게 종이로 각을 삼등분하는 접기 방법을 보여주고, 그것이 무엇을 의미하는지, 그리고 어떻게 증명할 수 있는지를 질문한다.

수업 시간

이 활동에서 실제 접기 활동은 10~20분 정도가 필요하지만, 학생들이 스스로 증명을 발견하기까지 훨씬 더 많은 시간이 필요하다. 필요하다면 증명 부분은 학생들에게 과제로 부여할 수 있다.

활동지 1 아래 접기는 무엇을 하기 위한 것인가?

정사각형 모양의 종이를 가져다가 왼쪽 하단 꼭짓점을 지나도록 접는다. 이 때 얻은 주름선과 밑변이 이루는 각을 θ라 하자. 그런 다음 종이를 위에서 아래로 반으로 접고 펼친 후, 다시 절반을 접어 하단에 1/4 주름선을 잡자. 그러면 왼쪽 다음과 같은 그림을 얻는다.

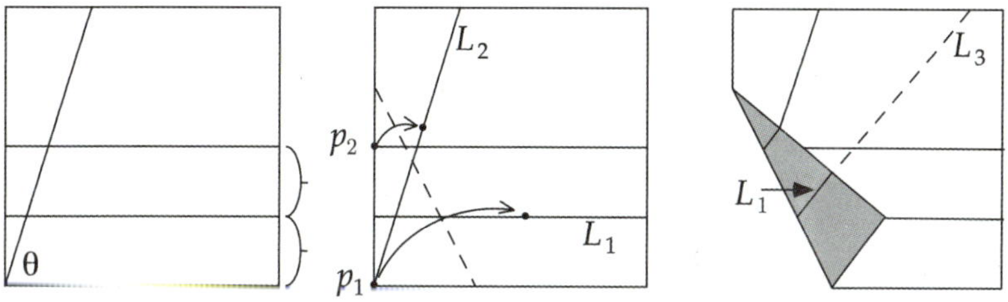

그런 다음, 가운데 그림에 있는 작업을 수행하자. 점 p_1과 p_2를 각각 직선 L_1와 L_2에 **동시에** 올리는 접기를 하자. 두 점을 직선 위에 올린 상태에서 평평하게 접는다.

접힌 상태에서 맨 오른쪽 그림과 같이, 주름선 L_1을 확장하고 이를 L_3라 하자.

질문 1: 종이를 펼쳐보자. 주름선 L_3를 확장시키면 그 연장선이 왼쪽 하단의 꼭짓점 p_1을 지난다는 것을 증명하라.

질문 2: 종이의 다른 주름선들과 관련하여 주름선 L_3는 무엇을 의미하는가? 증명할 수 있는가? 아니면 그냥 단지 우연의 일치인가?

해답과 교수법

활동지: 각의 삼등분

그렇다! 이 방법은 종이접기를 통해 주어진 예각을 삼등분 할 수 있는 방법을 보여준다. 절차를 따라 접고 모든 것을 펼친 후, L_3의 연장선이 왼쪽 하단 꼭짓점 p_1 지점에 도달하도록 확장하라. 그리고 종이의 밑면을 L_3 위로 올리는 접기를 하라. 이것은 종이 밑면과 L_3 사이의 각도를 이등분한다. 정확히 접었다면, 각도 θ가 삼등분되었다는 것을 확인할 수 있다.

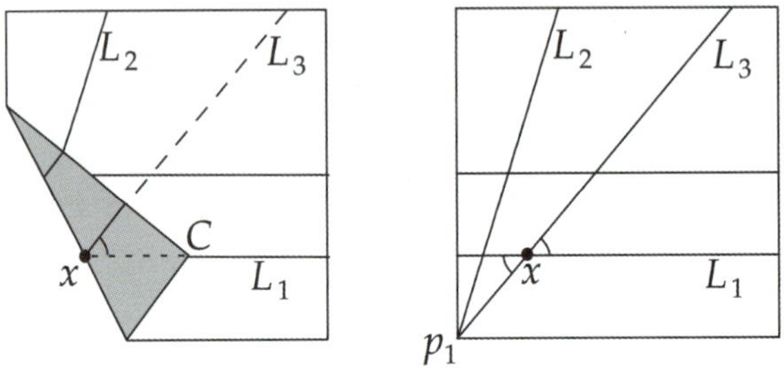

질문 1: 위 그림은 직선 L_3의 연장선이 점 p_1을 지나는 이유를 보여준다. 종이를 접었을 때 점 x가 L_3의 왼쪽 끝점이라고 하면, 선분 xC는 종이를 펼쳤을 때 선분 p_1x와 같다는 것을 알 수 있다. 따라서 왼쪽 접힌 종이의 xC와 L_3 사이의 각도는 오른쪽 펼쳐진 종이의 x 주위에 표시된 두 각도와 같다. 점 x 주위의 두 각도가 맞꼭지각이 되므로 p_1x와 L_3는 한 직선 위에 놓인다.

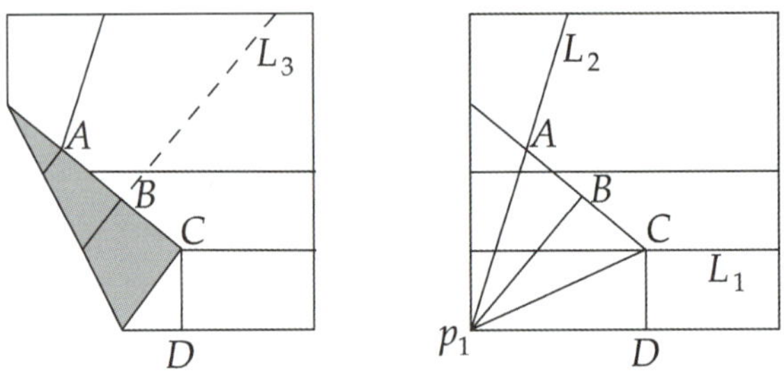

질문 2: 이러한 접기 과정이 각을 삼등분하는데 효과가 있다는 것을 증명하는 방법에는 여러 가지가 있다. 가장 간단한 증명은 위의 그림을 사용하는 것이다. 종이를 접은 후에 왼쪽 변의 세 점이 놓이는 위치를 그림과 같이 각각 점 A, B, C라 하자. 또한 점 C에서 밑변에 내린 수선의 발을 D라 하자. 이러한 점들의 정의에 의해 $AB = BC = CD$이다. 또한 펼쳐진 종이를 살펴보면 $p_1B \perp AC$도 성립한다. 따라서 세 삼각형 $\triangle ABp_1$, $\triangle BCp_1$ 그리고 $\triangle CDp_1$은 서로 합동인 직각 삼각형이다. 그래서 이들은 점 p_1에서 각 θ를 삼등분한다.

이러한 각의 삼등분 접기법은 인터넷의 여러 사이트에서 찾을 수 있다. 그러나 대부분의 사이트는 위에서 소개한 것과는 다른 증명을 사용한다. 이는 다음 그림과 관련되어 있다.

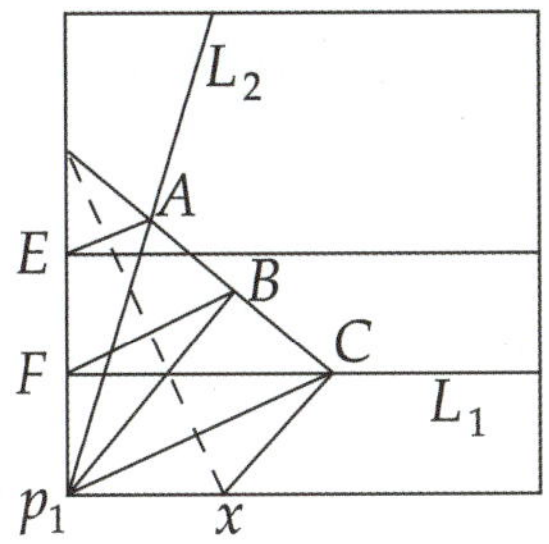

이전 증명에서와 같이 세 점 A, B, C가 있을 때, 접힌 종이를 펼치면 이 세 점은 종이의 왼쪽 변에 놓인다. 이 점들을 각각 p_1, F, E라 하자. 세 선분 AE, BF, Cp_1은 주름선[3]을 중심으로 거울 대칭이다. 그래서 $AB = BC$이고 $p_1B \perp AC$이다. 이것은 $\triangle p_1AC$가 이등변 삼각형임을 말해준다. 보다 추가적인 설명이 필요하다면, 접기에서 $\triangle p_1AC$는 이등변 삼각형 $\triangle p_1CE$에 대칭이 된다는 사실을 주목하라. 그래서 $\angle Ap_1B = \angle Bp_1C$이고, 선분 L_1은 밑변과 평행하므로 $\angle FCp_1 = \angle Cp_1x$이다. 이로써 각 θ는 삼등분된다.

교수법.

여기서 소개된 각의 삼등분 접기법은 히사시 아베(Hisashi Abe)가 개발하였고, 1980년에 출판된 것이다 [Hus80]. 자크 저스틴(Jacques Justin)의 결과도 있다 [Bri84]. 각각의 경우에 핵심적으로 사용한 종이접기 방법은 다음과 같다.

두 점 p_1, p_2와 두 직선 L_1, L_2이 주어질 때, 두 점 p_1과 p_2를 각각 두 직선 L_1과 L_2 위에 동시에 올리는 주름을 만들 수 있다.

이것은 단일-접기 기본 동작으로 할 수 있는 접기 방법 중 가장 복잡한 것이며, 종이접기로 구성할 수 있는 것과 자와 컴퍼스로 구성할 수 있는 것을 구별한다. 이 접기 동작은 다음 활동에서 더 자세히 연구될 것이다.

임의의 각을 삼등분하거나 부피가 두 배인 정육면체를 작도하는 문제와 관련하여 벌어진 수학적 논쟁의 역사에 대한 토론이 수반될 때 학생들은 이 활동으로부터 큰 영향을 받을 수 있다. 고대 그리스 시대부터 1800년대 중반까지 사람들은 눈금 없는 자와 컴퍼스만을 사용하여 임의의 각을 삼등분하는 방법을 개발하고자 했다. (아르키메데스와 동시대 사람들은 눈금이 있는 자를 사용하면 임의의 각을 삼등분할 수 있다는 사실을 알고 있었다. [Mar98]을 참조하라.) 이후 수학자들은 마침내 눈금 없는 자와 컴퍼스만으로는 임의의 각을 삼등분하는 것이 불가능하다는

[3]그림에서 파선(dashed line)에 대응하는 선분을 의미한다.

것을 증명했다. 일반적으로 갈루아 이론(Galois Theory)을 사용하면, 이러한 도구만으로는 일반적인 3차 방정식을 풀 수 없다는 것을 증명할 수 있다.[4]

현재, 수학계는 눈금 없는 자와 컴퍼스를 가지고 임의의 각을 삼등분 할 수 있다는 '틀린 증명'으로 가득 차 있다. 이 방법으로 각을 삼등분하는 문제를 '해결'했다고 주장하는 아마추어 수학자들로부터 전문적인 기하학자들이 편지와 이메일을 받는 것은 드문 일이 아니다. 물론 그러한 모든 시도에는 몇 가지 오류가 있다. 때때로 그들은 매우 영리하여 삼등분에 아주 가까운 각을 작도한 것처럼 보인다. 그러나 실제로 눈금 없는 자와 컴퍼스만으로 완벽하게 모든 각을 삼등분하는 것은 불가능하다. 따라서 수학을 공부하는 학생은 누구든지 종이접기로 각을 삼등분하는 것이 가능하다는 사실을 엄밀한 증명 없이 받아들이지 않아야 한다!

이러한 이해가 없다면 이 활동은 다소 무의미하게 보일 수 있다. 그러나 기하학, 대수학 또는 수학사 수업의 맥락에서, 이는 정말 놀라운 일이 될 수 있을 뿐만 아니라 오랜 세월 동안 각의 삼등분 작도에 대한 논쟁을 정확히 이해하는 방법이 될 수 있다. 즉, 종이접기로 각도를 삼등분하는 방법을 알면 눈금 없는 자와 컴퍼스를 가지고 삼등분할 수 없는 이유를 이해하는 데 도움이 된다. 여기에 삼차방정식의 해를 종이접기로 구하는 다음 활동을 추가로 활용한다면 이것을 더 쉽게 이해할 수 있을 것이다.

종이접기로 각의 삼등분이 가능하다는 것을 증명하는 여러 가지 방법이 있다. 따라서 교사는 힌트를 주기 전에 학생들이 충분한 시간을 가지고 스스로 증명하도록 지도해야 한다. 학생들은 증명을 위해 선분 AC를 그려야 하지만 이를 깨닫는 학생들은 많지 않을 것이다. 교사는 부분적인 힌트로서 이를 제시할 수 있다. 실제로 종이를 접을 때 접힌 주름선에 종이의 일부가 대칭이동되어도 길이와 각도가 보존된다는 사실을 이해하지 못하면 증명을 하기가 매우 어렵다. '주름선과 대칭이동(reflection)'은 이 증명의 기본 요소이기 때문에 본 활동 이전에 이에 대한 논의 및 또는 시연을 하는 것이 도움이 될 수 있다. 사실 이 활동은 대칭변환의 개념을 강화하는 좋은 방법이 될 수 있다.

추가 활동

학생들이 이 활동을 하게 되면, 또 다른 그리스의 고전 문제, 즉 '부피가 두 배인 정육면체 작도'를 해결하기 위해 '두 점을 두 직선 위에 배치'하는 접기 방법을 활용할 수 있다는 사실을 알게 된다. 주어진 정육면체의 부피를 두 배로 하는 정육면체를 작도하는 문제는 $\sqrt[3]{2}$를 구성하는 문제와 같다. 다시 말하지만, 눈금 없는 자와 컴퍼스를 가지고는 이 작업을 수행할 수 없지만 종이접기는 가능하다.

다음 방법은 피터 메서(Peter Messer)에 의해 개발된 방법이다 [Mes86]. 먼저 정사각형 종이를 삼등분으로 접는다. 이를 위해서 Activity 3의 '길이를 정확히 N등분하기'를 참조하라.

[4]각 θ가 작도 가능하다는 것과 $\cos\theta$가 작도 가능하다는 것은 동치이다. 예를 들어 $60°$의 삼등분 문제는 $\theta = 20°$의 작도 문제와 같다. 이는 $\cos 3\theta = 4\cos^3\theta - 3\cos\theta$로부터 삼차방정식 $8x^3 - 6x - 1 = 0$의 해를 작도하는 것이 가능한가를 묻는 문제와 같다. 한편 부피가 두 배인 정육면체의 작도 문제는 삼차방정식 $x^3 - 2 = 0$의 실근인 $\sqrt[3]{2}$ 길이의 선분을 작도하는 문제와 관련된다.

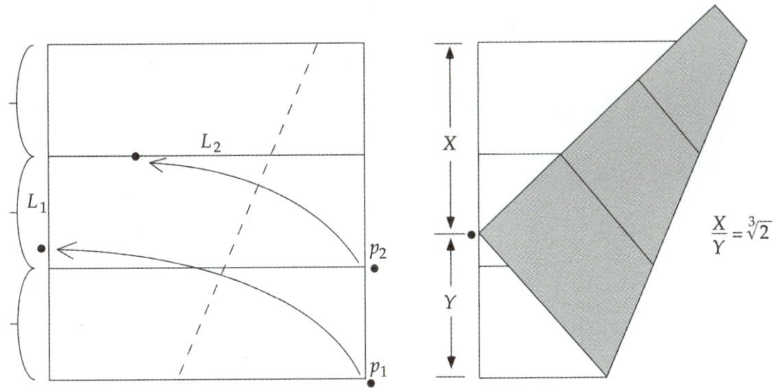

그런 다음 위의 그림에 표시된 점과 선을 사용하여 두 점 p_1, p_2를 각각 두 선분 L_1, L_2에 동시에 올리는 접기를 한다. 이 접기에서 점 p_1의 이미지는 종이 왼쪽 변의 길이를 $1 : \sqrt[3]{2}$으로 나눈다.

이를 증명하는 것은 매우 도전적인 유클리드 기하 문제이다. 각각의 단계에서 특별히 어려운 부분은 없지만 적절한 풀이과정을 거치지 않으면 의도치 않게 지나치게 복잡한 방정식이 생성될 수 있다. 한 가지 요령은 $Y = 1$로 놓는 것이다. 그러면 정사각형 한 변의 길이는 $X+1$이 된다. 이제 $X = \sqrt[3]{2}$인 것을 보이면 된다.

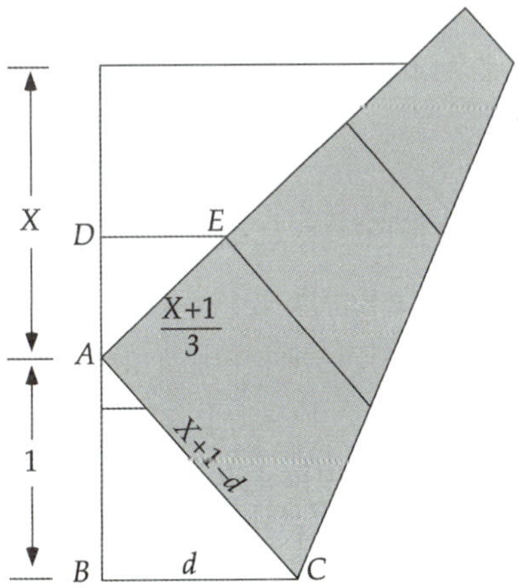

각 변의 길이와 점을 위의 그림과 같이 나타내자. 직각삼각형 $\triangle ABC$에 피타고라스 정리를 사용하면 $d = (x^2+2x)/(2x+2)$를 얻는다. 또한, 선분 AD의 길이는 $X-(X+1)/3 = (2X-1)/3$이다. 하가의 정리(Haga' s Theorem)로부터 두 삼각형 $\triangle ABC$와 $\triangle ADE$는 닮은 삼각형임을 알 수 있다. 상세한 증명을 위해서 Activity 11의 '하가의 종이접기수학'을 참조하라.

따라서 다음을 얻는다.

$$\frac{d}{X+1-d}=\frac{2X-1}{X+1} \quad \Rightarrow \quad \frac{X^2+2X}{X^2+2X+2}=\frac{2X-1}{X+1}$$

$$\Rightarrow X^3+3X^2+2X=2X^3+3X^2-2 \Rightarrow X^3=2.$$

빙고(Bingo)!

종이접기로 삼차방정식 풀기

Activity 08

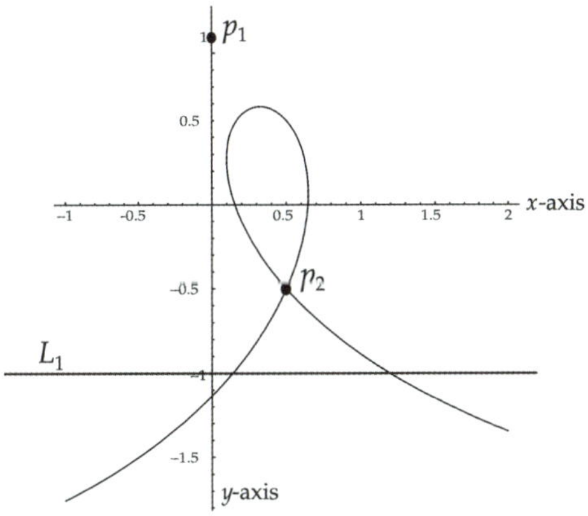

관련 과목: 기하학, 추상 대수학

개요

학생들은 더 강력한 종이접기 작용으로 생성되는 등식의 유형을 탐구하기 위해 종이를 접는 활동을 한다. 이 활동은 종이를 접고 점을 그리는 활동을 포함하며, 이 때 점들의 자취가 다소 낯선 곡선으로 나타난다. 학생들은 이 과정을 모델링하고 생성된 곡선이 실제로 삼차방정식에 의해 주어지는 평면곡선이라는 것을 발견한다. 이 곡선은 동적 기하학 소프트웨어를 사용하여 그릴 수 있다.

내용

이 활동은 종이접기로 가능한 기하학적 구성에 대한 심화 활동이다. 따라서 수업에 앞서 두 가지 활동, 즉 포물선 접기와 각의 삼등분 접기를 먼저 수행하지 않고는 이 활동을 하기 어려울 것이다. 사실, 여기서 탐구하는 종이접기 작업은 각의 삼등분을 구성하는 접기 방법과 정확히 같다. 학생들이 이 활동을 하지 않았다면, 동기부여의 측면에서 '두 점을 두 직선 위에 동시에 배치' 하는 접기 방법의 중요성을 이해하기 어려울 수 있다.

이 접기 작업은 기하학적인 관점과 대수적 관점에서 각각 해석할 수 있다. 이러한 접기에서 발생하는 주름선을 찾는 문제는 기하학적으로는 평면에 그려진 두 포물선의 공통 접선을 찾는 것과 같고, 대수적으로는 일반적인 삼차방정식을 푸는 것과 같다. 수업의 초점을 어디에 두는가에 따라 이들 중 하나를 심도 있게 탐구할 수 있다.

활동지

이러한 접기 작업에 동기를 부여할 필요가 있기 때문에 활동지에서는 학생들이 각의 삼등분 접기와 포물선 접기 연습을 이미 수행했다고 가정한다.

(1) 접기 동작과 접기 활동을 소개한다.

(2) 학생들이 지오지브라 또는 GSP와 같은 동적 기하 소프트웨어를 사용하여 접기 활동을 모의 실험하도록 도와준다.

(3) 학생들에게 접기를 모델링하고 접기 활동에서 생성된 곡선의 방정식을 찾도록 한다.

수업 시간

포물선 접기 활동을 이미 수행한 학생은 이 활동의 접기 구성 요소를 이해하는데 어려움이 없을 것이다. 그러나 이를 위해서는 20분 정도의 수업시간이 필요하다. 동적 기하 소프트웨어를 사용하여 이를 모델링하는 데 필요한 시간은 10~15분이면 충분하다. 포물선 접기 활동을 수행한 학생들이라면 수업 시간에 곡선에 대한 방정식을 유도할 수 있지만 이를 수행하기 위해서는 20분이 더 걸릴 것이다.

활동지 1 더 복잡한 접기 방법

각의 삼등분 접기 방법은 다소 복잡한 접기 동작을 활용하여 수행할 수 있다.

두 점 p_1, p_2와 두 직선 L_1, L_2이 주어질 때, 두 점 p_1과 p_2를 각각 두 직선 L_1과 L_2 위에 동시에 올리는 주름을 만들 수 있다.

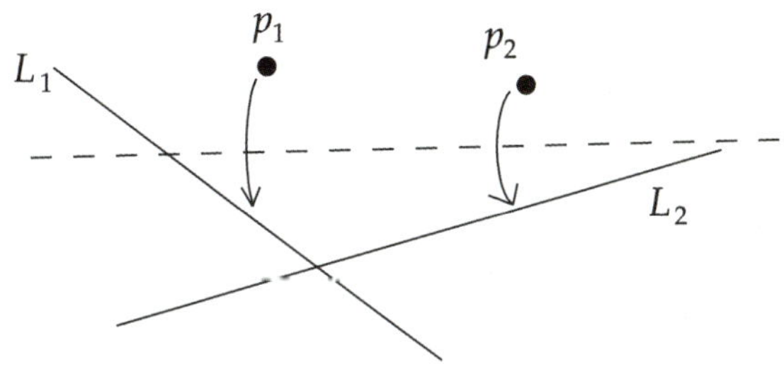

질문 1: 이 작업이 두 점과 두 직선의 선택에 상관없이 항상 가능한가?

질문 2: 한 점 p를 직선 L 위로 올리는 접기를 거듭하여 계속 한다면 그 때 얻게 되는 주름선들은 점 p를 초점으로 하고 직선 L을 준선으로 하는 포물선에 접하는 접선들로 해석할 수 있음을 기억하라. 이 사실은 위에서 설명한 더 복잡한 접기 작업에 대해 무엇을 말해주는가? 기하학적으로 이를 어떻게 해석할 수 있는가? 이것을 그림으로 그려라.

활동: 다른 방법으로 이 작업이 하고 있는 것을 탐구해보자. 종이 위에 한 점 p_1을 표시하고 밑변을 직선 L_1이라 하자. 일반적으로 p_1의 위치는 중심 근방에 있는 것이 가장 좋다.

두 번째 점 p_2를 종이 위에 임의로 잡자. 이 활동의 목표는 p_1을 L_1 위로 올리는 접기를 반복할 때, 점 p_2가 어디로 가는지 살펴보는 것이다.

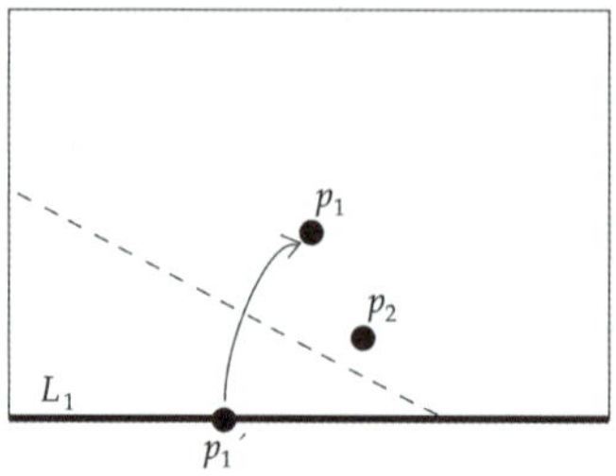

선분 L_1 위의 한 지점을 p_1'이라 하고, 이 점을 p_1까지 접어라. 펜 또는 마커로 종이의 접힌 부분 중 점 p_2에 닿는 지점을 표시하라. 만약 점 p_2에 닿는 부분이 없다면 p_1'을 다르게 선택한다. 그 다음 접힌 종이를 펼쳐보자. 점 p_2가 이동한 지점을 볼 수 있고 이를 점 p_2'로 나타내자.

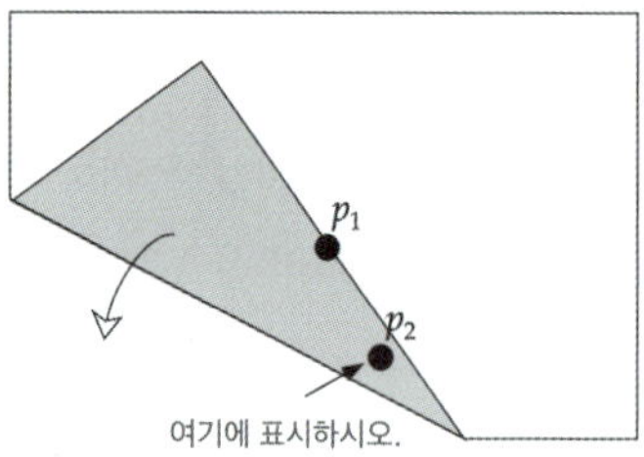

이제 다른 위치의 점 p_1'을 잡고 이 작업을 반복하라. 충분히 많은 p_2'을 만들어서 이 점들을 연결하고 어떤 종류의 곡선이 그려지는지 살펴보자.

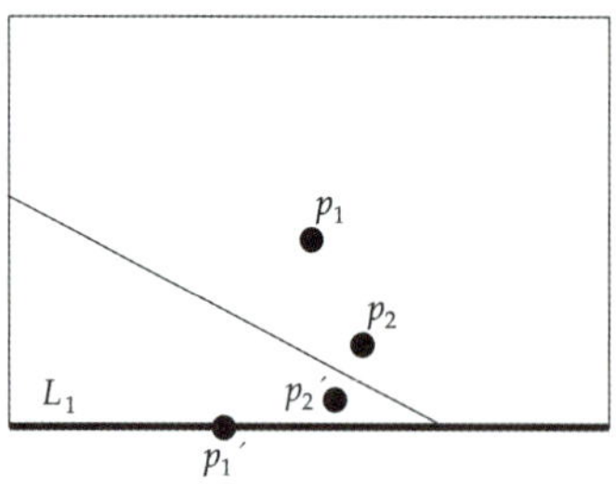

질문 3: 이 곡선의 모양은 어떠한가? 다른 사람들이 작업한 것을 보라. 본인이 그린 것과 비슷하게 보이는가? 이를 생성하는 곡선의 방정식을 알 수 있는가?

활동지 2 소프트웨어로 곡선을 시뮬레이션하기

우리는 여전히 다음과 같이 특이한 접기 동작을 고려하고 있다.

두 점 p_1, p_2와 두 직선 L_1, L_2이 주어질 때, 두 점 p_1과 p_2를 각각 두 직선 L_1과 L_2 위에 동시에 올리는 주름을 만들 수 있다.

계속 반복해서 종이를 접을 필요 없이, 지오지브라와 같은 동적 기하학 소프트웨어를 사용하여 이 접기 활동을 모델링 해보자. 이를 통해 위의 접기 동작이 생성하는 다양한 곡선들을 매우 빠르게 살펴볼 수 있다.

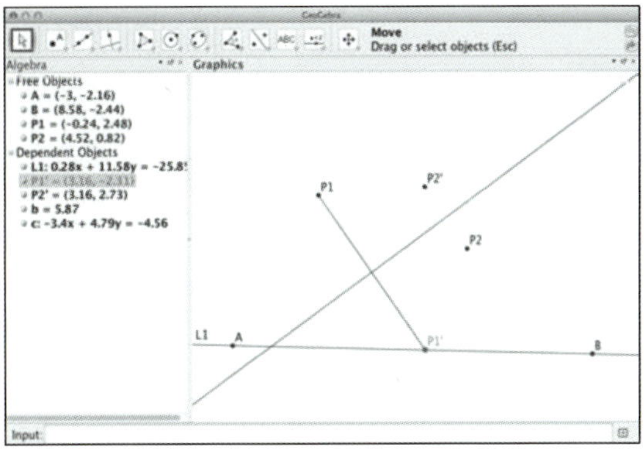

이는 다음과 같은 방법으로 할 수 있다.

(1) 직선 L_1과 점 p_1을 잡는다.
(2) 직선 L_1 위에 점 p_1'을 잡고 선분 $\overline{p_1p_1'}$을 구성한다.
(3) 선분 $\overline{p_1p_1'}$의 수직이등분선을 구성하라. 이는 주름선을 만든다.
(4) 이제 새로운 점 p_2를 만든다.
(5) 앞의 단계 (3)에서 구성한 직선에 대한 점 p_2의 대칭점을 잡자. 이 작업은 지오지브라에서 **직선에 대하여 대칭** 도구를 사용하여 할 수 있다. 새로운 점을 p_2'라 하자.

그러면 직선 L_1 위에서 점 p_1'을 앞 뒤로 움직일 때 소프트웨어를 사용하면 점 p_2'가 그리는 자취를 알 수 있다. 점 p_2' 위에서 오른쪽 클릭 후 **자취 보이기**를 클릭하거나 **자취 그리기** 도구를 사용하면 점 p_1이 움직일 때 점 p_2'의 자취가 생성하는 곡선을 그릴 수 있다.

활동: 스크린에서 점 p_2를 다른 곳으로 움직여서 곡선이 어떻게 변하는지 살펴보자. 이 곡선이 얼마나 많은 종류의 서로 다른 기본 형태를 가질 수 있는가? 이를 말로 서술해보자.

활동지 3 어떤 종류의 곡선인가?

이 접기 방법으로 얻게 되는 곡선의 유형을 보기 위해 아래의 접기 모델을 만들어라.

$p_1 = (0,\ 1)$라 하자. 직선 L_1의 식은 $y = -1$이다. 점 p_1을 직선 L_1 위의 점 $p_1' = (t,\ 1)$으로 접는다. $p_2 = (a,\ b)$는 고정된 점이다. 이 접기에 의해 점 p_2가 이동한 위치를 나타내는 점 $p_2' = (x,\ y)$의 좌표를 찾고자 한다. 이것은 이 활동으로부터 얻게 되는 곡선에 대한 식을 x, y로 나타낼 수 있게 한다.

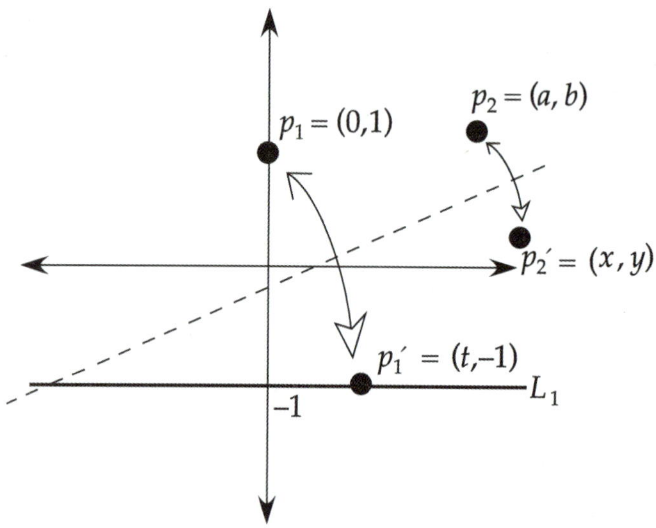

지침: 점 p_1을 점 p_1' 위로 접을 때 얻게 되는 주름선의 방정식을 찾아라. 변수 x, y를 포함하는 방정식을 얻기 위해 이 방정식과 접기의 기하를 사용하라. 이를 결합하여 t를 소거하여 변수 x, y만으로 표현된 단일 방정식을 찾아라 (상수 a와 b도 포함되지만 변수 t는 포함되지 않는 방정식). 이것은 어떤 종류의 방정식인가?

해답과 교수법

활동지 1: 더 복잡한 접기 방법

학생들은 이 접기 방법이 명시적으로 언급된 것을 처음 보았을 수 있다. 학생들이 이러한 접기를 할 수 있다는 것을 확신할 수 있도록 이를 각의 삼등분 접기 설명과 비교하는 것이 유용할 것이다.

질문 1: 그렇지 않다. 이 접기가 항상 가능한 것은 아니다. 평행한 두 직선 L_1과 L_2가 멀리 떨어져 있고 두 직선 사이에 p_1과 p_2가 충분히 가깝게 있으면 p_1을 L_1에, p_2를 L_2에 놓는 접기가 불가능하다는 것을 알 수 있다. (결국 모든 접기는 등거리 변환이므로 p_1과 p_2 사이의 거리는 보존되어야 한다.)

질문 2: 점 p_1을 직선 L_1 위로 접었기 때문에 주름선은 초점이 p_1이고 준선이 L_1인 포물선에 접한다. 마찬가지로 주름선은 초점이 p_2이고 준선이 L_2인 포물선에 접한다.

따라서 이 접기 작업은 2개의 다른 포물선에 대한 공통 접선을 찾는 것과 같다.

접기 활동. 포물선 접기 활동과 마찬가지로 어느 정도 좋은 곡선을 생성하기 위해서는 점 p_2'을 많이 그릴 필요가 있으며, 이를 위해서는 여러 번 접어야 한다. 많이 접게 되면 접힌 종이가 점 p_2 위에 오는 대신 점 p_2가 접힌 종이에 의해 이동하는 경우가 종종 발생한다. 이 경우 종이에서 p_2가 이동하는 곳에 여전히 표시를 해야 한다.

참고로 아래 그림은 좌표평면 위에 나타낸 하나의 예를 보여준다.

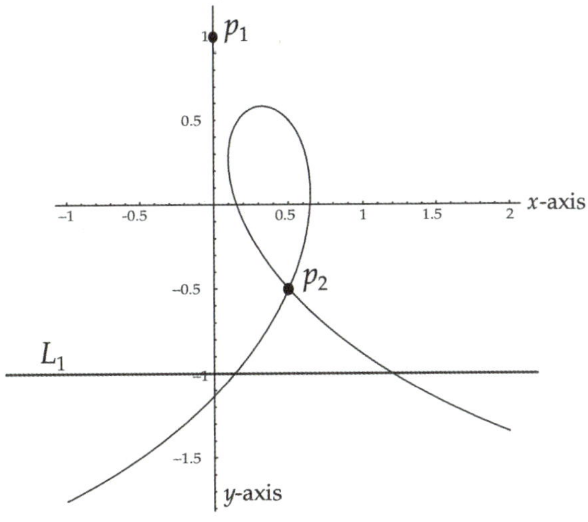

질문 3: 곡선은 삼차식으로 보일 것이다. 그러나 학생들이 변수가 2개인 삼차방정식의 그래프를 이전에 본 적이 없을 가능성이 매우 높기 때문에 이것을 추측하지 못할 수도 있다.

활동지 2: 소프트웨어를 가지고 이 곡선을 그리기

만약 컴퓨터가 지원된다면, 종이접기 활동이 끝난 후 학생들이 지오지브라를 사용하여 이러한 곡선들을 더 많이 탐구하도록 하는 것은 그들에게 좋은 경험이 될 수 있다. 다시 말하지만 실제로 종이를 접어서 이 곡선을 그리도록 하는 것이 최선이지만 지오지브라는 각 학생으로 하여금 삼차식으로 그려지는 다양한 곡선들의 모양을 경험할 수 있게 한다. 학생들이 지오지브라와 같은 소프트웨어에 익숙하다면 활동지 없이 이 시뮬레이션을 개발하도록 할 수 있다. 그러나 지오지브라에서 직선에 대하여 **대칭, 자취 보이기, 자취 그리기** 기능을 사용하는 것은 일부 학생들에게 익숙하지 않을 수 있기 때문에 이를 설정하는 방법이 자세한 지침으로 활동지에 포함되어 있다. 아래는 학생들이 스크린에서 볼 수 있는 그림의 예이다.

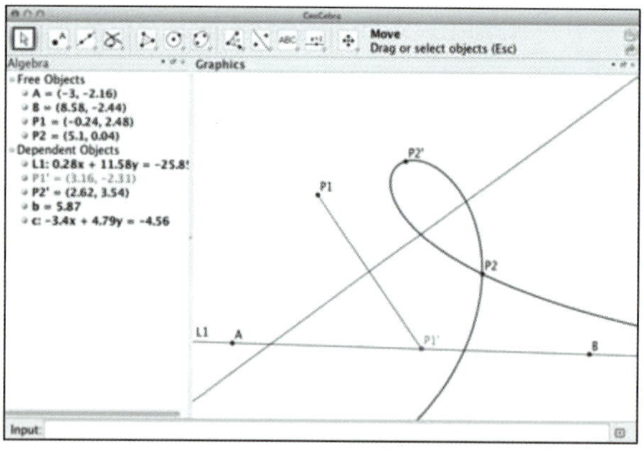

활동지 3: 어떤 종류의 곡선인가?

이러한 모델링 연습은 실제로 포물선 활동의 강화된 버전이다. 실제로 초기 설정은 포물선 활동과 정확히 같다. 직선 L_1의 방정식은 $y=-1$이고 두 점의 좌표는 $p_1=(0,\ 1)$, $p_1'=(t,\ -1)$이다. 그래서 주름선의 방정식 $y=\left(\frac{t}{2}\right)x-\left(\frac{t^2}{4}\right)$은 포물선 활동에서 얻은 식과 같다.

점 p_2를 함께 생각해야 하는 것이 정말 어려운 부분이다. 점 p_2의 좌표 $(a,\ b)$와 점 p_2'의 좌표 $(x,\ y)$ 사이의 관계를 찾아야 한다. t의 값이 변할 때 p_2'의 자취를 따르는 곡선의 방정식을 얻는 것이 목표이기 때문에, 이를 구하는 과정에서 변수 t를 확실히 소거해야 한다.

점 p_2'을 나타내기 위해 사용하는 변수 $(x,\ y)$의 선택이 잠재적인 혼란의 근원이 될 수 있다. 곡선의 방정식을 얻게 되어 마지막 식이 학생들에게 익숙한 변수인 x, y로 쓰일 때 이러한 일이 일어난다. 학생들은 곡선을 나타내는 변수 x와 y가 주름선 방정식을 나타내는 변수 x, y와 같지 않다는 것을 인식해야 한다.[1]

학생들은 이 활동지를 완성하기 위해 몇 가지 중요한 관찰을 해야 한다. 첫째로, 선분 $\overline{p_1p_1'}$의 기울기는 선분 $\overline{p_2p_2'}$의 기울기와 같아야 한다. 이를 식으로 나타내면 다음과 같다.

$$-\frac{2}{t} = \frac{y-b}{x-a} \tag{1}$$

그러면 많은 학생들이 x와 y로만 이루어진 하나의 식을 얻기 위해 이를 주름선의 방정식에 대입하려 할 수 있다. (여기서 a와 b는 상수이다.) 그러나 이는 주름선을 나타내기 위해 사용한 변수 x, y가 p_2'을 나타내는 것과 같지 않기 때문에 결함이 있다. 사실, 어떤 학생들은 이를 구별하기 위해 (x', y')으로 p_2'의 좌표를 나타낼 것이다.

주름식에 대해 우리가 아는 한 가지가 있다. 바로 $\overline{p_2p_2'}$의 중점 $\left(\frac{x+a}{2}, \frac{y+b}{2}\right)$이 주름선 위에 있다는 사실이다. 따라서 이를 주름선의 방정식에 대입한 다음 $\frac{2}{t}$ 대신 (1)의 오른쪽 식을 사용하면 $p_2' = (x, y)$의 좌표에 관한 방정식을 얻는다.

$$\frac{y+b}{2} = -\left(\frac{x-a}{y-b}\right)\frac{x+a}{2} - \frac{(x-a)^2}{(y-b)^2}$$

$$\Rightarrow \quad (y+b)(y-b)^2 = -(x^2-a^2)(y-b) - 2(x-a)^2.$$

이는 삼차 곡선이 됨을 주목하라! 왼쪽에 y^3항이 있고 오른쪽에 x^2y항이 있다.

불행하게도, 교수진들과 달리 수학을 전공하는 보통의 학부 학생들이 위의 방정식을 보았을 때 별로 감흥이 없을 수 있다. 그러나 (a, b)의 값을 특정하고 이 방정식의 그래프를 그리면 이는 학생들의 활동으로 얻게 된 곡선과 일치하기 때문에 학생들의 분명한 이해를 도울 수 있다. 예를 들어 위의 접기 활동에서는 $(a, b) = (0.5, -0.5)$를 사용하여 만들었다. 이러한 방정식을 그리기 위해서 메이플(Maple), 매스매티카(Mathematica)와 같은 매우 비싼 그래프 계산기가 필요하지만 학생들이 이를 실제로 해보는 것은 매우 권장할 만하다.

교수법과 추가 활동

앞서 언급했듯이 이는 더 높은 수준의 종이접기 활동이며, 포물선 접기와 각의 삼등분 접기에 대한 두 가지 활동을 수행한 후에 탐구되어야 한다. 포물선 활동은 종이접기를 학생들에게 익숙한 주제(포물선, 이차곡선 및 이차식)와 결합시킨다. 학생들은 이전에 각의 삼등분 활동을 했기 때문에 이 활동은 새로운 것과 친숙한 것을 결합시킨다. 이는 학생들에게 완전히 새로운 것처럼 보이는 현재의 활동으로 이어신다. 학생들의 관점에서 그 효과는 그들이 심오한 느낌을

[1] 실제로 학생들과 수업을 진행할 때, 직선의 방정식을 $Y = \left(\frac{t}{2}\right)X - \left(\frac{t^2}{4}\right)$으로 나타내어 점 $p_2' = (x, y)$에서 사용한 변수 x, y와 구분하여 혼란을 피할 수 있다. 직선의 방정식을 그대로 두고 점 p_2'의 좌표를 (x', y')로 놓아 구분할 수도 있다. 그러나 이 경우 최종 방정식은 x', y'로 표현된다.

가지고 훨씬 더 높은 수준의 수학으로 인도될 수 있다는 것이다. 실제로 삼차방정식은 쉽게 분류할 수 없고 학생들에게 익숙하지 않다는 사실이 그러한 느낌을 준다.

따라서 이 활동의 접는 연습에서 학생들은 익숙하지 않은 것들을 헤치며 나아가게 된다. 시작하기 전에 활동의 '규칙'을 매우 명확하게 이해해야 한다. 또한 학생들이 점 p_2를 다양하게 선택하도록 하는 것이 도움이 된다. 어떤 학생들은 앞에서 주어진 그림과 같이 루프(loop)를 생성할 것이다. 다른 이들은 뾰족한 점(cusp)을 가지는 곡선 또는 이상한 융기가 있는 평범한 곡선을 얻게 될 것이다. 사실, 교사는 모든 학생들이 동일한 점 p_1을 선택하여 시작하게 하고, 학생들에게 충분히 많은 점 p_2를 선택하도록 하여 다양한 모양의 곡선을 볼 수 있도록 지도할 수 있다.

세 번째 활동지에 있는 모델을 사용하여 삼차 곡선에 대한 방정식을 구하는 것이 학생들에게는 매우 어려울 수 있다. 실제로 하는 방법을 보게 되면 매우 쉬운 것처럼 보일 수 있지만 그것을 보지 않고 하려면 극도로 어려워 보이는 것의 좋은 예이다. 학생들이 포물선 문제에 대한 접근 방식과 근본적으로 다른 이 모델의 접근 방식을 아는 것 또한 어렵다. 포물선의 경우 우리는 모든 주름선에 접하는 곡선을 찾고자 했다. 여기서는 점 p_1을 직선 L_1 위로 반복해서 접을 때 점 p_2'의 움직임을 연구하고자 한다. 그래서 종이를 접을 때 점 p_2'의 움직임을 반영하는 변수 x와 y로 쓰는 방정식을 원한다. 이때, 변수 t는 소거되어야 하고 a와 b는 상수이므로 식에 포함되어도 괜찮다. 그리고 이 모델로부터 얻은 임의의 방정식은, 곡선이 지나치게 복잡하지 않다면, 점 p_2'의 자취를 나타내는 식을 나타내고, 이는 문제를 해결한다.

이 활동을 할 때, 종이접기 움직임에서의 직선 L_2의 역할을 완전히 무시할 수 있음을 주목하라. 이는 p_2를 직선 L_2 위로 접을 때의 위치는 삼차 곡선과 L_2가 만나는 지점으로 결정되기 때문이다. 특정한 점에서 그러한 위치를 정하는 문제는 어떤 삼차방정식의 '해를 구하는 것'과 같다.

위에서 언급했듯이, 접기 활동으로 생성된 곡선들이 실제로 어떠한지 보기 위해 학생들이 직접 컴퓨터나 그래프 계산기로 이러한 삼차곡선을 그릴 수 있다는 사실이 매우 유용하다. 수학적 모델을 물리적 활동에 연결할 수 있다는 것이 학생들에게는 명확한 이해의 순간이 될 수 있다.

페스키의 질문(Pesky question)

포물선 활동에서처럼 이것은 종이접기가 어떤 방정식들을 풀 수 있다는 증거를 우리에게 제시해준다. 이 경우에는 삼차방정식이지만 이를 증명하기 위해서는 임의의 삼차방정식의 풀이가 항상 종이접기를 거쳐 가능하다는 논의가 필요하다. 어떻게 이것을 할 수 있는가?

임의의 삼차방정식을 풀기 위해 사용할 수 있는 종이접기 방법에는 여러 가지가 있다. 아래에서 알페린(Alperin)이 [Alp00]에서 찾은 방법을 묘사하고자 한다. 그러나 이 방법이 기술적으로 옳지만 대부분의 학생들이 이를 스스로 생각하기는 어렵다. 삼차방정식을 종이접기로 풀 수 있는 좀 더 명료한 다른 실습방법으로 릴의 방법(Lill' s Method)이 있다. 이를 위해서는 Activity 9를 참고하라.

알페린의 전략에 대해, 임의의 삼차방정식 $x^3+ax^2+bx+c=0$을 가지고 시작하고 싶을 수 있지만 일반적으로 $z=x-\frac{a}{3}$를 대입하여 x^2의 항을 제거할 수 있다. 이로서 다음 식을 얻는다.

$$z^3+\frac{3b-a^2}{3}z-\frac{9ab-27c-2a^3}{27}=0.$$

따라서 일반적인 삼차식의 형태로서 유리수 a, b에 대해 $x^3+ax+b=0$을 가정할 수 있다. 다음 두 이차식을 고려하자.

$$\left(y-\frac{1}{2}a\right)^2=2bx \quad \text{그리고} \quad y=\frac{1}{2}x^2.$$

유리수 a와 b는 종이접기를 통해 구성할 수 있기 때문에 위의 두 방정식의 계수들 역시 구성할 수 있고 따라서 이 방정식이 나타내는 두 포물선의 초점과 준선도 구성할 수 있다. 첫 번째 포물선의 초점과 준신은 각각 $\left(\frac{b}{2},\ \frac{a}{2}\right)$과 $x=-\frac{b}{2}$이고 두 번째 포물선의 초점과 준선은 가가 $\left(0,\ \frac{1}{2}\right)$과 $y=-\frac{1}{2}$이다. 이는 표준적인 기초미적분 공식을 사용하여 계산할 수 있고 대부분의 교과서에서 찾을 수 있다.

점 $\left(\frac{b}{2},\ \frac{a}{2}\right)$와 $\left(0,\ \frac{1}{2}\right)$을 각각 직선 $x=-\frac{b}{2}$와 $y=-\frac{1}{2}$ 위로 동시에 올리는 접기를 하자. 이는 두 포물선에 동시에 접하는 주름을 만들 것이다. 보통은 이를 접는 동작이 하나가 아닐 수 있지만 이 경우에는 주름선이 유일하다. 이제 m을 이 주름선의 기울기라 하자.

주장: 기울기 m은 $x^3+ax+b=0$의 해이다.

증명: 첫 번째 포물선이 주름선과 접하는 점을 $(x_0,\ y_0)$, 두 번째 포물선이 주름선과 접하는 점을 $(x_1,\ y_1)$이라 하자. 두 포물선의 식을 미분하고 이 점들과 기울기 m을 대입하면 어떤 방징식을 얻는다. 첫 번째 포물선으로부터 다음 식을 얻는다.

$$2\left(y-\frac{a}{2}\right)\frac{dy}{dx}=2b \Rightarrow m=\frac{b}{y_0-\frac{a}{2}}.$$

두 번째는 $m=x_1$이고 그래서 $y_1=\frac{1}{2}m^2$이다. 또한 $(x_0,\ y_0)$를 첫 번째 포물선의 방정식에 대입하면 $x_0=\frac{(y_0-a/2)^2}{2b}=\frac{b}{2m^2}$를 얻는다. 또한 m은 고전적인 방법으로 계산될 수 있다.

$$m=\frac{y_1-y_0}{x_1-x_0}=\frac{\frac{m^2}{2}-\frac{a}{2}-\frac{b}{m}}{m-\frac{b}{2m^2}}.$$

이를 간단히 하면 놀랍게도 $m^3+am+b=0$을 얻는다.

우리는 임의의 삼차식에 대한 실근을 기울기로 가지는 주름선을 구했기 때문에 또한 쉽게 m을 y좌표로 가지는 점을 구성할 수 있다. 예를 들면, 만일 $(w,\ 0)$이 주름선과 x축이 만나는 점의 좌표라 하자. 이 점은 종이접기로 구성할 수 있다! 직선 $x = w+1$을 접으면 이 수직선은 주름선과 점 $(w+1,\ m)$에서 만나게 될 것이다. 그러면 정식으로 종이접기를 통해 삼차방정식의 해를 구성했다고 말할 수 있다.[2]

다른 질문들. 추가활동을 위한 여러 가지 질문들이 있고 이는 학생들에게 숙제로 내줄 수 있다. 이 중 한 가지는 "활동에서 고려한 접기 방법이 한 가지 이상일 수 있는가?" 이다. 답은 때때로 그렇다이다. 대수적으로 이러한 접기가 삼차방정식을 푸는 것과 동치이며, 이 경우 최대 3개의 실근을 가질 수 있기 때문에 이는 맞는 말이다. 이것은 그래프로 더 쉽게 볼 수 있다. 직선 L_2와 삼차방정식의 그래프로 얻어지는 곡선이 만나는 교점의 개수를 결정할 필요가 있는데 그 이유는 이러한 접기가 점 p_2를 이러한 교점 위로 올리는 것으로 결정되기 때문이다. 삼차 곡선의 모양에 익숙해지면 삼차 곡선과 직선 사이에 이러한 교점이 기껏해야 3개까지 있을 수 있다는 것을 확신하게 된다. 일반적인 경우 2개, 1개, 또는 하나도 없을 수 있다.

다른 의문은 '삼차' 종이접기 움직임이 포물선 접기 활동에서 했던 것과 완전히 다른 것인지 질문할 수 있다. 사실 후자의 경우는 전자의 특별한 경우이다. 점 p_2가 이미 직선 L_2에 있는 경우 'p_2를 L_2위로 접는 것'은 실제로 p_2를 그 자체로 접는 것이고, 이는 접는 주름선이 p_2를 지나는지 확인하는 것과 같다. 보다 간단한 다른 종류의 종이접기 작업이 삼차 종이접기의 특수한 경우로 볼 수 있다는 것은 흥미롭다.

추상 대수학의 관점

이 모든 활동은 대수적 관점에서 접근 할 수 있는데, 이는 모든 활동이 끝난 이후에 할 수 있는 보다 수학적으로 엄밀한 방법이다. 핵심적인 아이디어는 자와 컴퍼스(SE & C)의 작도를 대수적으로 분석하는 방법과 유사하며, 이러한 방법으로 종이접기 구성을 분석할 수 있다.

자와 컴퍼스 작도를 대수적으로 모델링할 때, 일반적으로 그래프를 그릴 종이를 복소평면 $\mathbb{C}$로 간주하고 그 안에서 $0,\ 1,\ i$와 같은 점들을 시작점으로 놓는다. 그런 다음 "자와 컴퍼스로 작도할 수 있는 $\mathbb{C}$의 부분체(subfield)는 무엇인가?"라고 질문한다. 이를 자와 컴퍼스로 작도 가능한 수의 체(field)라고 부르며 이는 제곱근의 작용에 있는 $\mathbb{C}$의 가장 작은 부분체가 된다. 다시 말해, 복소수 $\alpha \in \mathbb{C}$가 자와 컴퍼스로 작도 가능한 수라는 것은 $\alpha \in \mathbb{C}$가 $\mathbb{Q}$ 위에서 대수적이고, α의 차수[3]가 2의 거듭제곱인 것과 동치이다. 즉, 어떤 정수 $n \geq 0$에 대해 $[\mathbb{Q}(\alpha) : \mathbb{Q}] = 2^n$이다. 이 사실은 자와 컴퍼스로 이차방정식을 풀 수 있다는 것을 의미한다..

---

[2] 종이에서 두 점 $(w+1,\ 0)$, $(w+1,\ m)$을 잇는 선분이 주름으로 나타난다. 이 선분의 길이는 $|m|$이 된다. 일반적으로 종이를 유한번 접어 길이 $|\alpha|$인 선분을 얻을 수 있을 때, 실수 α를 종이접기 수(origami number)라고 부른다. 종이접기 수들의 집합은 체(field) 구조를 가진다. 즉 사칙연산에 대해 닫혀있다.

[3] α가 대수적인 수라는 것은 α를 해로 가지는 영이 아닌 다항식이 존재하는 것을 말한다. α를 해로 가지는 다항식 중 차수가 최소인 것을 α의 기약다항식이라고 부른다. α의 차수란 이러한 기약다항식의 차수를 말한다

종이접기에 대해서도 같은 질문을 할 수 있다. 우리는 종이를 복소평면 $\mathbb{C}$로 생각하고 사각형의 네 모서리를 나타내는 0, 1, i 및 $1+i$를 시작점으로 놓는다. 그런 다음 종이접기 동작으로부터 얻는 부분체 $\mathcal{O} \subset \mathbb{C}$를 찾고자 한다. 이를 종이접기 수의 체(the field of origami numbers)라고 부른다. 많은 기본적인 종이접기 동작이 있다. 두 점을 연결하는 주름선을 만들거나, 한 점을 다른 점에 또는 선분을 다른 선분 위로 포개어 접을 수 있다. 이러한 기본동작으로 유리수를 생성할 수 있다.

포물선 접기 활동에서 점을 직선 위로 올리는 접기동작이 일반적인 이차방정식의 해법을 제공한다는 것을 살펴보았다. 이것은 부분체 $\mathcal{O}$에 자와 컴퍼스로 작도 가능한 수들의 체가 포함된다는 것을 의미한다. 그러나 이 활동에서 두 점을 두 직선 위에 포개는 접기 동작은 $\mathcal{O}$가 자와 컴퍼스로 작도 가능한 수의 체보다 더 크다는 것을 말해준다. 사실, 우리는 유리수를 계수로 가지는 모든 삼차방정식의 해를 체 $\mathcal{O}$가 포함한다는 것을 증명했다. 이것을 수학적 형식을 사용하여 엄밀히 진술하거나 증명하려면 더 많은 작업이 필요하다. 이를 진술하는 한 가지 방법은 다음과 같다.

정리 8.1

복소수 $\alpha \in \mathbb{C}$는 유리수체 $\mathbb{Q}$ 위에서 대수적이고 $L \supset \mathbb{Q}$은 α의 기약다항식에 대한 $\mathbb{Q}$ 위의 분해체이다. 이 때 α가 종이접기 수이기 위한 필요충분조건은 어떤 음이 아닌 정수 a, b에 대해 $[L:\mathbb{Q}] = 2^a 3^b$인 것이다.

이 사실은 기본적으로 한 점을 직선 위로 접기(이차식이 필요) 또는 두 점을 두 직선 위로 접기(삼차식이 필요)와 같은 종이접기 동작을 사용하여 여러 점들을 생성하는 과정을 확대체(field extensions)라는 대수적 개념을 형식화하여 증명할 수 있다. 이에 대한 훌륭한 설명은 [Cox04]를 참조하라. 또한 [Mar98] 및 [Alp00]도 참조할 수 있다.

그러나 위의 정리는 두 점을 두 주름선 위로 포개는 접기가 가장 복잡한 접기 동작이라고 가정하고 있다. 이 움직임을 본 후 학생들은 다른 더 복잡한 종이접기 동작이 가능한지 궁금해할 수 있다. 이는 증명하기 매우 어려운 질문임이 알려져 있다. 모든 주름을 직선이라고 가정하고 한 번에 하나의 접기만 허용된다면 두 점을 두 주름선 위로 포개는 접기 동작이 가장 복잡하다는 것을 (일반적으로 풀 수 있는 최고 차수의 방정식의 관점에서) 증명할 수 있다. 이는 2003년에 벡터 분석을 사용하여 로베르트 랑(Robert Lang)에 의해 증명되었다 [Lang03]. 더 짧은 기하학적 증명은 [Hull05-1]에서 찾을 수 있다.

이러한 제한에서 벗어나면 더 많은 것이 가능하다. 로베르트 랑(Robert Lang)은 동시에 2개의 주름을 허용하는 매우 복잡한 종이접기 동작을 가지고 임의의 각을 오등분하는 독창적인 방법을 발견했다 [Lang04-2]. 이는 대수적으로 오차 방정식을 푸는 것과 같다.

학생들에게 로베르트 랑(Robert Lang)의 각의 오등분 접기 방법을 보여 주게 된다면 그러한 종이접기 동작을 허용해도 되는지 토론하게 하라. 동시에 2개의 주름을 만드는 랑(Lang)의 접기 동작과 2개의 주름을 동시에 만들면서 종이를 정확하게 $\frac{1}{3}$ 길이로 접는 것과 어떠한 차이가 있는가? 이러한 '동시 주름' 접기 동작을 사람이 다루기에 너무 복잡해질 때는 언제인가? 이는 모두 종이접기 수학 커뮤니티에서 여전히 토론되고 있는 모든 질문일 뿐만 아니라 활발한 교실 토론에도 기여할 수 있다.

릴(Lill)의 방법

Activity 09

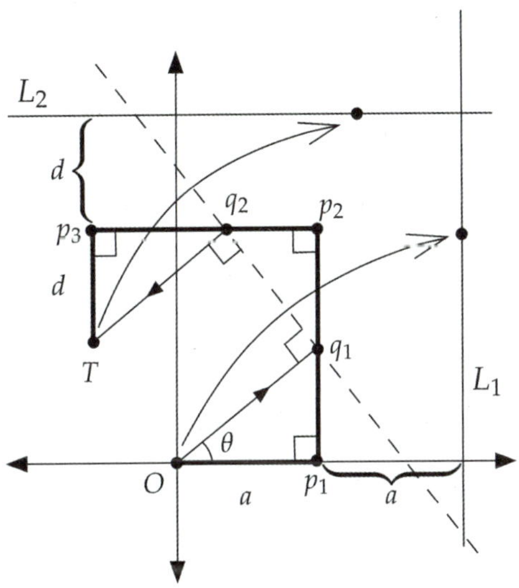

관련 과목: 기하학, 추상 대수학

개요

삼차방정식 풀기 활동을 바탕으로 학생들은 릴(Lill)의 방법에 대해 배운다. 이는 다항 방정식을 풀기 위한 기하학적 구성 방법이며 삼차방정식인 경우 이 정리가 성립함을 증명한다. 이 구성 방법은 종이접기를 통해 가능하다. 교사는 학생들에게 이 방법을 사용하여 주어진 삼차방정식의 근을 찾게 한다.

내용

삼차방정식을 푸는 내재된 어려움에도 불구하고 릴(Lill)의 방법은 매우 간단하다. 실제로 이것이 잘 작동한다는 것을 증명하기 위해서는 기초 삼각법과 대수만 알면 충분하다. 이를 위해 정확한 접기가 요구되지만 어렵지는 않다.

이 활동의 기초가 되는 더 깊이 있는 내용은 모든 기하학 수업에 적합하다. 즉, 이 방법은 종이접기로 모든 삼차방정식을 풀 수 있다는 것에 대한 이해 가능하고 구성 가능한 증명을 제공한다. 여기에 설명된 대수와 기하 사이의 연결고리는 종이접기로 구성할 수 있는 수(numbers)를 주제로 하는 추상 대수학 수업에 적합하다.

활동지

다음 세 가지 활동지가 있다.

(1) 삼차방정식을 풀기 위한 릴(Lill)의 방법을 묘사하고 학생들에게 증명하도록 하라.

(2) 종이접기로 삼차방정식을 풀기 위해 릴(Lill)의 방법을 어떻게 사용할 수 있는지 설명하라. 그리고 학생들에게 주어진 (좋은) 삼차다항식을 가지고 실제로 해를 구해보도록 하라.

(3) 두 번째 활동지를 위한 접기 방법을 단계별로 제시하라. 이 활동지는 선택 사항이지만 매우 유용할 것이다.

수업 시간

첫 번째 활동지는 20 ~ 30분 이상 걸리지 않도록 하고, 학생들에게 과제로 제시할 수 있다. 활동지 2와 3을 다루는 여러 가지 다른 수업 방법이 있다. 활동지 3의 단계별 접기를 수업에서 함께 살펴보는 것이 시간을 효율적으로 사용하는 가장 좋은 방법일 수 있다. 이 경우 또 다른 20분 가량의 시간이 활동에 소요될 것이다.

활동지 1 릴(Lill)의 방법으로 삼차방정식 풀기

이 활동에서는 기하학을 사용하여 삼차방정식을 푸는 릴(Lill)의 방법을 학습한다. 릴(Lill)의 방법은 종이접기를 통해 수행될 수 있기에 근사하다!

아래 삼차방정식을 풀기 원한다고 (또는 실근을 찾고 싶다고) 상상해보자.

$$ax^3 + bx^2 + cx + d = 0.$$

설정: 원점 O에서 시작하여 길이 a인 선분을 x-축의 양의 방향으로 그려라. 그런 다음 반시계방향으로 $90°$ 회전한 후 길이 b만큼 올라간다. 반복: 다시 반시계방향으로 $90°$ 회전하여 길이 c만큼 간 후, 한 번 더 시행하여 거리 d만큼 이동한 후 도착한 곳을 T라 하자.

주의: 만일 다항식의 계수 중 음수가 있다면, 반대 방향으로 이동한다. 만일 어느 하나가 0이면 회전하고 이동하지 않는다.

이제 우리가 원점 O에 서 있다고 상상하고 그림과 같이 총을 쏘아 계수들로부터 얻은 경로에 총알이 직각으로 튀어 T까지 도달하게 하라.

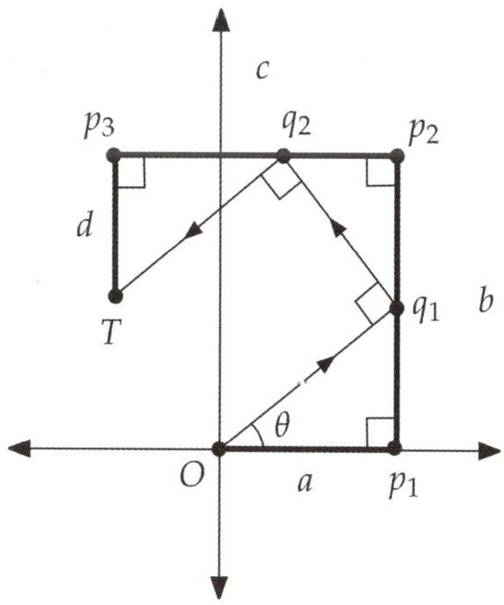

릴의 방법에 따르면 이러한 경로를 구성하여 총알이 T지점에 성공적으로 도달하게 하는 것이 가능하다. 원점 O에서 시작한 경로가 만드는 각이 θ이면 $x = -\tan\theta$가 주어진 삼차방정식의 근이 될 것이다!

할 일: 삼차방정식에 대한 릴의 방법이 옳음을 증명하라. (힌트: 그림에서 보이는 삼각형들에 대해 알 수 있는 것은 무엇인가? $\tan\theta$는 무엇과 같은가?)

활동지 2 종이접기를 통한 릴의 방법

릴(Lill)의 방법을 사용하여 삼차방정식을 풀기 위해 종이접기를 사용할 수 있다. 이 아이디어는 1933년 이탈리아의 수학자 마르게리타 벨로치(Margherita Beloch)에 의해 발견되었다.

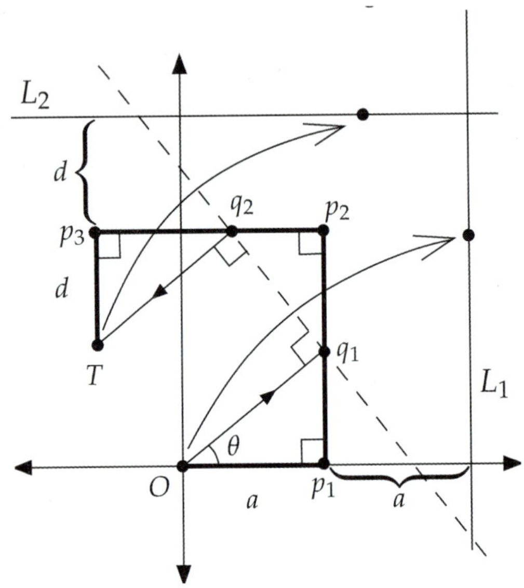

이는 다음과 같은 방법으로 할 수 있다.

(1) 릴(Lill)의 방법을 따라 계수들로부터 얻은 경로를 종이에 그리거나 접는다.

(2) 선분 $\overline{p_1p_2}$에서 (O의 반대쪽으로) 거리 a인 지점에 x축에 수직인 직선을 접는다. 이를 L_1이라 하자.

(3) 그런 다음 $\overline{p_2p_3}$에서 (T의 반대쪽으로) 거리 d인 지점에 y축에 수직인 직선을 접는다. 이 직선을 L_2라 하자.

(4) 그런 다음 O와 T를 각각 두 직선 L_1과 L_2에 동시에 올리는 접기를 한다. 이 주름선은 릴의 방법에 필요한 총알 경로 중 한쪽 변을 형성한다 (그리고 필요로 하는 각도 θ를 포함한다).

활동: 위의 지침을 따라, 오직 종이접기만을 사용하여 다항식 $x^3 - 7x - 6$의 근을 모두 찾아라.

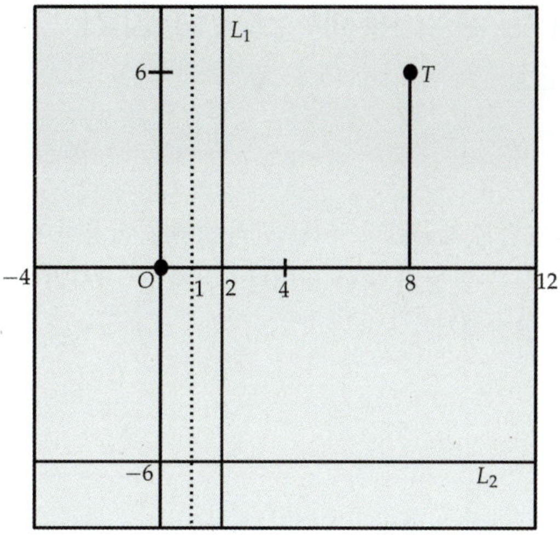

이를 하기 위해서는 종이를 좌표 평면으로 생각하고 원점이 있어야하는 위치를 결정한 후 계수들로부터 얻은 경로를 접어야 한다. 그림과 같이 설정한 후 O와 T를 각각 두 직선 L_1과 L_2에 동시에 배치하는 접기를 한다.

활동지 3 릴의 방법의 예제: 단계별 접기

이 활동지는 단계적 접기 방법을 제공한다. 이는 릴의 방법을 사용하여 방정식 $x^3-7x-6=0$을 풀기 위해 필요한 주름선을 만들기 위한 것이다. 먼저 큰 정사각형 모양의 종이를 가지고 시작하자. 이 종이는 xy-평면에서 $-4 \le x \le 12$, $-8 \le y \le 8$의 범위에 해당하는 영역을 나타낸다고 가정하자

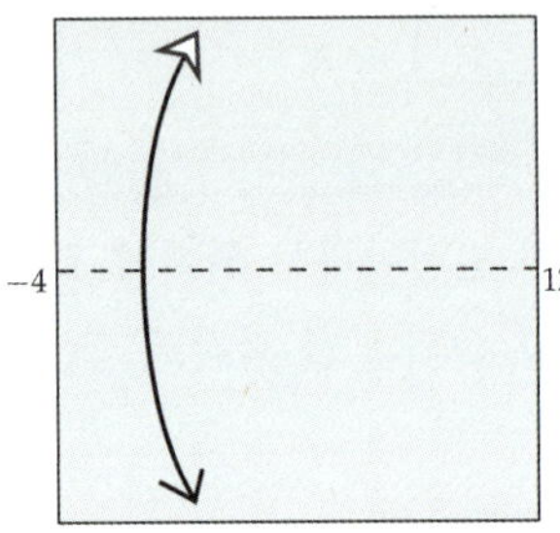

(1) 주름선으로 x축을 만들기 위해 절반으로 접는다.

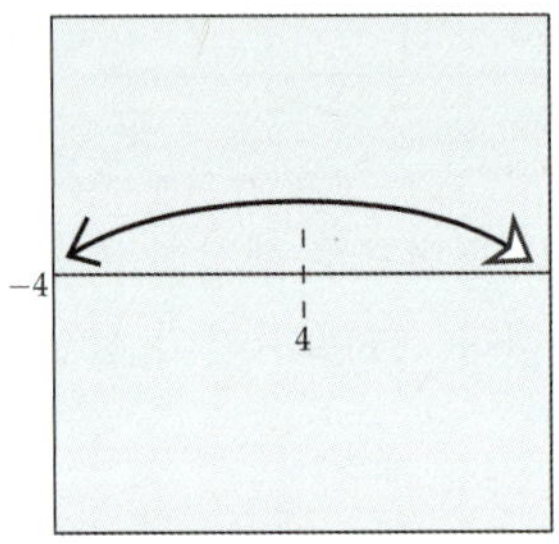

(2) 반으로 접어 $x=4$인 지점을 핀치로 나타낸다.

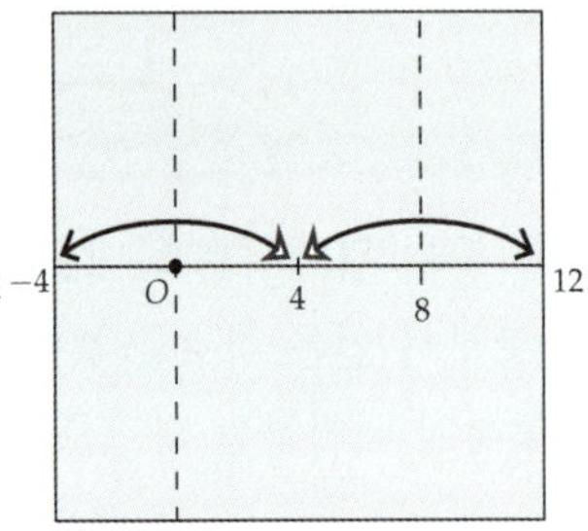

y축과 직선 $x=8$을 접는다.

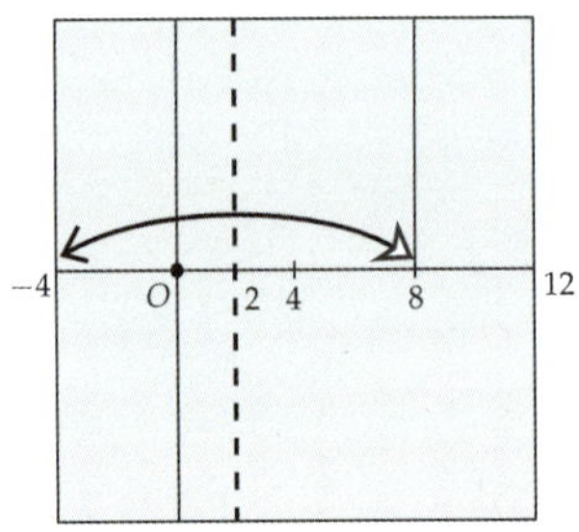

(4) 직선 $x=2$를 접는다.

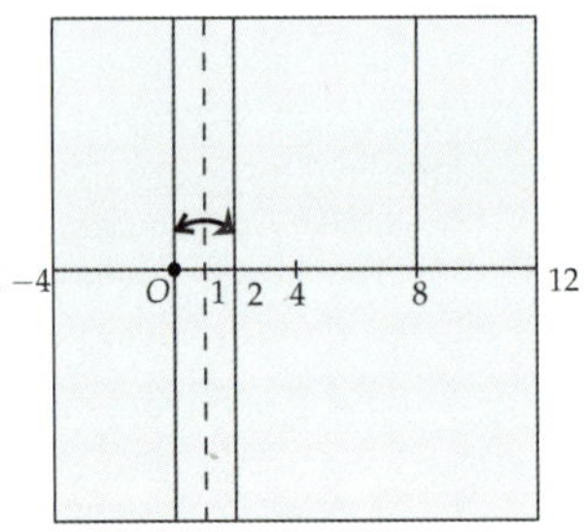

(5) 직선 $x=1$를 접는다.

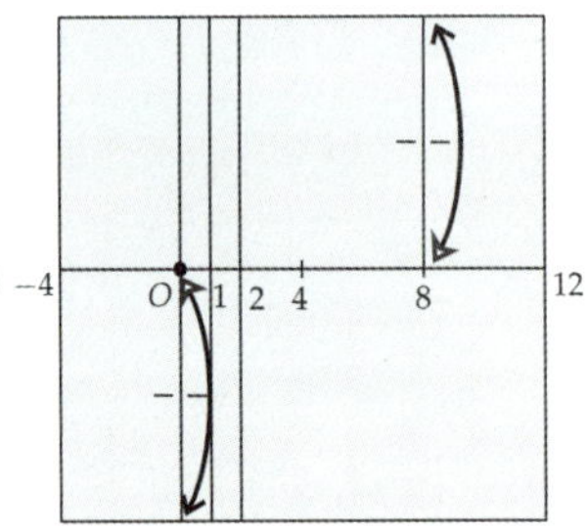

(6) 위의 그림과 같이 핀치를 만든다.

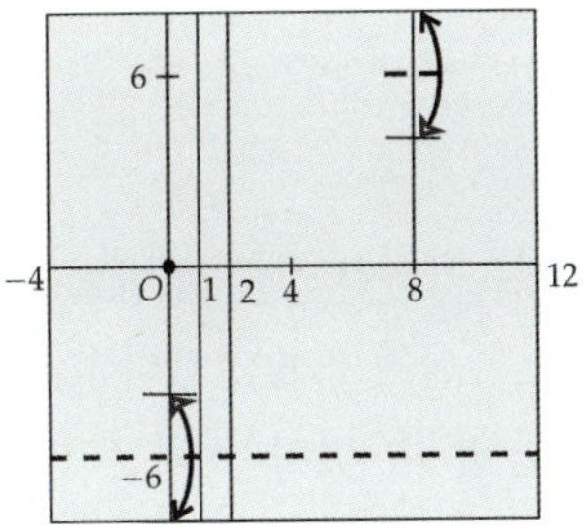

(7) 직선 $y = -6$을 접고 직선 $y = 6$을 핀치로 나타내라.

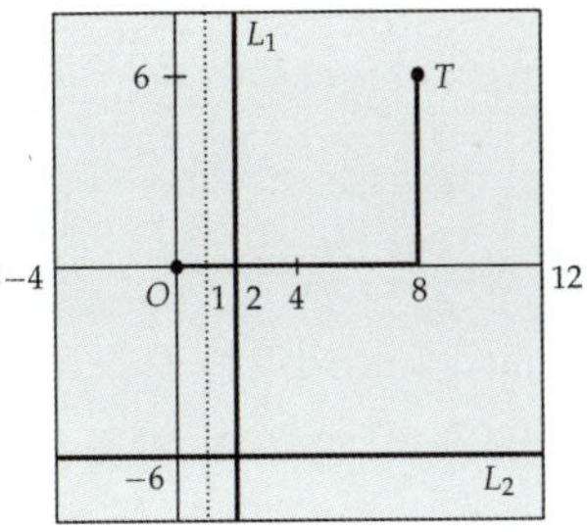

(8) 릴의 방법을 적용할 준비를 하라!

원점 $O = (0,\ 0)$, 점 $T = (8,\ 6)$, 직선 $L_1 : y = -6$, $L_2 : x = 2$를 그린다. 계수들로부터 얻은 경로는 O부터 T까지 굵은 선으로 볼드체로 그린다. 왜 그림과 같은 경로를 얻게 되는지 이해하는가?

해답과 교수법

릴의 방법은 실제로 일변수 다항방정식의 실근을 찾는 일반적인 기하학적 구성 방법이다. 이는 1800년대에 에듀아르드 릴(Eduard Lill)이라는 오스트리아 기술자가 발견했다 [Lill1867]. 종이접기를 사용하여 삼차방정식을 풀기 위해 이 방법을 적용할 수 있다는 것은 1930년대 이탈리아의 수학자 마르게리타 벨로치(Margherita Beloch)에 의해 발견되었다 [Belo36]. 이와 관련된 보다 자세한 내용은 [Hull11]을 참조하라.

활동지 1: 릴의 방법으로 삼차방정식 풀기

이 활동지에는 많은 글이 포함되어 있어서 교사가 릴의 방법이 수행되는 과정을 잘 살펴보기를 권장한다. 다항식의 근이 $x = -\tan\theta$이라는 것은 예상치 못한 놀라운 일로 다가올 것이다!

이 활동지에서 그림은 학생들이 증명 방법을 생각할 수 있도록 돕기 위해 묘사되었다. 먼저 그림의 모든 삼각형이 서로 닮은 삼각형임을 주목하자. 그래서 다음이 성립한다.

$$\theta = \angle q_1Op_1 = \angle q_2q_1p_2 = \angle Tq_2p_3$$

따라서 이러한 삼각형들의 각각을 사용하면 $\tan\theta$를 계산할 수 있고, 이를 함께 연결하면 바로 증명된다.

삼각형 $\triangle Op_1q_1$으로부터 시작하여, 다음 식을 얻는다.

$$-x = \tan\theta = \frac{p_1q_1}{a} = \frac{b - q_1p_2}{a}$$

$$\Rightarrow q_1p_2 = ax + b.$$

이제 $\triangle q_1p_2q_2$을 보자. 그러면 다음을 얻는다.

$$-x = \tan\theta = \frac{p_2q_2}{q_1p_2} = \frac{c - p_3q_2}{ax + b}$$

$$\Rightarrow p_3q_2 = x(ax + b) + c.$$

마지막으로 $\triangle q_2p_3T$를 보면, 다음 식을 얻는다.

$$-x = \tan\theta = \frac{d}{p_3q_2} = \frac{d}{x(ax + b) + c}$$

$$\Rightarrow 0 = x(x(ax + b) + c) + d = ax^3 + bx^2 + cx + d.$$

따라서 $x = -\tan\theta$은 삼차방정식의 한 근이다.

이는 상당히 설득력 있는 증명으로서 충분하다. 그러나 활동지는 잠재적으로 약간의 오해의 소지가 있다. 모든 삼차 다항식이 활동지에 표시된 것과 같은 계수 경로를 갖는 것은 아니다.

실제로 활동지에 있는 계수와 이를 바탕으로 한 위의 증명은 모든 삼차다항식의 계수가 양수일 때만 유효하다. 계수 중 하나가 음수이거나 0이면 계수 경로가 다르게 보이고 증명의 대수적 계산에 영향을 준다.

다른 예로 x항의 계수가 음수이고 나머지 계수가 양수라고 가정해보자. 즉, 삼차방정식이 다음과 같은 형태로 주어진다.

$$ax^3 + bx^2 - cx + d = 0$$

이 경우 계수 경로와 총알이 움직인 경로는 아래 그림처럼 보일 것이다.

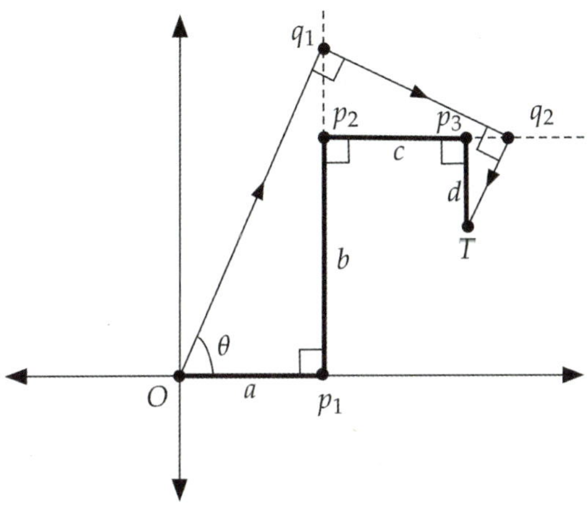

릴의 방법을 적용하기 위해 선분 $\overline{p_1p_2}$와 $\overline{p_2p_3}$를 포함하는 두 직선을 총알이 통과하면서 어떻게 튀는지 확인하라. 이 경우 대수적 계산은 다음과 같다.

$$\triangle Op_1q_1\text{으로부터,}\quad -x - \tan\theta = \frac{p_1q_1}{a} = \frac{b + q_1p_2}{a}$$

$$\Rightarrow q_1p_2 = -ax - b.$$

$$\triangle q_1p_2q_2\text{으로부터,}\quad -x = \tan\theta = \frac{p_2q_2}{q_1p_2} = \frac{c + p_3q_2}{-ax - b}$$

$$\Rightarrow p_3q_2 = -x(-ax - b) - c.$$

$$\triangle q_2p_3T\text{으로부터,}\quad -x = \tan\theta = \frac{d}{p_3q_2} = \frac{d}{-x(-ax - b) - c}$$

$$\Rightarrow \quad -ax^3 - bx^2 + cx = d \quad \Rightarrow \quad ax^3 + bx^2 - cx + d = 0.$$

하나 이상의 계수가 0인 경우를 포함하여 다른 경우도 비슷한 방법으로 증명할 수 있다. 학생들이 가능한 모든 경우에 대해 증명하기를 기대하는 것은 다소 무리일 수 있다. 그러나 학생들이 각각의 경우 계수 경로 그림이 다르게 보일 수 있다는 사실과 이 때 증명이 약간 다를 수 있다는 사실은 인지해야 한다. 가능한 경우 중 하나를 지정하여 증명하도록 학생들에게 과제로 내준다면 좋은 연습문제가 될 수 있다.

릴의 방법은 매우 독창적이다. 1800년대 후반과 1900년대 초에 잘 알려졌지만 지금은 거의 잊힌 것처럼 보인다는 사실은 매우 놀랍다. 최근 이 상황이 변화하기 시작하고 있다. 종이접기 기하학적 구성방법에 대한 최근 연구에서 이 방법을 사용하고 있다 ([AlpLan09] 참조).

릴의 방법에 관해 주목할 만한 두 가지 추가 사항이 있다. 첫째, 릴의 방법은 임의의 차수를 가지는 다항식에 대해서도 성립하므로 오차방정식이나 그 외의 원하는 모든 다항식의 실근을 찾을 수 있다. 증명은 위에서 소개된 방법과 정확히 같다. 둘째, 지오지브라 또는 GSP와 같은 동적 기하 소프트웨어를 사용하여 릴의 방법을 시뮬레이션하는 것은 놀랍도록 흥미로우며, 이를 통해 수학적 개념을 강화할 수 있다. 이렇게 하려면 계수 경로를 구성해야 하며 이때 $\overline{p_1p_2}$, $\overline{p_2p_3}$ 등의 각 선분의 연장선을 고려해야 한다. 왜냐하면 총알 경로를 나타내기 위해서는 선분의 연장선이 필요할 수도 있기 때문이다. 그런 다음 잠재적인 총알 경로를 생성하라. 움직이는 점 q를 선분 $\overline{p_1p_2}$의 연장선 위에 놓고 선분 $\overline{Oq}$를 만든다. 점 q를 지나며 $\overline{Oq}$에 수직인 직선이 만들어지면 다른 수직선들도 총알 경로를 모의실험하기 위해 만들어질 수 있다. 이 작업이 완료되면 점 q를 위아래로 움직여 마지막 총알 경로가 결국 T에 도달할 수 있는지 확인한다. 예를 들어 지오지브라에 익숙한 학생은 어렵지 않게 릴의 방법에 대한 모의실험을 할 수 있을 것이다. 그리고 그것이 작동하는 것을 보고, 때때로 점 T에 도달하는 세 가지 다른 각도를 찾을 수 있다는 것을 알게 되면, 학생들은 매우 고무 될 수 있다.

활동지 2와 3: 종이접기 예제로 배우는 릴의 방법

릴의 방법의 근사함을 배우는 것 외에 이 활동의 핵심은 종이접기가 임의의 삼차방정식을 어떻게 풀 수 있는지 실습을 통해 배우는데 있다. 따라서 '종이접기를 통한 릴의 방법' 활동지에는 두 가지 학습목표가 있다. 학생들이 삼차방정식을 풀기 위해 '두 점을 두 직선 위로 동시에 올리는 접기' 동작을 릴의 방법에 적용하여 총알 경로를 만드는 법을 배우게 하는 것이고, 이를 학생들에게 구체적인 예를 통해 연습하게 하는 것이다.

학생들이 두 번째 활동지의 앞부분에서 설명하는 것을 이해하기 위해서는 수업에서 다소 시간이 필요하다. 직선 L_1과 L_2는 조심스럽게 배치되면, 두 점 O와 T를 각각 직선 L_1과 L_2 위로 접어 올릴 때 만들어지는 주름선은 우리가 얻고자 하는 총알 경로의 두 번째 선분을 포함한다. 원한다면, 총알 경로의 다른 두 선분 또한 쉽게 얻을 수 있다. 이는 q_1과 q_2를 지나면서 위에서 얻은 선분에 수직인 주름을 만들면 된다. 이것이 사실임을 확신하기 위해서는 다음 사실을 기억하기만 하면 충분하다. 점 O를 직선 L_1 위에 올린 지점을 O'이라 하면 이때 만들어진 주름은 선분 $\overline{OO'}$의 수직 이등분선이 된다. 이는 총알 경로에 필요한 직각을 제공한다.

접기 예제

다행스럽게도 학생(및 교수진)은 컴퓨터나 계산기로 방정식을 푸는 것은 고사하고, 곧바로 x^3-7x-6을 인수분해하고자 하는 충동을 억누를 것이다. 여기서 주어진 삼차방정식 예제는 3개의 정수근을 가지도록 신중하게 선택한 것으로, 벨로치(Beloch)의 종이접기 방법을 사용하여 모든 근을 찾을 수 있다.

이 작업을 실제로 수행하려면 사각형 종이에 좌표를 설정해야 한다. 그러한 좌표의 범위가 충분히 크면 좋겠지만 잘 작동할 수 있는 정도에서 좌표 범위를 선택하는 것이 좋다. 여기에 제시된 좌표계는 2006년 여름에 저자와 함께 이 자료를 가지고 학생들을 가르친 캐리 말키에비치(Cary Malkiewich)가 개발한 것이다.

말키에비치는 종이의 가운데 평행선을 x축으로 놓고, 좌표는 -4에서 12가 되게 하여 한 변의 길이가 16인 정사각형이 되도록 설정하였다. 또한 중심의 왼쪽부분에 있는 $\frac{1}{4}$지점에 수직선을 따라 y축을 배치한다.

이러한 좌표 설정에 대한 종이를 준비하려면 점 T의 위치를 정하기 위해 계수 경로 및 직선 L_1, L_2를 접고 이와 함께 원점 O의 위치를 정하기 위해 x축과 y축을 접는다. 이때 직선 L_1, L_2는 벨로치 접기에 필요하고 이는 릴의 방법에서의 총알 경로문제를 해결한다. 이 모든 주름을 스스로 만드는 방법을 알아내는 것은 재미있고 어렵지 않지만, 종이접기 경험이 많지 않은 교사와 학생은 어디서부터 시작해야 할지 모를 수 있다.

따라서 세 번째 활동지는 말키에비치의 좌표계를 설정하기 위한 단계별 지침을 제공한다. 교사는 이 지침을 따라 단계별로 학생들이 따라하도록 할 것인지, 아니면 단순히 수업을 이끌어 갈 것인지 결정해야 한다.

종이에 좌표계가 접혀 있기 때문에 쉽게 볼 수 있도록 관련된 주름선을 그리도록 하라. 이는 총알 경로를 찾는 접기를 실제로 수행하기 위해 중요하다. 점을 O에 표시하고 x축에 숫자 1, 2, 4그리고 8을 표시하면 접는데 도움이 된다. 더 중요한 것은 두꺼운 펜으로 직선 L_1과 L_2를 그리고 O와 T를 큰 점으로 표시하라.

좌표계와 함께 중요한 직선이 그려지면 학생들은 두 번째 활동지의 주요 활동인 x^3-7x-6의 근을 찾을 준비가 된다. 이제 정사각형 모양의 종이를 잡고 구부려서 O와 T를 각각 직선 L_1과 L_2 위에 동시에 놓는다. 종이를 통해 큰 점으로 표시된 O와 T를 볼 수 있도록, 그리고 두 점을 직선 위에 배치하도록 하기 위해 빛을 종이에 비추는 것이 도움이 될 수 있다. 그러나 이 다항식은 3개의 실근이 있기 때문에 서로 다른 세 가지 접기 방법이 있으며 학생들은 세 가지 방법 모두를 볼 수 있을 것이다. 아래는 그 중의 하나의 예이다.

이 경우를 주의 깊게 읽어 보면 점 T는 L_2 위의 점 $(-4,\ -6)$으로 접히고 O는 L_1 위의 점 $(2,\ 2)$로 접히는 것을 알 수 있다. 이는 총알 경로와 좌표 경로로 만든 닮은 삼각형들이 모두 한 내각이 $45°$인 직각 삼각형임을 의미한다. 즉, O에서의 각도 θ는 $45°$이므로 $\tan\theta = 1$이다. 따라서 $x=-1$은 $x^3-7x-6=0$의 근이 된다. 이것을 확인하면, $-1+7-6=0$이므로 참임을 알 수 있다.

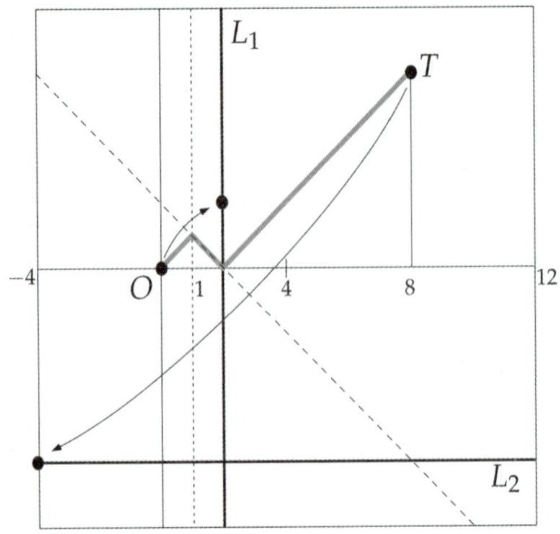

다음은 점 O와 T가 이동할 수 있는 다른 두 가지 가능성을 보여준다.

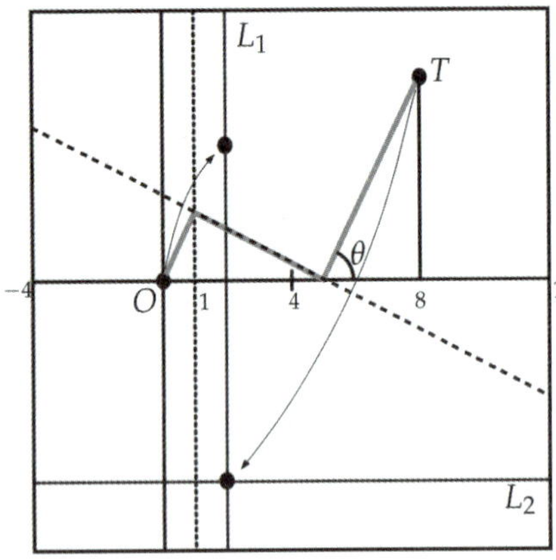

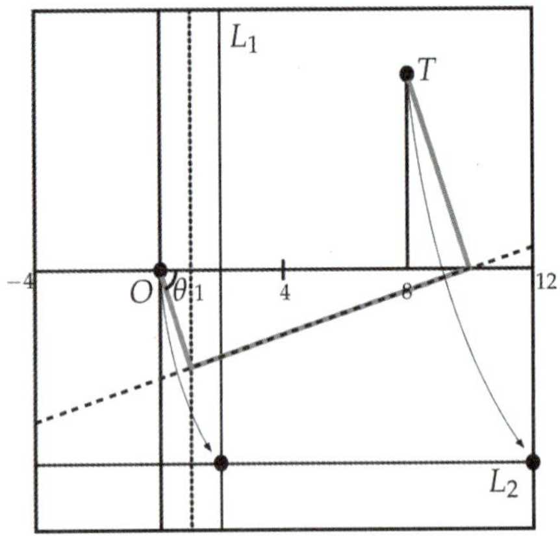

왼쪽 그림에서, 점 T는 두 직선 L_1과 L_2의 교점인 $(2,\ -6)$위로 접히는 것을 볼 수 있다. 이는 접는 주름선이 x축과 $x=5$에서 만난다는 것을 의미한다. 왜냐하면 주름이 두 점 $T=(8,\ 6)$과 $(2,\ -6)$를 끝점으로 하는 선분의 수직 이등분선이기 때문에 그 중점은 $(5,\ 0)$이다. 즉, 점 T에서 계수 경로와 총알 경로로 만들어진 직각 삼각형은 변의 길이가 3과 6이므로 $\tan\theta=\dfrac{6}{3}=2$이고 따라서 $x=-2$는 또 다른 근이다. $(-2)^3+14-6=0$이므로 성립한다!

마지막으로, 위의 오른쪽 그림에서 점 O는 $(2,\ -6)$로 접히는데, 이는 접는 주름선이 점 $(1,\ -3)$에서 수직선 $x=1$과 교차한다는 것을 의미한다. 이번에는 O에서의 직각삼각형의 변 중 하나는 음의 길이를 가진다. 한쪽 변의 길이는 1이고 다른 쪽은 -3이다. $\tan\theta=-3$이므로 $x=3$은 방정식의 실근이다. $27-21-6=0$이므로 실제로 그렇다.

다항식 x^3-7x-6의 실근은 학생들이 벨로치의 접기 방법을 릴의 방법에 적용하고 실습하기 위한 완벽한 예가 된다. 실제로 이 삼차다항식은 리아즈(Riaz)의 1962년 논문 [Riaz62]에서 릴의 방법을 설명하기 위한 핵심 예제로 사용되었다. 그러나 벨로치의 종이접기 버전은 아니다.

추가 활동

릴의 방법과 벨로치의 종이접기 모두 후속 활동으로 많은 응용이 가능하다.

릴의 방법에 대해서, 우리는 여러 가지 다른 경우들에 대해 릴의 방법을 어떻게 증명할 수 있는지 언급했다. 여기서 다른 부호를 가지는 계수들은(또는 0인 경우) 학생들이 그 방법을 이해하고 있는지 아닌지를 테스트하는 직접적인 과제로 이어진다. 그리고 지오지브라 또는 다른 동적 기하 소프트웨어로 릴의 방법을 모델링하는 것은 대단히 재미있는 강화 활동이다.

그러나 여기서 좀 더 탐구할 것이 더 있다. 만일 n차 다항식으로 시작하면 계수 경로는 $n+1$개의 변을 갖게 된다. 물론 일부는 길이가 0일 수 있다. 그러면 총알 경로는 n개의 변을 가지며 계수 경로와 동일한 규칙을 따르게 된다. 즉, $90°$ 회전을 가진다. 그러면 총알 경로는 $n-1$차 다항식의 계수 경로에 해당하는 것으로 생각할 수 있으며 이 다항식은 원래의 다항식에서 실근 하나를 제거한 방정식과 같다. 이는 릴의 방법이 인수분해의 대수적 과정과 동치인 기하학적 내용임을 말해준다! 이는 [Riaz62]에서 또한 언급되었다.

예를 들어, 다항식 x^3-7x-6과 릴의 방법에서 얻은 실근 $x=-1$에 대한 총알 경로를 다시 살펴보자 (104쪽 그림 참조). 여기서 총알 경로는 x축과 $45°$의 각도를 이루기 때문에 총알 경로의 세 변의 길이는 순서대로 $\sqrt{2}$, $\sqrt{2}$, 그리고 $6\sqrt{2}$가 됨을 쉽게 계산할 수 있다. 만일 이 총알 경로를 회전시켜, 첫 번째 선분이 O를 시작으로 x축의 양의 방향을 따라 이동하도록 한다면, 이는 다음 다항식의 계수 경로와 같아진다.

$$\sqrt{2}x^2-\sqrt{2}x-6\sqrt{2}$$

만약 $\sqrt{2}$로 다항식을 나누면 x^2-x-6을 얻는다. 이는 실근에 영향을 주지 않으며 첫 번째 선분의 길이를 1로 만들어 총알 경로를 표준화한다. 실근 $x=-1$과 식

$$x^3-7x-6=(x+1)(x^2-x-6)$$

때문에 이는 완벽하게 이치에 맞다. 릴의 방법은 정말로 다항식의 인수분해와 같다.

벨로치의 종이접기를 릴의 방법에 응용하는 추가 활동을 위해, 활동7 (종이접기로 각의 삼등분을 할 수 있는가?) 또는 $\sqrt[3]{2}$를 구성하는 활동을 해본 학생들은 다시 복습하면서 '두 점을 두 직선 위로 올리는 접기'를 면밀히 검토하고 싶어할 수 있다. 그러면 이 두 활동 중 어느 것도 릴의 방법과 유사하지 않다는 것을 깨닫게 될 것이다. 각의 삼등분 구성에서는 직선 L_1과 L_2는 수직이지 않아서 릴의 방법의 응용이 아니다. $\sqrt[3]{2}$를 구성하는 문제에 관하여는, 직선 L_1과 L_2는 수직이지만 그러나 여전히 릴의 방법을 적용하지 않고 있다. (왜 그런지는 독자에게 연습문제로 남긴다.)

이는 일단 학생들이 삼차방정식을 풀기 위해 벨로치 접기 방법에 몰입하면, 그들은 각의 삼등분이나 정육면체의 부피를 두 배로 만드는 종이접기 방법을 스스로 생각해낼 수 있다는 것을 의미한다. 후자의 경우 해야 할 일은 단지 방정식 $x^3 - 2$에 릴과 벨로치 접기를 응용하는 것이다. 한 번 시도해 보자!

각의 삼등분에 대해서는, 세 배각 공식 $\cos 3\theta = 4\cos^3\theta - 3\cos\theta$에 의해 생성되는 삼차방정식이 필요하다. 만약 3θ가 주어지면, $\cos 3\theta$를 상수 k로 생각한 후 $x = \cos\theta$를 찾으면 된다. 이는 다음 삼차방정식의 해를 구하는 것을 의미한다.

$$4x^3 - 3x - k = 0.$$

만약 원래의 각 3θ를 고정하여 $3\theta = 60°$이라고 하면, 벨로치와 릴의 방법을 사용하여 이 문제에 다가가기 더 쉽다.

이러한 후속 활동 중 하나를 해결하기 위해서는 사용하는 종이에 적합한 좌표계를 찾아서 원점을 비롯하여 점과 직선에 대한 적절한 설정이 요구된다. 이는 종이접기의 기하학을 즐기는 사람은 누구나 몰입하여 큰 재미를 느낄 수 있는 실습 과정이다.

띠종이로 매듭 접기

Activity 10

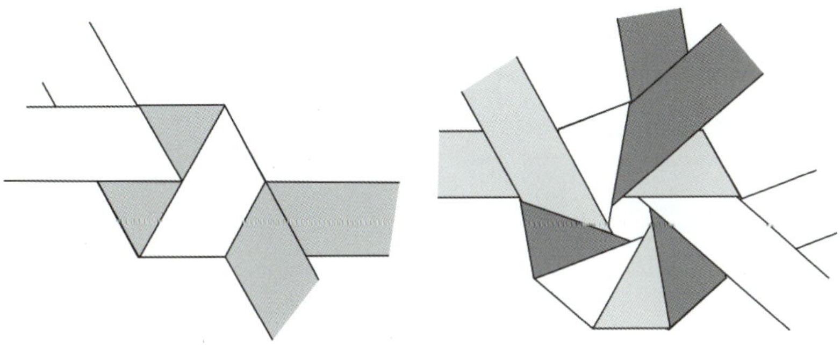

관련 과목: 기하학, 정수론, 추상 대수학

개요

학생들은 띠종이로 매듭을 접는 도전과제를 받는다. 이는 단지 끈을 묶는 방식과 같은 방법으로 종이를 매듭으로 묶는 것이다. 정오각형을 만들 수 있으며 이를 증명하는 것이 첫 번째 과제이다.

그런 다음 학생들에게 다른 매듭을 만들 수 있는지 질문한다. 육각형 또는 칠각형 매듭을 만들 수 있는가? 정사각형 또는 삼각형 매듭도 가능한가? 여러 장의 종이를 사용한다면 어떻게 될까?

내용

만들 다각형이 정오각형임을 증명하는 것은 간단한 기하학이나 대칭성을 사용하여 할 수 있지만 다른 매듭 탐구는 정수론과 대수가 관련된다. 어떤 종류의 매듭이 가능한지 결정하는 것은 오일러 φ함수 또는 순환군 $\mathbb{Z}_n$의 생성자에 대한 질문으로 바꾸어 말할 수 있다. 여러 띠종이를 사용할 수 있는 가능성은 주어진 $\mathbb{Z}_n$의 부분군들의 잉여류에 의해 결정된다는 사실이 밝혀진다.

활동지

두 페이지짜리 활동지 하나만 주어진다. 첫 번째 페이지의 일부 질문에 대한 힌트가 두 번째 페이지에서 학생들에게 주어질 수 있으므로 별도로 배포해야 할 수도 있다. 재량껏 사용하라.

수업 시간

첫 번째 페이지는 시간이 많이 걸리지 않으며 15～20분 정도 소요된다. 두 번째 페이지는 큰 매듭을 접어야 하기 때문에 훨씬 더 어렵고 관련된 수학내용도 더 많아 첫 번째 페이지에 비해 훨씬 오래 걸린다. 두 번째 페이지는 30～40분 정도로 계획하라.

활동지 1 띠종이로 매듭 접기

활동: 긴 띠종이를 가지고 매듭을 평평하게 꽉 묶어라. 이 말이 조금 이상하게 들릴 수 있다. 아래 그림이 도움이 될 것이다.

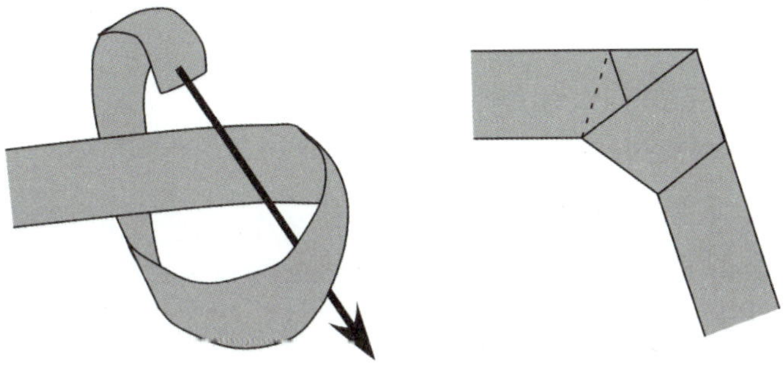

질문 1: 위의 오각형은 정오각형임을 보여라. 즉, 모든 변의 길이가 같음을 보여라.
팁: 당구공이 벽에 반사될 때, 입사각은 반사각과 같다. 이와 비슷한 일이 여기서도 일어나고 있는가?

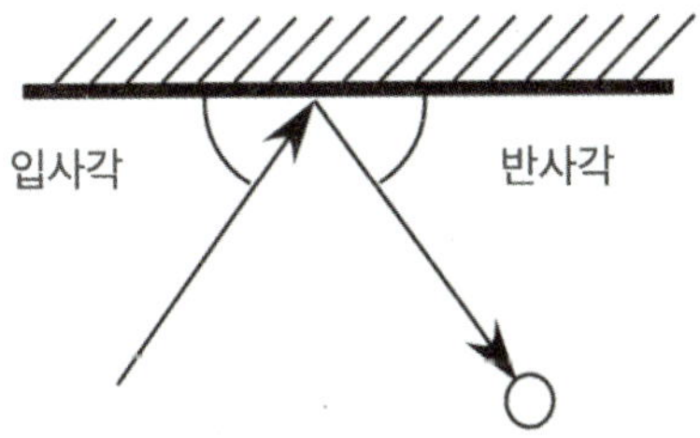

질문 2: 띠종이로 다른 매듭을 만들 수 있는가? 육각형, 칠각형 또는 팔각형 모양의 매듭을 만드는 것이 가능한가? 삼각형이나 사각형은 어떤가? 탐구하고 이에 대한 가설을 세워라.

질문 3: 앞의 질문에서 다른 종류의 매듭을 만들 수 있었을 것이다. 예를 들어, 다양한 방법으로 팔각형 매듭을 만드는 것이 가능하다. 아래는 팔각형을 만드는 서로 다른 두 가지 유형을 보여준다.

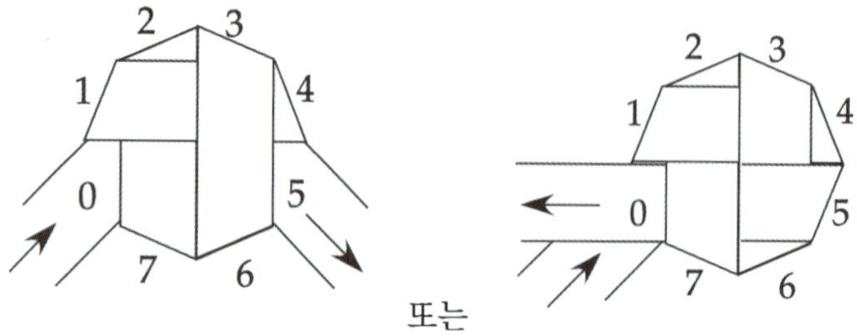

팔각형의 각 변을 숫자로 생각하고 띠가 들어가는 변을 0으로 놓고 시작한다. 그런 다음 띠를 엮어 만들어 가면서 다각형이 완료되거나 0으로 돌아오면 종료한다.

어떤 순서로 종이가 다각형의 변을 통과 하는가? 이와 관련하여 순환군 $\mathbb{Z}_8$(법 8에 대한 정수들)과 관련된 사실 중 생각나는 것이 있는가?

질문 2에서의 가설을 증명하기 위해 이를 사용하라.

질문 4: 여러 장의 종이를 사용할 수 있다면 어떻게 될까? 이와 관련하여 임의의 매듭을 만들 수 있다는 사실이 알려져 있다. 아래는 정육각형 매듭과 정구각형 매듭을 각각 2개와 3개의 띠종이로 만들 수 있는 방법을 보여준다. 이러한 매듭이 작동하는 원리를 분석하기 위해 덧셈군 $\mathbb{Z}_n$을 어떻게 사용할 수 있는가? 각각의 띠종이가 나타내는 것은 무엇인가?

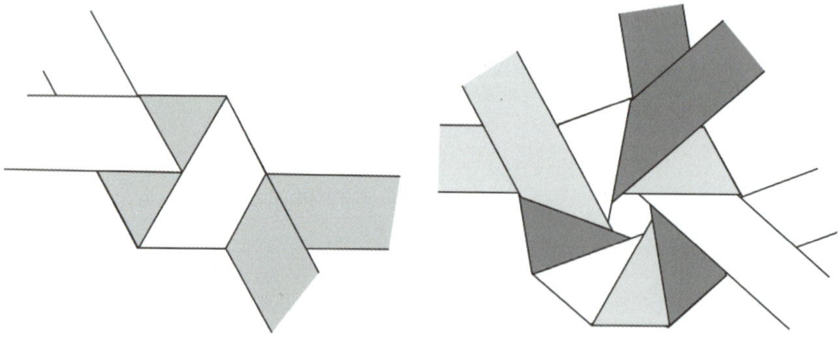

해답과 교수법

이 활동에 있어 가장 중요한 것은 많은 띠종이가 필요하다는 것이다. 스타일 있게 가르치고 싶은 사람들은 퀼링 띠종이를 사용하여 화려한 매듭을 만들 수 있다. 예산을 염두에 둔 사람들의 경우 회계업무를 위해 계산기에 쓰이는 큰 두루마리 종이와 수신용 테이프를 대부분의 상점에서 찾을 수 있다.

질문 1

매듭이 정오각형 모양이라는 것을 증명하는 방법은 매우 다양할 수 있는데, 정직하게 기하학을 사용하는 것에서부터 '대칭으로 명백하다'는 지지받지 못하는 주장까지 여러 가지가 있을 수 있다. 후자는 실제로 좋은 생각이지만 교사는 학생들에게 이 의미를 보다 구체적으로 설명하도록 요구해야 한다.

학생들에게 당구를 생각해보도록 제안하는 것은 종이로 매듭을 접을 때 작동하는 방식이 마치 당구공이 벽에서 반사되는 방식과 같다는 것을 학생들이 깨닫도록 하기 위한 것이다. (또는 광선이 직선 거울에서 반사되는 방식.) 아래 왼쪽 그림을 참조하라. 다시 말해, 이는 종이가 '모퉁이를 돌 때' 일어나는 현상과 같은 것이며, 이로 인해 매듭의 모양은 정오각형이 된다.

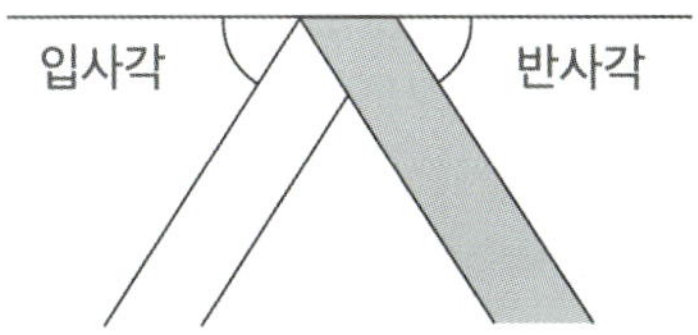

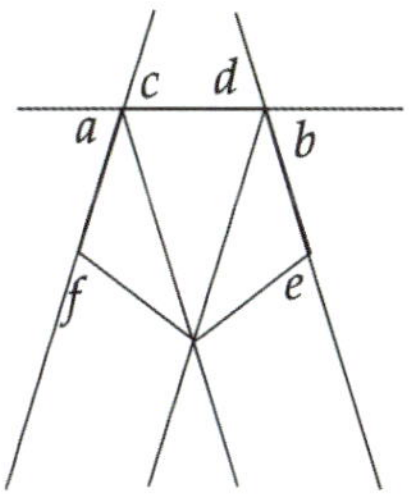

보다 엄밀한 설명을 위해 위의 오른쪽 그림을 보자. 각 a와 b는 각각 오각형 접기 매듭 중 하나의 입사각과 반사각이다. 그래서 $a = b$이다. 각 c와 d는 각각 a와 b의 맞꼭지각이므로 $a = b = c = d$이다. 그러나 c와 f는 또 다른 접기 매듭 중 하나의 입사각과 반사이므로 $c = f$이다. 각 d와 e도 같은 이유로 $a = b = c = d = e = f$이다. 이런 식으로 계속하면 오각형의 모든 외각이 같다는 것을 알 수 있다. 이는 모든 내각도 같다는 것을 의미한다. 따라서 정오각형이 된다.

웹사이트 `http://www.cut-the-knot.org`은 이 오각형 매듭을 로고로 가지고 있고, 이 매듭이 정오각형임을 보이는 기하학 증명이 있다(.../proof.shtml). 그러나 이러한 기술적인 증명은 매우 지루하고 그리 만족스럽지 않다는 점에 유의하라. 위에 주어진 직관적인 증명이 더 핵심에 가깝다.

질문 2

오각형 이외의 정다각형을 매듭으로 접는 일은 쉽지 않다. 학생들이 육각형 매듭을 만드는데 너무 오랜 시간을 쓰지 않게 하라. 왜냐하면 그것은 실제로 불가능하기 때문이다. 그러나 오각형 매듭에 또 다른 '위 아래 위' 고리를 더하여 칠각형 매듭을 만들 수 있다. 이는 결코 쉽지 않다. 오각형 매듭을 만들려면 모든 고리를 제자리에 위치시킨 후 천천히 매듭을 조여야 한다. 칠각형의 경우도 마찬가지이나 더 많은 고리가 관여되기 때문에 매듭을 조일 때 미끄러져 훨씬 더 많은 문제를 일으킬 수 있다. 매듭을 조이기 전에 이들을 어떻게 배열해야 하는지 아래 그림을 지침으로 사용하라.

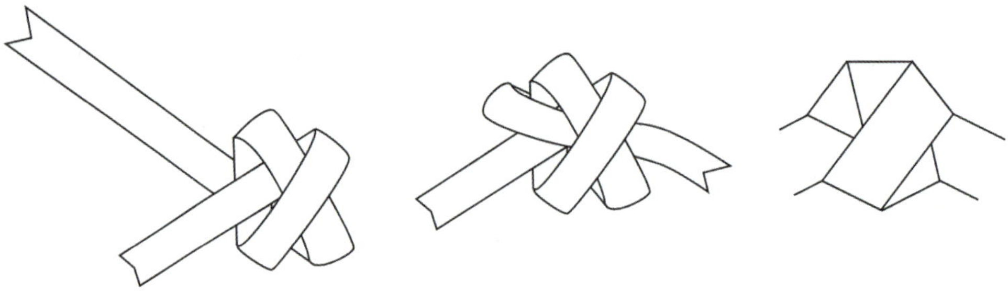

이 매듭을 만들기 위해서는 인내와 연습이 필요하다. 처음 칠각형 매듭을 만들 때 고생할 수 있지만 다시 매듭을 만들어보라. 훨씬 더 쉬워질 것이고 계속 나아질 것이다. 학생들은 이것을 그렇게 어렵게 생각하지는 않을 것이다. 그러나 그들에게 보여줄 몇 가지는 직접 만들어야 한다.

학생들은 띠종이로 삼각형, 정사각형, 육각형을 제외한 모든 정다각형을 매듭으로 만들 수 있다는 가설을 보이기 위해 애써야 한다. 학생들이 실습을 통해 이 결론에 도달 할 수 있어야 하며, 활동지의 두 번째 페이지에 힌트가 있으므로 그 전에 이를 증명하도록 권장해야 한다.

실제로 강사는 활동지의 두 페이지를 별도로 배포할 수 있다. 첫째, 활동지의 첫 페이지는 교양 수학을 위한 '낮은 수준'의 수업으로 시작하여 다양한 과정에서 사용할 수 있다. 오직 두 번째 페이지에서만 군이론 또는 정수론 용어를 사용한다. 둘째, 학생들이 두 번째 페이지로 너무 빠르게 넘어가면 매듭으로 만들 수 있는 정다각형에 대한 힌트를 얻게 된다. 이것이 반드시 나쁜 것은 아니지만 굳이 동시에 배포할 필요는 없다.

질문 3

매듭으로 만든 n각형의 각 변에 정수 $0,\ 1,\ \ldots,\ n-1$을 번호로 붙인다. 이 때의 장점은 매듭 접기를 군 $\mathbb{Z}_n$ 안에서 하나의 적절한 주기로 생각할 수 있다는 점이다.

특히, 띠종이를 0에서 시작하면 종이가 n각형을 가로질러 이동하여 어느 한 변으로 나온다. 이 때 그 변의 번호는 $2,\ \ldots,\ n-2$ 중 하나이고 이를 a라 가정하자. 그다음에 띠종이가 모서리를 돌면 입사각/반사각 논의에 의해 번호가 $2a$인 변에서 나온다. 띠종이는 들어간 것과 같은 각도로 번호가 a인 변을 떠나야 하며, 이는 띠종이가 반사할 때 '건너 뛰는' 변의 개수가 일정하게 유지됨을 보여준다. 매듭이 다각형의 모든 변을 지나게 해야 하고, 이는 a가 덧셈군 $\mathbb{Z}_n$을 생성하는 경우에만 발생한다.

요약: 군 $\mathbb{Z}_n$에 1 또는 $n-1$이 아닌 다른 생성자가 있는 경우에만 정n각형을 접을 수 있다. 즉, 이는 n과 서로소인 $\mathbb{Z}_n$의 원소 중 1 또는 $n-1$이 아닌 것이 존재한다는 사실과 동치이다. 즉, $\varphi(n) > 2$ 인 경우와 동치이다. 여기서 φ는 오일러 φ 함수이며, $\varphi(n)$은 n보다 작은 양의 정수 중에서 n과 서로소인 것들의 개수이다.

$\varphi(3)=\varphi(4)=\varphi(6)=2$이므로, 하나의 띠종이로는 정삼각형, 정사각형, 그리고 정육각형의 매듭을 접을 수 없다. 그러나 $\varphi(5)=4$이고 모든 $n>6$에 대해 $\varphi(n)>2$이므로 그 외의 다른 모든 정n각형은 접을 수 있다.

질문 4

이 질문에 대한 재미있고 놀라운 점은 여러개의 띠종이로 매듭을 만들 때 각각의 띠종이는 하나의 잉여류(coset)에 대응한다는 것이다.

즉, 여러 띠종이로 정n각형을 만들려면 먼저 $\mathbb{Z}_n$의 부분군을 선택한다. 이를 H라 하자. 만일 $|H|=k$이면 H의 잉여류 개수는 H 자체를 포함하여 $\dfrac{n}{k}$개이고 이는 $\dfrac{n}{k}$개의 띠종이가 필요하다는 것을 의미한다.

예를 들어, 활동지의 정9각형 그림에서는 $\mathbb{Z}_9$의 부분군 $H=\{0,\ 3,\ 6\}$을 선택한다. 이는 번호가 0인 변에서 시작하여 3번 변으로 이동하고 6번 변으로 나와 다시 0번 변으로 되돌아가는 흰색 띠종이로 생각할 수 있다. 그 다음 $1+H=\{1,\ 4,\ 7\}$ 안의 번호에 대응하는 변을 위해서는 다른 띠종이(진한 회색 띠종이)가 필요하고, $2+H=\{2,\ 5,\ 8\}$에 대해서는 또 다른 띠종이(밝은 회색 띠종이)가 필요하다. 이러한 잉여류들이 전체 군의 원소를 포함하므로 3개의 띠종이가 정9각형을 완성한다.

이렇게 여러 장의 띠종이로 매듭을 접는 것이 쉽지 않지만 이처럼 손으로 실습하면서 잉여류를 직접 응용하는 것은 대수학 수업에서 안하고는 못 배기는 일이다. 심지어 라그랑주(Lagrange)의 정리를 증명하기 위해 사용할 수 있다. 또한 여러 장의 띠종이로 만든 매듭은 매우 대칭적인 패턴으로 짜여 있기 때문에 정9각형 그림에서와 같이 여러 가지 다른 색상들을 사용하여 매듭을 만들면 매우 멋진 결과를 얻을 수 있다.

육각형을 만들기는 쉽기 때문에 이를 제외하고 다중 띠종이 매듭 중 하나를 만들고자 용감하게 시도하는 경우, 세 줄의 띠종이로 12각형 매듭을 만들어보는 것을 추천한다. 일반적인 경우에 만들기 어렵지만, 이 경우에 각각의 띠종이는 부분군 $\{0, 3, 6, 9\}$의 잉여류들에 대응되고 이들은 각각 정사각형 모양을 이루기 때문에 만들기가 조금 더 쉽다. 접힌 부분에서의 입사각과 반사각은 모두 각 $45°$가 된다. 이 접힌 부분들 사이의 종이 길이는 학생들이 시행착오법(trial and error)으로 결정하거나 필요한 정확한 길이를 결정한 후 눈금자로 측정할 수 있다. 종이를 엮어 실험과 조정을 거쳐 아주 멋진 매듭을 만들 수 있다.

배경

이미 오래 전에 사람들은 띠종이를 사용하여 오각형 매듭을 어떻게 접는지 알고 있었던 것처럼 보인다. 후카가와(Fukagawa)에 따르면, 그것은 1810년으로 거슬러 올라가 일본의 산가쿠(sangaku)의 대상이 된다 [Fuj82]. 산가쿠는 나무 판에 예술적으로 그린 기하학 문제이며 일본의 에도 시대(1600~1800년대)에 신사에 달려 있었다. 이는 옛날 일본의 서민들이 취미로 기하 문제를 가지고 놀았다는 훌륭한 증거가 되며, 산가쿠 중 일부가 종이접기에 관한 것이므로 그 당시 많은 일본인이 종이접기수학에 관심이 있었음을 의미한다. (종이접기 산가쿠의 또 다른 예는 하가(Haga)의 '종이접기수학(Origamics)' 활동을 참조하라). 이 특별한 산가쿠는 띠종이로 접은 오각형 매듭의 그림을 묘사하고 있으며, 독자들에게 오각형의 한 변의 길이와 띠종이의 너비사이의 관계를 결정하도록 요구한다.

더 큰 다각형 종이 매듭에 대한 참고문헌은 아주 드물다. 가장 초기 참고문헌 중 하나는 1924년에 몰리(Morley) [Mor24]가 만든 것으로 보인다. 그는 오각형, 육각형 및 칠각형 매듭에 대한 접기 지침을 보여주고 이를 일반화한다.

하가의 종이접기수학 Activity 11

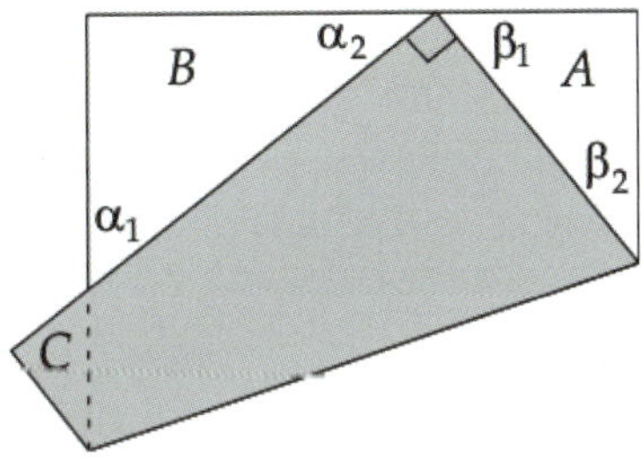

관련 과목: 기하학, 교양수학, 증명 입문

개요

카즈오 하가(Kazuo Haga)의 '종이접기수학(origmics)' [1] 활동은 학생들에게 종이를 정해진 방식대로 접었을 때 발견되는 간단한 기하적 성질을 탐구하도록 한다. 이 활동의 목적은 학생들에게 탐구하기 적절한 종이접기 문제를 제공하여 수학 연구의 세 단계인 탐구, 추측, 증명을 경험할 수 있도록 하는 데 있다.

내용

하가의 활동은 모두 기하학을 기반으로 한다. 일부는 사전 지식이 전혀 필요하지 않은 반면, 일부는 유클리드 기하와 관련된 지식을 요구한다. 그리고 탐구, 추측 및 증명방법은 이러한 모든 활동들의 핵심이 된다.

하가의 활동은 일본어로 된 책과 절판된 일본 종이접기 잡지인 오루(ORU)의 기사, 영어로 된 책에 수록되어 있다([Haga99], [Haga95], [Haga08]). 여기에 제시된 자료의 대부분은 '종이접기 3: 제3차 국제 종이접기 과학, 수학, 교육 학회(Origami3: Third International Meeting of

[1] 종이접기수학(origamics)은 카즈오 하가에 의해 제안된 용어로, origami에 mathematics의 어미인 ics를 붙인 것으로 수학과 관련된 종이접기 연구를 의미한다.

Origami Science, Mathematics, and Education)' 프로시딩에 수록된 하가의 논문 ⟨종이 접고 수학 즐기기: 종이접기수학(Fold Paper and Enjoy Math: Origamics)⟩에 수록된 내용이다 ([Haga02]).

활동지

네 가지 활동지가 제공되는데, 각각은 하가의 종이접기수학의 예이다. 각 활동에서 학생들은 작은 정사각형 종이를 많이 준비해야 한다. 3인치 크기의 정사각형 메모지가 가장 적절하다.

(1) TUP 접기
(2) 네 꼭짓점을 모두 한 점으로 접기
(3) 하가의 정리
(4) 엄마 선과 아기 선(Mother and Baby Lines)

수업 시간

각 활동은 학생의 수준에 따라 다르겠지만 약 50분이 소요된다.

활동지 1 TUP 접기

정사각형 종이의 오른쪽 하단 꼭짓점에 A라고 표시한다. 종이 위에 임의의 점을 선택하고 A를 그 점까지 접는다. 이렇게 하면 Turned-Up Part (이하 TUP)라고 부르는 종이 덮개가 만들어진다.

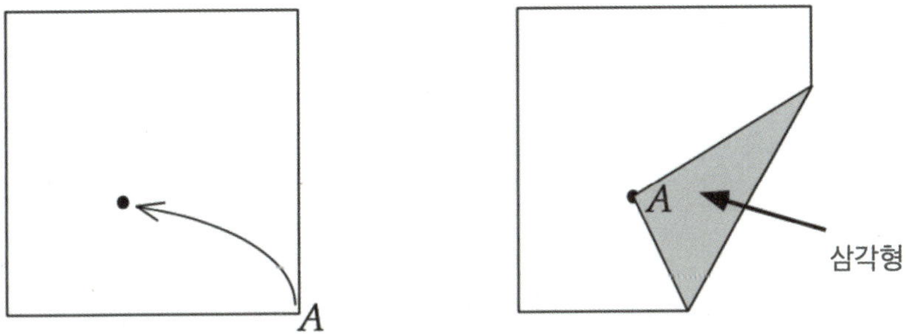

TUP에는 몇 개의 변이 있는가? 3개? 4개? 5개?

과제: TUP를 많이 접어보면서, "TUP의 변이 몇 개인지 어떻게 알 수 있는가?"라는 질문의 답을 찾으시오.

후속 활동: 점이 정사각형의 외부에 있으면 어떻게 될까? 어떤 답이 나올 수 있는가?

활동지 2 네 꼭짓점을 모두 한 점으로 접기

정사각형 종이에 임의로 한 점을 나타내시오. 종이의 네 꼭짓점을 이 점까지 차례로 접고 펼친다. 접힌 주름선은 정사각형 안에 다각형을 만든다. 이때 정사각형의 변의 일부는 다각형의 변이 될 수도 있다.

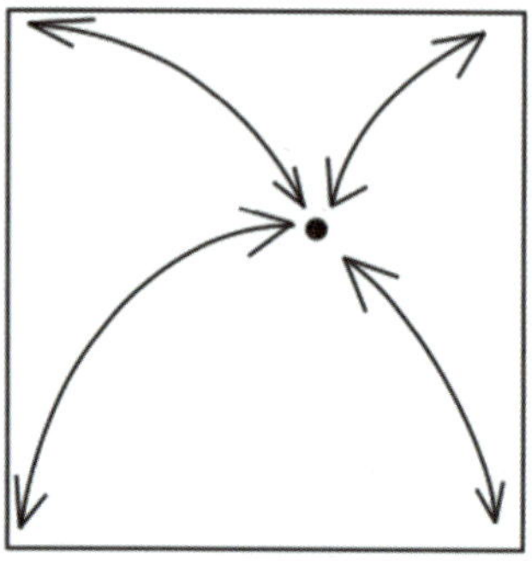

다각형에는 몇 개의 변이 있는가? 5개? 6개? 또는 3개, 4개, 7개인가?

과제: 여러 장의 정사각형 종이로 '네 꼭짓점을 모두 한 점으로 접는' 연습을 하시오. 다각형이 얼마나 많은 변을 가지는지를 어떻게 알 수 있는가?

후속 활동: 정사각형 대신 직사각형을 사용하면 어떻게 될까? 어떤 답이 나올 수 있는가?

활동지 3 하가의 정리

정사각형 종이에서 종이의 윗변에 임의의 점 P를 표시하시오. 그런 다음 오른쪽 하단 꼭짓점을 이 점까지 접으시오.

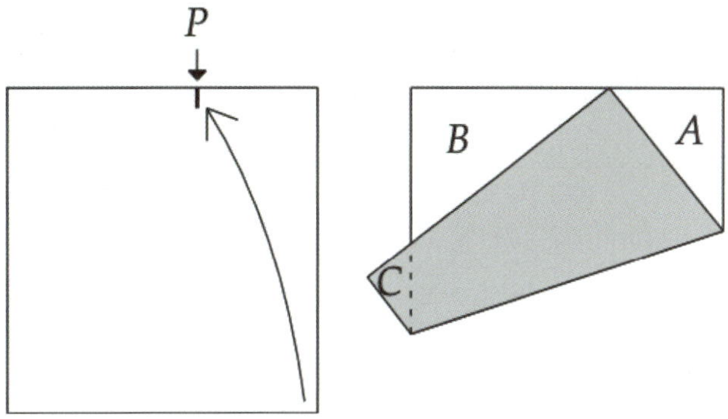

질문 1: 세 삼각형 A, B, C에 대해 어떤 관계가 성립하는가? 증명하시오. (이를 하가의 정리라고 한다.)

질문 2: 점 P를 윗변의 중점에 두었다고 가정하자. 하가의 정리를 사용하여 다음 그림에서 x와 y의 길이를 구하시오.

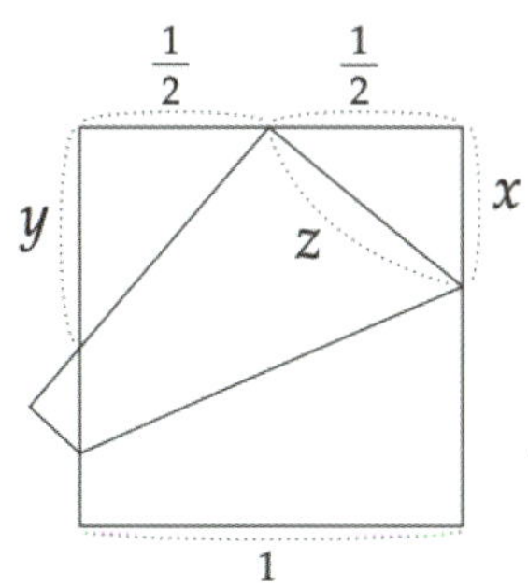

활동지 4 엄마 선과 아기 선

정사각형 종이를 접어서 임의의 주름선을 만드시오. 이때 그림 A, B와 같이 접어서 생긴 주름선을 엄마 선(mother line)이라고 한다. 그런 다음, 그림 C~F와 같이 종이의 다른 모든 변을 이 선에 맞추어 접고 펼치면 아기 선(baby line)이 생긴다. 그림 G에 나타난 여러 개의 주름선들을 보시오.

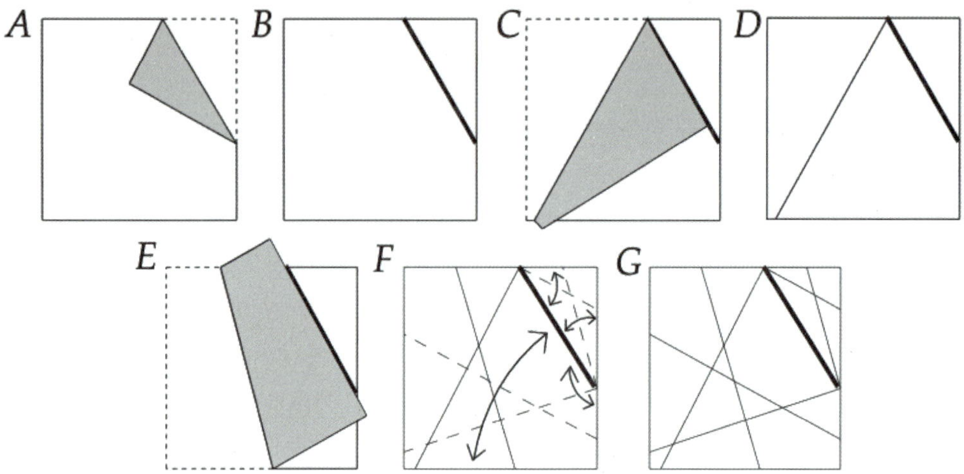

과제: 별도의 종이에 다양한 엄마 선을 접어본 뒤 결과를 비교해보시오. 아기 선의 교점에 대해 어떤 추측을 할 수 있는가? 이 추측을 증명하시오.

해답과 교수법

카즈오 하가(Kazuo Haga)는 일본 츠쿠바 대학(University of Tsukuba)의 생물학과 교수로 은퇴했다. 은퇴 후 그는 하가의 과학교육연구소를 운영하면서 어린이와 학생들의 과학적 추론 능력을 개발하기 위한 방법으로 '종이접기수학' 활동을 제안하였다. 종이접기는 대체로 어린이를 위한 활동으로만 여겨졌기 때문에, 하가는 종이접기의 과학적 측면을 설명하기 위해 종이접기수학(origamics)이라는 용어를 만들었다.

그러나 하가의 활동들은 교사와 학생 모두에게 몇 가지 심각한 어려움을 제기한다는 점에 유의해야 한다. 하가의 활동들은 탐구하고, 추측을 제기하고, 증명을 해보도록 하는 개방형 과제이다. 일부 교사들은 수학 전공인 학생조차도 증명을 해야 하는 개방형 과제를 어려워하는 상황에 직면할 수 있다.

그러한 학생들에게 동기를 부여하고 과제를 수행하게 하는 것이 어려울 수 있기 때문에 교사는 이 학생들에게 무엇이 효과적일지 파악해야 한다. 아마도 학생 자신의 이름을 딴 추측이나 정리를 만드는 영광이나 점수를 통해 동기를 부여할 수 있을 것이다. 어쨌든 이 활동은 학생들이 정교한 방식으로 사고하도록 요구하는데, 교사는 이것이 얼마나 어려울 수 있는지 과소평가하면 안 된다.

활동지 1: TUP 접기

학생들은 임의의 점을 정사각형 내부에 선택하면 오직 삼각형과 사각형 TUP만 가능하다는 것을 빨리 알아채야 한다.

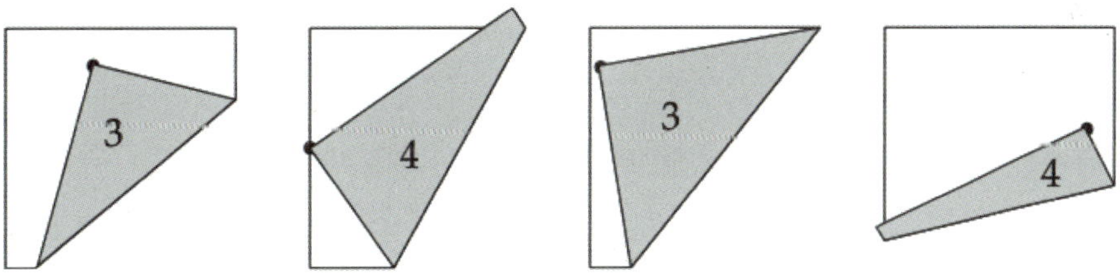

종이를 접어보면 정사각형의 주대각선 부근의 점을 택하거나 점 A의 맞은편 꼭짓점 부근의 점을 택하면 항상 삼각형 TUP를 얻을 수 있다는 것을 알 수 있다. 조금 더 자세히 살펴보면 접었을 때 종이의 한 변 전체가 뒤집힌 경우에만 사각형 TUP가 만들어진다. 점 A가 정사각형의 두 변이 반지름이 되는 원의 둘레 위에 놓여 있다고 생각해보자. A를 이 반지름 중 하나를 넘어서는 점으로 접으면(오른쪽 상단 또는 왼쪽 하단) 해당 모서리가 접혀서 사각형이 만들어진다. 따라서 정사각형 내부의 영역을 다음과 같이 색칠하여 문제를 해결할 수 있다. 이때 경계는 삼각형 영역에 속한다.

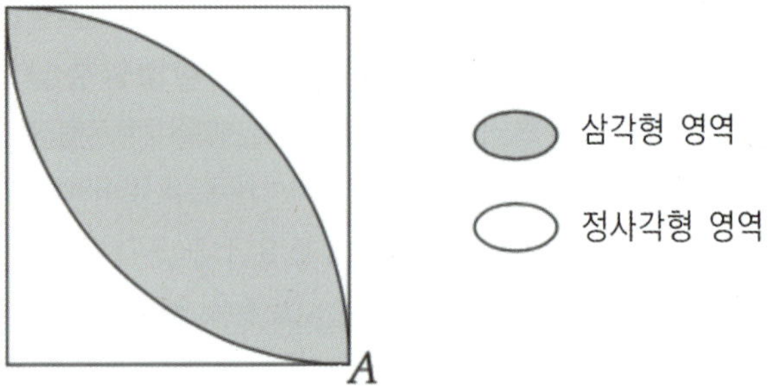

후속 활동: 꼭짓점 A를 정사각형 외부의 점으로 접을 때 이것이 의미 있을 때와 그렇지 않을 때를 생각해야 한다. 점 A를 정사각형에서 아주 멀리 떨어진 점까지 접는다면 '접기' 는 전체 정사각형을 뒤집는 것과 같다. 그러나 A를 가까운 외부 점으로 접으면 오각형 TUP의 영역을 구할 수 있다.

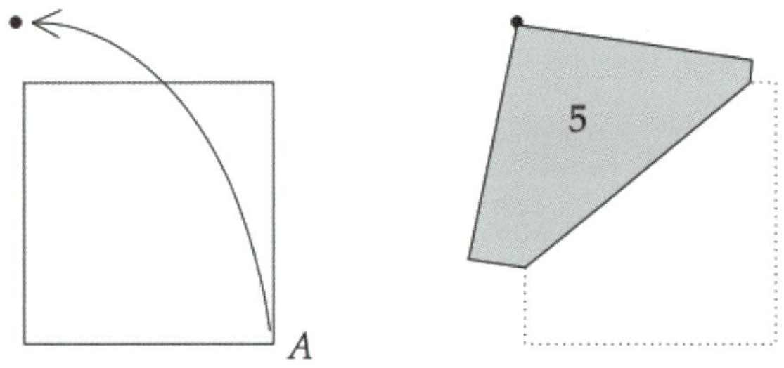

위의 사실은 고려해야 할 '새로운 반지름' 이 있음을 보여준다. 접었을 때 점 A에 인접한 두 변이 모두 뒤집히면 오각형 TUP가 된다. 이러한 사실은 다음 그림과 같이 정사각형의 대각선 길이가 반지름이고 점 A의 맞은편 꼭짓점이 중심이 되는 원을 생성한다.

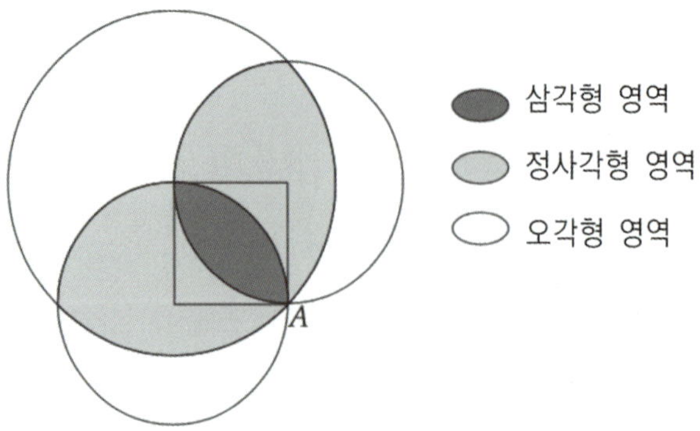

위에서 제시된 해법은 완벽하게 훌륭하고 엄밀하지만, 뛰어난 학생들은 이 문제에 대한 다른 증명 방법을 고안할 수 있다. 벨몬트 대학(Belmont University)의 앤디 밀러(Andy Miller)와 그의 학생들은 해석학적 접근 방식을 고안했다. xy평면에서 정사각형의 왼쪽 하단의 꼭짓점을 원점, 점 A는 $(1,0)$, A가 접힌 점 P를 $(a,\ b)$라 하자. A를 P로 접었을 때 나타나는 주름선은 선분 AP의 수직이등분선이 된다. 이때 포물선 접기 활동과 동일한 방법으로 이 주름선의 방정식을 구할 수 있다. AP의 기울기는 $\dfrac{-b}{1-a}$ 이므로 주름선의 기울기는 $\dfrac{1-a}{b}$가 된다. 이때 AP의 중점인 $\left(\dfrac{a+1}{2},\ \dfrac{b}{2}\right)$는 주름선 위에 놓인다. 따라서 주름선의 방정식은 $y-\dfrac{b}{2}=\left(\dfrac{1-a}{b}\right)\left(x-\dfrac{a+1}{2}\right)$이며, 정리하면 다음과 같다.

$$y=\frac{1-a}{b}x+\frac{a^2+b^2-1}{2b}.$$

이 직선의 y절편은 $\dfrac{a^2+b^2-1}{2b}$이고, 왼쪽 하단 꼭짓점이 접히려면, 즉 TUP의 변이 3개보다 많게 되려면, y절편은 0보다 커야 한다. 즉, $a^2+b^2-1>0$이고, 정리하면 $a^2+b^2>1$이 된다. 이는 원의 영역과 관련되며, 다른 방정식도 유사한 방법으로 구할 수 있다.

교수법. 하가의 종이접기수학 활동지는 의도적으로 개방형(open-ended) 문항으로 개발되었다. 즉, 학생들은 서로 다른 TUP들이 나타내는 정사각형의 음영 영역을 찾는 아이디어를 떠올리고, 적절한 그림을 나타내기 위해 충분한 자료를 생성해야 한다. 이것이 수학적 연구의 핵심이라 할 수 있는 탐구-추측-증명 방법이다.

이 활동은 학생들이 장기간 수행할 만한 가치가 있으며, 교사들은 학생들을 돕기 위해 여러 가지 질문과 제안을 할 수 있어야 한다. 학생들의 사고와 탐구를 돕기 위해 다음과 같은 팁을 제공할 수 있다.

(1) 추측을 위한 자료를 얻기 위해 목표 지점 P의 위치를 다양하게 변화시켜 본다. 먼저 격자점을 만들고, P가 각 격자점에 위치했을 때 TUP가 갖는 변이 몇 개인지에 따라 해당 격자점을 색칠하면서 체계적으로 탐구할 수 있다.

(2) 이 방법에 따라 삼각형 TUP가 나타나는 점 P의 영역과 사각형 TUP가 나타내는 P의 영역이 어디인지 생각해본다.

(3) 그것에 대해 생각한 후, 이 영역들 사이의 경계가 어디인지 찾아본다. 예를 들어 점 P를 움직일 때, 언제 삼각형 TUP에서 사각형 TUP로 변하는가?

활동지 2: 네 꼭짓점을 모두 한 점으로 접기

학생들은 모든 꼭짓점을 한 점으로 접었을 때 오각형과 육각형 영역만 만들어진다고 생각할 수 있지만 사각형 영역이 만들어지는 몇 가지 지점이 있다. 정확히 중점과 네 꼭짓점이 여기에 해당한다. 그러나 이 경우는 특이한 경우에 해당하며, 오각형과 육각형을 만들어내는 영역의 경우에만 면적이 0이 아니다.

사실, 이 문제는 TUP 활동과 매우 유사하다. 이전 활동은 TUP를 사용하여 선택한 점으로 인해 종이의 꼭짓점이 뒤집히는지의 여부를 추적해야 했다. 현재 활동에서는 변들의 중점이 접힐지의 여부에 관심이 있다. 그 이유는 아래 그림을 보면 알 수 있다. 점 P가 정사각형의 어느 한 변에서 '충분히 멀리' 떨어져 있으면, 해당 변의 꼭짓점에 의해 만들어진 2개의 주름선은 정사각형 위의 한 점에서 교차한다. 반면에 P가 변에 '충분히 가깝게' 있으면 두 주름선이 정사각형 위에 있지 않은 점에서 교차한다. 이것은 두 주름선에 의해 정사각형에서 P를 포함하는 영역에 2개의 변이 추가될 지, 아니면 3개의 변이 추가될지가 결정할 것이다.

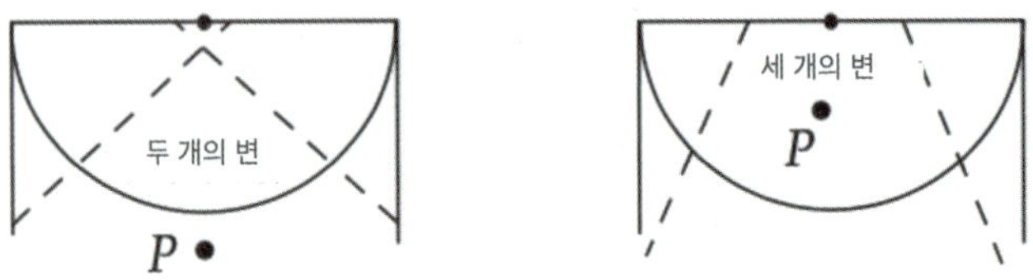

'충분히 멀리' 와 '충분히 가깝게' 의 차이는 정사각형 한 변의 중점을 중심으로 하고 한 변의 길이의 $\frac{1}{2}$을 반지름으로 하는 원을 그려서 결정할 수 있다. 변에 인접한 꼭짓점이 이 원의 바깥쪽으로 접히면 중점이 이동한다. 그렇지 않으면 그대로 유지된다.

이제, 네 변이 어떻게 상호작용하는지 볼 필요가 있다. 변의 중점을 중심으로 하는 4개의 원은 쌍으로만 교차한다. 즉, 3개의 원이 서로 겹치는 경우는 없다. 이제 정사각형의 변을 잠시 무시하면, 주어진 점 P에 대해 주름선에 의해 결정되는 P를 포함하는 영역은 항상 사각형이 된다. 그러면 정사각형의 각 변이 이 사각형의 모서리를 잘라내게 된다. 이러한 모서리의 개수는 점 P를 포함하는 원의 개수와 같다. 점 P가 동시에 내부에 있을 수 있는 원의 개수는 최대 2개로, 이 경우 육각형이 만들어진다. 그렇지 않으면, 점 P는 단 하나의 원 안에 포함되며, 이 경우에 오각형이 만들어진다. (P가 어떤 원의 내부에도 없는 앞에서 언급한 다섯 가지 경우를 제외한다.) 4개의 원을 겹치면 왼쪽 아래처럼 육각형과 오각형의 영역이 잘 그려진다.

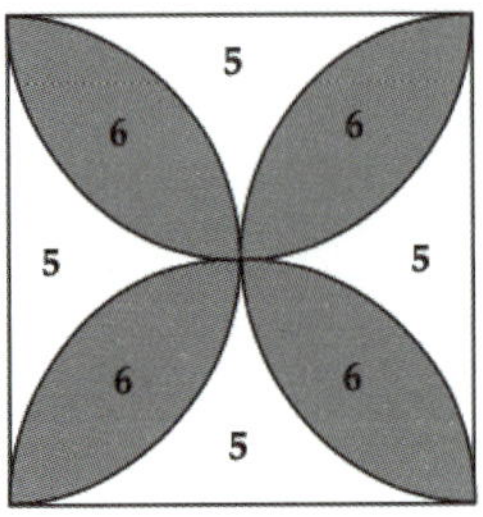

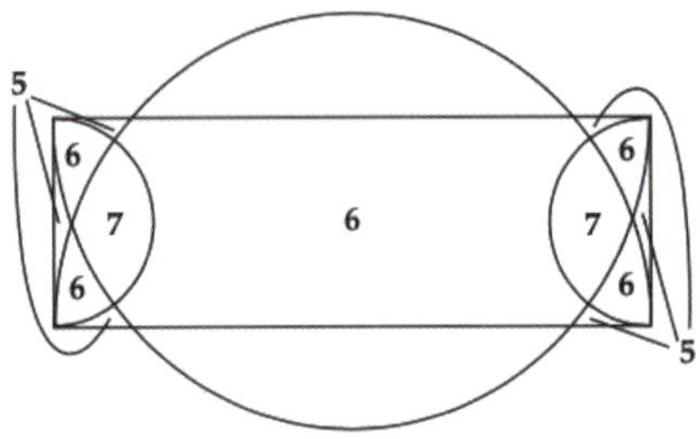

P가 원 중 하나의 경계에 있으면 어떻게 될까? 경계에 있다는 것은 2개의 주름선이 정사각형의 한 변에서 교차한다는 것을 의미하므로 점들의 영역에 새로운 변이 생성되지 않는다. 따라서 경계의 점은 오각형 영역의 일부가 된다.

후속 활동: 동일한 분석을 직사각형 종이에서도 할 수 있는데, 놀라운 사실은 직사각형 종이에서는 칠각형 영역이 가능하다는 것이다! (위의 오른쪽 그림을 참조하시오.)

교수법. TUP 활동지와 마찬가지로 이 활동지의 요점은 학생들이 스스로 상황을 분석하고 모델을 만드는 데 있다. 따라서 문제의 본질을 명확히 하는 것 외에 교사가 제공하는 힌트는 거의 없다. 경험상 TUP 활동을 하는 학생들은 이 활동을 매우 빨리 습득한다. 사실, TUP 활동으로 수업을 하고 이 활동은 숙제로 낼 수도 있다.

활동지 3: 하가의 정리

이 활동은 하가가 개발한 최초의 '종이접기수학' 의 결과물로, 일본 종이접기 커뮤니티에서 그의 이름을 따서 명명하였다. 그러나 이후에 일본 산가쿠(sangaku. 1600~1800년대 일본에서 쓰이고 다른 사람들이 읽고 풀 수 있도록 종교 사원에 남겨둔 기하학 문제)의 예가 발견되어 이 결과가 에도 시대 일본 기하학자들에게 알려졌음을 알 수 있다([Fuk89] p.37와 p.117 참조). 그러나 하가는 이 사실을 알지 못했던 것으로 보인다.

질문 1: 기본적인 결과는 활동지에 있는 삼각형 A, B, C가 모두 닮음이라는 것이다. 증명은 간단하다. 아래 그림에서 $\alpha_2 + 90° + \beta_1 = 180°$ 이므로 $\alpha_2 + \beta_1 = 90°$ 이고, 또한 $\beta_1 + \beta_2 = 90°$ 임을 알 수 있다. 따라서 $\alpha_2 = \beta_2$가 되고 유사하게 $\alpha_1 = \beta_1$이 성립한다. 따라서 $A \sim B$가 되고, 동일한 추론을 통해 $B \sim C$도 성립함을 알 수 있다.

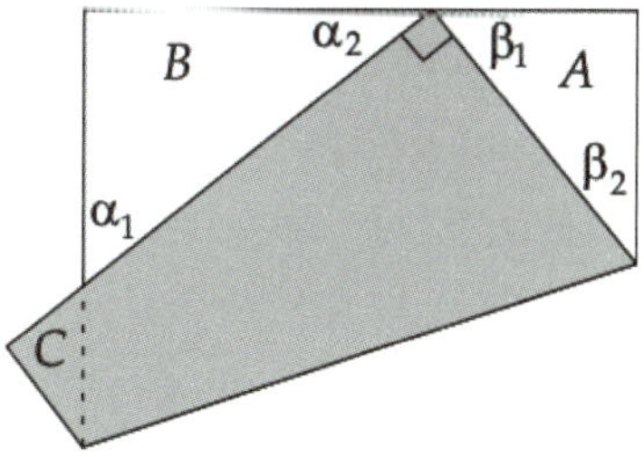

종이접기 전문가 사이에서 하가의 정리가 이렇게 인기를 끌게 된 것은 이 단순한 한 번의 접기 동작만으로 기하학적 측면에서 풍부한 도형들이 만들어지기 때문이다. 종이접기의 주요 응용 중 하나는 하가의 정리로 정사각형의 한 변을 n등분(n은 홀수)하는 문제에 대한 간단한 해법을 찾는 것이다. 다음 질문은 그 예이다.

질문 2: 그림에는 변의 길이 x, y, z를 구하는데 사용할 수 있는 많은 도구가 포함되어 있다. 즉, 닮은 직각삼각형이 있고, 선분의 길이 z는 선분 $1-x$ 부분을 접었을 때의 상(image)이므로 $z = 1-x$가 된다. 따라서 삼각형 A에 피타고라스 정리를 적용하면

$$\frac{1}{4} + x^2 = (1-x)^2 \ \Rightarrow\ x^2 = \frac{3}{4} - 2x + x^2 \ \Rightarrow\ x = \frac{3}{8}.$$

x^2항이 소거되었기 때문에, x가 유리수임을 알았다. 따라서 $z = \frac{5}{8}$도 유리수가 된다. 이제 y를 찾기 위해, 또는 하가의 정리로 다른 선분의 길이를 찾기 위해 닮은 삼각형을 활용해보자. 여기에는 오직 비율 비교만 포함하기 때문에 y도 유리수임을 알 수 있다!

이는 하가의 정리를 적용하여 정사각형 변을 유리수의 비로 분할할 수 있으며, 운이 좋다면 이러한 분할이 유용할 수 있음을 의미한다. 실제로 $A \sim B$에 의해 다음을 알 수 있다.[2]

$$2y = \frac{1}{2x} \ \Rightarrow\ y = \frac{2}{3}$$

물론 활동지의 그림에 있는 모든 선분의 길이는 이러한 방식으로 찾을 수 있다. 사실, 하가의 정리의 완전한 힘을 보려면 점 P의 배치를 임의적이라고 한 다음, 길이를 계산해보면 된다. 아래 그림과 같이 각각의 길이에 이름을 부여하고 점 P의 오른쪽에 있는 길이를 x라고 하면, 나머지 길이는 다음과 같다.

$$y_1 = \frac{(1+x)(1-x)}{2},\ y_2 = \frac{2x}{1+x},\ y_3 = \frac{1+x^2}{1+x},\ y_4 = \frac{(1-x)^2}{2}$$
$$y_5 = 1 - \left(\frac{2x}{1+x} + \frac{(1-x)^2}{2}\right),\ y_6 = \sqrt{x^2+1}$$

교수법. 어떤 의미에서 하가의 정리를 개발하고 탐구하는 것은 닮은 삼각형, 피타고라스 정리 및 기본 대수학을 심도 있게 응용해보는 것일 수 있다. 미적분학이나 다른 기초 대수학 수업을 위한 훌륭한 활동이라고 생각할 수 있지만, 그런 학생들은 동기를 잃어버리는 경향이 있다. 사실, 수학 전공이 아닌 다른 학생은 종이를 한 번 접어서 유리수 길이들을 얻을 수 있는 하가의 정리의 우아함에 감동하지 않을 수 있다. 활동지에 길이 $\frac{1}{3}$이 어떻게 나올 수 있는지 보여주는 예를 포함시킨 것도 이러한 이유에서이다. '길이를 정확히 N등분 하기' 활동을 하지 않은 경우, 정사각형 종이를 3등분하는 방법을 아는 학생은 거의 없을 것이므로 이 활동은 학생들에게 동기를 부여할 수 있다.

이 활동은 대학생이라면 누구나 할 수 있다. 닮은 삼각형의 개념은 중고등학교 기하학 수업에서 간단히 배우며, 피타고라스 정리 및 기본 대수학과 함께 일반 학생이라면 누구나 알고 있을 것이다.

---

[2]하가의 정리 활동지 질문2에 제시된 그림에서 두 직각삼각형이 닮음이므로 $y : \frac{1}{2} = \frac{1}{2} : x$ 가 되므로 $\frac{y}{\frac{1}{2}} = \frac{\frac{1}{2}}{x}$ 이고, 이를 정리하면 $2y = \frac{1}{2x}$ 이 된다.

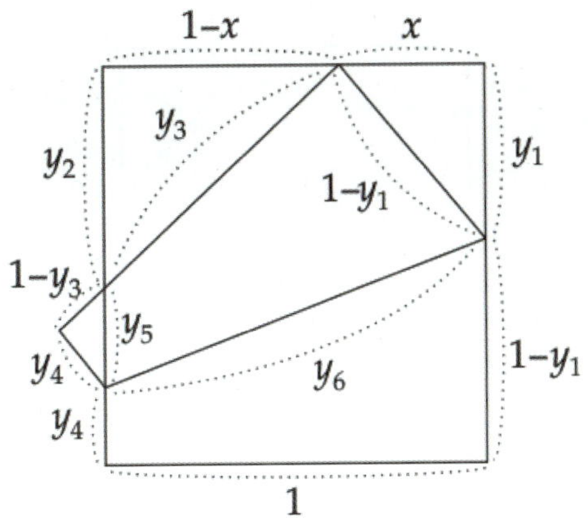

그렇기 때문에 학생들이 이 활동지를 수행할 때 교사가 제공해야 할 힌트는 거의 없다. 다만 삼각형을 살펴봐야 함을 넌지시 알려주거나 "직각삼각형과 관련해서 무엇을 떠올려야 할까?" 등과 같은 소크라테스식 발문을 할 수 있다. 하지만 더 이상의 힌트는 필요하지 않다.

하가의 정리는 지오지브라 또는 GSP에서 효과적으로 모델링될 수 있다. 정사각형을 작도한 뒤 포물선 접기 활동과 유사한 작업을 수행하여 오른쪽 하단 꼭짓점을 윗변의 임의의 점 P로 접을 때 만들어진 주름선을 작도해야 한다. (이 점들을 연결하는 선분을 그리면 주름선이 이 선분의 수직이등분선이 된다.) 그런 다음 지오지브라를 사용하여 이 주름선에 대해 종이의 아래쪽 부분을 대칭이동 시킨다. 이렇게 하는 것의 장점은 지오지브라로 다양한 선분의 길이를 측정할 수 있고 학생들은 윗변을 따라 P를 앞뒤로 움직일 때의 변화를 관찰할 수 있다는 것이다. 이런 식으로 P가 $\frac{1}{4}$ 지점인지, $\frac{1}{3}$ 또는 $\frac{2}{3}$ 지점인지 등의 여부를 매우 쉽게 알 수 있다.

물론 하가의 정리로 할 수 있는 일은 훨씬 더 많다. 오스트리아의 기하학 교사인 로베르트 게레칠레거(Robert Geretschläger)는 그의 책 《기하학적 종이접기(Geometric Origami)》에서 하가의 정리에 대한 일련의 흥미로운 사실을 제안하였다 [Ger08]. 다음과 같이 정사각형의 꼭짓점 C를 중심으로 반지름이 정사각형의 한 변과 같은 원을 그린다고 가정하자. 그러면 이 원은 $C'D'$에 접하게 된다. 이는 $\triangle AGC'$의 둘레가 원래 정사각형 둘레의 절반과 같고 $\triangle C'BE$와 $\triangle GD'F$의 둘레의 합이 $\triangle AGC'$의 둘레와 같다는 것을 증명하는 데 사용할 수 있다. (이 문제는 1993년 제37회 슬로베니아 수학 올림피아드에 출제되었다.)

또한 위에서 제안한 바와 같이 점 P에 대한 다른 위치를 고려하여 하가의 정리를 일반화할 수 있는지를 질문할 수 있다. 만약 이것을 알아내고자 한다면 '길이를 정확히 N등분 하기' 활동 안에 하가의 정리를 포함시킬 수 있다는 것을 알게 될 것이다. 하가의 정리를 변형하여 정사각형의 한 변을 홀수 등분하는 법을 찾을 수 있다는 사실을 증명할 수 있다. 자세한 내용은 하가의 책 《종이접기수학: 종이접기를 통한 수학 탐구(Origamics: Mathematical Explorations Through Paper Folding)》를 참고하시오 [Haga08]. 지금까지 살펴본 바와 같이, 하가의 정리에는 많은 비밀이 숨겨져 있다.

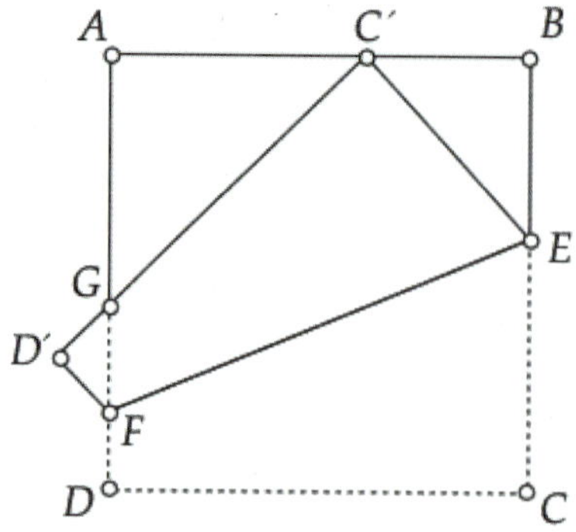

활동지 4: 엄마 선과 아기 선

이 장에 제시된 네 가지 종이접기 활동 중 이 활동이 가장 어렵다. 적절한 추측을 만들어내려면 약간의 실험과 창의성이 요구된다.

학생 또는 교사가 교차하는 아기 선에서 규칙성을 찾는 개방형 문제를 해결하기 위해 고군분투할 때 다음과 같은 질문들은 큰 도움이 된다.

- 아기 선이 흥미로운 각도로 교차하는 것처럼 보이는가?
- 엄마 선의 양쪽에 있는 아기 선들의 교점의 수에는 어떤 의미가 있는가?
- 정사각형의 대각선이나 '반으로 접힌' 수직선과 같이 대칭적인 것을 엄마 선으로 선택할 때 흥미로운 점을 발견할 수 있는가?
- (명백한 경우를 제외하고) 3개의 교점은 일직선상에 놓이는가?

이와 같은 질문을 탐색하면 이 활동에서 이루어지고 있는 많은 것을 알 수 있다. 다음 그림은 이 중 일부를 보여준다.

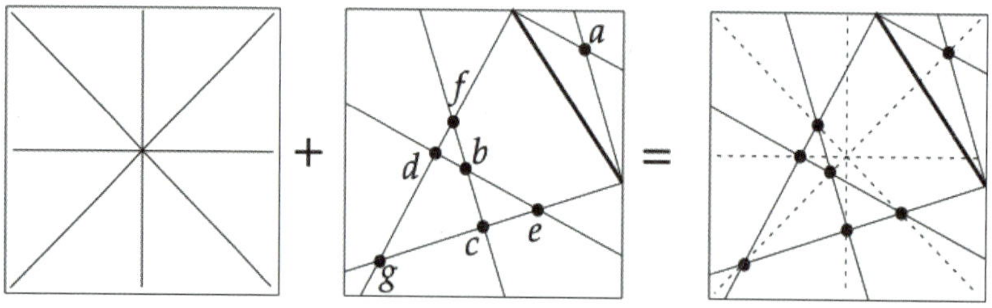

가장 왼쪽 그림에는 하가가 정사각형에서 기본 주름선(primary crease line)이라고 부르는 것이 나타나 있다 ([Haga02] 참조). 이때 모든 아기 선의 교점은 이 기본 주름선에 있는 것처럼 보인다!

그러나 학생들이 추측할 수 있는 것은 이것만은 아니다. 일부 아기 선은 직각으로 교차하는 것처럼 보인다. 실제로 정사각형의 한 변을 S라 하고 이를 엄마 선에 맞추어 접은 아기 선을 고려해 보자. 그런 다음 S에 평행한 다른 한 변으로 만들어진 (엄마 선과 같은 쪽에 있는) 두 번째 아기 선을 고려해보면 이러한 두 아기 선은 직교하는 것처럼 보인다. 정말 그렇지 않은가?

이러한 추측은 유클리드 기하학의 몇 가지 사실을 응용하여 증명할 수 있다. 가장 기본적인 예는 위에 a로 표시된 교점에서 볼 수 있다. 이 점은 엄마 선과 정사각형의 윗변과 오른쪽 변이 이루는 직각삼각형 안에 있다. 사실, 이 삼각형에서 만들어진 아기 선은 삼각형 두 내각의 이등분선이다. 따라서 점 a는 실제로 이 삼각형의 내심이므로 삼각형의 나머지 한 내각의 이등분선 위에도 놓이게 된다. 빙고!

다른 교점은 정사각형의 일부 변뿐만 아니라 엄마 선을 확장하면 설명할 수 있다. 예를 들어, 점 b 역시 정사각형의 밑변 및 왼쪽 변의 연장선과 엄마 선의 연장선으로부터 만들어지는 직각삼각형의 내심이다. 그리고 이 사실은 이 점이 대각선 위에 놓여 있음을 증명한다. 이 사실은 매우 중요하다. 정사각형의 변 S를 엄마 선으로 접을 때 S가 엄마 선에 인접해 있다면, 주름선은 S와 엄마 선이 이루는 각의 이등분선이 된다. 그러나 S가 엄마 선에 인접하지 않은 경우 주름선은 여전히 각의 이등분선이지만 엄마 선과 S의 연장선이 이루는 각을 이등분한다. 이때 두 연장선은 종이를 벗어난 지점에서 교차한다.

이제 점 c를 살펴보자. 점 c를 지나는 주름선 중 하나가 이등분하는 각을 보기 위하여 정사각형의 왼쪽 변과 엄마 선을 연장할 수 있다. 두 연장선은 아래 그림에서 볼 수 있듯이 점 c에서 다른 아기 선과 함께 $\triangle ABC$을 형성한다. 이때 두 가지를 증명해야 한다. (1) c는 기본 주름선 위에 있다. (2) c에서 만나는 아기 선들은 수직으로 교차한다.

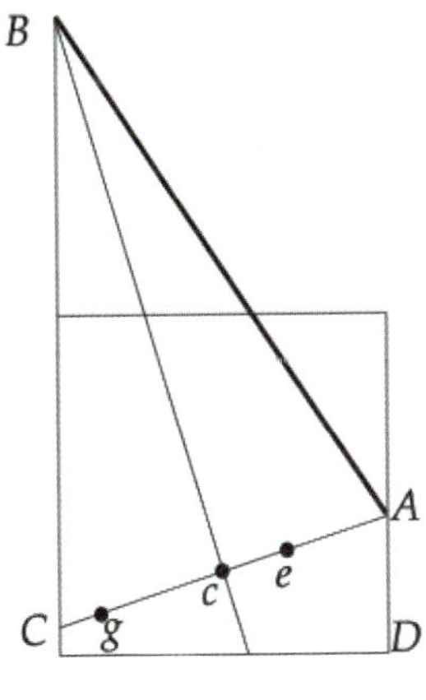

학생들이 여기서 증명하려고 하는 것을 우연히 추측하게 될 수 있다. 예를 들어, 학생들은 주름선 Bc를 접을 때 점 C가 점 A에 닿는다고 주장할 수 있다. 이는 아기 선들이 수직으로 만남을 증명한다. 그러나 아기 선 AC는 선분 AD를 엄마 선으로 접음으로써 만들어졌으며, 이것이 Bc를 접을 때 C가 A에 놓인다는 것을 직접적으로 의미하지는 않는다. 학생이 접은 예는 이것이 실제로 일어나고 있다는 좋은 증거를 제공할 수 있지만 그것이 증명은 아니다! 접힌 종이에서 일어나는 모든 것을 항상 신뢰할 수는 없기 때문에 '종이접기에 의한 증명' 은 항상 주의해야 한다.

더 나은 접근 방식은 정사각형의 왼쪽과 오른쪽 변이 평행하기 때문에 AC로 만드는 엇각이 동일하다는 점에 주목하는 것이다. 즉, $\angle BCA = \angle CAD$이다. 그러나 AC의 정의에 따르면 AC가 $\angle BAD$를 이등분하므로 $\angle CAD = \angle CAB$이다. 따라서 $\angle CAB = \angle BCA$이며, 이는 $\triangle ABC$가 이등변삼각형임을 증명한다.

이것은 우리가 원하는 것을 곧바로 보여준다. 이등변삼각형의 밑변은 마주보는 각의 이등분선에 수직이며, 수직인 아기 선들을 찾을 수 있다. 그리고 선분 Cc와 Ac는 길이가 같으므로 점 c는 기본선 중 하나인 정사각형의 수직이등분선 위에 놓여야 한다. 이와 비슷한 주장은 아기 선의 교점 d에 대해서도 같은 결과를 보여줄 것이다.

점 e와 f는 잘 선택된 삼각형들의 방심(excenter)임을 알 수 있다. 삼각형의 방심은 내각 이등분선 중 하나와 외각 이등분선 2개의 교점이다. 이는 삼각형 외부에 위치하는 한 원(방접원)의 중심이다. 이 원은 삼각형의 한 변에 접하고 나머지 두 변의 연장선에 접한다. 이것은 $\triangle BEF$를 고려한 아래 왼쪽 그림에서 더 쉽게 볼 수 있다. (이는 이전에 고려한 이등변삼각형의 윗부분일 뿐이다.) 또한 아기 선들의 교점 f는 B에서 내각의 이등분선과 F에서 외각의 이등분선이 만나는 점임을 알 수 있다. 따라서 f는 $\triangle BEF$의 밑변을 벗어난 방심이므로, E에서 외각의 이등분선도 f를 통과하게 되는데, 이는 우연히도 기본 주름선이 된다. 점 e에 대해서도 유사한 논증을 사용할 수 있다.

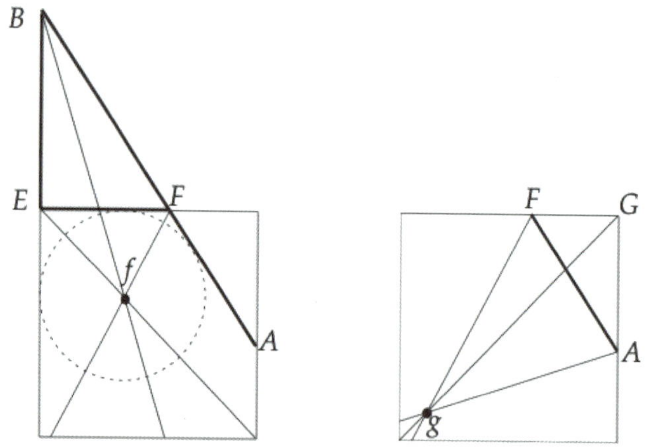

이제 점 g만 남았다. 하가는 "수학 수업에서 학생들은 이 점이 기본 주름선 위에 있음을 증명하는 데 가장 어려움을 느낀다." 고 했다 [Haga02]. 그러나 g는 삼각형의 방심이기도 하다. 위의 오른쪽 그림에서 볼 수 있듯이 g를 정의하는 아기 선들은 $\triangle GAF$의 외각의 이등분선들이고, 이 방심에 대한 내각 이등분선이 기본 주름선이다.

그러나 이러한 결과를 얻기 위해 방심에 의존할 필요는 없다. 기하학 수업에서 학생들은 다른 증명을 찾을 것이다. 예를 들어, 하가는 점 g에 대해 다음과 같은 대안적 증명을 제시했다. 다음 그림과 같이 g에서 정사각형의 오른쪽 변(gH), 윗변(gJ), 엄마 선(gI) 위로 수선을 내린다. 그러면 아기 선(Fg와 Ag)은 각의 이등분선이므로 $\triangle gAH \simeq \triangle gAI$ 와 $\triangle gFI \simeq \triangle gFJ$ 라는 사실을 얻는다. 따라서 gJ, gI 및 gH는 모두 같은 길이를 갖는다. 즉, 점 g는 정사각형의 윗변과 오른쪽 변과 같은 거리에 있는데, 이는 정사각형의 대각선 위에 있어야 함을 의미한다.

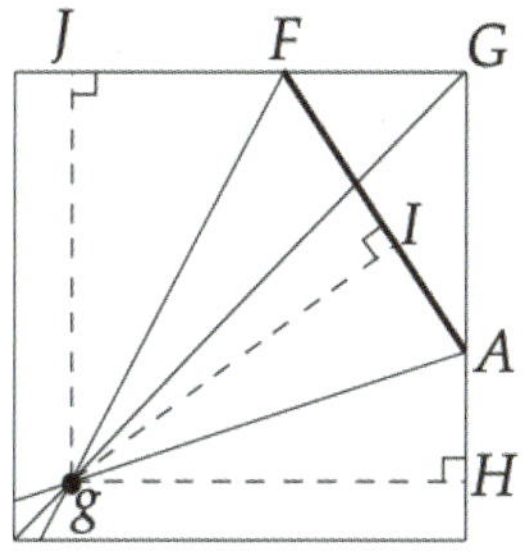

그러나 내심과 방심을 기반으로 한 증명을 사용하는 이점은 쉽게 일반화할 수 있다는 데 있다. 위의 증명은 하나의 특정한 경우에만 해당했지만 내심, 방심과 관련된 원칙은 어떤 엄마 선을 선택하더라도 성립한다. 수선을 내리는 것과 같은 방식의 증명은 일반화하기가 쉽지 않다.

이 활동으로 많은 탐구 활동을 할 수 있다. 예를 들어, 엄마 선을 무작위로 선택했을 때 엄마 선의 양쪽에 있는 아기 선들은 '일반적인 위치' 에서 직선의 모임을 형성한다.[3] 따라서 엄마 선의 양쪽에 있는 아기 선의 교점의 수는 일반적으로 삼각수(triangular number)가 된다. 이는 물론 모든 교점이 정사각형 안에 있다고 가정한 것이다. 실제로 정사각형 외부에서 발생하는 모든 아기선의 교점들은, 정사각형 종이에 의해 결정된 정사각형 격자에서 기본 주름선들을 테셀레이션하여 얻을 수 있다.

보다 야심찬 후속 프로젝트는 임의의 볼록 다각형 종이에 대해 유사한 결과를 탐색하는 것이다. 이러한 경우 기본 주름선은 종이의 꼭짓점의 각의 이등분선으로 간주된다.

교수법. 이 활동에서 만들었던 주요 추측은 모든 아기 선의 교점이 기본 주름선 위에 있다는 것이다. 수업 시간에 대부분의 학생들이 이를 우연히 발견하지 못할 수 있다. 그러나 교사는 학생들이 신중하게 탐색하도록 하여 발견할 확률을 높일 수 있다. 학생들이 엄마 선을 접은 뒤에 이를 강조하기 위해 펜으로 그리는 것도 매우 좋은 생각이다. 그런 다음 아기 선이 만들어지면 교점에 점을 그리도록 한다. 이렇게 하면 활동이 보다 원활하게 수행될 것이다.

무엇보다 다른 엄마 선을 선택하여 여러 가지 예를 시도해보는 것이 중요하다. 사실, 이전에 언급된 질문에서 제안한 것처럼 엄마 선을 기본 주름선 자체로 두는 것도 흥미 로울 수 있다.

[3] '일반적인 위치(in general position)' 란 세 직선이 한 점에서 만나지 않도록 놓임을 의미한다.

예를 들어, 엄마 선이 정사각형의 대각선이면 2개의 아기 선의 교점만 얻을 수 있는데, 둘 다 다른 대각선 위에 놓인다. 점이 다른 대각선 위에 있다는 '명백한' 사실을 제외하고는 관찰할 것이 많지 않은 이처럼 간단한 경우를 살펴보면 학생들이 더 복잡한 예에서 비슷한 행동을 찾는데 영감을 줄 수 있다.

여기에 제공된 종이접기의 예들은 매우 간단한 종이접기이지만 그 속에 놀라운 다양함과 깊이가 담겨 있다. 하가는 이러한 활동이 훨씬 더 많으며 사람들은 스스로 발명을 시도해야 한다고 했다. 단순한 재미도 있겠지만, 이러한 활동의 진정한 가치는 각 활동이 우리에게 수학적 탐구가 가능한 작은 실험실을 제공한다는 데 있다. 이 활동을 통해 탐구, 추측, 증명, 반증 등을 할 수 있다. 교사가 해야 할 일은 수업에서 학생들이 자유롭게 탐구하도록 하고 뒤에 앉아서 지켜보다가 필요한 경우 조금씩 도움을 주면 된다.

별모양 반지 모듈러

Activity 12

관련 과목: 기초 미적분학, 기하학, 교양수학

개요

이 활동에서는 모듈러 종이접기로 별모양 반지를 만드는 방법이 제공된다. 그러나 반지를 만들기 위해 얼마나 많은 유닛을 만들어야 하는지는 설명에 나와 있지 않다! 학생들은 이 반지를 만드는 데 필요한 이상적인 또는 완벽한 유닛의 개수를 계산해야 한다.

내용

이 반지의 유닛은 매우 쉽게 접을 수 있기 때문에, 학생들은 문제없이 많은 유닛을 빠르게 접을 수 있다. 반지는 12~16개의 유닛을 사용하여 만들 수 있는데, 그렇다면 하나의 반지를 완벽하게 만들기 위해 필요한 유닛은 '정확히' 몇 개일까? 이를 위해서는 유닛에 대한 주의 깊은 분석, 삼각형과 관련된 간단한 기하학 지식, 그리고 각에 대한 주의 깊은 관찰과 다각형 내각의 합 공식이 필요하다. 후속 활동으로 완성된 별의 반지름을 기하학 지식을 활용하여 계산해 볼 것이다.

활동지

활동지에는 모듈러 반지 접기에 대한 설명이 포함되어 있으며 필요한 유닛의 개수를 파악하는 기본적인 질문이 제시되어 있다. 선택사항인 두 번째 페이지에는 학생들에게 문제에 접근하는 방법에 대한 힌트가 포함되어 있다.

수업 시간

이 모델을 만들기 위해서는 학생당 최소 12개의 유닛이 필요하다. 따라서 이 활동에서는 유닛을 접는 데 약 20~30분이 소요된다. 질문에 답하는 시간은 수업 유형에 따라 다르지만 선택사항인 '힌트' 페이지가 제공되는 경우 문제를 해결하는 데 약 5~10분이 더 소요된다.

활동지 1 별모양 반지 모듈러

이 유닛으로 별모양의 반지를 만들게 된다. 이때 약 12~20장의 정사각형 종이가 필요하다.

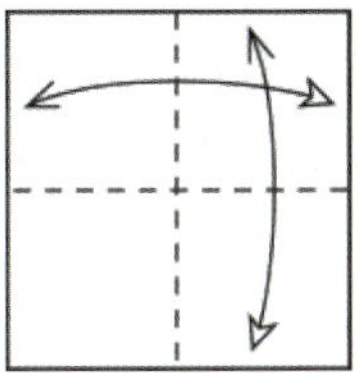

(1) 양방향으로 반으로 접었다가 펼친다.

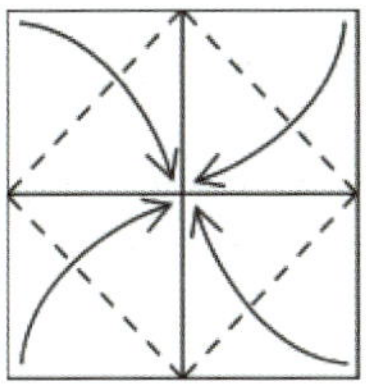

(2) 네 꼭짓점을 모두 가운데로 접는다.

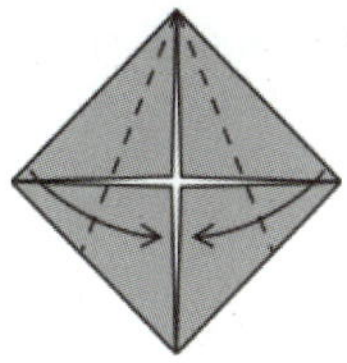

(3) 종이의 위의 두변을 모두 중앙 수직선으로 접는다.

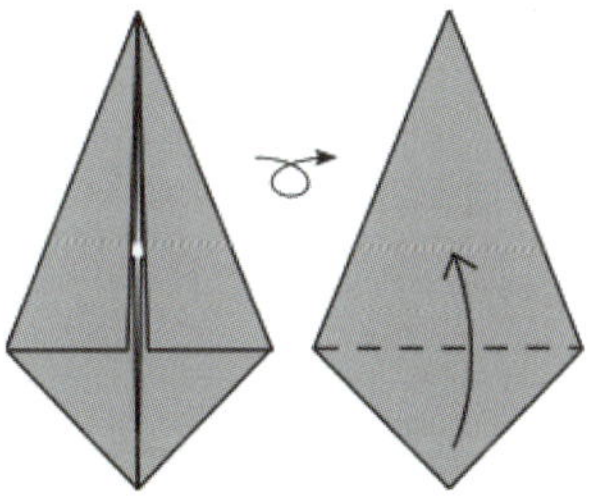

(4) 그림과 같이 뒤집어서 바닥 부분을 위로 접는다.

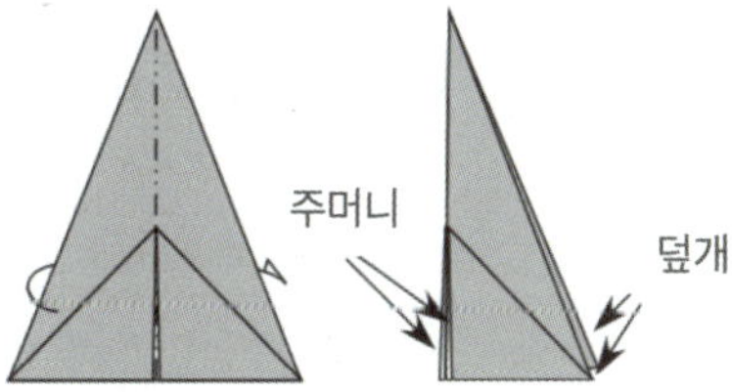

(5) 반으로 접으면 완성된다! 이 과정을 반복하여 필요한 만큼 만든다.

합치기: 한 유닛의 덮개를 다른 유닛의 주머니에 밀어 넣는다. (주머니와 덮개는 위의 단계 (5)에 표시되어 있다.)

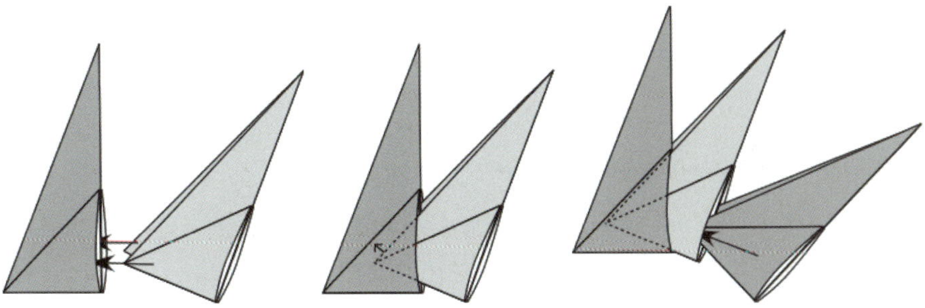

유닛을 계속 추가하다가 첫 번째 유닛으로 다시 돌아오면 반지가 만들어질 것이다!

질문: 이 반지를 12, 13, 14개 또는 더 많은 유닛으로 완성할 수 있음을 알아낼 수 있지만, 일부는 상당히 느슨해 보인다. 단단하고 완벽하게 들어맞는 반지를 만들기 위해 필요한 최적의 유닛의 개수는 몇 개인가?

추가 힌트: 유닛을 완벽하게 맞추려면 각 유닛의 덮개의 가장자리가 이웃한 유닛의 주머니의 가장자리에 대해 '딱 맞도록' 최대한 밀어 넣어야 한다.

아래 그림은 유닛이 완벽하게 결합되기 위해 적절한 각도가 얼마인지를 확인하는 데 도움이 될 것이다.

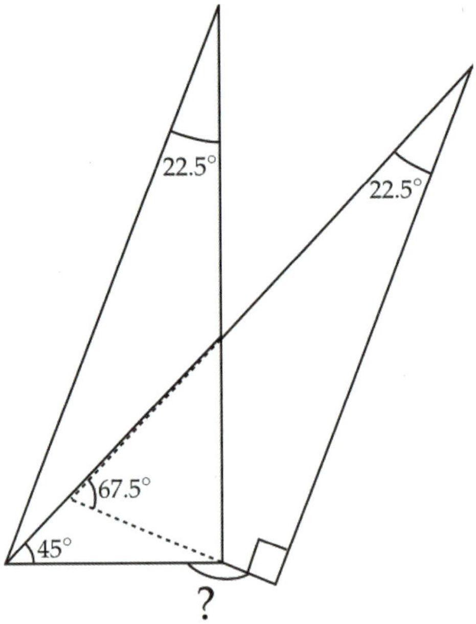

해답과 교수법

이 반지 모듈러의 기원은 알려지지 않은 것 같다. 전국 비영리 종이접기 협회인 Origami USA의 웹사이트에 이 모델의 그림이 실려 있으며 '전통적인' 모델 목록에 올라 있다. 이 문구는 일본이나 서양 종이접기의 전통으로 거슬러 올라가 이 모델이 오랫동안 존재해왔음을 전달하기 위한 것이다. 그러나 이 모델이 전통적인 종이학처럼 1700~1800년대 일본으로 거슬러 올라가는 것은 아닌 것 같은데, 이는 그 당시에 모듈러 접기가 존재했는지 여부가 분명하지 않기 때문이다. 오히려 이 모델은 아마도 1960년대와 1970년대에 다양한 나라의 많은 사람들에 의해 발견되거나 재발견되었을 것이므로 한 사람의 것으로 간주하는 것은 옳지 않다.

반지 유닛은 매우 접기 쉽다. 학생들이 몇 개의 유닛을 접을 때, 유닛당 1~2분의 비율로 다음 유닛을 접을 수 있어야 한다. 따라서 학생들이 25분 동안 12~16개의 유닛을 접을 것으로 예상할 수 있다.

교사들은 이 유닛들을 미리 조립하는 실험을 하는 데 시간을 들여야 한다. 12개의 유닛으로 적절한 반지를 만들 수 있으며, 실제로 이 모델을 가르치는 유튜브 동영상에서도 12개가 적절한 유닛의 개수라고 제시하고 있다. 그러나 실험을 해보면 12개의 유닛으로 만든 반지는 상당히 느슨하고 불안정하다는 것을 알 수 있다. 그것은 원형이라기보다는 타원형처럼 '부드럽게' 만들어진다. 즉 이전에 이 모델을 만들어본 사람조차도 이 반지의 '최적의' 유닛의 개수가 몇 개인지 모를 수 있기 때문에, 수학적으로 답을 구해볼 필요가 있다!

정답은 16개이며, 이는 독자가 추측할 수 있다. 유닛은 90°, 45°, 22.5°인 각들을 포함하기 때문에, 답은 2의 거듭제곱이 될 것이고, 8개나 32개는 확실히 불가능하기 때문이다.

이에 대한 두 가지 해답은 다음과 같다. 첫 번째는 단순히 각도를 사용하는 가장 자연스러운 풀이이다. 두 번째는 다각형 내각의 합 공식을 사용하는 것이다. 따라서 이 공식이 포함된 교육과정상의 모든 수업에서 좋은 활동이 될 수 있을 것이다.

해답 1

가장 간단한 풀이는 인접한 유닛에 대해 한 유닛이 얼마나 회전하는지를 결정하는 것이다. 이 회전 각도는 한 유닛에서 다음 유닛까지 동일하게 유지되므로 360°를 이 각도로 나누면 필요한 유닛의 개수를 구할 수 있다.

각 유닛은 내각이 22.5°, 67.5°, 90°인 직각삼각형이다. 이 각도는 유닛의 접는 순서를 살펴보면 알 수 있는데, 각 유닛의 끝에 해당하는 가장 작은 각도가 22.5°인 이유는 원래 정사각형의 모서리를 접고 이를 다시 접어서 만들어졌기 때문임을 알 수 있다.

다음으로, 두 유닛이 결합되는 것과 관련된 각도를 결정해야 한다. 이를 위해서 2개의 유닛이 함께 결합되어 있는 그림이 큰 도움이 된다. 이것은 활동지의 두 번째 페이지(선택사항)

에 포함되어 있다. 다음은 활동지에 주어졌던 그림에 점 A, B, C, D와 나머지 각도를 표시한 것이다.

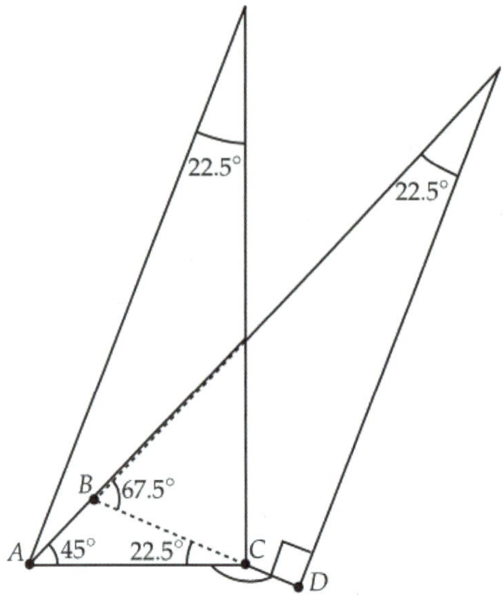

$\angle ABC = 180° - 67.5° = 112.5°$이므로 $\angle BCA = 180° - 45° - 112.5° = 22.5°$이다. 즉, 오른쪽의 유닛에서 왼쪽의 유닛으로 이동하려면 정확히 22.5° 회전한다. 완전한 반지를 만들려면 360° 회전해야 하므로 필요한 유닛의 개수는 다음과 같이 구할 수 있다.

$$\frac{360°}{22.5°} = 16.$$

저자의 경험에 비추어볼 때, 학생들은 이 간단한 방법을 사용하지 않을 가능성이 크다. 학생들에게 유닛 자체의 관점에서 문제를 바라보도록 요구하지만, 전체 반지의 관점에서 문제를 바라보는 것이 더 자연스러울 수도 있다. 그런 관점에서 다음 해답 2가 더 자연스러운 풀이이다.

해답 2

반지를 완성하면 중심은 열린 다각형이 된다. 앞에서 한 설명과 위 그림에서와 같이 유닛을 서로 끝까지 밀어 넣으면 이 다각형 구멍의 내각은 모두 동일해야 한다. 이 공통 내각이 얼마인지 계산할 수 있다면, n개의 변을 가진 다각형의 내각의 합이 $(n\text{-}2)\times180°$와 같다는 식을 사용하여 필요한 유닛의 개수를 계산할 수 있다. 여기서 n은 유닛의 개수와 같다.

위 그림에서 다각형 구멍의 내각은

$$\angle ACD = 180° - 22.5° = 157.5°$$

따라서 n = 유닛의 개수 = 다각형 구멍의 변의 개수이면 내각의 합은 $157.5°n$이고

$$157°n = (n-2)180° \;\Rightarrow\; n = 16.$$

이 두 가지 해법은 매우 간단하지만, 신중하게 그려진 유닛이 결합된 그림에 매우 많이 의존한다. 다시 말하지만, 이 그림이 학생들에게 주어진다면 학생들은 문제를 매우 빨리 해결할 수 있을 것이다.

그림이 제공되지 않는다면 학생들은 자신이 만든 유닛을 매우 신중하게 살펴보고 비슷한 그림을 스스로 그려내야 한다. '실세계' 상황에 대해 이런 종류의 기하학적 모델링을 수행할 수 있는 것은 매우 가치 있는 기술이므로, 학생들이 선택사항인 활동지의 두 번째 페이지에서 그림을 스스로 그려볼 수 있도록 하는 것이 좋다. 그러나 그렇게 하려면 더 많은 수업 시간이 필요하다.

심화 탐구: 반지름 구하기

이 활동의 확장으로, 교사는 처음 접었던 정사각형 종이의 한 변의 길이가 1임을 고려하여 학생들에게 반지의 반지름을 구해보도록 할 수 있다. 여기서 반지의 반지름은 별의 끝점들 중 하나에서 반지 구멍의 중심까지의 거리로 정의된다.

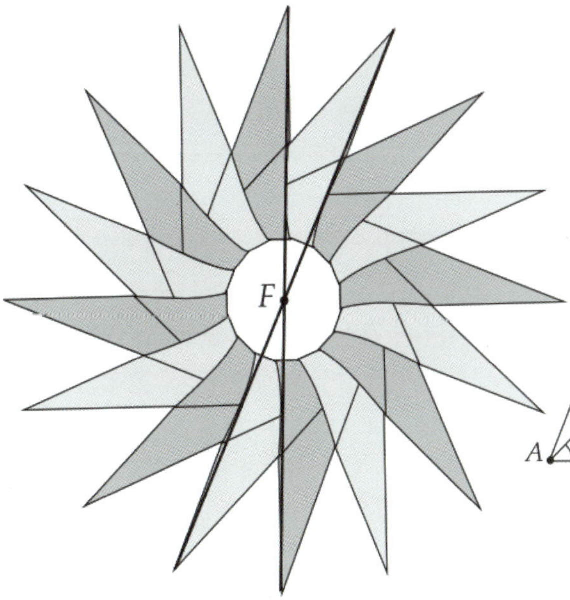

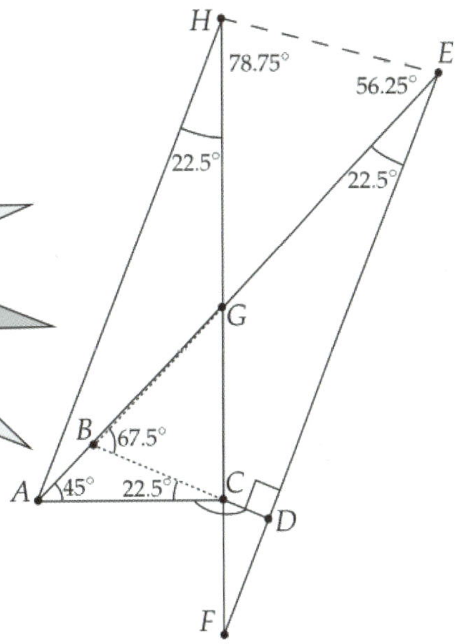

139쪽의 그림은 반지의 중심 F가 유닛의 구성과 어떻게 관련되어 있는지 보여준다. 점 F는 서로 연결된 2개의 유닛의 오른쪽 변의 연장선과 만난다. 이를 앞서 제시한 그림에 적용하면 139쪽의 오른쪽 그림에서와 같이 반지의 중심을 점 F로 나타낼 수 있다.

정사각형 종이의 한 변의 길이를 1이라고 가정하기 때문에, 접는 순서를 살펴보면 139쪽의 오른쪽 그림에서 유닛의 오른쪽 변에 해당하는 ED의 길이가 $\frac{\sqrt{2}}{2}$임을 알 수 있다. 이것은 종이접기 설명의 (2)단계에 표시된 대각선 주름 중 하나의 길이이다. 그림에서 유닛의 짧은 변인 BD의 길이는 $\frac{(\sqrt{2}-1)\sqrt{2}}{2} = \frac{2-\sqrt{2}}{2}$이다. 이 길이는 어떻게 구한 것일까? 이 삼각형은 22.5° - 67.5° - 90° 삼각형이므로 이 책의 'Activity 02: 종이접기 삼각법' 에서 볼 수 있는 삼각형의 변의 길이의 비를 사용할 수 있다. ED의 길이를 알고 있으므로 변의 길이의 비를 적용하면 $BD = \frac{2-\sqrt{2}}{2}$를 구할 수 있다.

반지의 반지름을 구하는 몇 가지 방법이 있는데, 그 모든 방법의 최종적인 답은 상당히 중첩된 제곱근으로 나타난다. 따라서 139쪽의 오른쪽 그림에서 $\triangle GEH$에 초점을 두는 방법이 더 적절할 수 있다. $\triangle EGF$는 이등변삼각형이므로 $EG = FG$이고 별의 반지름 FH는 $FH = FG + GH$이므로 GH와 EG의 길이를 더하여 구할 수 있다. 즉, $\triangle EGH$의 두 변의 길이를 더하면 된다.

변 GH의 길이는 쉽게 구할 수 있다. $\triangle AGH$도 이등변삼각형이기 때문에 $GH = AG$이고 AG는 45° 직각삼각형인 $\triangle ACG$의 빗변이다. 앞서 BD의 길이를 구했으므로, $AC = BD = \frac{2-\sqrt{2}}{2}$이고, 따라서 GH의 길이는 다음과 같다.

$$GH = AG = \sqrt{2}\left(\frac{2-\sqrt{2}}{2}\right) = \sqrt{2}-1.$$

변 EG의 길이는 훨씬 구하기가 어렵다. 이를 구하기 위해 사인법칙을 적용해보자. $\triangle EFH$은 각 F의 크기가 22.5°인 이등변삼각형이다. 따라서 $\angle GHE = (180° - 22.5°)/2 = 78.75°$이고 $\angle EGH = 45°$이므로, $\angle GEH = 180° - 78.75° - 45° = 56.25°$가 된다. 이것은 비전통적인(non-traditional) 각도이므로 정확한 답을 구하려면 이 두 각도에 대한 정확한 사인 값을 알아야 한다.

중학교 또는 고등학교 학생은 계산기를 사용하여 이 길이의 십진수 근삿값을 구할 수 있다. 그렇게 해도 괜찮지만, 여기서는 정확한 해를 구하기 위한 탐색을 계속하고자 한다.

먼저 $\sin 78.75°$를 구해보자. $90° = 78.75° + 11.25°$이고 $11.25° = 22.5°/2$이므로 $\cos 11.25° = \sin 78.75°$를 구하기 위해 종이접기 삼각법의 활동의 방법을 사용할 수 있다. 그리고 코사인 배각공식 $\cos 2x = 2\cos^2 x - 1$의 역, 즉 $\cos x = \sqrt{\frac{\cos 2x + 1}{2}}$를 사용할 수 있다. 종이접기 삼각법 활동에서 $\cos 22.5° = \frac{\sqrt{2+\sqrt{2}}}{2}$이므로, $\sin 78.75°$의 값은 다음과 같다.

$$\sin 78.75° = \cos 11.25° = \sqrt{\frac{\left(\frac{\sqrt{2+\sqrt{2}}}{2}+1\right)}{2}} = \frac{1}{2}\sqrt{2+\sqrt{2+\sqrt{2}}}.$$

나머지 각도의 경우, $\sin 56.25° = \cos(90° - 56.25°) = \cos 33.75°$이고 $33.75 = 67.5/2$이고 종이접기 삼각법 활동에 의해 $\cos 67.5° = \sin 22.5° = \frac{\sqrt{2-\sqrt{2}}}{2}$이므로, 다음을 구할 수 있다.

$$\cos 33.75° = \sqrt{\frac{\cos 67.5° + 1}{2}} = \sqrt{\frac{\left(\frac{\sqrt{2-\sqrt{2}}}{2}+1\right)}{2}} = \frac{1}{2}\sqrt{2+\sqrt{2-\sqrt{2}}}.$$

이제 $\triangle EGH$에서 사인법칙을 사용할 준비가 되었다. 사인법칙에 의해

$$\frac{GH}{\sin 56.25°} = \frac{GE}{\sin 78.75°}$$

이고 $GH = \sqrt{2} - 1$이므로,

$$GE = (\sqrt{2}-1)\frac{\sqrt{2+\sqrt{2+\sqrt{2}}}}{\sqrt{2+\sqrt{2-\sqrt{2}}}} = 3 - 2\sqrt{2} + \sqrt{10 - 7\sqrt{2}}.$$

미지막 등식은 제곱근 계산을 한참 동안 수행하여 구할 수 있다. 또는 컴퓨터 대수 시스템을 사용하여 보다 쉽게 단순화할 수 있다.

드디어 별 모양 반지의 반지름을 다음과 같이 구할 수 있다.

$$\begin{aligned} FH &= GH + FG = GH + GE = \sqrt{2} - 1 + 3 - 2\sqrt{2} + \sqrt{10-7\sqrt{2}} \\ &= 2 - \sqrt{2} + \sqrt{10 - 7\sqrt{2}} \approx 0.902812 \end{aligned}$$

따라서 한 변의 길이가 1인 정사각형 종이로 시작하여 16개의 유닛으로 만든 반지의 구멍의 중심에서 한 끝점까지 측정한 반지름은 약 0.902812가 된다. 반지름을 구하는 문제는 몇 개의 유닛이 필요한지를 구하는 처음의 문제보다 훨씬 더 복잡하다.

최종 노트

활동지에 설명된 이 활동은 학생들이 각도를 측정하는 데 익숙하고 n개의 변을 가진 정다각형의 내각의 합이 $(n-2) \times 180°$라는 것을 알고 있다면 중학교 수준의 수학 수업에서 사용할 수 있다.

반지름 문제를 해결하기 위해 학생들은 삼각법에 대한 고등학교 수준의 견고한 지식과 제곱근을 다루는 방법에 대한 지식이 필요하다. 이 문제에는 여러 가지 해법이 있으며, 위에 제시된 풀이는 하나의 예시일 뿐이다. 이때 학생들이 정확한 답을 구하도록 하기 보다 반지름 문제에 대한 근사적인 해를 구하도록 하는 것이 좋다.

활동지의 주요 질문은 웨스턴 뉴잉글랜드 대학(Western New England University)의 MAMT(교사를 위한 수학 석사) 프로그램의 교사이자 전 학생인 앤 판햄(Ann Farnham)이 만들고 풀이한 것이다. 이 활동을 개발할 때 참여한 학생들은 중학생이었고 반지름 문제에 대해 앤 판햄은 답을 십진수 근삿값으로 구하도록 권장하였다.

나비 폭탄 접기

Activity 13

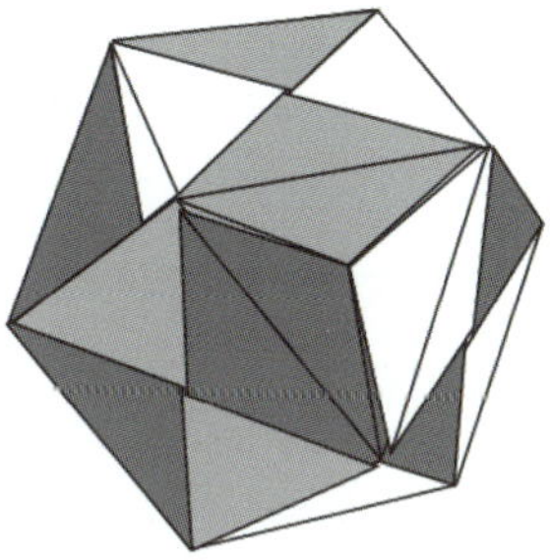

관련 과목: 기하학, 교양수학

개요

학생들은 켄 카와무라(Ken Kawamura)의 '나비 폭탄(Butterfly Bomb)' 과 '덮인 정팔면체(capped octahedron)' 폭탄 모델을 만드는 방법을 배운다. 학생들은 나비 폭탄을 만든 후에 이를 폭파시키는 방법을 배운다. 이를 반복하려면 폭탄 모델 조립에 능숙해야 한다.

내용

나비 폭탄 모델의 최종적인 모양은 육팔면체(cuboctahedron)의 삼각형 면에 피라미드 모양의 방이 오목하게 들어간 모양이 된다. 따라서 나비 폭탄 모델을 구성하려면 이 입체도형에 익숙해져야 한다. 또한 이 모델은 조립하기 매우 어렵기 때문에 학생들은 이 도형의 구조와 대칭을 이해하기 위해 노력해야 한다. 학생들은 이 모델을 완성한 후 폭파시키는 놀이를 할 수 있는데, 이를 통해 학생들의 동기가 높아진다.

나비 폭탄 모델의 쌍대(dual) 다면체는 덮인 정팔면체(capped octahedron)인데, 나비 폭탄 모델보다 종이가 덜 필요하며 조립하기 쉽다.

활동지

모든 활동지는 종이접기 방법에 대한 것이다.

(1) 나비 폭탄을 만드는 방법

(2) 나비 폭탄 조립에 도움이 되는 고전적인 마수 상자(Masu Box) 모델을 만드는 방법

(3) 덮인 정팔면체 폭탄 모델을 만드는 방법

수업 시간

덮인 정팔면체 모델에는 30~40분 정도의 시간이 소요된다. 마수 상자와 나비 폭탄은 1시간이 온전히 소요된다. 마수 상자를 사용하지 않고 나비 폭탄을 만드는 것이 훨씬 어렵기 때문에, 상자 없이 나비 폭탄만 만드는 데에는 약 1시간이 걸릴 수 있다.

활동지 1 나비폭탄 만들기[1]

두꺼운 정사각형 모양의 색종이 12장이 필요하다. 3가지 색상을 사용하면 색상당 4장씩 총 12장을 준비하면 된다.

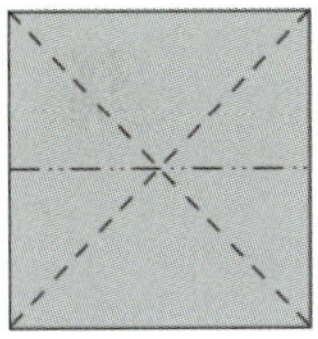

(1) 종이를 가져다가 두 대각선을 접는다(**골짜기 모양 접기**). 수평 방향으로 종이를 반으로 접는다(**산 모양 접기**).

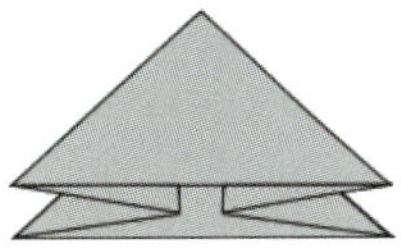

(2) 모든 주름선을 동시에 접으면 위의 그림처럼 된다. 평평하게 누르고 주름을 단단히 잡는 후, 다시 펼친다. 11개의 색종이에 대해서도 이를 **반복**한다.

합치기: 목표는 6개의 정사각형 면과 8개의 삼각형 면을 가진 **육팔면체**를 만드는 것이다.

먼저 그림과 같이 4개의 유닛을 사용하여 정사각형 베이스를 만든다. 이 유닛들을 연결하려면 위-아래-위-아래로 겹겹이 쌓아야 한다.

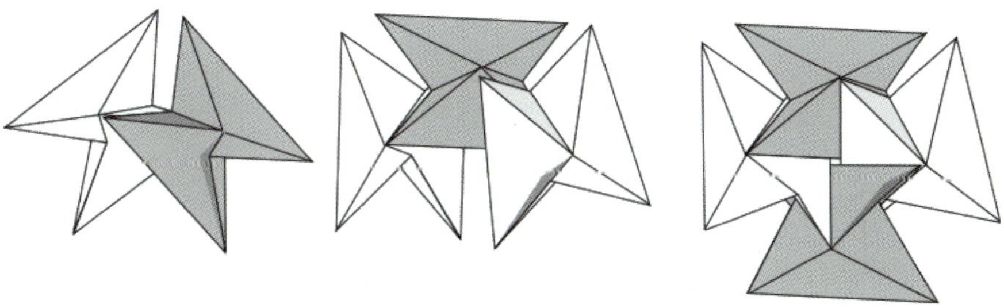

그런 다음 유닛을 사용하여 정사각형 베이스 쪽에 삼각형 모양의 구멍(cavity)을 만든다. 다시, 유닛들을 엮어야 한다. 엮여진 채로 머물게 하는 것은 어렵기 때문에 더 많은 손으로 짝을 지어 만드는 것이 도움이 될 것이다. 정사각형의 각 면에 대해 이 작업을 수행한다.

[1] 케네스 카와무라(Kenneth Kawamura)가 발명함

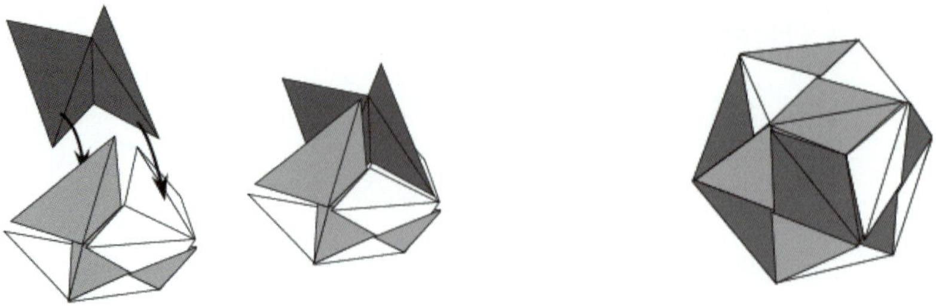

계속해서 유닛을 추가하여 정사각형 면과 삼각형 구멍을 만든다. 마지막 유닛이 제 자리에 놓일 때까지 합쳐진 채로 유지되지 않을 것이다. 왜 폭탄이라고 하는 것일까? 완성된 모델을 공중에 던지고 아래에서 손바닥으로 쳐보시오!

활동지 2 클래식 마수 상자

이 상자는 일본의 고전적인 모델이다. 이 상자는 나비 폭탄을 만드는 데 큰 도움이 될 수 있다. 만약 종이로 3인치에서 3.5인치 사이의 나비 폭탄을 만드는 경우 10인치의 정사각형으로 마수 상자를 만드시오.

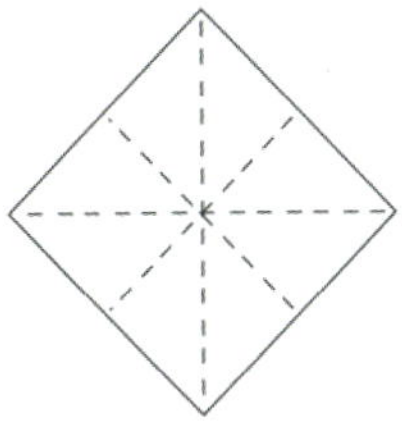

(1) 대각선, 수평, 수직 방향으로 모두 접는다.

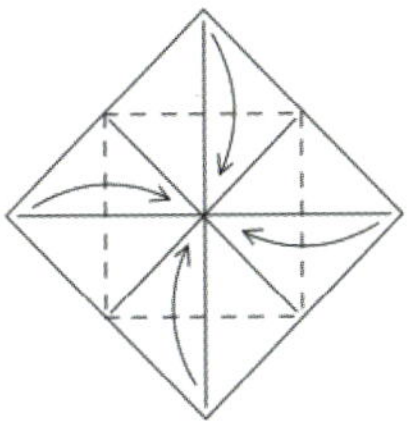

(2) 네 꼭짓점을 모두 중심으로 접는다.

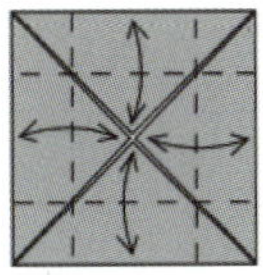

(3) 각 변을 중심으로 접고, 주름선을 만든 뒤, 펼친다.

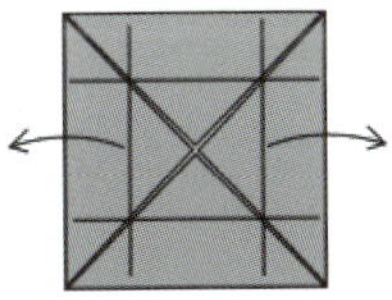

(4) 왼쪽과 오른쪽 변을 펼친다.

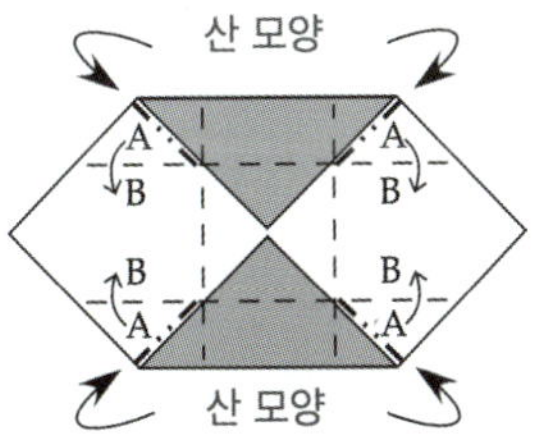

(5) 표시된 산 모양 주름선을 사용하여 3차원 상자를 만든다. A영역은 그림과 같이 B영역 위에 놓여야 한다.

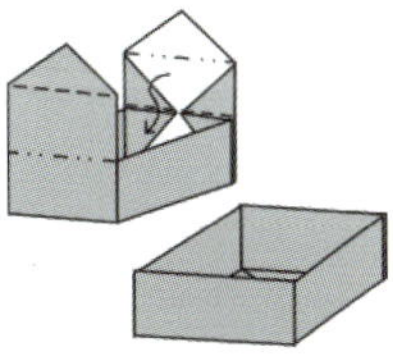

(6) 그런 다음 다른 면들을 안으로 접어 상자 옆면의 높이를 맞추어 상자를 완성한다!

나비 폭탄 만들기에 도움이 되는 방법: 나비 폭탄을 만들 때 마수 상자를 나비 폭탄 유닛의 홀더로 사용하시오. 나비 폭탄의 정사각형 면은 마수 상자의 면에 대해 평평해야 한다.

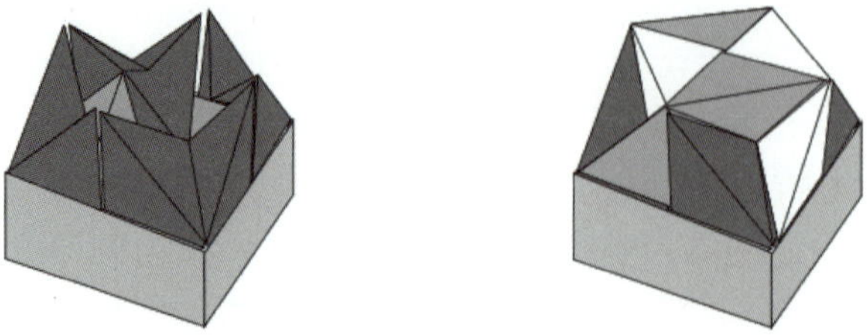

활동지 3 쌍대 나비 폭탄 만들기

정사각형 종이 6장이 필요하다. 3가지 색상을 사용하면 색상당 2장씩 총 6장을 준비하면 된다.

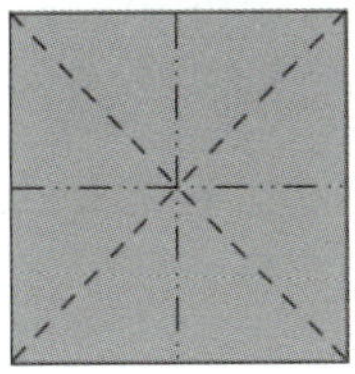

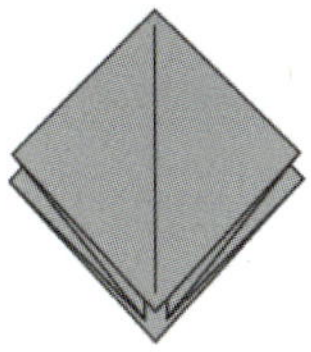

(1) 종이를 가져와서 두 대각선을 접는다(골짜기 모양 접기 포함). 산 모양 접기로 양방향으로 반으로 접는다.

(2) 위의 그림처럼 되려면 모든 주름선을 동시에 접으시오. 평평하게 누르고 주름을 단단히 잡는다. 그런 다음 다시 펼친다. 나머지 5개의 정사각형에 대해서도 반복한다.

합치기: 목표는 정육면체의 여섯 면처럼 유닛들을 배열하는 것이다. 8개의 피라미드를 만들어 함께 엮어야 한다.

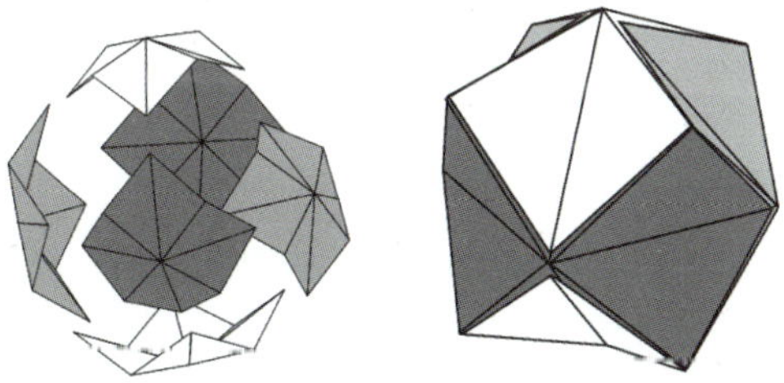

유닛들은 마지막 유닛을 끼울 때까지 합쳐진 채로 있지 않으려 할 것이다. 손이 많을수록 좋으므로 다른 사람과 협력하여 만드는 것이 도움이 된다.

이 모델도 '폭탄'이다. 만든 것을 공중에 던지고 아래에서 손바닥으로 쳐서 폭발하게 만드시오!

질문: 이 모양은 무엇을 생각나게 하는가? 모양을 자세히 설명해보시오.

해답과 교수법

이러한 모델을 통해 개념을 정교화할 수도 있겠지만 만드는 과정 그 자체가 멘탈 이미지를 개발하고 특정 다면체 모양을 이해하는 데 도움이 된다.

이 활동의 가장 큰 과제는 모델을 만들기 위해 유닛을 조립하는 것이다. 덮인 정팔면체와 나비 폭탄 모델은 모두 마지막 유닛을 끼워 넣을 때까지 매우 불안정하기 때문에 만들기가 매우 어렵다. 피츠 유닛 또는 다른 모듈러 유닛과 달리, 이 유닛에는 잠금 장치가 없다. 유닛은 기본적으로 서로 위에 놓여 있으며, 모두 함께 있을 때만 결합된 직조가 어떤 종류의 자물쇠 역할을 할 것이다. 사실, 이 모델들은 너무 섬세해서 보통 마지막 유닛을 조립하기 위한 동작으로 인해 모든 유닛들이 약간 분리되기 때문에 모든 것을 제자리에 놓기 위해서는 전체 물체를 살짝 압착해야 한다.

교사는 수업을 하기 전에 이 모델들을 만드는 연습을 여러 번 해보아야 한다. 학생들은 모델들을 조립하기 위해 자주 일대일 도움이 필요할 것이고, 만약 교사가 이 모델들을 어려워한다면 수업 진행이 어려울 수 있다.

다음은 이 모델들을 가르칠 때 도움이 될 수 있는 안내 목록이다.

- 나비 폭탄의 경우, 마수 상자를 먼저 가르치시오. 수업 시간에 쫓기는 경우에는 마수 상자 만들기를 숙제로 내어주어서 학생들이 완성된 적절한 크기의 마수 상자를 가지고 수업에 참여하게 하시오. 이것을 쟁반으로 사용하면 조립 중인 나비 폭탄 유닛을 고정하는 데 매우 큰 도움이 된다.
- 덮인 정팔면체나 마수상자가 없는 나비 폭탄의 경우, 3~4개의 유닛을 한데 모아서 한 손의 손바닥을 컵처럼 만들어 이 유닛들을 모아두고 다른 손으로 나머지 유닛들을 제자리에 맞춰야 한다. '컵' 의 기능을 하고 있는 손의 손가락으로 유닛들을 한꺼번에 쥐고 있기 위해 진땀이 날 정도로 노력해야 할 것이다.
- 이 폭탄 모델은 두 명이 작업하는 것이 가장 좋다. 사실 처음 이 모델을 만들어보는 교사는 동료의 도움이 필요할 것이다. 어떤 학생들은 다른 학생들보다 훨씬 더 빨리 이 모델을 완성할 것이고, 이 학생들은 자신이 만든 모델로 동료 학생들을 도와야 한다. 이를 통해 교사의 업무가 더 쉬워지고 학생의 협력이 촉진된다.
- 활동지의 그림들은 효율적이고 교육학적으로 의미 있게 디자인되었다. 덮인 정팔면체를 조립하는 방법을 단계별로 보여주려면 훨씬 더 많은 종이가 필요할 뿐만 아니라 교육 경험에도 해를 끼칠 수 있다. 학생들은 어떤 일이 일어나고 있는지 머릿속으로 그려본 다음, 유닛을 모으는 직접적인 경험을 통해 알아가야 한다. 그러나 이것은 학생들이 유닛을 어떻게 조립할 것인지가 머릿속에 떠오를 때까지 교사가 많은 일대일 지원을 해야 함을 의미한다.

이 모델을 가르치는 데 필요한 시간은 여러 요인에 따라 달라진다. 덮인 정팔면체 모델은 모든 사람이 하나를 만들고, 그것을 폭발시키고, 다시 조립하는 데 30~40분이 걸릴 수 있다. 나비 폭탄은 시간이 더 필요한데 적어도 한 시간이 걸린다. 마수 상자를 먼저 가르치면 조립이 훨씬 쉽고 빨라지지만 총 활동 시간은 동일하다. 마수 상자는 약 15~20분, 나비 폭탄은 약 40분 소요된다.

강조하는 내용

단순히 이러한 모델을 만드는 것은 학생들에게 특정 다면체 모양의 구조에 대해 많은 것을 가르쳐 줄 수 있지만, 나중에 이 다면체 간의 연결을 강조하는 것은 다면체에 대한 이해를 강화하는 데 많은 도움이 될 것이다.

덮인 정팔면체. 활동지에서 알 수 있듯이, 이 모델은 각 조각이 정육면체의 한 면이라고 볼 수 있다. 실제로, 정육면체를 가져와서 변들의 중점을 눌러서 '움푹 들어가게' 만들면, 이와 동일한 물체를 얻을 수 있다.

하지만 완성된 물체는 피라미드 뭉치처럼 보인다. 사실, 이 물체를 만들 때, 한번에 피라미드를 하나씩 만들어 가는 것이 유용하기 때문에 유닛을 추가하면서 진행 상황을 추적하는 것이 좋다. 따라서 교사들은 학생들에게 완성된 모델에 몇 개의 피라미드가 있는지 세어보도록 할 필요가 있는데, 최종적으로 8개가 있어야 한다. 이 피라미드의 밑면을 이루는 기하학적 도형은 무엇일까? 그것은 바로 정삼각형이다. 8개의 정삼각형 면으로 이루어진 유명한 도형은 무엇일까? 정팔면체이다! 따라서 이 모델은 내부에 정팔면체가 있는 것으로 생각할 수 있다. 이때 8개의 피라미드가 정팔면체의 각 면을 덮고 있다. 이러한 이유로 이 모델을 '덮인 정팔면체(capped octahedron)' 라고 부르며, 활동지에는 이 이름을 명시하지 않았는데, 그 이유는 학생들이 모델을 만들고 나서 발견하는 것이 더 낫기 때문이다. 하지만 학생들이 이미 정팔면체에 대해 잘 알고 있다면, 처음에 자신이 만들어야 할 도형이 정팔면체라고 말해주는 것이 학생들이 정팔면체를 조립하는 데 도움이 될 수 있다.

또한 수업에 쌍대(duality)의 개념이 도입되었다면, 학생들이 정육면체와 정팔면체의 쌍대의 관점에서 이 모델을 시각화하는 것이 완벽한 이해에 도움이 된다.

참고: 덮인 정팔면체 모양은 많은 다른 종이접기 유닛으로 만들어질 수 있다. 실제로, 소노베 유닛(Sonobè Unit) [Kas87]은 매우 인기 있는 유닛으로, 색상 패턴은 다르지만 이 유닛 12개로 덮인 정팔면체를 만들 수 있다. 일부 학생들은 이전에 이 모델을 만들어봤을 수 있다. 많은 종이접기 서적과 참고문헌에서는 이 모양을 별 모양 정팔면체라고 부르지만 이는 잘못된 것이다. 스텔레이션(stellation)은 각 면이 흥미로운 방식으로 교차할 때까지 다면체의 각 면을 연장하는 것을 의미한다. 정팔면체에 대해 이렇게 하면 삼각형 면에 '모자'가 배치되지만, 우리가 만든

모델에서 볼 수 있는 직각삼각형 피라미드가 아니라 각 면이 정삼각형인 정사면체가 된다. 따라서 학생들이 이 모델을 스텔레이션이라고 부르는 것은 적절하지 않다.

나비 폭탄. 이 모델의 기본 구조는 삼각형 면이 피라미드 모양의 방이 되도록 움푹 들어간 육팔면체이다. 이것은 정확하게는 아니지만 정사면체 구멍이 있는 삼각형 면을 가진 육팔면체인 육면반팔면체(cubohemioctahedron)에 가깝다 [Wei1]. 나비 폭탄에서 그것들은 직각사면체 구멍이 된다. 마수 박스 안에 이 모델을 만드는 학생들은 모서리가 각 변의 중점에서 잘린 정육면체 모양으로 보는 것을 선호할 수 있다. 이때 모델의 정사각형 면은 이전 정육면체의 면을 나타내고, 육팔면체의 꼭짓점은 이전 정육면체의 변의 중점이다. 그러나 이 모델은 변의 중점에서 모서리가 잘린 정팔면체로도 볼 수 있다. 이것은 정육면체와 정팔면체 사이의 쌍대를 보여주는 또 다른 예가 된다.

이 두 모델은 유닛이 함께 결합된 방식에 따라 왼쪽 또는 오른쪽 방향으로 구분된다. 예를 들어, 나비 폭탄의 각 정사각형 면은 시계 방향 또는 시계 반대 방향으로 직조되는가?

공간 채우기. 매우 놀라운 사실 중 하나는 이러한 나비 폭탄과 덮인 정팔면체 모델이 삼차원 공간을 테셀레이션 할 수 있다는 것이다(아래 그림 참조). 이것은 실제로 삼차원 공간이 정팔면체와 육팔면체로 테셀레이션될 수 있고 덮인 정팔면체의 모자가 나비 폭탄의 피라미드 구멍에 완벽하게 들어맞은 결과로 나타난 것이다.

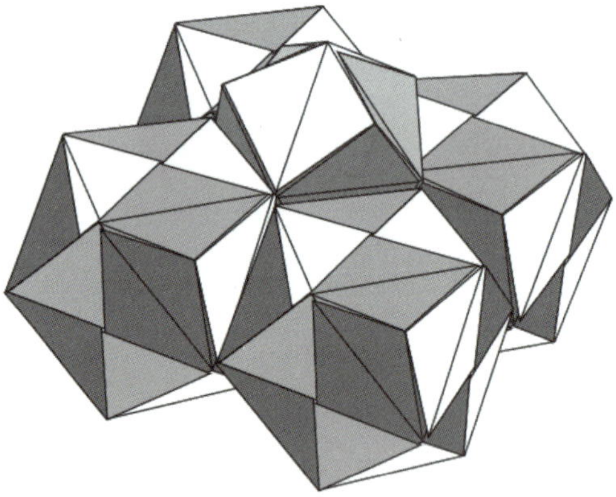

학생들은 대체로 이 타일링 속성이 매우 흥미롭다고 생각한다. 두 모델을 모두 만들기에는 수업 시간이 부족할 수 있으므로, 교사는 수업 시간에 하나를 수행하고 다른 하나는 숙제로 내어주는 것이 좋다. 그런 다음 학생들이 이 삼차원 타일링 속성을 스스로 발견하도록 권장할 수 있다.

변형

이 두 모델로부터 만들 수 있는 다양한 변형이 있다. 예를 들어 나비 폭탄의 '움푹 들어간' 피라미드 구멍 부분을 대신 튀어 나오게 한다고 가정하자. 그러면 모델의 기본 모양은 왼쪽 아래 그림과 같이 정육면체가 될 것이다. 이 모델의 '유닛' 은 단지 반으로 접힌 정사각형이다. 이 모델은 매우 불안정하다.

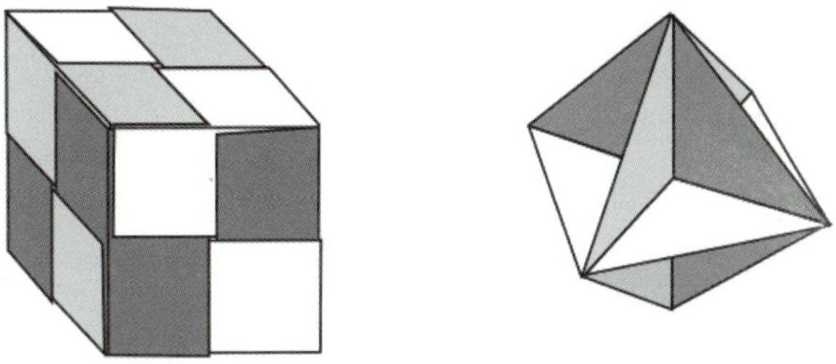

반대로, 넓인 정팔면체의 피라미드를 모델의 안쪽으로 밀어 넣을 수 있다. 이것은 '안쪽으로' 유닛을 뒤집는 것과 동일한 것으로 밝혀졌으며, 그 결과는 위의 오른쪽 그림과 같이 정팔면체 골격(octahedral skeleton)이 된다. 이 모델은 매우 안정적이며 전혀 '폭탄'이 아니다. 실제로 다음 활동인 몰리(Molly)의 육면체(이 활동의 모델과 구조가 유사함)에서 이 정팔면체 골격 구조를 다시 보게 될 것이다.

이와 또 다른 변형들은 로베르트 닐(Robert Neale), 루이스 사이먼(Lewis Simon), 케네스 카와무라(Kenneth Kawamura), 마이클 노튼(Michael Naughton)을 포함한 다양한 종이접기 활동가들에 의해 발견되었다. 한편 카와무라는 이러한 모델을 폭발하도록 만드는 방법으로 이러한 모델의 불안정성을 최초로 활용한 것으로 알려져 있다. 사실, 위에 표시된 6개의 정팔면체 골격과 네 모서리가 중앙으로 접혀있는 정사각형으로 만든 6개의 정육면체가 완전히 연결되는 모델이 존재한다. 교사는 학생에게 이러한 변형을 자유롭게 탐색하는 기회를 갖도록 한다.

몰리의 육면체

Activity 14

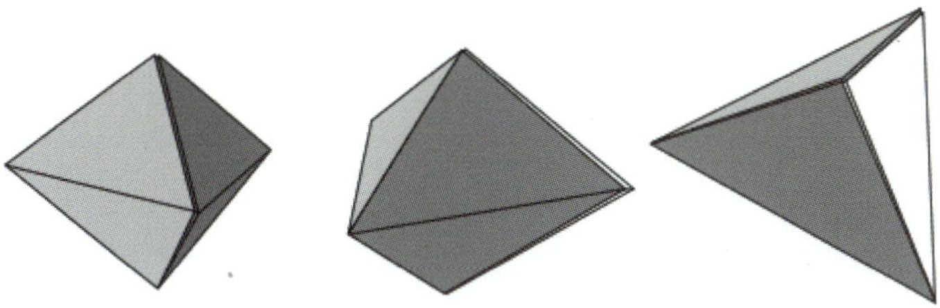

관련 과목: 기초 미적분학, 기하학, 교양수학

개요

이 활동에서는 특이한 모양의 육면체 형태를 갖는 매우 간단한 3조각 모듈러 입체도형에 대해 배울 것이다. 그런 다음 학생들에게 “처음 정사각형 종이의 한 변의 길이가 1이면 완성된 물체의 부피는 얼마인가?” 라는 질문을 한다. 부피를 계산한 뒤, 학생들은 $1 \times 1 \times 1$ 크기의 정육면체에 대한 답으로 조정해야 한다.

내용

가장 기본적인 수준에서, 이 활동은 부피 계산 및 이해에 관한 것이다. 이를 위해 필요한 유일한 부피 공식은 뿔(pyramid)의 부피 공식인데, 이는 빠르면 중학교 학생들이 배우는 내용이다. 그러나 $1 \times 1 \times 1$ 정육면체 안에 몇 개의 육면체를 넣어야 하는지에 대한 답을 해석하는 것은 다면체 분해의 개념으로 이어지기 때문에 더 도전적이고 대학 수준의 기하학 수업에서 훌륭한 활동이 된다. 따라서 이 활동은 다양한 수준의 수학 수업으로 확장할 수 있다.

활동지

두 가지 활동지가 있다. 첫 번째 활동지에서는 육면체를 만드는 방법을 설명하고 학생들에게 부피를 구해보도록 한다. 두 번째 활동지는 선택 사항으로 몰리의 육면체와 매우 잘 어울리는 정팔면체 골격(octahedron skeleton) 종이접기 방법을 보여준다.

수업 시간

육면체의 유닛과 조립 방법은 빠른 시간 안에 가르칠 수 있다. 대부분의 학생들은 10분 이내에 완료한다. 부피 계산은 까다로울 수도 있지만 기본적으로는 간단하다. 전체 활동은 30분 정도면 끝낼 수 있으며, 교사가 $1 \times 1 \times 1$ 정육면체의 분해를 탐구할 것인지에 따라 시간이 조금 더 많이 또는 적게 소요될 수 있다.

활동지 1 몰리의 육면체

몰리 칸(Molly Kahn)이 발명한 이 모델을 접으려면 3개의 정사각형 종이가 필요하다. 각 정사각형을 개구리 모양의 유닛으로 접는다. 그런 다음 이 유닛들을 결합하여 흥미로운 도형을 만들 것이다!

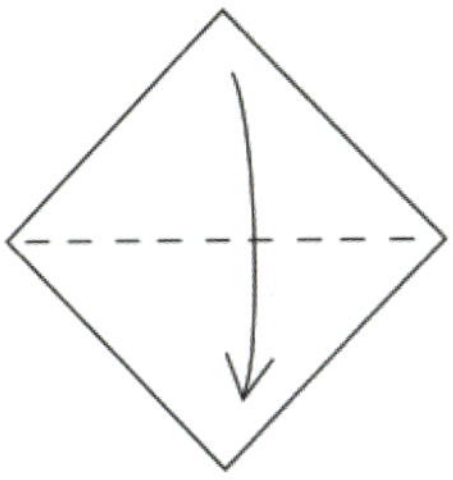

(1) 대각선으로 접는다.

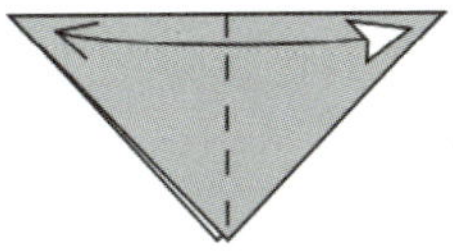

(2) 다시 반으로 접은 뒤, 펼친다.

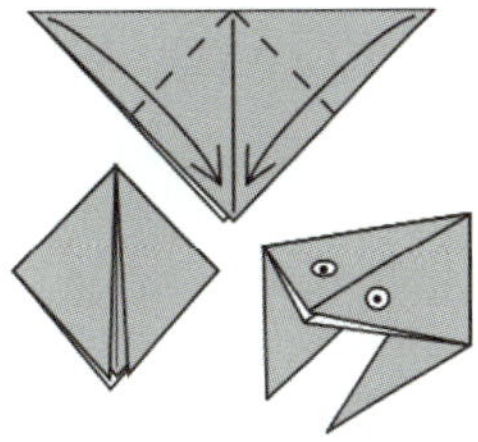

(3) 모서리를 아래쪽으로 접으면 완성된다! 2개를 더 만드시오.

합치기:

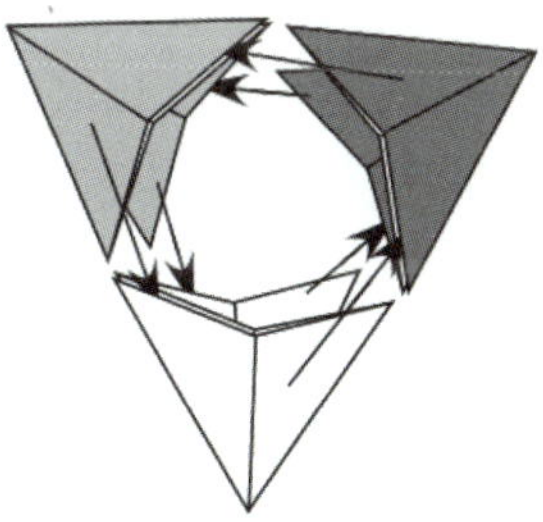

한 개구리 유닛의 '다리'를 다른 개구리 유닛의 '입'으로 밀어 넣는다. 이 작업을 수행하려면 왼쪽 그림과 같이 개구리를 적절하게 배치해야 한다. 세 번째 개구리를 추가하여 삼각형을 완성하고 모두 결합하시오!

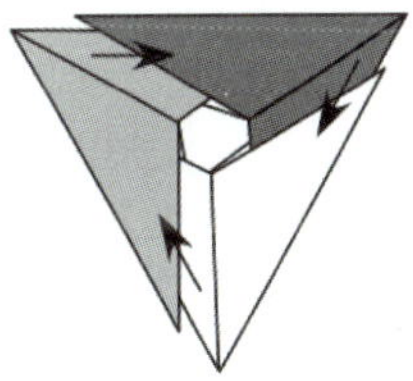

질문 1: 이 도형을 어떻게 설명할 수 있는가? 이 도형의 면은 어떤 모양이며 모두 몇 개인가?

질문 2: 처음 정사각형의 한 변의 길이가 1이라고 가정하자. 그러면 완성된 도형의 부피는 얼마인가? **힌트:** 삼각뿔의 부피가 $V = \frac{1}{3}Bh$라는 사실을 사용하시오. 이때 B는 밑면의 넓이이고 h는 높이이다.

활동지 2 정팔면체 골격

이것은 고전적인 모듈러 종이접기 모델이다. 1960년대에 밥 닐(Bob Neale)에 의해 발명되었으며 6장의 정사각형 종이가 필요하다.

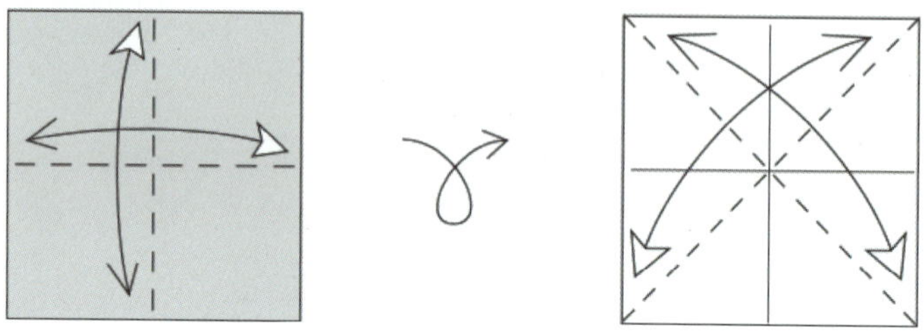

각 종이에 대해 왼쪽에서 오른쪽으로, 위에서 아래로 반으로 접는다. 그런 다음 **종이를 뒤집어** 두 대각선을 접는 골짜기 모양 접기를 한다. 이때 '수평-수직' 접기와 대각선 접기 사이에 종이를 뒤집는 것이 중요하다.

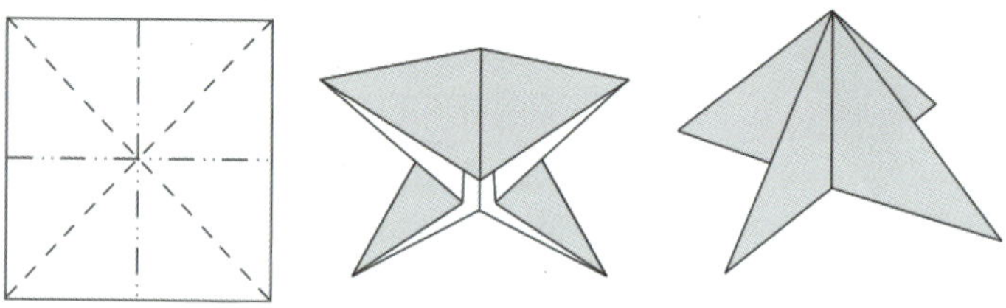

그런 다음 위와 같이 종이를 별 모양으로 접는다. 이 모양은 종이접기 전문가들에 의해 물폭탄 베이스(waterbomb base)라고 불리는데, 정사각형을 접으면 4개의 삼각형 덮개가 나타난다.

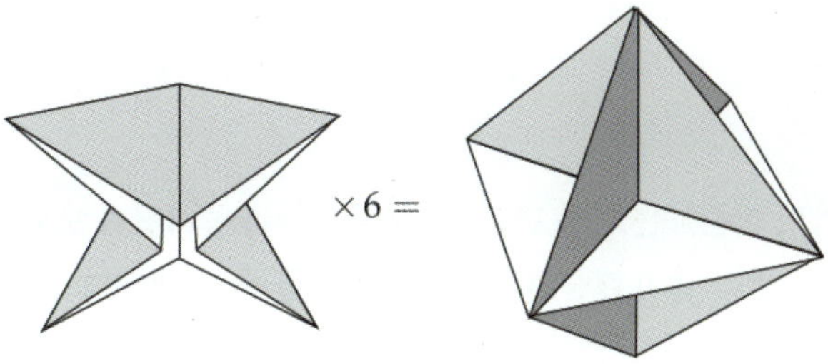

이 물 폭탄 베이스를 3가지 색으로 각각 2개씩 총 6개를 만드시오. 그런 팔면체 골격을 만들기 위해 이들을 결합하시오.

힌트: 먼저 2개의 물 폭탄 베이스를 마주보게 하고, 이를 다른 물 폭탄 베이스로 덮으면서 덮개를 겹치거나 안에 끼워 넣는 방법을 반복하여 결합한다.

해답과 교수법

몰리의 육면체는 아마도 현존하는 가장 단순한 3차원 모듈러 종이접기 모델 중 하나일 것이다. 이 모델은 종이접기를 오늘날과 같이 대중화시킨 중추적 인물 중 한 명이며 전국비영리단체 Origami USA의 창립을 도운 유명한 종이접기 전문가인 릴리안 오펜하이머(Lillian Oppenheimer)의 어머니인 몰리 칸(Molly Kahn)에 의해 발명되었다. 이 모델은 매우 간단하지만 수학적으로 흥미로운 측면을 가지고 있다. 이 모델은 종이접기와 수학을 모두 가르치는 교사에게 보석과도 같다.

이 모델은 수년 동안 비공식적으로 가르쳐지면서 사람에서 사람으로 전달되었다. 그러나 저자는 가이 메릴 그로스(Gay Merrill Gross)의 저서인 《종이접기의 기술(The Art of Origami)》에서 몰리의 육면체를 처음으로 배웠다 [Gro93].

모델 가르치기

이 모델의 유닛은 매우 간단하며 학생들이 각 유닛을 만드는 데 1분도 채 걸리지 않는다. 그러나 각 유닛들을 조립하는 것은 약간 까다로우며 학생들이 조립 방법을 이해하는 데 약간의 시간이 걸릴 것이다. 그러나 3개의 유닛만 있으면 누구나 만들 수 있다. 특히 모둠으로 작업하면서 서로 도움을 주면 더 쉽게 만들 수 있다.

학급의 학생들이 유닛을 어떻게 결합해야 하는지 알 수 있도록 교사는 큰 정사각형 종이를 구해서 유닛을 만들고 결합 메커니즘을 시연하도록 한다. 인쇄 용지, 특히 공예품 가게에서 찾을 수 있는 스크랩북을 만들 때 사용되는 정사각형의 대형 인쇄 용지가 적합할 것이다.

학생들에게는 3인치 정사각형의 메모 용지가 이 모델을 만들 때 가장 적합하다. 학생들에게 정팔면체 골격도 만들게 하려면 몰리의 육면체에 사용한 것과 동일한 크기의 종이를 사용하도록 한다. 만약 정팔면체 골격을 접는 수업을 하려면 20분 정도가 더 걸린다.

해답

몰리의 육면체는 각 면이 45° 직각 삼각형으로 구성되어 있다는 점에서 친숙하지만, 교사와 학생 대부분이 이전에 접해본 적이 없었을 입체도형이다. 평범한 삼각형으로 만들어진 이 단순한 입체도형에는 특별한 이름이 있을 것이라고 생각하겠지만 아직은 알려진 이름이 없다. 이것은 6개의 면을 가진 육면체이며, 보다 설명적인 이름은 맞붙인 삼각뿔(triangular dipyramid)이 될 것이다. 맞붙인 삼각뿔에는 여러 가지 유형이 있는데, 이 중 하나는 정삼각형인 면으로 만들 수도 있다. 이 책의 Activity 15인 명함 모듈러 활동을 참조하시오.

질문 1의 목적은 학생들이 이 입체도형을 자세히 살펴보고 6개의 면이 모두 45° 직각삼각형임을 알게 하는 것이다.

질문 2의 부피 문제는 다양한 방법으로 해결할 수 있는데, 일부 수업에서는 학생들에게 활동지를 제공하지 않고 다른 방법으로 부피를 구하도록 할 수도 있다. 그러나 삼각뿔의 부피 공식을 사용하는 것이 가장 간단한 방법이다.

이 공식을 사용하려면 학생들은 육면체를 2개의 삼각뿔로 분해하는 방법을 시각화해야 한다. 여기서는 이 입체도형의 정삼각형 '적도(equator)'를 따라 자르면 된다. 학생들은 또한 육면체의 여러 변의 길이가 원래 정사각형의 선분에 어떻게 대응하는지 알아내야 하며, 이를 위해서는 여분의 유닛을 펼쳐서 완성된 모델과 비교하면 된다. 이 내용을 그림으로 나타내면 다음과 같다.

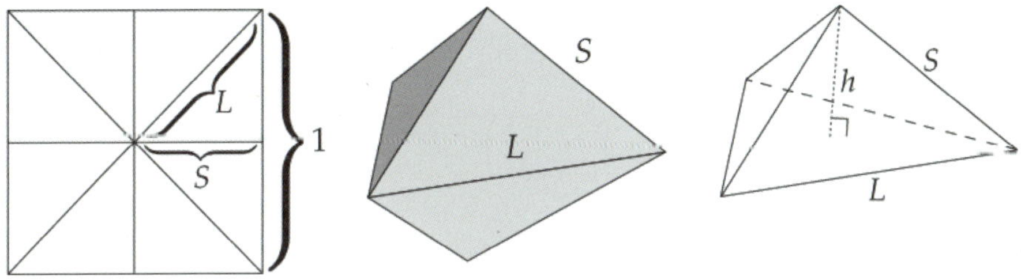

따라서 육면체의 부피를 구하려면 삼각뿔 하나의 부피를 구하고 그 결과에 2를 곱하면 된다. 대부분의 학생들은 위의 제일 오른쪽 그림과 같이 삼각뿔의 밑면이 정삼각형이고 정삼각형의 중심에서 세 직각으로 둘러싸인 꼭짓점까지의 거리를 높이로 보고 삼각뿔 부피 공식을 적용할 것이다. 그런데 이것이 가장 쉬운 접근은 **아니다!** 그러나 이 방법이 가장 일반적이기 때문에, 교사는 이 방법의 어려움을 파악하고 있어야 한다.

사실 이 방법으로 삼각뿔의 부피 공식을 적용하는 문제는 고등학교나 대학에서의 기하학 수업 또는 기하학적 모델링을 활용하는 미적분학 수업에서 다룰 수 있는 난이도이다.

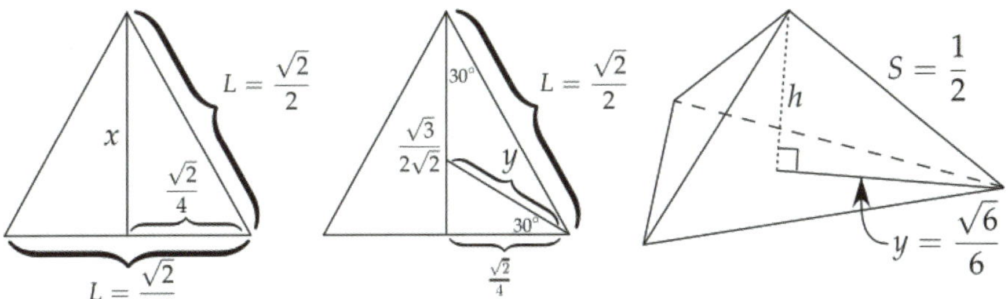

위의 그림은 삼각뿔의 정삼각형 밑면의 넓이와 높이 h를 구하는 데 필요한 추론 과정을 보여준다. 위의 주름선 그림에서 육면체의 변의 길이는 정사각형의 변의 절반이므로 $S = \frac{1}{2}$,

그리고 대각선의 절반이므로 $L = \frac{\sqrt{2}}{2}$가 된다. 따라서 정삼각형 밑면의 한 변의 길이는 $L = \frac{\sqrt{2}}{2}$이고 x를 이 삼각형의 높이라고 하면, 피타고라스 정리와 30°-60°-90° 직각삼각형에서 빗변의 길이가 L이고 다른 변의 길이가 $\frac{L}{2}$임을 이용하여 $x = \frac{\sqrt{3}}{2\sqrt{2}}$를 구할 수 있다.

따라서 삼각뿔 밑면의 넓이는 다음과 같다.

$$B = \frac{1}{2} \cdot \frac{\sqrt{2}}{2} \cdot \frac{\sqrt{3}}{2\sqrt{2}} = \frac{\sqrt{3}}{8}.$$

높이 h는 구하기가 더 어렵다. 앞의 맨 오른쪽 그림과 같이 직각삼각형의 빗변이 $S = \frac{1}{2}$이고 다른 변을 y라고 하자. y의 길이는 꼭짓점으로부터 밑면인 정삼각형의 무게중심까지의 거리이며, y는 더 작은 30°-60°-90° 직각삼각형의 빗변의 길이이기도 하다. 삼각법 또는 삼각형의 닮음을 이용하면 $y = \frac{\sqrt{6}}{6}$을 구할 수 있다.

따라서 h는 피타고라스 정리를 이용하여 다음과 같이 구할 수 있다.

$$h^2 + \left(\frac{\sqrt{6}}{6}\right)^2 = \left(\frac{1}{2}\right)^2 \;\Rightarrow\; h^2 = \frac{1}{12}.$$

이때 삼각뿔의 부피는 다음과 같다.

$$V = \frac{1}{3} \cdot \frac{\sqrt{3}}{8} \cdot \frac{1}{\sqrt{12}} = \frac{1}{48}.$$

따라서 몰리의 육면체의 부피는 $\frac{1}{24}$이 된다!

그러나 부피를 구하는 보다 쉬운 방법은 삼각뿔의 밑면으로 정삼각형이 아니라 45° 직각삼각형 중 하나를 사용하는 것이다. 그림에서와 같이 삼각뿔을 회전시키면 높이가 $\frac{1}{2}$가 되어 부피를 쉽게 구할 수 있다.

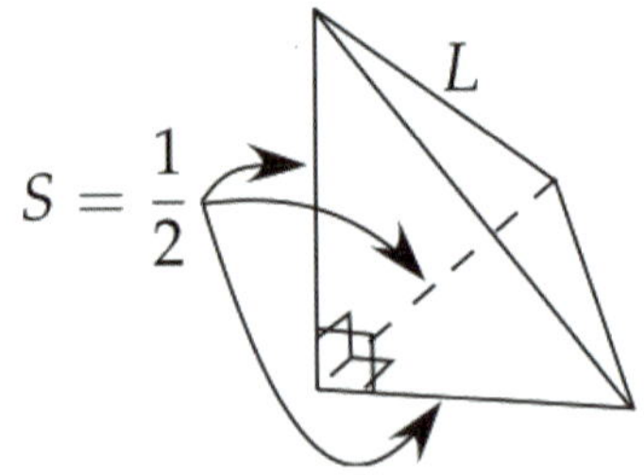

이 방법으로 부피를 구하면 다음과 같다.

$$V = \frac{1}{3}Bh = \frac{1}{3}\left(\frac{1}{2} \cdot \frac{1}{2} \cdot \frac{1}{2}\right)\frac{1}{2} = \frac{1}{48}.$$

이때에도 앞서 구한 것과 동일하게 $\frac{1}{24}$이라는 부피를 구할 수 있다.

지금까지 살펴본 바와 같이 이 문제의 난이도는 매우 다양하게 조정할 수 있다. 위의 두 번째 방법은 삼각뿔의 부피 공식을 배우는 중학생 수준에서 자주 사용된다. 이때 학생들은 삼각뿔의 어느 부분을 밑변으로 할지 신중하게 결정해야 한다. 이 학생들에게 이 모델은 부피 공식을 실제로 적용해보는 좋은 사례가 될 수 있다.

고등학생이나 학부 저학년 학생에게는 위에 설명된 첫 번째 접근 방식이 주어진 문제 해결을 위해 삼각형의 닮음이나 피타고라스 정리를 사용해보는 좋은 경험이 될 수 있다. 저자의 경험에 따르면 이 육면체는 학생들에게 너무 낯설어서, 수학 또는 기하학적으로 창의성을 가진 학생들만이 삼각뿔의 밑면으로 정삼각형이 아닌 다른 면을 사용해야 한다고 생각할 수 있을 것이다. 교사는 학생들이 이 문제를 통해 삼각법, 닮은 삼각형 등을 적용하는 연습을 할 수 있도록 밑면을 정삼각형으로 두도록 규정할 수도 있으며, 더 쉬운 해법은 창의적인 학생들이 우연히 발견하는 기쁨을 느낄 수 있도록 남겨둘 수 있다.

부피 및 분해에 대한 해석

몰리의 육면체의 부피가 $\frac{1}{24}$ 이라는 것이 결정되면, "이 부피가 정말 맞는지? 다소 작은 건 아닌가?"라는 질문을 자연스럽게 하게 된다. 실제로 학생들에게 접지 않은 여분의 정사각형 종이가 있다면, 이 종이들의 변을 이용하여 $1 \times 1 \times 1$인 정육면체의 크기를 쉽게 짐작할 수 있다. 이 정육면체의 크기를 몰리의 육면체 1개와 비교하면, 약간의 의문은 들지만 몰리의 육면체 24개가 이 정육면체 안에 딱 맞게 들어가야 한다.

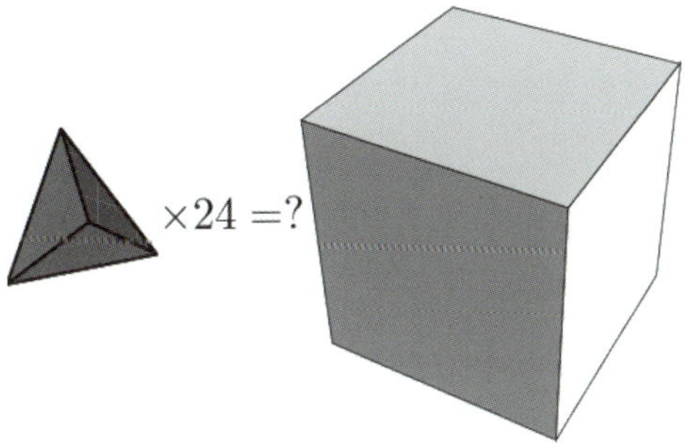

이것이 수학적으로는 옳다! 몰리의 육면체 24개의 부피는 $1 \times 1 \times 1$ 정육면체의 부피와 딱 맞아 떨어질 것이다. 정말 그렇게 되는지 알아보는 것은 흥미로운 도전이 될 것이다.

한 가지 방법은 몰리의 육면체의 면들에 이 직각들이 모두 들어 있다는 사실을 사용하는 것이다. 즉, $1 \times 1 \times 1$ 정육면체의 8개 모서리 각각에 몰리의 육면체를 하나씩 배치하는 것을 상상할 수 있다. 이때 한 변의 길이가 $S = \frac{1}{2}$이므로 이 8개의 육면체는 아래의 왼쪽 그림과 같이 완벽하게 배열할 수 있다.

이제 정육면체 안에 8개의 육면체를 넣어보자. 육면체를 2개의 직각삼각뿔로 다시 나누면 정육면체의 내부에 멋지게 배치할 수 있다. 몰리의 육면체 2개를 직각삼각뿔로 나누고 아래의 중앙 그림과 같이 재배열하면, 정육면체 중심의 비어있는 공간에 완벽하게 맞는 밑면이 정사각형인 피라미드, 즉 정사각뿔을 만들 수 있다. 아래의 오른쪽 그림은 정육면체의 윗면과 아랫면에 2개의 정사각뿔을 배치한 것으로, 이 정사각뿔이 정육면체의 중심에서 만나는 것을 볼 수 있다.

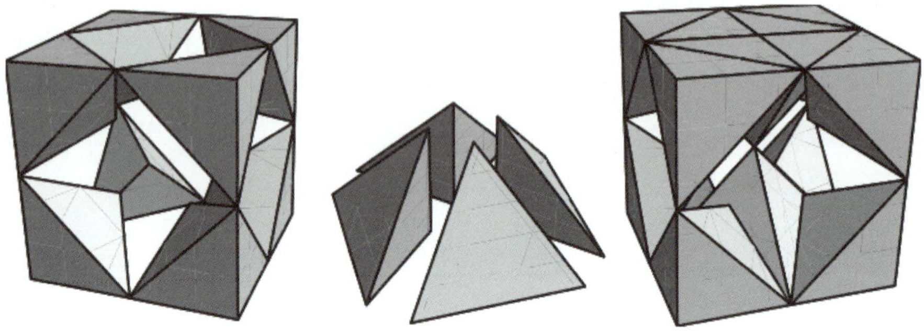

따라서 이러한 방식으로 정육면체의 각 면의 중심을 채우면 $1 \times 1 \times 1$ 정육면체에 면당 2개의 육면체가 추가된다. 정육면체는 면이 6개이므로 사용된 육면체는 $2 \times 6 = 12$개이고, 여기에 모서리에 있는 8개를 더하면 지금까지 총 20개의 육면체가 정육면체 안에 배치되었음을 알 수 있다.

이제 위의 오른쪽 그림을 잘 살펴보면 중앙에 배치된 정사각뿔이 모서리에 배치된 육면체와 만나지 않음을 알 수 있다. 따라서 정육면체의 내부에는 여전히 공간이 남아 있는데, 몰리의 육면체 중 4개를 액체로 바꿔서 남은 공간에 부어 남은 부분을 채운다고 생각할 수 있다.

이것은 몰리의 육면체 24개를 $1 \times 1 \times 1$ 정육면체 안에 넣을 수 있음을 확인하는 방법 중 하나이지만 정확하지는 않다. 단지 몰리의 육면체의 부피가 $\frac{1}{24}$인 것이 그럴 듯하게 보일 뿐이다.

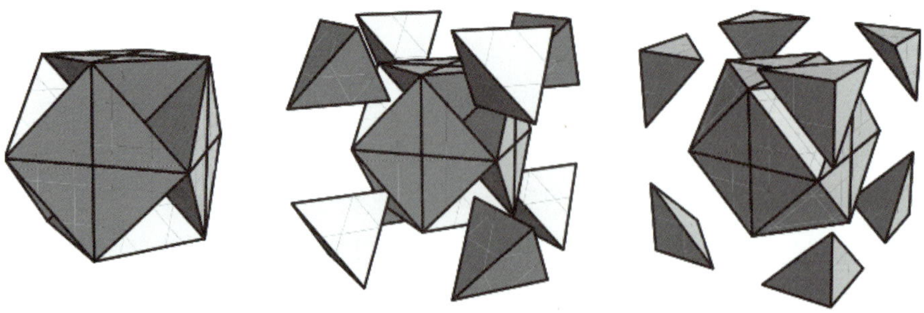

그러나 위의 그림은 몰리의 육면체로 정육면체를 정확히 분해해서 살펴볼 수 있도록 한다.

정육면체의 각 정사각형 면의 중앙에 배치된 정사각뿔들을 가져와서 다른 육면체를 추가하지 않은 상태로 보면, 위의 왼쪽 그림을 얻을 수 있다. 이 그림은 모든 삼각형 면이 움푹 들어간 육팔면체처럼 보이며 독자들에게 이 책의 Activity 13에 있는 나비 폭탄 접기 활동을 떠올리게 할 것이다. 그러나 이것은 나비 폭탄과 같은 도형이 아니다. 이 물체의 움푹 들어간 공간의 옆면은 정삼각형인 반면, 나비 폭탄 모델은 45° 직각삼각형이다.

위의 중간 그림과 같이, 이 움푹 들어간 공간을 정사면체들로 채우면 완벽한 육팔면체를 갖게 된다. 그런 다음 육팔면체의 각 삼각형 면에 직삼각뿔, 즉 밑면이 직각삼각형 피라미드(몰리의 육면체의 반쪽)를 배치하면 $1 \times 1 \times 1$ 정육면체가 완전히 채워진다. 이 마지막 단계는 위의 오른쪽 그림에 나타나있다. (몰리의 육면체처럼 간단한 유닛으로 정사면체를 접는 방법이 있으면 좋겠지만 쉽지 않다. 정사면체를 접으려면 Activity 01에서 찾은 선을 따라 접어야 하며, 이 분해에 들어갈 적절한 크기가 되도록 노력해야 한다.)

지금까지 설명한 정육면체의 분해된 조각의 개수를 세고 부피를 계산해보자. 모서리에 몰리의 육면체의 반쪽이 8개, 그 아래에 8개의 정사면체, 중간 부분에 몰리의 육면체의 반쪽이 $4 \times 6 = 24$개 (또는 몰리의 육면체 $2 \times 6 = 12$개)가 있다. 즉 육면체의 반쪽이 32개 또는 몰리의 육면체가 16개이므로, 부피는 $16 \times \frac{1}{24} = \frac{2}{3}$가 된다.

이 분해에서 정사면체의 한 변의 길이는 $L = \frac{\sqrt{2}}{2}$이다. 정사면체의 높이 h는 빗변이 L이고 다른 한 변이 y인 직각삼각형의 한 변이 되는데, 앞서 계산한 바와 같이 $y = \frac{\sqrt{6}}{6}$이다. 이때 피타고라스 정리에 의해

$$h^2 = \left(\frac{\sqrt{2}}{2}\right)^2 - \left(\frac{\sqrt{6}}{6}\right)^2 \Rightarrow h = \frac{1}{\sqrt{3}}.$$

따라서 이 분해에서 정사면체의 부피는 다음과 같다.

$$\frac{1}{3}\left(\frac{1}{2} \cdot \frac{\sqrt{2}}{2} \cdot \frac{\sqrt{3}}{2\sqrt{2}}\right)\frac{1}{\sqrt{3}} = \frac{1}{24}.$$

아하! 이 정사면체는 몰리의 육면체 1개의 부피와 같다! 분해에서 정사면체가 총 8개이므로, 부피는 $8 \times \frac{1}{24} = \frac{1}{3}$이 되고, 이를 앞서 구한 부피 $\frac{2}{3}$에 더하면 정육면체의 부피는 1이 된다.

정육면체의 분해에서 몰리의 육면체의 부피가 정사면체의 부피와 같은 이유에 대한 기하학적 설명은 다음과 같다. 어떤 2개도 서로 변을 공유하지 않는 정육면체의 꼭짓점 4개를 취하면 이 4개의 꼭짓점은 정육면체 내부에 포함된 정사면체의 꼭짓점이 된다. 이 정사면체를 정육면체에서 제거하면, 남은 부분은 4개의 몰리의 육면체 반쪽(몰리의 육면체를 반으로 분할하여 얻은 직삼각뿔)이 되며, 각 부분은 가장자리를 따라 맞붙일 수 있다.

위의 그림들은 이를 보여준다. 다르게 생각해보면 정육면체 분해에서 정사면체 중 하나를 가져와서 몰리의 육면체 반쪽을 4개의 정삼각형 면에 배치하면 완벽한 정육면체를 얻을 수 있다는 것으로도 볼 수 있다.

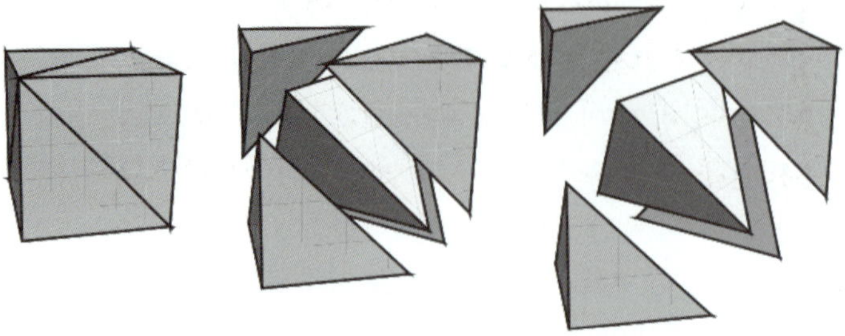

이제 정육면체에 내접한 정사면체의 부피를 계산하면 정사면체의 부피가 정육면체 부피의 $\frac{1}{3}$이 된다는 것을 확인할 수 있다. $1 \times 1 \times 1$ 정육면체에 내접한 정사면체의 한 변의 길이는 $\sqrt{2}$이고 앞서 했던 것과 동일한 방법으로 정사면체의 부피를 계산하면 된다. 4개의 몰리의 육면체 반쪽은 정육면체의 나머지 $\frac{2}{3}$의 부피를 구성한다. 물론 이 몰리의 육면체 반쪽 중 2개를 합쳐서 1개의 몰리의 육면체를 만들 수 있으므로 2개의 반쪽을 합친 부피는 정육면체 부피의 $\frac{1}{3}$이 된다. 따라서 정사면체의 부피는 몰리의 육면체의 부피와 같다.

교수법 더 알아보기

여기까지 읽은 교사들은 "정말 내 학생들이 이 복잡한 분해를 생각해낼 수 있을까?" 라고 생각할 수 있다. 그러나 이 질문은 어떤 의미에서 요점을 놓치고 있다. 위 설명의 요점은 이 단순한 모델에 얼마나 풍부한 수학적 내용이 담겨 있는지를 보이고자 한 것이다. 몰리의 육면체의 부피를 계산하고 $1 \times 1 \times 1$ 정육면체의 부피와 비교할 때 이 부피가 어떻게 의미가 있는지 묻는 비교적 간단한 과제는 정육면체와 육팔면체의 분해에 대한 심층적인 탐구로 이어질 수 있다. 다면체가 어떻게 서로 내접하거나 채워질 수 있는지에 대한 탐구는 매혹적이지만 학생들이 시각화하거나 스스로 발견하기 어려운 경우가 많다.

정사면체가 정육면체 안에 어떻게 들어갈 수 있는지, 정육면체, 육팔면체, 정팔면체 사이의 관계를 탐구하는 것은 정다면체, 일반적인 삼차원 기하와 관련된 교육과정에 모두 부합하는 내용이다. 크롬웰(Cromwell)의 저서인 《다면체(Polyhedra)》는 다면체 기하학과 그 역사, 다양한 입체도형 간의 관계에 대한 훌륭한 자료이므로 참조하면 도움이 될 것이다 [Cro99].

학생들이 몰리의 육면체의 분해와 관련된 측면을 완전히 탐구하도록 하고 싶은 열망과 시간이 있는 교사는 학생들에게 종이접기에서 몰리의 육면체의 반쪽을 만드는 방법을 가르치는 것이 유용할 수 있다. 몰리의 육면체의 반쪽을 만드는 쉬운 방법 중 하나는 육면체의 절반을 다른 절반으로 간단히 반전시키는 것이다. 하지만 이렇게 하면 정삼각형 면에 공간을 남긴다. 그래도 위의 단면 그림에서 사용된 기본 직각삼각형 사면체 모양은 만들어진다.

몰리의 육면체의 반쪽을 만드는 또 다른 방법은 몰리의 육면체의 유닛을 다음과 같이 수정하는 것이다.

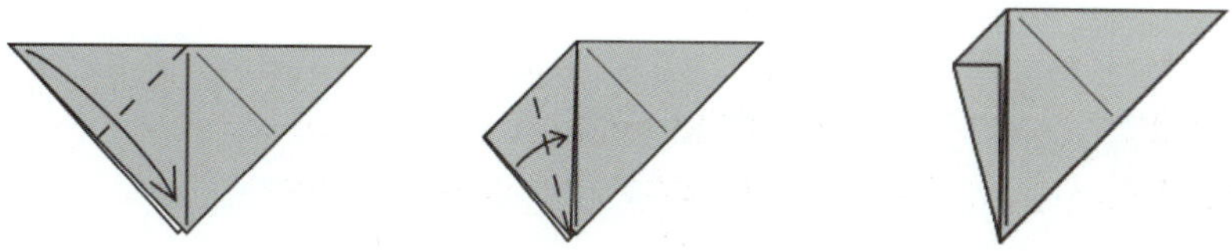

(1) 몰리의 육면체 유닛에서 왼팔을 다시 접는다.

(2) 왼쪽 하단 가장자리를 중앙선으로 접는다. 이 주름선을 날카롭게 만드시오!

(3) 완성되었다!

이 유닛을 결합하려면 몰리의 육면체에서와 같이 각 유닛의 나머지 절반을 함께 모은다. 이렇게 하면 다음과 같이 접힌 덮개들이 튀어나오게 된다. 이 덮개들은 정삼각형 면을 만들기 위해 위-아래-위가 되도록 겹쳐야 한다. 그 면의 중앙에는 매력적인 삼각형 구멍이 생긴다.

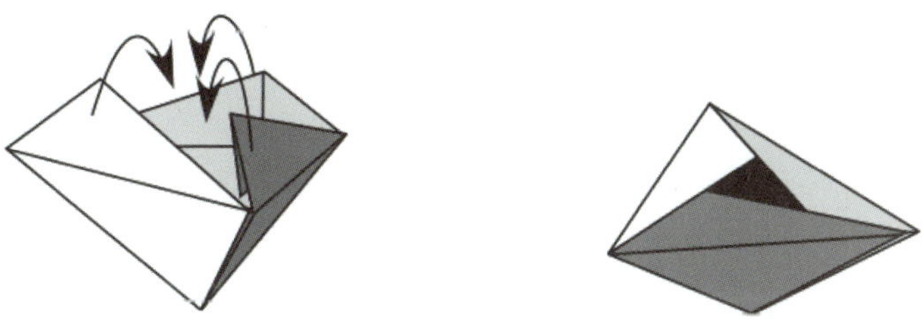

이 육면체 반쪽 모델을 여러 개 만들어서 앞에서 설명한 정육면체 분해를 모방할 수 있다. 그러나 이러한 분해를 정육면체 형태로 유지하려면 각 조각들을 제자리에 고정하는 상자가 필요하거나 손으로 상자 모양을 만들어서 여러 사람이 각 조각들을 함께 잡아야한다.

보너스 문제: 팔면체의 부피

정팔면체 골격 모델은 그 자체만으로도 가르치고 접을 수 있는 재미있는 모델이다. 모듈러 대포 접기(modular origami cannon)의 고전으로, 다른 많은 유사한 모델에서 파생되었다. 이 모델은 전문 마술 협회에 공헌했고 수년간 신학 심리학 교수로 재직한 것으로도 알려진 전설적인 종이접기 전문가 로베르트 밥 닐(Robert Bob Neale)에 의해 발명되었다.

이 팔면체 모델의 조립은 활동지에 문제로 남아 있다. 저자의 경험에서 볼 때 모든 학생들이 볼 필요가 있는 것은 이 모델의 예이다. 이 모델을 가까이서 살펴보고 자신의 유닛을 가지고 놀게 되었을 때, 학생들은 유닛을 함께 조립하기 위해 필요한 위-아래-위 패턴을 알아낼 것이다. 많은 모듈러 종이접기 모델에서와 같이 마지막 유닛을 끼우는 것은 까다롭다. 그러나 조립이 끝난 뒤의 결과는 매우 만족스럽다.

그러나 이 모델을 이 활동에 포함시킨 이유는 그 유닛의 주름선 패턴이 몰리의 육면체 유닛의 주름선 패턴과 거의 동일하기 때문이다. 아래에서 왼쪽 그림은 정팔면체 골격의 유닛이고 오른쪽 그림은 몰리의 육면체의 유닛이다.

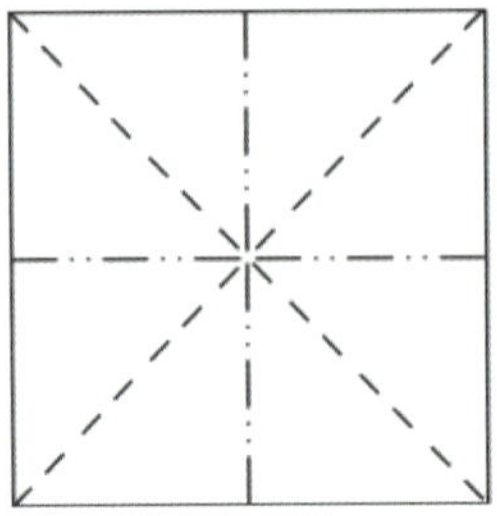

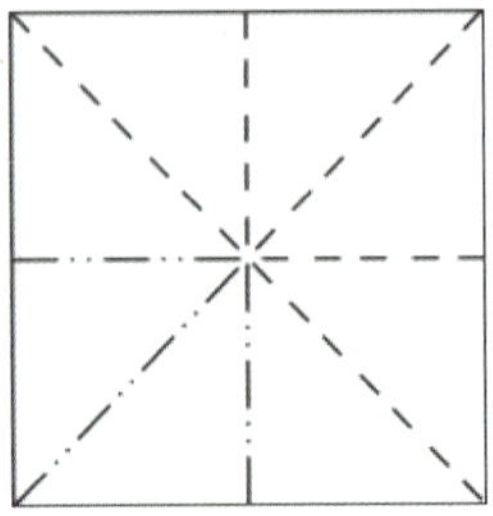

이러한 주름선 패턴의 유일한 차이점은 산 모양 접기와 골짜기 모양 접기뿐이다. 다른 모든 것은 동일하다. 이것이 중요한 이유는 무엇일까? 닐(Neale)의 정팔면체 골격이 만드는 삼각형의 종류가 몰리의 육면체의 삼각형과 정확히 동일하기 때문이다.

다시 말해, 이 모델들은 서로 잘 들어맞아야 하는데 실제로도 그렇다! 아래 그림은 몰리의 육면체가 정팔면체 골격에 어떻게 들어맞는지를 나타낸 것이며 이러한 모델들을 여러 개 만들어서 흥미로운 '탑(towers)'을 만들 수 있다.

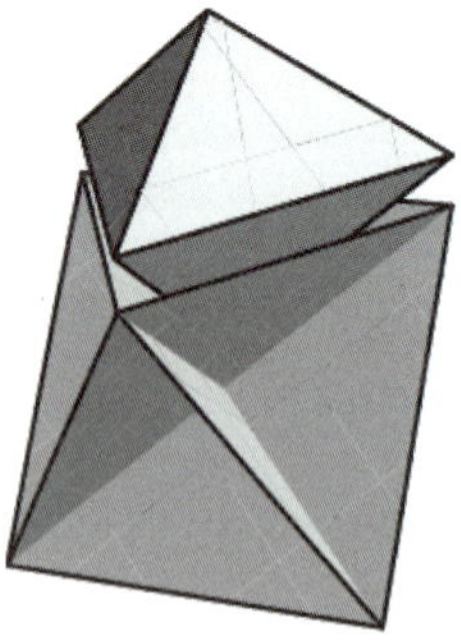

학생들의 교실에서 이 육면체와 정팔면체 골격 모델을 만들 때, 학생들이 탑을 조립해보는 기회를 갖도록 한다.

이때 "이 정팔면체 골격을 만드는 팔면체 모양의 부피는 얼마인가?" 라는 질문을 할 수 있다. 몰리 육면체의 부피가 이전에 계산되었다면 정팔면체의 부피를 찾는 것은 쉽다. 8개의 육면체 반쪽이 이 정팔면체 안에 들어가므로 부피는 $8 \times \frac{1}{48} = \frac{1}{6}$이다. 이 값은 $1 \times 1 \times 1$ 정육면체와 비교할 때 매우 작아 보인다! 하지만 이것은 단지 부피를 서로 비교하여 추정하는 것이 얼마나 어려운지에 대한 또 다른 예일 뿐이다.

보너스 문제: 여러 가지 주름선 패턴

이 정팔면체 골격 모델을 보면 또 다른 질문이 생긴다. 주름선 패턴은 동일하지만 산 모양 접기와 골짜기 모양 접기를 다르게 배치한 것이 2개의 매우 다른 모델로 이어졌기 때문이다. 그렇다면 이 주름선 패턴에서 산 모양과 골짜기 모양 접기를 선택하여 다른 물체를 만드는 또 다른 방법이 있을까? 그리고 이 다른 물체도 몰리의 육면체에 잘 들어맞을까?

이 질문에 대한 대답은 "예!" 이다. 그러나 이 부분은 독자에게 완전히 탐구를 맡기고자 한다. 그러나 이 책에는 이 문제에 대한 한 가지 답을 제시하는 또 다른 모델이 제시되어 있다.

명함 모듈러

Activity 15

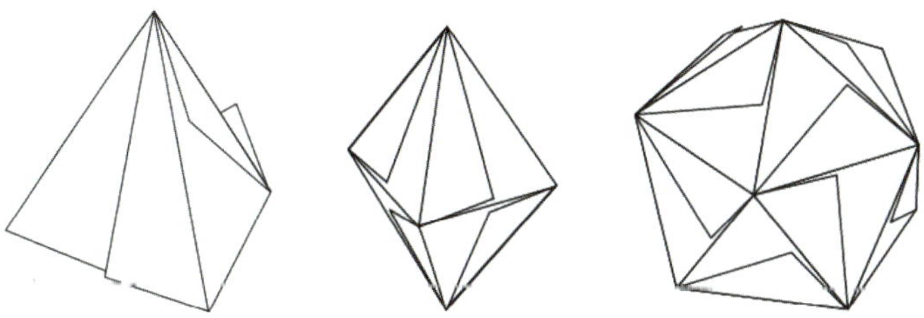

관련 과목: 기하학, 교양수학

개요

학생들에게 명함으로 만든 매우 간단한 모듈러 접기 유닛을 보여주고, 이 유닛으로 만들 수 있는 입체의 종류를 탐구하도록 한다.

내용

이 유닛으로는 모든 면이 삼각형이고 차수가 6이상인 꼭짓점이 없는 다면체를 만들 수 있다. 이 활동에서는 기초 수준인 정사면체(tetrahedron), 정팔면체(octahedron), 정이십면체(icosahedron)에서 시작하여 '맞붙인 삼각뿔(triangular dipyramid)'과 '다듬은 맞붙인 쐐기꼴(snub disphenoid)' 등의 입체도형을 탐구한다.

활동지

(1) 기본 유닛을 만드는 방법을 설명하고 이를 이용하여 다양한 다면체를 만들어본다.

(2) 모든 면이 삼각형인 존슨 다면체(Johnson solids)가 포함된 선택적 활동지가 제공된다.

수업 시간

유닛을 가르치고 학생들에게 정사면체와 정팔면체를 만들게 하는 데 30~40분이 소요된다. 정이십면체나 다른 입체를 만드는 데에는 더 많은 시간이 걸린다. 전체 프로젝트를 며칠에 걸쳐 진행할 수 있으며 일부 모델은 숙제나 방과 후 활동으로 남겨둘 수 있다.

활동지 1 명함 다면체

명함은 종이조각을 유닛으로 접은 다음 테이프나 접착제 없이 조립하여 다양한 도형을 만드는 모듈러 접기에서 매우 인기 있는 수단이 된다. 표준적인 명함은 2×3.5 인치 또는 4×7인치 크기의 직사각형이다.

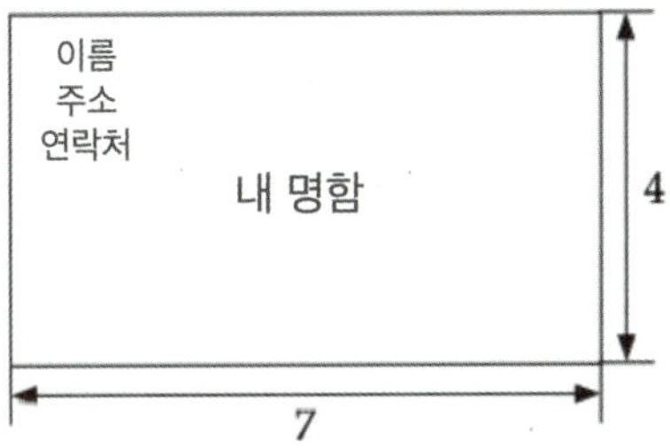

다음은 명함으로 다양한 다면체를 만들 수 있는 매우 간단한 유닛을 만드는 방법이다. 접은 주름선 부분은 날카로운 느낌이 들 정도로 접어야 한다! 이 유닛은 지닌 모셀리(Jeannine Mosely)와 케네스 카와무라(Kenneth Kawamura)가 발명했다.

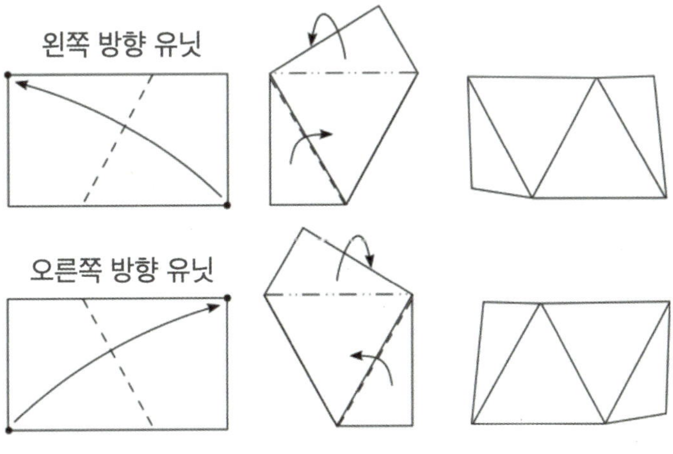

질문 1: 명함을 간단히 접었더니 정삼각형처럼 보이는 부분이 나타났다. 이들은 실제로 정삼각형인가? 어떻게 알 수 있는가?

과제 1: 왼쪽 방향 유닛 1개와 오른쪽 방향 유닛 1개를 만들고 이들을 조립하여 **정사면체**를 만드시오(아래의 왼쪽 그림 참조). 그런 다음 4개의 유닛을 사용하여 **정팔면체**를 만드시오(아래의 오른쪽 그림 참조). 이때 필요한 왼쪽 및 오른쪽 유닛의 수를 알려주지 않을 것이다. 직접 알아내보자.

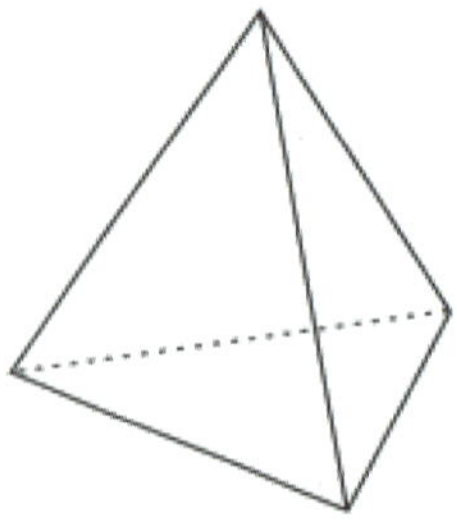

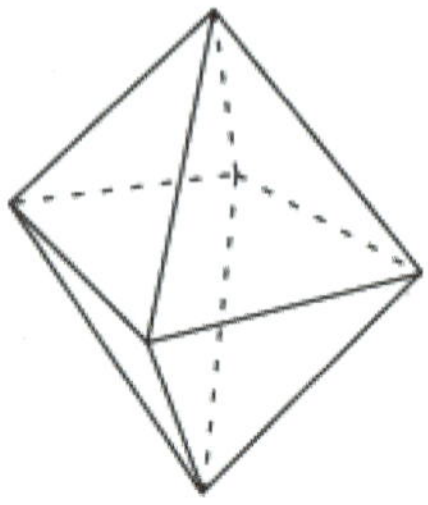

과제 2: 이제 유닛 10개(왼쪽 5개, 오른쪽 5개)를 만들어서 **정이십면체**를 만드시오. 다음 그림과 같이 정이십면체에는 20개의 삼각형 면이 있다. 이것을 조립하는 것은 꽤 어렵기 때문에 다른 사람의 도움을 받거나 임시적으로 테이프를 붙여가면서 만드는 것이 도움이 될 것이다.

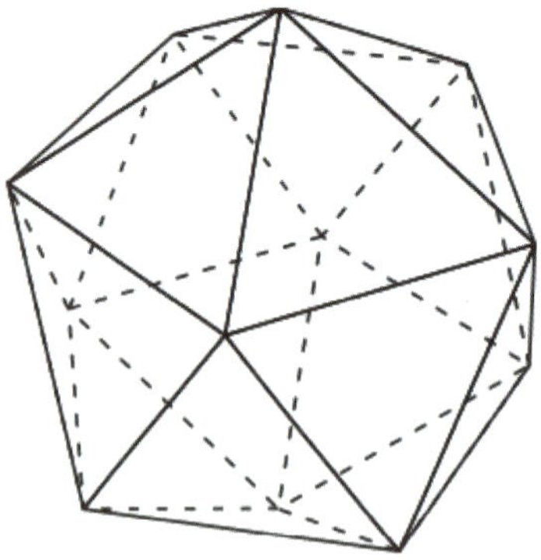

과제 3: 이 유닛으로 다른 어떤 다면체를 만들 수 있는가? 힌트: 이 유닛으로 만들 수 있는 다면체는 더 많이 있다. 단 6개의 유닛으로 다면체를 만들어보시오. 8개의 유닛으로는 어떤 것을 만들 수 있는가? 자신이 만든 다면체에 대해 설명해보시오.

활동지 2 삼각형 면을 갖는 존슨 다면체들

명함 유닛을 사용하여 이 이상한 다면체들을 만들어보자. 총 몇 개의 유닛이 필요한지, 이 유닛들은 왼쪽 방향 유닛이어야 하는지, 오른쪽 방향 유닛이어야 하는지, 아니면 두 종류가 모두 필요한지 알아보자.

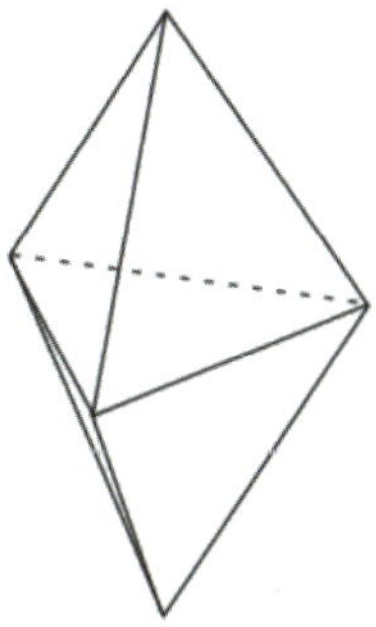

맞붙인 삼각뿔

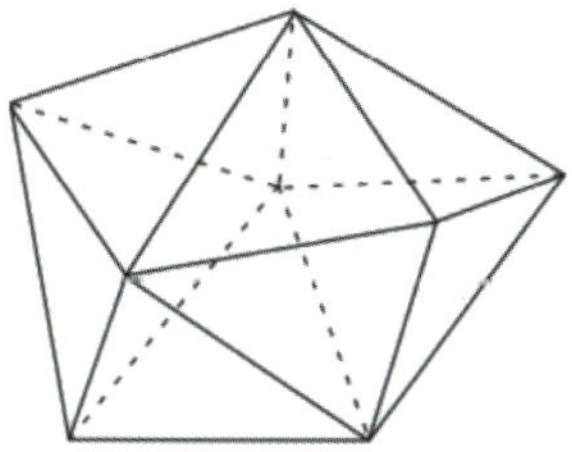

다듬은 맞붙인 쐐기꼴

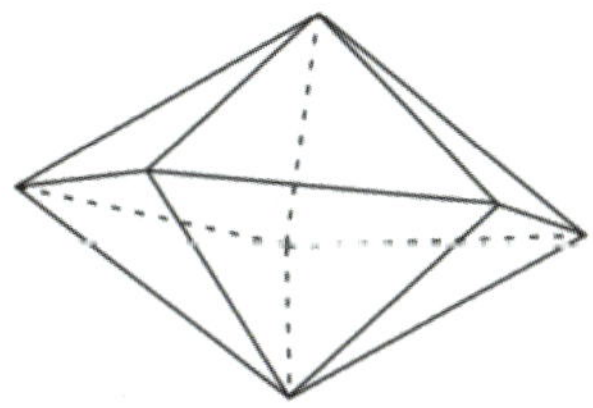

맞붙인 오각뿔

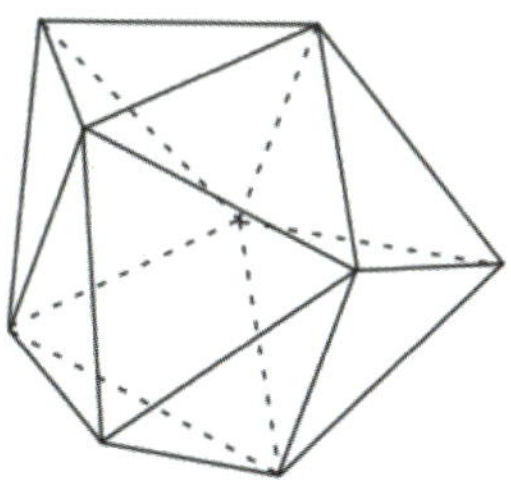

세 사각뿔이 붙은 삼각기둥

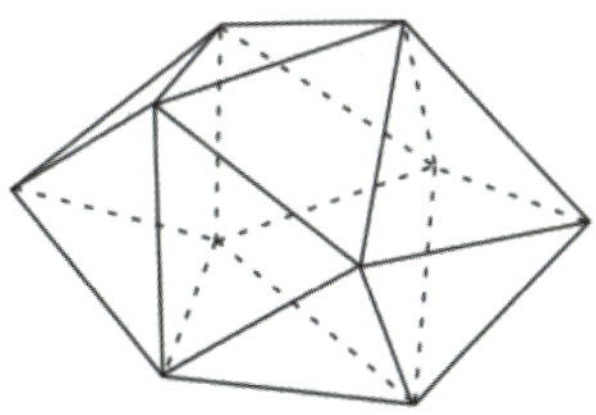

비틀어 늘린 맞붙인 사각뿔

해답과 교수법

질문 1

명함으로 정삼각형을 잘 만들 수 있는 것은 우연의 일치처럼 보인다. 그러나 이는 4×7인치 명함에서 $\arctan\left(\frac{4}{7}\right) = 29.7...^\circ \approx 30^\circ$이기 때문이다.

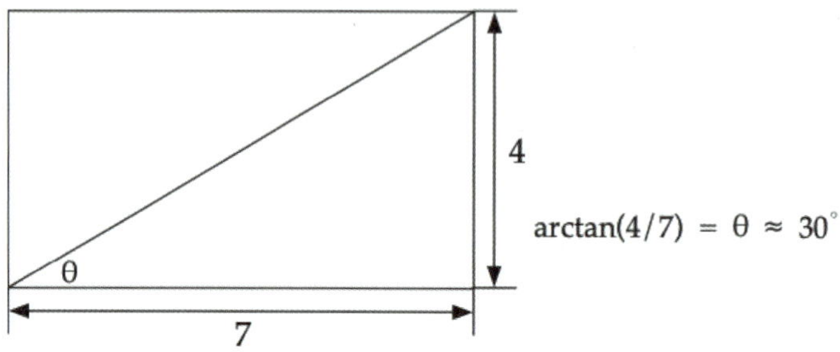

과제들

이 유닛들은 '감싸는(hugging)' 메커니즘에 의해 완전히 조립된다. 짧은 덮개는 다른 유닛의 측면을 '감싸서' 제자리에 고정한다. 이것은 주름선이 날카롭게 만들어진 경우에만 가능하므로 유닛을 접을 때 이 부분을 강조해야 한다. 날카로운 주름선은 자 또는 납작한 펜으로 각각의 접힌 부분을 훑어내림으로써 효과적으로 만들 수 있다. 정사면체는 왼쪽 방향과 오른쪽 방향 유닛이 손을 맞잡듯이 결합되기 때문에 가장 만들기가 쉽다. 유닛 4개로 정팔면체를 만드는 방법에는 여러 가지가 있다. 왼쪽 유닛 2개와 오른쪽 유닛 2개로도 만들 수 있고, 왼쪽 유닛만 4개, 오른쪽 유닛만 4개 사용해서도 만들 수 있다.

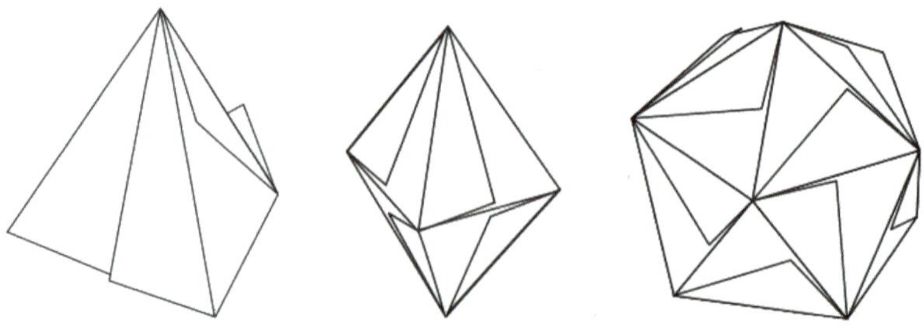

정이십면체는 가장 마지막 유닛을 끼울 때까지 유닛들이 분해되려고 하기 때문에 조립하기가 매우 어렵다. 따라서 정이십면체를 조립할 때에는 두 사람씩 짝을 이루어서 만드는 것이 좋으며,

이때 접착테이프를 사용하는 것도 도움이 된다. 한번 조립되면 매우 견고하지만 손으로 꽉 쥐는 것은 안 된다.

학생들은 이미 모든 면이 삼각형인 플라톤 입체, 즉 정다면체에 익숙할 수 있지만 (그렇지 않은 경우, 이 활동이 도움이 될 것이다!) 모든 면이 정삼각형인 비정형 다면체를 찾아내기 위해 열심히 생각해야 한다. 그러나 이러한 비정형 다면체는 많이 존재하며 대체로 6개에서 10개 사이의 명함 유닛으로 만들 수 있다. 사실 이 명함 유닛으로 다음 성질을 만족하는 다면체를 모두 만들 수 있다.

(1) 모든 면이 정삼각형이다.
(2) 모든 꼭짓점의 차수가 5 이하이다.

(2)의 이유는 차수가 6인 꼭짓점이 있으면 그 주변의 정삼각형 면이 평평한 평면을 만들고 유닛을 서로 끼울 수가 없기 때문이다. 차수가 7 이상인 꼭짓점은 볼록하지 않으며 이 유닛으로 만들 수가 없다. 그러나 이러한 제한 사항에도 불구하고 여전히 만들어낼 수 있는 놀라운 입체들이 많이 있다.

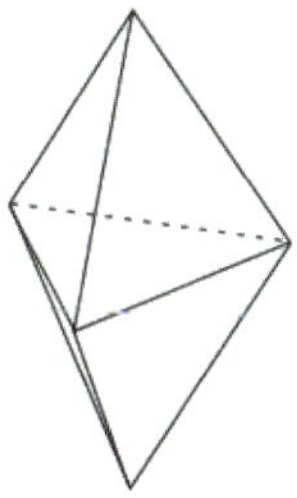
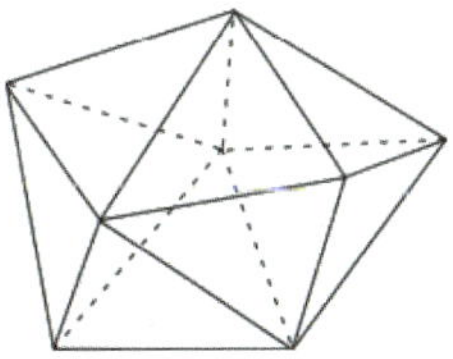
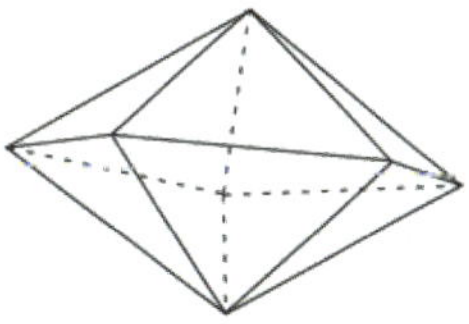

예를 들어, 위의 그림은 '맞붙인 삼각뿔' (왼쪽, 유닛 3개 사용), '다듬은 맞붙인 쐐기꼴' (중간, 유닛 6개 사용) 및 '맞붙인 오각뿔' (오른쪽, 유닛 5개 사용)이다.

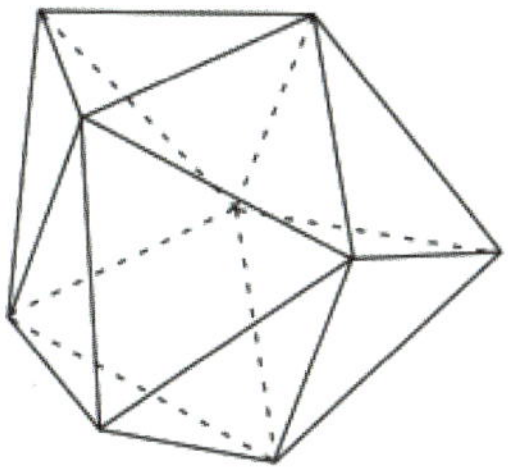
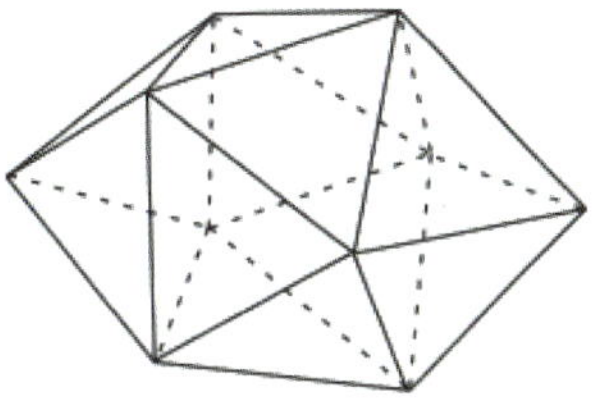

위의 왼쪽 그림은 유닛 7개로 만든 '세 사각뿔이 붙은 삼각기둥(Triaugmented Triangular Prism)' 이다. 이 입체도형은 차수가 4인 꼭짓점이 3개, 차수가 5인 꼭짓점이 6개 있다. 오른쪽 그림은 '비틀어 늘린 맞붙인 사각뿔(Gyroelongated Square Dipyramid)'로, 이것을 만들려면 유닛 8개가 필요하며 차수가 4인 꼭짓점이 2개, 차수가 5인 꼭짓점이 8개가 있다. 이것이 정사각형 면에 정사각뿔이 놓인 엇사각기둥(Square Antiprism)이라고 생각해보자. '비틀어 늘린 맞붙인 삼각뿔(Gyroelongated triangular Dipyramid)'을 만들려고 하면 삼각형 면 중 일부가 평평한 평면이 되어 평행육면체(parallelepiped)를 만들기 때문에 이것은 실제로 입체도형으로 존재하지 않는다. 명함을 사용하여 만들기를 시도하더라도 조립된 상태로 유지하기 어렵다.

이것들은 모두 존슨 다면체의 예이다. 다른 전통적인 다면체 집합(정다면체, 준정다면체, 각기둥 및 엇각기둥)을 제외하고 모든 면이 변의 길이가 같은 정다각형인인 볼록 다면체의 집합이다. 자세한 내용은 `http://www.mathworld.com` 또는 훌륭한 그래픽 프로그램인 폴리(Poly) `http://www.peda.com/poly/`를 참조하시오.

교수법

이 활동들은 근본적으로 모두는 학생들에게 다양한 다면체를 만들어보는 기회를 제공한다. 별것 아닌 것 같지만 이러한 연습의 교육학적 가치를 과소평가해서는 안 된다. 먼 옛날 그리스 시대부터 오늘날 매그너스 웨닝거(Magnus Wenninger)와 조지 하트(George Hart)와 같은 저명 인사 덕분에 유지되고 있는 오랜 전통이 있는데 ([Wen74], [Hart01]), 그것은 바로 공간 관계와 기하학에 대한 이해를 발전시키는 방법으로 다면체를 구성해보는 것이다. 사실, 많은 사람들이 실제로 정다면체를 직접 손으로 만들기 전까지는 정다면체가 무엇인지 제대로 이해하지 못한다. 미리 만들어진 모델을 들고 있는 것만으로는 충분하지 않다! 학생은 이 물체들의 본질을 더 깊이 이해하기 위해 직접 만들어볼 필요가 있다.

명함 유닛은 이를 수행하는 한 가지 방법을 제공하며, 이러한 일상적인 물체를 사용한다는 사실이 이 과정을 놀라울 정도로 재미있게 만든다. 각 유닛은 만들어지고 있는 다면체의 인접한 두 삼각형 면을 덮으므로, 학생들은 다면체를 만들면서 다면체의 꼭짓점의 차수 등을 지속적으로 살펴봐야 한다.

손재주와 공간 시각화 역량에 따라, 학생들은 이 활동을 성공적으로 수행할 수도 있고 어려움을 겪을 수도 있다. 어떤 학생들은 정사면체와 정팔면체를 빠르게 조립할 것이고, 다른 학생들은 정사면체를 조립하는 데 많은 도움이 필요할 것이다. 학생들이 모둠으로 작업하게 하면 빠른 학생들은 잠시 멈추고 조립 속도가 늦은 학생들을 도우면서 이 문제가 해결될 것이다. 특히 정이십면체는 학생들이 모둠으로 작업하면 훨씬 더 수월해진다.

학생들이 매우 많은 존슨 다면체를 스스로 발견할 가능성은 거의 없을 것이다. 일부 학생들은 맞붙인 삼각뿔과 맞붙인 오각뿔을 생각해 낼 수 있겠지만, 직관력이 뛰어나지 않은 학생들도 있다. 학생들이 더 이상 스스로 다른 종류의 존슨 다면체를 찾아내지 못할 것이라는 확신이 들면, 그때 더 복잡한 존슨 다면체 중 일부를 공개하도록 한다.

이것은 두 번째 활동지와 관련되는 데, 이 활동지는 전적으로 선택 사항이다. 수업에서 컴퓨터 프로젝터를 사용할 수 있는 경우, 교사는 매스월드(MathWorld) 웹 페이지 또는 폴리(Poly) 프로그램을 통해 이러한 입체들의 그림을 보여줄 수 있다. 교사들은 학생들에게 명함으로 만들 수 있는 더 많은 다면체를 찾아보도록 숙제를 낼 수도 있다. 인터넷을 자유롭게 사용할 수 있으므로, 학생들은 숙제로 내준 삼각형 면을 갖는 존슨 다면체를 찾을 수 있을 것이다.

이 활동은 다면체 또는 평면 그래프 이론의 다양한 개념을 기르는데 유용할 수 있다. 예를 들어, 교양수학 시간에 학생들은 종종 오일러의 공식 $V - E + F = 2$을 접하게 되는데, 이 공식도 명함으로 만든 다면체로 입증할 수 있다.

많은 양의 명함을 구하기

명함은 모듈러 접기에서 중요한 부분을 차지한다. 다른 많은 명함 유닛들은 웹 검색으로 찾을 수 있다. 또는 이 책의 멩거 스펀지 모듈러 활동을 참조할 수도 있다. 이 분야를 탐구하는 사람들은 모든 명함이 같지 않다는 것을 알게 된다. 명함의 크기는 모두 같지만 명함의 인쇄용지의 품질은 매우 다를 수 있다. 일부 명함은 접으면 금이 갈 수 있는 광택 코팅이 되어 있다. 어떤 명함들은 표준적인 명함보다 약간 더 얇아서 더 쉽게 접힐 수도 있다.

많은 명함을 구하는 것이 가끔은 쉬울 때도 있다. 명함을 인쇄하는 사무용품, 복사업체나 인쇄소를 방문하여 버리는 명함이 있는지 문의하면 종종 인쇄 오류나 까다로운 고객으로 인해 사용할 수 없게 된 명함이 상자째로 남아 있을 수 있다. 이 가게들에서는 대체로 이 명함들을 기꺼이 제공해준다. 빈 명함을 구입할 수도 있지만 임의의 명함을 수집하여 접었을 때 인쇄 내용이 무엇인지 확인하는 것도 재미있을 수 있다. 명함 접기 매니아는 종종 식당과 회사에서 명함을 수집하고 때로는 예술적 효과에 사용할 수 있도록 색상별로 분류하기도 한다.

실제로, 학생들에게 각자 10~20장의 명함을 수업에 가져오도록 할 수도 있다. 학생들에게 사전에 공지만 한다면, 이 방법도 매우 합리적이다. 물론 명함을 구해오지 못한 일부 학생들에게는 여전히 명함을 나눠줘야 한다.

5개의 교차하는 정사면체

Activity 16

관련 과목: 기하학, 교양수학, 미적분학, 다변수 미적분학

개요

학생들은 프랜시스 오우(Francis Ow)의 60° 유닛을 사용한 정사면체 프레임 모듈러 접기 방법을 배운다. 그런 다음, 모둠으로 5개의 정사면체를 함께 엮어서 종이접기 버전의 정사면체 복합체(compound of five tetrahedra) 5개를 만든다.

내용

하나의 정사면체 프레임을 만드는 것은 어렵지 않다. 그러나 5개의 정사면체를 함께 엮는 것은 어려운 퍼즐이다! 이를 위해서 정십이면체의 자연적 속성을 기반으로 하여 삼차원에서의 몇 가지 특이한 대칭과 씨름해야 한다. 후속 활동으로 이 모델에 대한 최적의 '스트럿(strut) 너비'를 찾는 활동을 할 수 있는데, 이것은 어려운 벡터 기하학 및 미적분학 문제이다. 모델의 복잡한 대칭성에 대한 진지한 연구가 요구되며, 실제 모델 없이는 쉽게 할 수 없다.

활동지

(1) '5개의 교차하는 정사면체'와 '정사면체 연결하기' 에서는 모델을 만드는 방법을 설명한다.
(2) '최적의 스트럿 너비는 얼마인가?' 문제를 벡터 기하학 및 미적분학의 기본 단계를 통해 해결하는 과정을 안내한다.

수업 시간

유닛을 만드는 것은 간단하지만 30개가 필요하기 때문에 모든 유닛을 접는 데 30분 이상 걸릴 수 있다. 이것은 학생들이 모둠으로 수업을 하는 것이 수월하다. 정사면체 1개를 만드는 것은 그리 나쁘지 않지만 유닛을 접고 조립하는 데 30~40분 정도 걸릴 수 있다. 유닛을 만든 뒤에 전체 모델을 구성하는 것이 매우 복잡하기 때문에 30~40분이 더 걸린다. 벡터 기하학-미적분학 활동은 학생들의 수준에 따라 추가로 20분이 소요될 수 있다.

활동지 1 5개의 교차하는 정사면체

이 종이접기 모델은 진짜 퍼즐이다! 우선 프랜시스 오우(Francis Ow)의 60° 유닛으로 만든 **1개의 정사면체**부터 시작할 것이다 [Ow86].

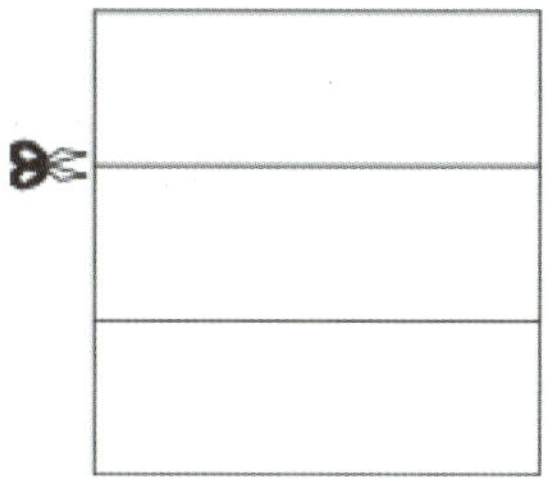

프랜시스 오우의 60° 유닛

여기서는 1×3 종이가 필요하다. 정사각형 종이를 $\frac{1}{3}$로 접고 주름선을 따라 자른다.

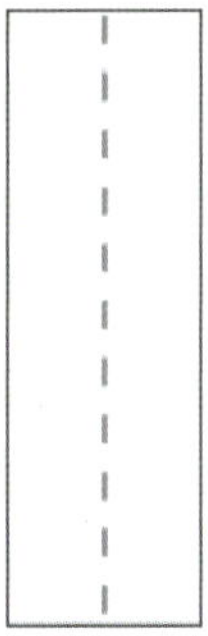

(1) 세로로 반으로 접는다.

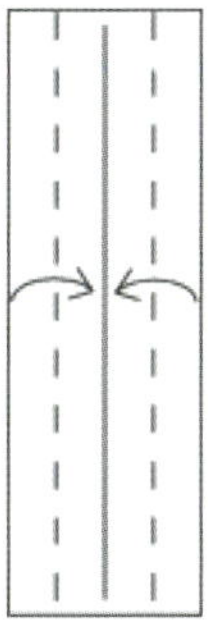

(2) 양 옆에서 중앙으로 접는다.

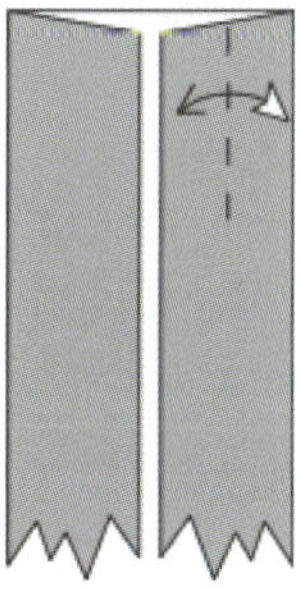

(3) 상단 끝 부분의 오른쪽 부분을 반으로 접어서 짧은 주름선을 만든다.

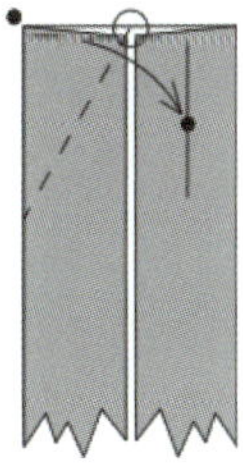

(4) 왼쪽 상단 모서리를 방금 만든 짧은 주름선(핀치)까지 접고 **동시에** 주름선이 상단의 중간 지점에 닿는지 확인하시오.

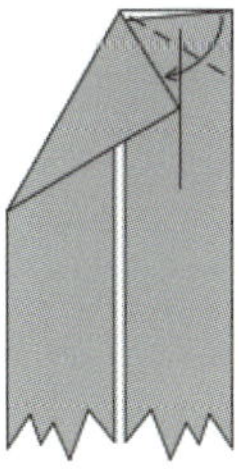

(5) 방금 접은 날개 부분에 맞도록 오른쪽 상단을 접는다.

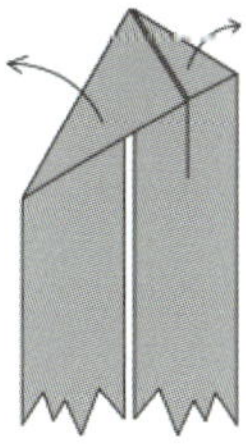

(6) 마지막 두 단계, 즉 (4)와 (5)에서 접은 것을 다시 펼친다.

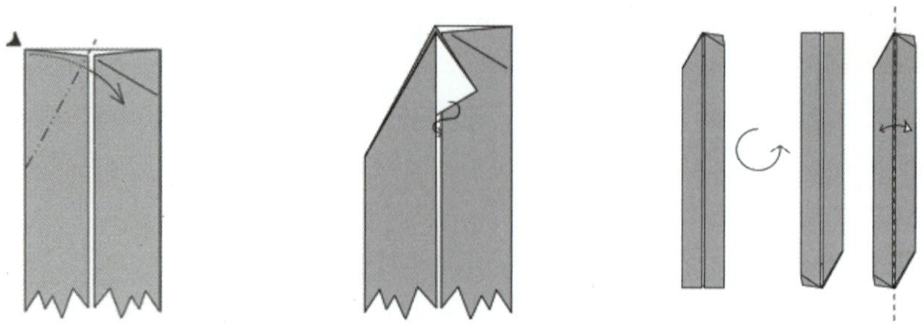

(7) 이제 (4)단계에서 만든 주름선을 사용하여 왼쪽 상단 모서리를 오른쪽으로 **뒤집는다**. 이렇게 하면 흰색 덮개가 나타난다.

(8) 오른쪽 종이 아래로 흰색 덮개를 넣는다.

(9) 이제 유닛을 180° 회전하고 다른 쪽 끝에서 (3)~(8)단계를 반복한다. 그런 다음 유닛의 뾰족한 부분이 드러나도록 전체 유닛을 세로로 반으로 접으면 끝난다!

유닛을 모아 엮기

세 유닛이 하나의 꼭짓점을 만든다. 한 유닛의 덮개가 다른 유닛의 뾰족한 부분 주위에 **걸려 있는지 확인하시오**.

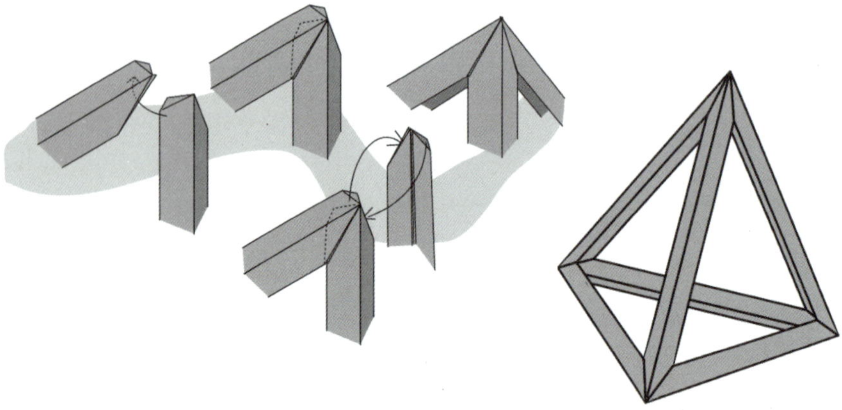

유닛들은 단단하게 결합되어야 한다.
6개의 유닛을 만들어 정사면체로 만드시오!

활동지 2 정사면체 연결하기

5개의 정사면체는 한 번에 하나로 엮어야 한다. 두 번째 정사면체는 만들어지면서 첫 번째 정사면체와 엮여야 한다. 즉, 완성된 정사면체 2개를 만들고 그 뒤에 서로 엮는 것은 그다지 실용적이지 않다. 대신, 두 번째 정사면체의 한 꼭짓점을 만들고 이것을 첫 번째 정사면체와 엮고 나머지 세 유닛들을 두 번째 정사면체와 엮는다.

처음 2개의 정사면체는 일종의 3차원 다윗의 별을 만든다. 한 정사면체의 꼭짓점은 다른 면을 뚫고 다른 꼭짓점은 한쪽 면을 뚫는다. 사실, 전체 모델이 완성되면 모든 정사면체 쌍은 이러한 3차원 다윗의 별 형태를 갖는다. 세 번째 정사면체는 모델로 엮기에 가장 어렵다.

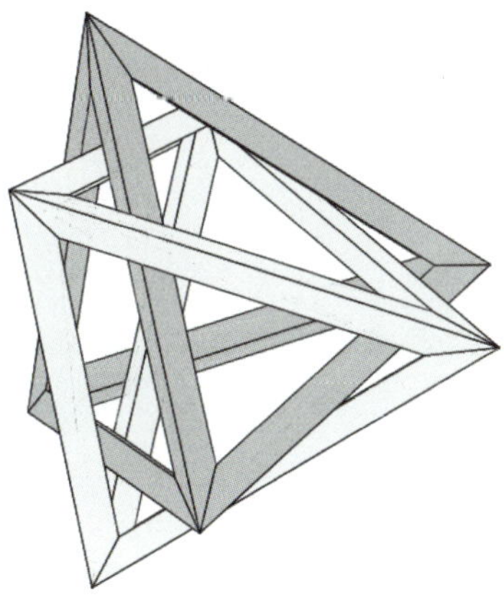

다음 그림은 이를 수행하는 데 도움이 되도록 특정 각도로 그려져 있다. 그림의 중앙에 삼각형 패턴으로 함께 짜인 3개의 스트럿이 있음에 주목하시오. 자세히 보면 모델 반대편에서도 같은 일이 일어나고 있다. 세 번째 정사면체에 대한 유닛을 삽입할 때 이러한 삼각형 직조를 만들어 가이드로 사용하시오. 완성된 모델에서는 모든 정사면체 꼭짓점 아래에 이러한 삼각형 직조 점(weave point) 중 하나가 있다.

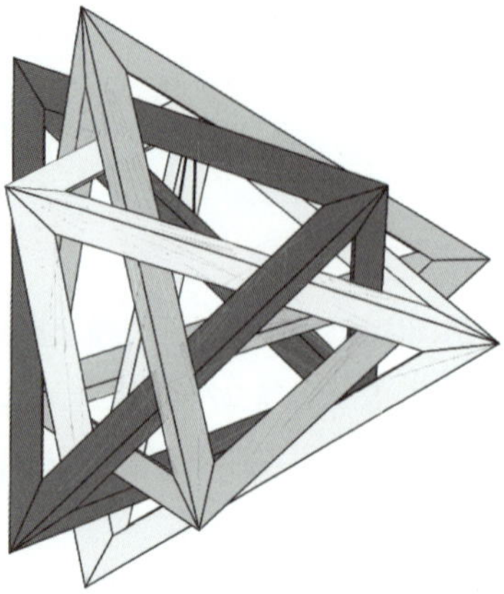

이 두 가지 유형의 대칭(3차원 다윗의 별을 만드는 2개의 정사면체와 삼각형의 직조 점)은 네 번째 및 다섯 번째 정사면체의 유닛을 끼워 넣을 때 사용하기 가장 좋은 시각적 도구이다. 아래 그림도 도움이 된다.

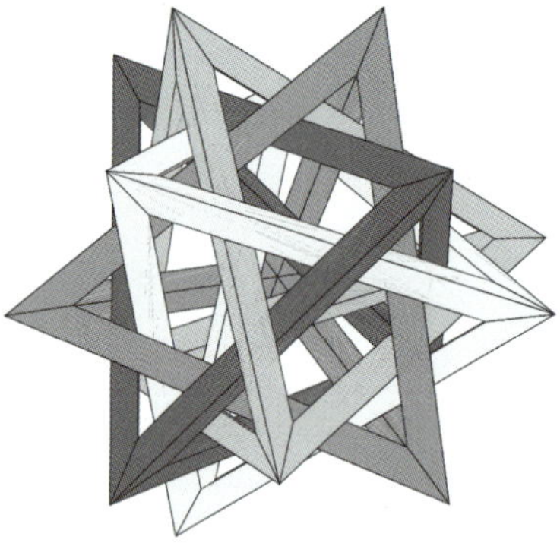

활동지 3 최적의 스트럿 너비는 얼마인가?

프랜시스 오우의 $60°$ 유닛 만들기 과정을 보면 1×3 크기의 종이로 시작하여 $1 \times \frac{1}{12}$ 크기의 유닛을 만들게 된다. 즉, 정사면체의 한 변이 1이면 우리가 만드는 정사면체 프레임의 스트럿 너비는 $\frac{1}{12}$ 이다.

이것이 최적의 스트럿 너비인가, 아니면 보다 이상적인 핏을 위해 더 두껍거나 얇은 스트럿을 사용해야 할까? 이 활동에서는 벡터 기하학과 미적분학을 사용하여 이상적인 스트럿 너비를 근사화할 것이다. 이것은 손으로 계산하기 어려우므로 컴퓨터 대수 시스템을 사용하는 것이 좋다.

이상적인 스트럿 너비는 아래에 표시된 선분 L로 주어진다. 이 길이는 정사면체의 변 $\overline{v_3v_4}$와 다른 정사면체의 변 $\overline{v_1v_2}$의 중점 h 사이의 최단 거리를 나타낸다.

v_1과 v_2를 다음과 같은 좌표로 두면 h는 z축 위의 점 $(0,\ 0,\ 1)$이 된다. 그러면 정사면체가 정십이면체 안에 들어가므로 v_3과 v_4의 좌표는 다음과 같이 구할 수 있다.

$$v_1 = (-1, 1, 1)$$

$$v_2 = (1, -1, 1)$$

$$v_3 = \left(0, \frac{-1+\sqrt{5}}{2}, \frac{1+\sqrt{5}}{2}\right)$$

$$v_4 = \left(\frac{1-\sqrt{5}}{2}, \frac{-1-\sqrt{5}}{2}, 0\right)$$

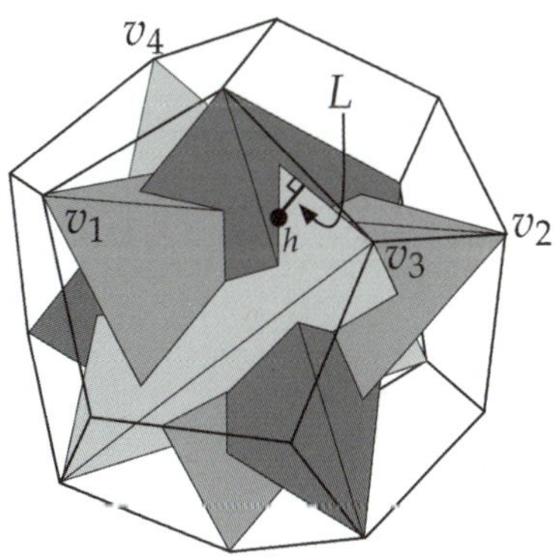

우리의 목표는 L, 즉 점 $h = (0,\ 0,\ 1)$과 선분 $\overline{v_3v_4}$ 사이의 최소 거리를 찾는 데 있다. (위의 그림 참조)

질문 1: $\overline{v_3v_4}$를 포함하는 $\mathbb{R}^3$의 직선 $F(t) = \{x(t),\ y(t),\ z(t)\}$을 매개변수로 나타내시오.

질문 2: 이제 $\overline{v_3v_4}$ 직선 위의 임의의 점 $F(t)$와 점 $h = (0,\ 0,\ 1)$ 사이의 거리를 구하는 공식을 구하시오.

질문 3: 이제 질문 2에서 구한 거리 함수를 최소로 하는 선분 L의 길이를 구하시오. 힌트: L^2을 구하기 위해 거리 함수를 제곱한 뒤 최소값을 구하는 것이 더 쉬울 수 있다.

질문 4: 이상적인 스트럿 너비 L은 얼마인가? 삼각형 한 변의 $\frac{1}{12}$인 스트럿을 사용하는 것과 비교해보시오.

해답과 교수법

부연설명

모델의 역사. 저자는 1995년 로드아일랜드 대학교 대학원 재학 시절에 이 모델을 만들어야겠다고 생각을 했다. 이 도형을 묘사한 매스매티카 포스터를 본 적이 있지만 프레임의 너비가 너무 좁아서 모델이 실제로 존재한다면 느슨하게 얽히게 될 것 같아서 종이접기로 만들기 시작했다. 저자는 프랜시스 오우(Francis Ow)의 60° 유닛이 원하는 두께의 프레임을 만들 수 있기 때문에 여기에 적합할 것이라 보았다 [Ow86]. 그 당시에 1×3 크기의 종이를 사용하면 효과적이고 프레임의 변이 $1 \times \frac{1}{12}$ 크기가 될 것이라고 추측했다. 이것은 이상적인 것보다 약간 더 넓지만 종이 모델에 충분히 가깝다. 저자는 동료 대학원생들에게 유닛 접기를 도와달라고 요청하고 유닛들을 합치기 위해 고군분투했는데, 그때 만든 모델은 몇 년 동안 수학과 회의실의 천장에 매달려 있었다.

모델이 작동하는 것을 확인하고 만드는 법을 작성하여 웹사이트에 게시한 뒤 싱가포르에 사는 프랜시스 오우에게 우편을 보냈다. 그는 이렇게 복잡한 모델을 자신의 유닛으로 만들 수 있다는 사실에 놀랐고 기뻤다는 답장을 보내왔다. 그 이후로 이 모델은 종이접기 업계와 인터넷에서 매우 인기를 얻었으며, 영국 종이접기 협회의 '가장 좋아하는 모델 Top 10' 에 선정되기도 했다 [Robi00].

모델 만들기. 많은 사람들은 '5개의 교차하는 정사면체(Five Intersecting Tetrahedra, 이하 FIT)' 모델을 보면서 놀라워한다. 이 모델을 만들어보는 것은 매우 보람 있는 일이다. 이 모델을 어떻게 가르치고 만들 것인지의 방법을 결정하는 것은 교사의 몫이다. 어떤 교사는 학생들이 함께 이 모델을 만들기를 원할 수 있는데, 이것은 모두에게 발견의 경험이 될 것이다. 어떤 교사는 모델에 내재된 대칭과 만드는 과정에 익숙해지기 위해 각자 FIT를 만드는 것이 더 편하다고 생각할 수도 있다. 만약 혼자서 이 작업을 수행하려면 이 모델에 대한 연구를 위해 충분한 시간을 확보해야 한다. 특히 결합하는 것이 쉽지는 않다! 정말 도전하고 싶은 사람은 힌트와 그림이 없이 완성된 모델의 사진만 참조하여 다섯 가지 색을 사용하여 30개의 유닛을 모두 접고 조립해야 한다. 정말 어려운 작업을 즐기고 싶다면 한 가지 색만 사용해도 된다.

사실, 활동지의 도움 없이 스스로 시도하게 하는 것은 학생들이 이 모델을 만들고자 할 때 학생들이 몰입하여 사고하게 하는 아주 좋은 방법이다. 학생들은 모델을 조립하면서 완성된 입체의 대칭성을 이해하는 것이 얼마나 중요한지 알게 된다.

모델의 대칭. 모델을 볼 때, 가까운 꼭짓점을 연결하는 선을 그으면 정사면체의 꼭짓점이 정십이면체를 형성한다는 것을 어렵지 않게 알 수 있다. 여기에는 이유가 있다. 정십이면체에서 서로 같은 거리에 있는 4개의 꼭짓점을 찾을 수 있는데, 이 꼭짓점을 연결하는 선을 그리면 정십이면체 안의 내접하는 정사면체를 찾을 수 있을 것이다. 아래 그림을 참조하시오.

그러나 정십이면체에는 20개의 꼭짓점이 있으며, 이 수는 4로 균등하게 나누어진다. 이러한 사실은 한 꼭짓점을 두 번 이상 사용하지 않고 정십이면체에 내접하는 5개의 정사면체를 찾을 수 있지 않을까 하는 짐작을 하게 한다. 이는 실제로 성립하며 다음 그림과 같이 5개의 정사면체 복합체가 존재한다.

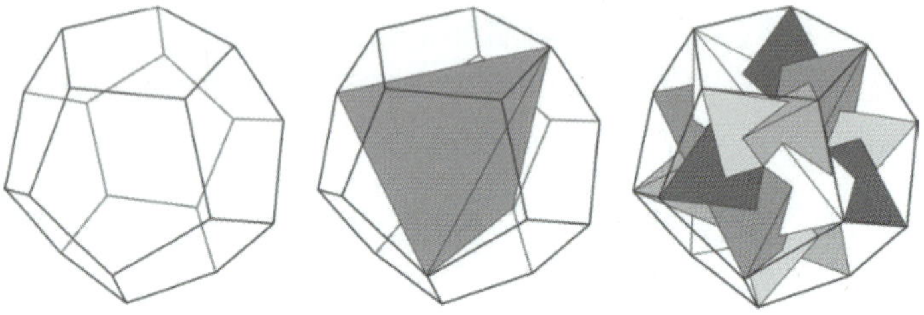

따라서 이 모델은 정십이면체와 많은 대칭성을 공유한다. 그것은 마주보는 2개의 정사면체의 꼭짓점(즉, 정십이면체의 마주보는 2개의 꼭짓점)을 연결하는 축에 대해 120° 회전 대칭이고, 5개의 정사면체가 만나는 점을 지나는(즉, 정십이면체의 마주보는 2개의 오각형면의 중심을 지나는) 축에 대해 72° 회전 대칭, 그리고 인접한 2개의 정사면체의 꼭짓점 사이의 '중점' (즉, 정십이면체의 변의 중점)을 지나는 축에 대해 180° 회전 대칭이 된다. 이러한 회전 대칭은 교대군(alternating group) A_5 와 동형인 정십이면체의 회전군(rotational group)을 형성한다.

그러나 정십이면체에는 반사 대칭이 있는데, FIT의 대칭은 그렇지 않다. 그 이유는 다음 그림과 같이 FIT가 서로의 거울 반사, 일명 거울상(enantiomorphic) 또는 카이랄(chiral)인 두 가지 버전으로 나타나기 때문이다 [Wei2]. 실제로, 한 반의 학생들이 각자 FIT를 만든다면 그것 중 일부는 분명히 서로 거울상이 될 것이다. 이것은 종종 $\mathbb{R}^2$ 에서보다 시각화하기가 더 어려운 $\mathbb{R}^3$ 에서의 거울 대칭에 대한 토론 수업을 위한 소재로 활용될 수 있다.

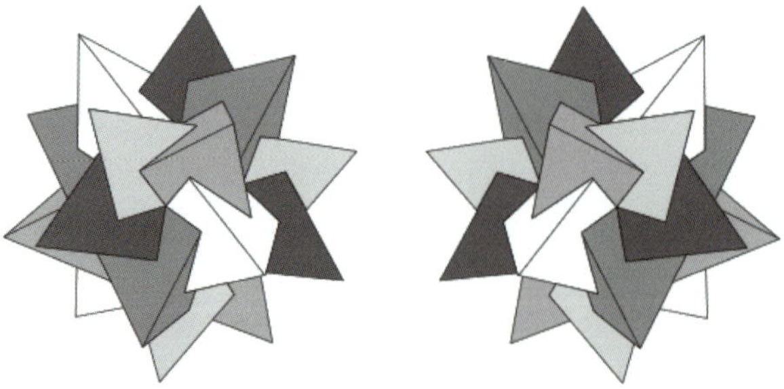

최적의 스트럿 너비 문제의 해답

최적의 스트럿 너비에 대한 활동지에는 몇 가지 주요한 힌트가 주어진다. 이 활동지에 제시된 문제는 사실 매우 어려운 편에 속한다. 만약 교사가 프로젝트 중심의 벡터 기하학 강의 또는 가장 높은 수준의 심화프로젝트로 이 문제를 사용하고자 한다면 활동지를 배부하지 않고 학생들에게 자신만의 방법을 고안해보도록 하는 것이 좋다. 이 활동지는 학생들에게 벡터 기하학 및 미적분학이 어떻게 응용되는지를 알 수 있는 기회를 제공하기 위해 개발한 것이다. 활동지의 힌트는 대부분의 학생들이 이 문제를 해결하기를 바라는 마음에서 제시하였다.

한편 활동지에는 몇 가지 부분을 의도적으로 설명하지 않고 남겨두었다. 먼저 점 v_1, v_2, v_3, v_4의 좌표가 갑자기 제시된다. 그 이면에 있는 아이디어는 정사면체가 정육면체 내부에 내접할 수 있다는 것인데, 왜 한 정사면체가 한 변의 길이가 2이고 원점을 중심으로 한 정육면체의 꼭짓점과 일치하는 꼭짓점을 가지도록 하지 않은 것일까? 이러한 정육면체는 $(\pm1, \pm1, \pm1)$에 꼭짓점을 가질 것이고, 부분집합을 취하면 다음과 같다.

$$(-1,\ 1,\ 1),\ (1,\ -1,\ 1),\ (1,\ 1,\ -1),\ (-1,\ -1,\ -1)$$

그러면 이 점들은 정사면체의 꼭짓점을 형성한다. 이로부터 FIT에서 다른 4개의 정사면체의 좌표는 적절한 축에 대해 $\frac{2}{5}\pi$의 배수만큼 첫 번째 정사면체를 회전하여 찾을 수 있다. 실제로 이렇게 하는 방법에 대한 세부사항은 도전적이고 흥미롭지만 학생들이 이를 탐구할 기회를 갖도록 하려면 충분한 수업 시간, 몇 가지 추가적인 활동지와 컴퓨터 대수 시스템이 필요하다. 관심 있는 독자는 이 접근 방식의 세부 사항에 대한 조지 벨(George Bell)의 저서를 참조하시오 [Bell11].

활동지에서 강조하는 또 다른 중요한 측면은 점 h를 택한 근거에 대한 것이다. 학생들이 v_1과 v_2 사이의 중점 h가 최적의 스트럿의 너비를 구하기 위해 $\overline{v_3v_4}$까지의 최단 거리를 측정할 수 있는 지점임을 이해하는 것이 중요하다. 그리고 그 이유를 알아내려면 FIT 모델을 완성하고 살펴보아야 한다.

완성된 FIT 모델을 보면 모든 정사면체의 변의 중점에서 2개의 다른 정사면체의 스트럿이 접하고 있음을 알 수 있다. 다음 그림은 이를 보여준다. 여기서 검은 점은 정사면체의 변 중 하나의 중점을 나타낸다.

즉, 점 h는 한 정사면체의 스트럿의 하단이 다른 정사면체의 스트럿 상단에 닿는 점이므로, 이 점과 정사면체의 변으로 만들어진 선 사이의 거리를 구하면 최적의 스트럿의 너비를 결정할 수 있다.

이 모든 것이 이 책의 독자에게는 꽤 의심스러워 보일 수 있지만 여기에 사용된 것은 FIT의 또 다른 대칭을 이용한 것뿐이다. 이것은 실제 FIT 모델을 살펴보면 매우 분명하게 알아낼 수 있는 대칭이므로, 학생들은 모델을 약간 만지고 면밀히 조사한 후에 점 h와 관련된 추론을 이해할 수 있을 것이다.

질문 1. 두 직선은 벡터 함수로 다음과 같이 나타낼 수 있다.

$$F(t) = (v_3 - v_4)t + v_4$$

매스매티카를 이용해서 간단히 하면,

$$\begin{aligned} F(t) &= (v_3 - v_4)t + v_4 \\ &= \left(\frac{-1+\sqrt{5}}{2}t + \frac{1-\sqrt{5}}{2},\ \sqrt{5}t - \frac{1+\sqrt{5}}{2},\ \frac{1+\sqrt{5}}{2} \right) \end{aligned}$$

질문 2. $\overline{v_3v_4}$에서 임의의 점 $F(t)$와 $h = (0,\ 0,\ 1)$ 사이의 거리의 제곱을 사용하는 것이 더 쉽다. 이것은 다음과 같이 내적을 사용하여 나타낼 수 있다.

$$H(t) = (\text{dist}(F(t),\ h))^2 = (F(t) - h) \cdot (F(t) - h)$$

이것은 거리 공식을 모방한 것으로, 다행히도 다음과 같이 간단히 나타낼 수 있다.

$$H(t) = 8t^2 - (9 + \sqrt{5})t + 4$$

질문 3. 함수 $H(t)$는 t에 대한 2차식이고 아래로 볼록이므로 단일 임계점(single critical point)이 최소값이 된다. $H'(t) = 16t - (9 + \sqrt{5})$ 이고, $\overline{v_3v_4}$ 과 h 사이의 최소 제곱 거리를 구하는 t 값은 다음과 같다.

$$t_0 = \frac{9 + \sqrt{5}}{16}$$

이것을 최소 거리로 바꾸려면 이 값을 다시 $H(t)$에 대입하고 제곱근을 취해야 한다. 이 힘든 작업은 손으로 직접 계산할 수도 있지만 매스매티카(Mathematica) 또는 메이플(Maple)과 같은 컴퓨터 대수 시스템을 사용하면 더 쉽게 처리할 수 있다. 이를 간단히 하면 다음과 같다.

$$H(t_0) = \frac{21 - 9\sqrt{5}}{16} \text{ 이므로 } \sqrt{H(t_0)} = \frac{1}{4}\sqrt{21 - 9\sqrt{5}}$$

따라서 최적의 스트럿의 너비는 $L = \frac{1}{4}\sqrt{21 - 9\sqrt{5}} \approx 0.2339$이다.

질문 4. 질문 3에 대한 답을 이해하려면 길이 L과 정사면체의 한 변의 길이 사이의 비율을 살펴볼 필요가 있다. 이것은 FIT의 종이접기 유닛이 정사면체의 모든 변을 전체를 만들기 때문이다. 따라서 정사면체의 변의 길이에 대한 L의 비율은 종이접기 유닛의 1/12 비율과 비교할 수 있는 무언가를 제공한다. 정사면체의 변 길이를 구하는 가장 쉬운 방법은 다음을 계산하는 것이다.

$$\mathrm{dist}\,(v_1,\ v_2) = 2\sqrt{2}$$

따라서 구해야 할 비율 R은 다음과 같다.

$$R = \frac{\sqrt{21 - 9\sqrt{5}}}{4} \cdot \frac{1}{2\sqrt{2}} = \frac{1}{8\sqrt{2}}\sqrt{21 - 9\sqrt{5}}$$

제곱근을 계산하여 간단히 하면 다음과 같다. 이때 $\varphi = \frac{1+\sqrt{5}}{2}$는 황금비율이다.

$$R = \frac{\sqrt{3}}{12 + 4\sqrt{5}} = \frac{\sqrt{3}}{8\varphi^2}$$

이것을 십진수로 변환하면 $R = 0.0826981\ldots$이 되고, 종이접기 유닛의 비율은 $1/12 \approx 0.8333$이다. 얼마나 흥미로운가! 1×3 크기의 종이로 접은 프랜시스 오우의 유닛으로는 최적 너비와의 차이가 0.000635 이내인 정사면체 스트럿을 만들 수 있다. 소수점 아래 셋째 자리까지의 정확도를 가지며, 종이접기 모델로 실제로 알아차리기에는 너무 작은 차이임을 알 수 있다.

이를 보다 구체적으로 알아내는 방법은 긴 변의 길이가 10인치인 1×3 용지로 시작한다고 가정하는 것이다. 그런 다음 프랜시스 오우의 60° 유닛은 스트럿의 너비가 약 0.83333인치인 정사면체 프레임을 만든다. 이상적인 너비는 약 0.82698인치이므로 0.00635인치 또는 약 0.16 밀리미터 정도 차이가 난다. 이 정도 차이는 실제로 거의 알아보기 쉽지 않다!

즉, 1×3 용지를 사용하는 것은 종이가 유연하기 때문에 종이접기 용도로 매우 적합하다. 그래서 약간 두꺼운 종이접기 스트럿은 문제가 되지 않는다. 그러나 목공 장인인 리 크라스노우(Lee Krasnow)와 유리 공예 장인인 한스 셰커(Hans Schepker)가 한 것처럼 나무나 유리로 FIT 구조의 버전을 만든다면 정확성의 문제가 매우 중요해진다. 나무나 유리로 모델을 만들 때 몇 밀리미터의 오차가 중요한가? 또는 완성된 조각의 크기가 10인치 길이의 직사각형으로 만든 것보다 훨씬 더 크다면 어떨까? 단단한 재료로 작업하는 아티스트는 최적의 것보다 더 얇은 스트럿 너비 쪽을 선호할 수 있다.

다른 방법들. 이 문제에 접근하는 다른 방법도 있다. 애리조나 대학(University of Arizona)의 돈 바카우스카스(Don Barkauskas)는 벡터만 사용하는 해법을 제안했다. 외적을 사용하여 두 직선 $\overline{v_1v_2}$ 와 $\overline{v_3v_4}$에 모두 수직인 방향 벡터 v를 구한다. 그런 다음 v와 $\overline{v_1v_2}$를 포함하는 평면의 방정식과 v와 $\overline{v_3v_4}$를 포함하는 평면의 방정식을 구한다. 이 두 평면은 교차하면서 교선 M을 형성한다. 직선 M이 $\overline{v_1v_2}$와 교차하는 점과 M이 $\overline{v_3v_4}$를 교차하는 점 사이의 선분의 길이는 두 정사면체 변들 사이의 최소 거리가 된다. 그러나 이것은 최적 거리 L은 아니다. 이것은 최적의 스트럿의 삼각형 단면의 높이이며, 원하는 길이 L을 구하려면 삼각법 또는 간단한 삼각형 기하학을 사용해야 한다. 이 접근 방식은 미적분학은 피하지만 스트럿의 단면에 필요한 정사면체의 한 변의 이면각(60°가 아님)을 찾는 것과 같은 더 복잡한 단계가 필요하다.

일리노이 대학(Illinois College)의 카일 칼더헤드(Kyle Calderhead)가 제안한 미적분학을 피하는 또 다른 방법은 $\overline{v_1v_2}$ 및 $\overline{v_3v_4}$에 모두 수직인 벡터를 결정하는 것이다. 단, 이번에는 단위 벡터로 만들 필요는 없다. 이 벡터를 v_u 라고 하자. 그런 다음 v_u와 $\overline{v_1v_2}$ 위의 한 점에서 $\overline{v_3v_4}$ 위의 한 점을 가리키는 벡터 w의 내적을 취한다. 이 내적은 두 직선 $\overline{v_1v_2}$와 $\overline{v_3v_4}$ 사이의 최소 거리인 v_u에 투영된 w의 길이를 제공한다. 그러나 이것은 여전히 이 최소 거리를 우리가 원하는 거리 L로 변환해야 하며, 이를 위해서는 스트럿의 삼각형 단면과 정사면체의 이면각이 필요하다.

교수법

앞서 언급했듯이 교사는 학생들과 수업하기 전에 다양한 크기와 무게의 종이로 실험하면서 FIT 모델을 직접 만드는 연습을 해야 한다. 교양수학 수업에서는 이 모델이 매우 어렵다는 것을 알게 될 것이며, 복잡한 다면체 구조와 대칭을 보여주는 어려운 퍼즐로 보아야 한다. 학생들의 역량에 달려있지만, 수업 시간에 하나의 정사면체 프레임을 만든 다음, 이후 전체 FIT는 각자 만들어보도록 할 수 있다. 이 경우는 추가 점수를 부여할 수 있을 것이다.

학부 기하학 또는 다변수 미적분학 과정의 학생들은 활동지 전체를 수행할 수 있어야 한다. 활동지를 어떻게 구성할 것인지는 전적으로 교사에게 달려 있다. 어떤 교사는 학생들을 3~4명의 모둠으로 구성하여 각 모둠에 최소한 한 명 이상의 종이접기가 능숙한 사람과 수학 및 시각화 역량이 뛰어난 학생 한명을 배치하는 방법으로 성공적으로 수업을 할 수 있었다. 카일 칼더헤드가 이 접근 방식을 사용했을 때 그는 “대부분의 모둠에서 가장 종이접기를 잘 하는 학생이 수학을 제일 잘하지는 않았기 때문에 대부분의 학생들이 모둠 활동에 기여할 것이 있다고 느꼈다.” 라고 말했다.

버키볼(Buckyballs) 접기

Activity 17

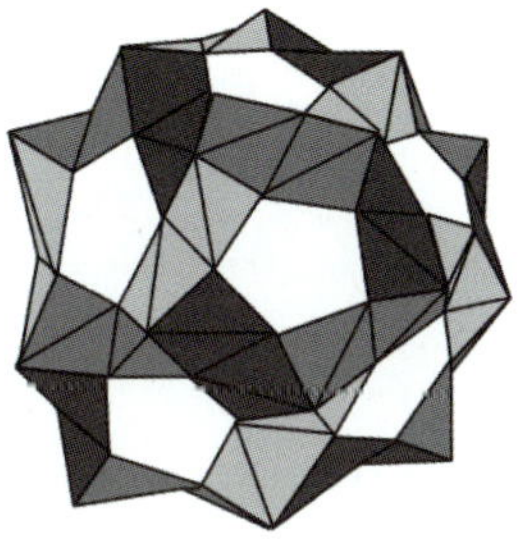

관련 과목: 기하학, 그래프 이론, 위상수학

개요

이 활동은 여러 부분으로 구성된다.

(a) 학생들은 피츠 유닛(PHiZZ unit)에 대해 학습하고, 30개의 피츠 유닛을 사용하여 12면체를 만든다. 이 다면체는 3가지 또는 대칭적인 5가지의 색으로 채색된 변으로 이루어진다.

(b) 학생들은 축구공(C_{60} 버키볼(Bucky-ball)[1], 잘린 정이십면체(truncated icosahedron))의 그래프에서 해밀턴 회로(Hamilton circuit)를 찾아 3가지 색을 사용하여 인접한 변이 서로 다른 색이 되도록 색칠하는 방법을 찾는다. 그런 다음 보통 팀으로 작업하여 90개의 피츠 유닛을 사용하여 버키볼을 만든다.

(c) 학생들은 오일러의 공식을 사용하고 경우의 수를 구하여 모든 버키볼에 정확히 12개의 오각형이 있음을 증명한다. 모든 구 모양의 버키볼을 분류하고 이를 만드는 데 필요한 피츠 유닛의 개수를 구하는 공식을 찾는 문제는 훨씬 더 큰 프로젝트로서 시도해 볼 가치가 있다.

[1]일반적으로 탄소 원자 60개가 축구공 모양으로 결합하여 생긴 버크민스터풀러렌 C_{60}을 말한다.

내용

그래프 이론 수업에서 피츠 유닛은 학생들에게 변의 삼색문제(3-edge-coloring)를 실제적으로 경험하게 한다. 해밀턴 회로, 채색문제, 오일러의 공식 및 경우의 수 계산은 학부 그래프 이론 과정의 일반적인 주제이며, 학생들은 일반적으로 혼자 또는 모둠으로 작업하여 큰 버키볼을 만들고 싶어 한다. 구 모양의 버키볼은 콕스터(Coxeter)에 의해 수학적으로 분류가 되어 있지만 그 결과는 잘 알려져 있지 않다. 그러나 이러한 분류 문제는 그래프 이론, 조합론, 다면체, 벡터 기하학과 같은 주제가 어떻게 결합될 수 있는지를 보여주는 좋은 예시이다. 그래프 이론 수업에서 이 활동에 필요한 차시는 일주일 또는 그 이상이 될 수 있지만 교사는 얼마나 많이, 또는 얼마나 적게 수업할지를 결정할 수 있다. 또한 이 활동은 많은 표준 재료를 사용하므로, 그래프 이론의 여러 개념을 소개하는 하나의 방편으로써 피츠 유닛을 다루는데 시간을 할애할 만한 가치가 있다.

활동지

이 활동의 세 부분과 관련된 세 가지 활동지가 있다.

수업 시간

첫 번째 활동지에서, 학생들은 20분 내에 3 ~ 5개의 유닛을 접고 이들을 결합시키는 법을 배울 수 있다. 30개의 유닛을 모두 접는 것은 수업 시간 외에 하는 것이 가장 좋다. 두 번째 활동지를 위해 필요한 시간은 학생들이 평면 그래프에 대해 어느 정도 경험을 가지는가에 따라 달라진다. 모둠으로 작업하게 되면, 평면 그래프에 익숙한 학생은 이 활동을 마치는데 15분이면 충분하지만, 그렇지 않은 학생들은 30 ~ 40분이 필요할 수도 있다. 세 번째 활동지는 약 30분 정도 소요된다.

활동지 1 피츠 유닛(PHiZZ unit)

이러한 모듈식 종이접기 유닛은 1993년 토머스 헐(Tomas Hull)에 의해 처음으로 만들어진 것으로 이 유닛들을 결합하여 서로 다른 여러 개의 다면체를 만들 수 있다. 이 유닛의 이름 피츠(PHiZZ)는 오각 육각 지그재그(Pentagon Hexagon Zig-Zag)를 의미한다. 이는 강하게 결속되기 때문에 특별히 큰 물체를 만드는 데 좋다.

피츠 유닛 만들기: 첫 번째 단계는 사각형을 $\frac{1}{4}$ 지그재그로 접는 것이다.

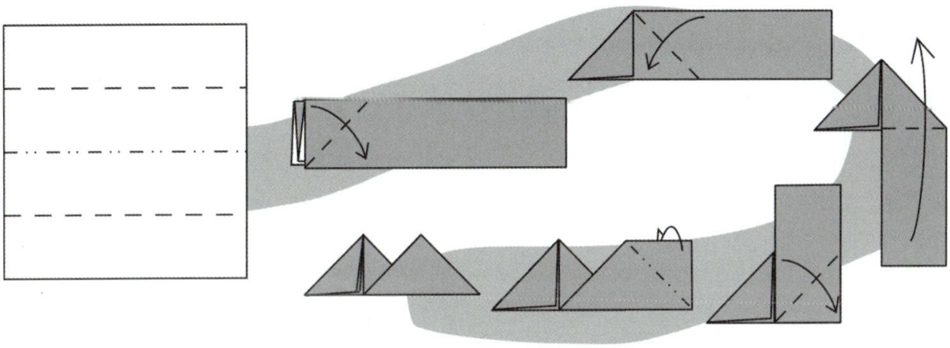

이러한 유닛을 만들 때 모든 유닛을 **똑같이** 만드는 것이 중요하다. 두 번째 단계를 거꾸로 접을 수 있고 이 경우 유닛은 거울 대칭이 되어 다른 것들과 맞지 않아 결합할 수 없게 된다. 주의하라!

유닛을 결합하기: 아래 그림은 유닛을 '위'에서 바라본 것이다. 첫 번째 유닛은 살짝 '개방'되어 다른 유닛을 안으로 밀어 넣을 수 있다.

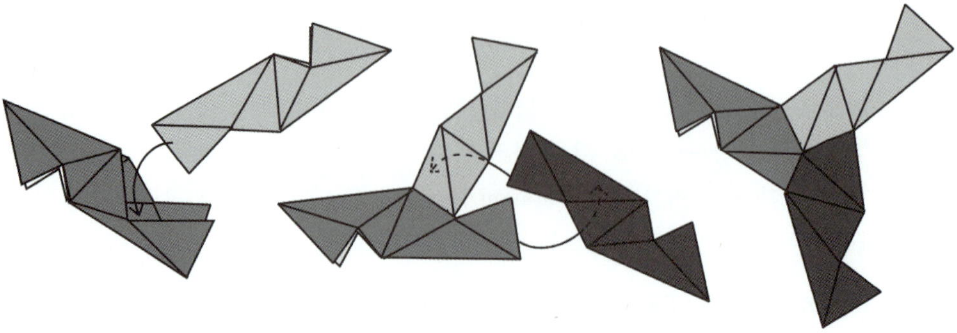

하나의 유닛을 다른 종이 겹 **사이**로 집어넣도록 하라. 또한 '삽입'된 유닛의 덮개가 '개방'된 유닛의 주름에 걸려 있는지 확인하라. 이는 서로를 단단히 고정시킨다.

과제: 그림과 같이 **30개의 유닛**을 만들고 이를 합쳐서 정오각형 면으로 이루어진 **정십이면체**를 만들어라. **또한** 3가지 색을 사용하여 각 색상마다 10개의 유닛으로 정십이면체를 만들어라. 그러나 같은 색의 두 유닛은 연결되지 않도록 하라.

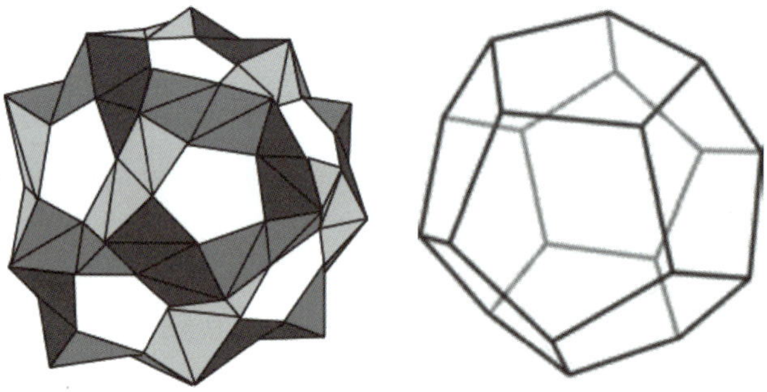

활동지 2 평면그래프와 채색문제

다면체의 **평면 그래프**를 그리는 것은 피츠 유닛을 사용할 때 채색을 계획하는 최고의 방법이 될 수 있다. 다면체의 평면 그래프를 얻기 위해서, 이를 책상에 놓고 위쪽 면을 넓게 벌린 후 각 변이 교차하지 않도록 책상의 표면 위로 다면체를 누르는 것을 상상해 보자. 아래는 십이면체와 그에 대응하는 평면 그래프를 보여준다.

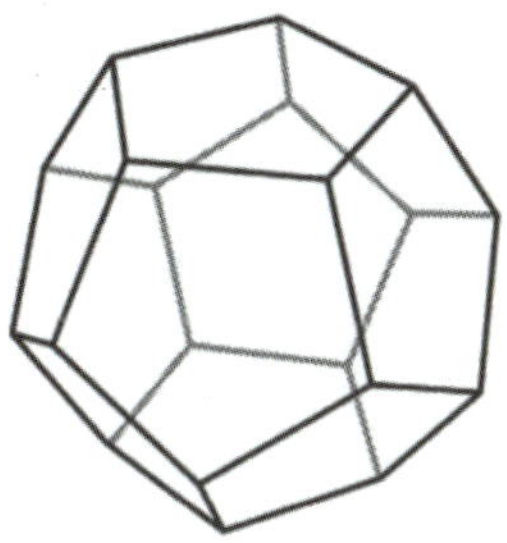

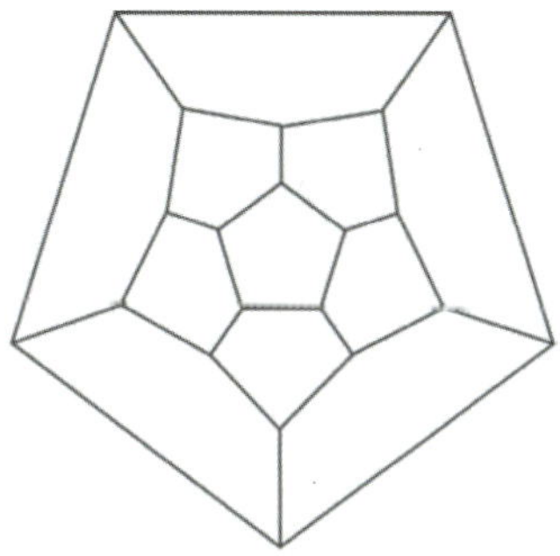

과제 1: 축구공 모양 다면체의 평면 그래프를 그려라. 이 그래프가 12개의 오각형과 20개의 육각형이 있는지 확인하라.

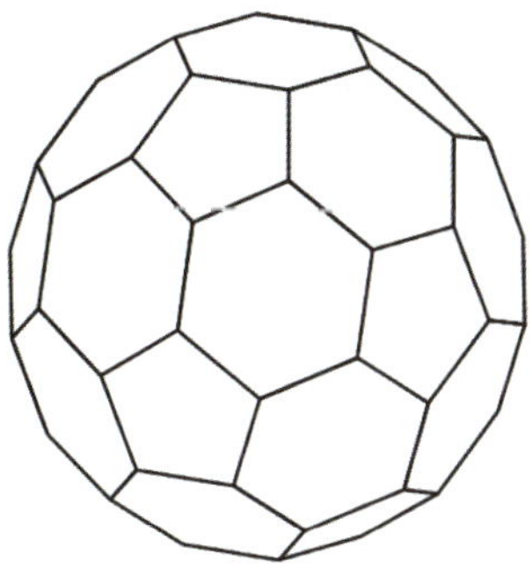

과제 2: 해밀턴 회로(Hamilton circuit)는 한 꼭짓점에서 시작하여 같은 꼭짓점을 두 번 지나지 않으면서 다른 모든 꼭짓점을 지나 처음 시작한 꼭짓점으로 돌아오는 그래프의 경로이다. 정십이면체의 평면 그래프에서 해밀턴 회로를 찾아라.

세 가지 색의 피츠 유닛을 사용하여 다면체를 만들 때 같은 색의 두 유닛이 연결되지 않도록 만드는 것은 일종의 퍼즐이다. 각 유닛은 평면 그래프의 변에 대응하므로, 이는 같은 색을 가진 변이 서로 연결되지 않으면서 세 가지 색으로 그래프의 변을 칠하는 적절한 **3색-변-채색 (3-edge-coloring)** 문제로 볼 수 있다.

질문: 정십이면체의 적절한 3색-변-채색을 하기 위해 정십이면체의 평면 그래프에서 해밀턴 회로(Hamilton circuit)를 어떻게 사용할 수 있는가?

과제 3: 축구공 모양 다면체의 평면 그래프에서 해밀턴 회로를 찾고, 이를 사용하여 피츠 유닛으로 만든 축구공 모양 다면체의 적절한 3색-변-채색을 디자인하라. (총 90개의 유닛이 필요하다. 자유롭게 팀을 구성하여 이를 수행하시오!)

활동지 3 피츠 버키볼 만들기

버키볼은 다음 두 가지 성질을 가진 다면체이다.

(a) 각 꼭짓점의 차수는 3이다.(각 꼭짓점에 3개의 변이 인접한다.) 그리고

(b) 각 면은 오각형과 육각형으로만 이루어진다.

피츠 유닛은 오각형과 육각형 고리를 만들 수 있기 때문에 버키볼을 만드는 데 적합하다.

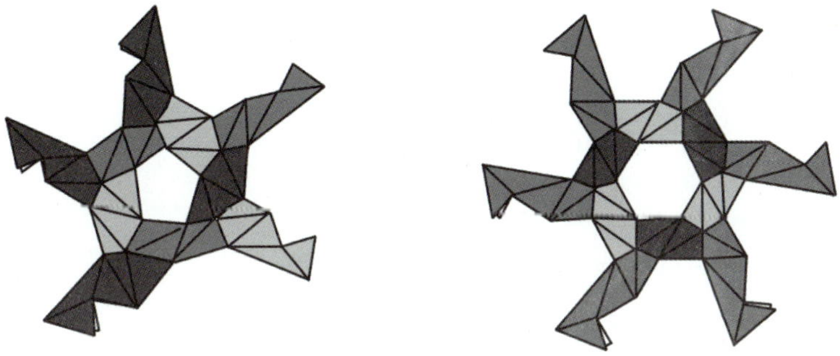

이는 버키볼 다면체의 면을 나타낸다. 하지만 이를 만들 때 얼마나 많은 오각형과 육각형이 필요한지 아는 것이 도움이 된다!

아래 그림은 3개의 버키볼을 나타낸 것이다. 정십이면체 (12개의 오각형, 육각형은 없음), 축구공 모양의 다면체(12개의 오각형, 20개의 육각형), 그리고 또 다른 하나. (왜 그런지 이유를 알 수 있는가?)

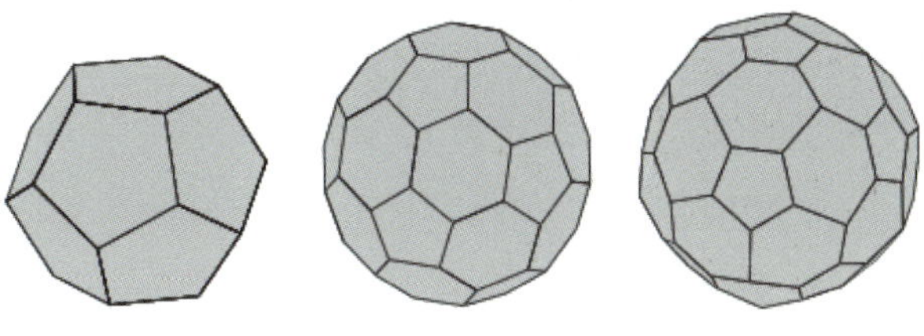

질문 1: 정십이면체에는 몇 개의 꼭짓점과 변이 있는가? 축구공 모양의 다면체는 어떠한가? 버키볼의 꼭짓점 개수 V와 변의 개수 E와 관련된 공식을 찾아라.

질문 2: F_5 = 버키볼의 오각형면의 개수, F_6 = 버키볼의 육각형면의 개수, 그리고 F = 버키볼 면의 총 개수라 하자. 관련 공식을 찾아라.

(a) F_5, F_6 과 F 사이에 성립하는 공식 (쉽다!)

(b) F_5, F_6 과 E 사이에 성립하는 공식 (더 어렵다.)

질문 3: 질문 1과 2에 대한 답과 함께, 다면체에 대한 오일러의 공식 $V - E + F = 2$를 사용하여 F_5, F_6, 즉, 오각형과 육각형의 개수와 관련된 공식을 찾아라.

질문 4: 모든 버키볼에 대해 어떤 결론을 내릴 수 있는가?

해답과 교수법

활동지 1: 피츠 유닛

나는 1993년 대학원 재학 중에 피츠 유닛을 발명했다. 나의 목표는 매우 큰 다면체를 구성할 수 있을 만큼 충분히 강한 결속을 가지는 종이접기 방법을 설계하는 것이었다. 그 결과는 효과적이었다. 종이의 전체 $\frac{1}{4}$이 각각의 결속에 기여하고 추가적으로 '고리'를 형성하는 뜻밖의 즐거움을 얻었다. 이는 다면체 구조의 기저를 이루는 다각형 면(face)을 훨씬 쉽게 이해하도록 만들었다. 그러나 나는 이 방법이 삼각형과 사각형 모양의 고리를 만들지는 못한다고 느꼈다. 왜냐하면 이는 종이를 비틀리게 하며, 특정 유형의 종이접기 용지를 사용할 때, 허물어지기 때문이었다. 따라서 나는 오각형과 육각형 모양의 면으로 제한해야 했고, 이는 오각-육각-지그재그(Pentagon-Hexagon Zig-Zag), 또는 줄여서 피츠 유닛(PHiZZ unit)이라는 이름이 붙은 이유가 된다. 후에 나는 칠각형 또는 더 큰 면이 만들어질 수 있다는 것을 발견하였고, 이 사실은 나로 하여금 음의 곡률을 도입하도록 했다. 이를 종이접기 모델로 구체화하는 방법에 대해서는 Activity 18의 도넛 모양의 곡면 접기를 참조하라.

이 활동의 중심은 피츠 유닛을 접고 조립하는 것이므로 교사는 피츠 유닛에 익숙해질 수 있도록 추가적으로 많은 시간을 할애해야 한다. 어떤 교사와 학생들은 유닛을 결합시키는 방법을 소개하는 활동지 내의 도식을 이해하기 어려워할 수 있다. 한 유닛의 덮개를 다른 유닛의 종이겹 사이에 넣는 방법을 묘사하는 그림과 설명에 세심한 주의를 기울여야 한다. 최소한 30개의 유닛을 만들어 정십이면체를 형성하고 평면 그래프를 사용하여 적절한 3색-변-채색(a proper 3-edge-coloring)[2]을 얻어라. 축구공 모양의 다면체[3]는 정말 인상적인 접기 모델이며, 이를 만들기 위해 90개의 유닛을 준비하는 것이 더 좋다. 이는 연구실 또는 교실에 걸 수 있는 멋진 장식물이 된다!

나는 이러한 유닛을 만들기 위해 사용할 수 있는 이상적인 종이가 사무용품점에서 찾을 수 있는 '메모 큐브 용지'라는 것을 알게 되었다. 하지만 포스트잇은 피해야 하는데, 스티커 부분이 유닛 기능을 방해할 수 있기 때문이다. 찾을 수 있다면, 플라스틱 상자/홀더에 들어있는 메모 큐브 용지를 구입하라. 이는 다른 메모 큐브 용지보다 훨씬 정사각형에 가깝다. 정사각형이 아닌 종이는 정확한 유닛을 만드는 데 약간의 문제가 될 수 있다.

일반 종이접기 용지도 유용하지만 작은 정사각형으로 잘라야 한다. 예를 들어 500개 이상의 유닛으로 매우 큰 버키볼을 만들 때 3인치 메모 큐브 용지를 사용하면 기숙사 방에 비해 너무 커질 수 있다. 대신 일반 종이접기 용지(한 면은 채색되어 있고 다른 면은 흰색인 종류)를 2인치 또는 2.5인치 정사각형으로 자르도록 하라. 이는 훨씬 더 다루기 쉬운 경향이 있다.

---

[2]세 가지 색으로 그래프의 변을 색칠하는 것을 말한다. 이때, 인접하는 두 변은 서로 다른 색이 되도록 칠해야 한다.
[3]일명 버크민스터풀러렌(Buckminster fullerene), 또는 잘린 정이십면체(truncated icosahedron)

유닛을 정확하게 만드는 것이 도움이 되며, 교사는 학생들이 만든 유닛이 적절한지 수업 중에 확인하라. 장갑을 끼고 접은 것처럼 엉성하게 보이면 안 된다.

더 중요한 것은 유닛이 왼쪽 및 오른쪽 방향 두 버전으로 주어질 수 있다는 점이다. 활동지의 지침을 주의 깊게 따르면 모든 유닛이 오른쪽 방향이고 적절하게 잘 결속된다. 그러나 지침을 보지 않고 일단 접기 요령을 따라 만들기 시작하면 다른 유닛들의 거울 대칭(예 : 왼쪽방향)인 유닛이 우연히 쉽게 만들어질 수 있다. 그러한 유닛은 방향이 다른 유닛과 함께 결속될 수 없다. 따라서 교사는 학생들이 이 함정을 알고 있는지 확인해야 한다!

일단 학생들이 유닛 몇 개를 접고 결속하는 방법을 배우게 되면 교사는 한데 모여 쌓여 있는 꼭짓점들(3개의 유닛을 결합하여 만들어진 피라미드 모양)을 보게 될 것이다. 이는 학생들이 정십이면체를 구성하려고 만든 것이다. 이는 잘못된 접근 방식이다. 이러한 꼭짓점 3개를 한 묶음으로 결합하여 새 꼭짓점을 만드는 것은 매우 어렵다. 이를 시도하는 사람은 그 과정에서 실패하게 될 것이고 결국 꼭짓점들을 분해해야만 할 것이다. 피츠 유닛으로 다면체를 만드는 가장 좋은 방법은 하나의 꼭짓점을 만든 다음 이 꼭짓점에 여러 개의 유닛을 계속 연결해 가면서 다면체의 꼭짓점을 한 번에 1개씩 만들어가는 것이다. 학생들이 이 제안을 따르면 발생할 수 있는 많은 골칫거리들이 사라질 것이다.

활동지 2: 평면그래프와 채색문제

여기서 첫 번째 작업은 축구공 모양 다면체의 평면 그래프를 그리는 것이다. 이는 잘린 정이십면체로도 알려져 있다. 학생들은 보통 이런 종류의 활동을 많이 즐기지만 종종 이를 해내기 위한 방법에 대한 도움이 필요하다. 정십이면체의 평면 그래프가 어떻게 만들어질 수 있는지 보여주는 것이 도움이 될 수 있다. 하나의 오각형을 그리는 것으로 시작하라. 그 다음 그 주위에 오각형들이 그려진다는 사실을 주목하라. 각 꼭지점의 차수는 3이 되어야 한다. 축구공 모양의 다면체의 경우, 역시 오각형 면으로 시작해서, 오각형의 각각의 변에 육각형들이 인접하도록 그린 후, 이를 위주로 바깥으로 그려가도록 하라. 예를 들면 아래 그림과 같이 학생들이 그린 그림이 가능한 한 대칭이 되도록 격려하라.

그런 다음, 학생들에게 이 그래프에서 해밀턴 회로를 찾도록 질문하라. 그 이유는 해밀턴 회로가 그래프의 적절한 3색-변-채색을 하는 쉬운 방법을 주기 때문이다. 그 방법은 다음과 같다. 일단 해밀턴 회로를 찾으면 회로의 변들을 두 가지 색으로 번갈아가면서 채색하라. 임의의 3차 그래프(모든 꼭짓점의 차수가 3인 그래프)는 꼭짓점의 수가 항상 짝수임을 증명할 수 있다. (증명은 세 번째 활동지의 질문 1의 해답을 참조하라.) 우리의 해밀턴 회로는 모든 꼭짓점을 정확히 한 번 지나기 때문에 짝수개의 변을 가지고, 따라서 회로를 적절히 2가지 색으로 칠할 수 있다. 그런 다음 회로에 속하지 않은 나머지 변들을 세 번째 색으로 칠할 수 있다. 그러면 3가지 색으로 변을 색칠할 수 있다.

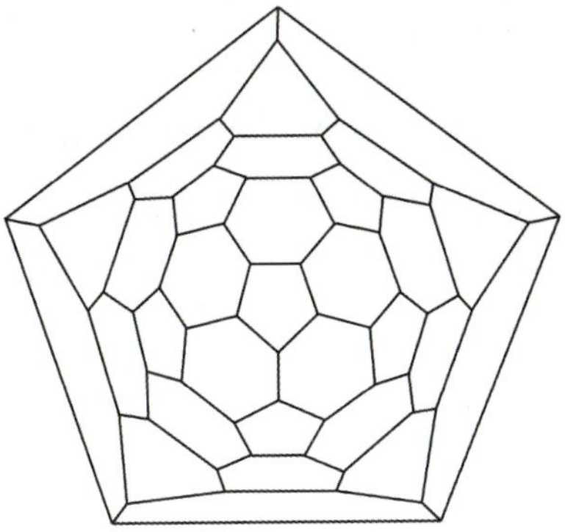

정십이면체와 축구공 모양의 다면체에서 해밀턴 회로를 찾는 여러 가지 방법이 있다. 아래는 각각의 한 예를 보여준다.

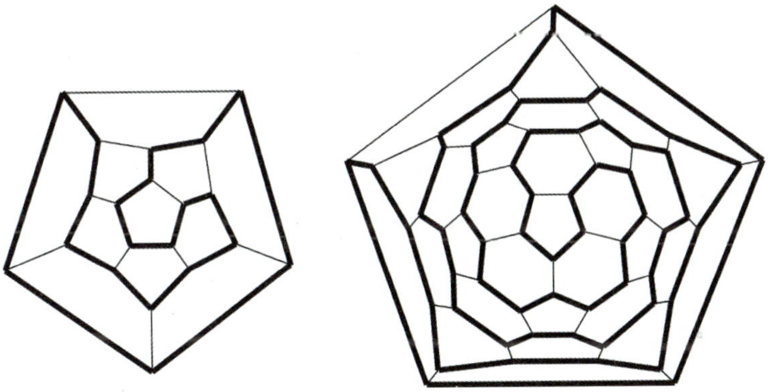

여기서 탐구할 가치가 있는 흥미로운 그래프 이론이 많이 있다. 예를 들어, 1890년대에 테이트(Tait)는 사색정리(Four Color Theorem)를 증명하기 위해 해밀턴 회로의 개념을 사용하고자 했다. 그 당시에는 사색정리가 아닌 가설이었다. 이는 평면 그래프의 면을 네 가지 색으로 칠하는 문제를 3차 평면 그래프의 적절한 3색-변-채색 문제로 변환하는 우아한 (테이트에 의해 주어진)방법을 통해 해결하고자 했다. 그러나 테이트(Tait)는 모든 2-연결 평면 그래프는 해밀턴 회로를 가진다고 가정하는 실수를 했다. 실제로 1930년대 튜트(Tutte)는 해밀턴 회로가 없는 이러한 그래프의 예를 발견했다. 이에 대한 자세한 내용은 [Bar84] 및 [Bon76]을 참조하라.

활동지 3: 피츠 버키볼 만들기

이 활동지는 피츠 유닛과 활동지 1을 하고 난 이후에 사용하는 것이 좋다. 학생들은 피츠를 사용하여 정십이면체를 만들어야 하거나, 어쩌면 축구공 모양의 다면체를 만드는 과정에 있을 수 있다. 더욱 더 큰 버키볼을 구상하는 것이 학생들에게 어려운 일은 아니다. 단지 그들이 보았던 모든 지오데식 돔이 실제로는 일종의 큰 버키볼이라는 사실을 상기시켜라. 단지 핵심을 강조하고 싶다면 앱콧 센터(Epcot Center)의 스페이스십 어스(Spaceship Earth) 사진을 찾아보라.

실제로 대부분의 지오데식 돔 구조는 버키볼의 쌍대 다면체이다. 만일 학급에서 평면 쌍대 그래프의 개념을 탐구했다면 이는 하나의 흥미로운 예가 될 것이다. 버키볼은 모든 꼭짓점의 차수가 3인 반면, 쌍대 다면체인 지오데식 돔은 모든 면이 삼각형으로 이루어진다. 버키볼은 오각형과 육각형의 면으로 이루어진다. 반면 지오데식 돔은 차수가 5와 6인 꼭짓점만을 가진다.

활동지에서 3개의 버키볼을 볼 수 있다. 정십이면체('자명한' 버키볼), 축구공(이는 고전적인 C_{60} 분자와 같은 구조이며 화학자들은 풀러렌으로 종종 부른다), 그리고 세 번째로는 더 큰 버키볼이 있는데 이는 학생들에게 익숙하지 않을 것이다. 세 번째 버키볼은 축구공 구조와는 근본적으로 다르다. 왜냐하면 그림에서 살펴볼 수 있듯이, 그것이 3개의 육각형들이 만나는 꼭짓점을 가지기 때문이다. 축구공의 모든 꼭짓점들은 2개의 육각형과 1개의 오각형이 만나는 꼭짓점을 가진다.

이는 호기심 많은 학생들을 비롯하여, 아마도 여러분을 어리둥절하게 할 것이다. 3개의 정육각형이 만나면 곡률이 없는 평평한 평면을 얻게 된다. 그렇다면 어떻게 이러한 다면체를 만들 수 있는가? 이 추론은 옳으며, 이 다면체의 육각형들이 정육각형이 아니라는 것을 증명한다. 이러한 오각형과 육각형의 배열이 다면체를 형성하려면 육각형이 약간 불규칙해야 한다. 이는 매스매티카를 사용하여 생성된 활동지의 그림이 약간 이상하게 보이는 이유이다. 다행히도 피츠 유닛은 충분히 유연하여 이러한 육각형이 정육각형이 되지 않도록 할 수 있다. 따라서 만약 여러분 또는 학생들이 이러한 버키볼을 만들고자 하면 차이점을 전혀 알아차릴 수 없을 것이다.

질문 1. 한동안 피츠 유닛을 가지고 놀면, 학생들은 십이면체와 축구공에 얼마나 많은 꼭짓점과 변이 있는지 알 수 있을 것이다. 학생들 스스로 이러한 것들을 세어 보게 하고, 이에 대해 확고하게 하라! 학생들이 종이접기 다면체를 구성하도록 하는 요점은 실제 경험을 통해 자신이 만든 수학적 대상들에 대한 개념적 이해를 구축하는 것이다. 이러한 종류의 질문을 하는 것은 그러한 개념들을 전면에 내세우지만 학생들은 이를 얻기 위해 스스로 토론하고 씨름해야 한다.

어쨌든, 다음 표를 얻는다.

	꼭짓점의 개수	변의 개수
정십이면체	20	30
축구공	60	90

이는 식 $V = \frac{2E}{3}$을 시사한다. 그러나 이 공식은 일반적인 버키볼에 대해서 증명될 수 있다. 임의의 버키볼을 가져와서 각각의 꼭짓점에 붙어 있는 변의 개수를 세어보라. 한 꼭짓점에 인접한 3개의 변을 셀 것이고, 이는 총 $3V$개의 변이 된다. 그러나 각 변은 2개의 꼭짓점을 연결하고 각 꼭짓점마다 연결된 변을 한 번씩 세게 된다. 따라서 각각의 변을 두 번씩 세게 된다. 따라서 $3V = 2E$이다.

이 식으로부터 임의의 버키볼, 또는 3차 정규 그래프는[4] 항상 짝수개의 꼭짓점을 가진다는 것을 증명할 수 있다. 나는 이러한 종류의 세기 논법이 다면체의 조합론적 성질을 공부할 때, 얼마나 유용한지를 강조하고 싶다. 실제로, 다음 질문에서 이를 다시 사용하게 될 것이다.

질문 2. 문제 (a)에서 구하고자 하는 것은 $F = F_5 + F_6$이 전부이다. 그렇다. 이를 찾기는 쉽다.

문제 (b)는 질문 1에 있는 것과 비슷한 세기 논법을 요구하지만 이번에는 꼭짓점 대신 버키볼의 면을 살펴본다. 우리는 여전히 변의 개수를 세고 있으며, 이번에는 각각의 면을 둘러싸는 변들의 개수를 센다. 모든 오각형 면은 각각 5개의 변으로 둘러싸여 있으므로 총 $5F_5$개의 변을 셀 수 있다. 또한 육각형으로부터는 $6F_6$개의 변을 셀 수 있다. 각각의 변은 2개의 면이 인접해 있기 때문에 두 번씩 셀 것이다. 따라서,

$$5F_5 + 6F_6 = 2E.$$

질문 3. 우리가 가진 모든 식들은 여기서 원하는 결과를 얻기 위해 사용될 수 있으며 그 방법은 여러 가지가 있다. 변수 V를 소거하기 위해 오일러의 공식과 함께 식 $V = \frac{2E}{3}$를 사용하면 다음 식을 얻는다.

$$F - \frac{1}{3}E = 2.$$

이제, 우리는 F_5와 F_6을 포함하는 하나의 식을 원한다. 이러한 두 변수들로만 이루어진 식을 얻기 위해서 $F = F_5 + F_6$와 $2E = 5F_5 + 6F_6$을 사용하자.

$$\begin{aligned} & F_5 + F_6 - \frac{1}{3}\left(\frac{5F_5 + 6F_6}{2}\right) && = 2 \\ \Rightarrow\ & 6F_5 + 6F_6 - 5F_5 - 6F_6 && = 12 \\ \Rightarrow\ & F_5 && = 12 \end{aligned}$$

와우! 육각형의 개수가 떨어져 나가고, 이는 오각형의 고정된 개수를 준다! 그래서 질문 3은 F_5와 F_6을 포함하는 식이 실제로는 F_6을 전혀 포함하지 않고 있다는 점에서 일종의 '트릭' 질문이다.

그러나 이는 **질문 4**의 답을 명확하게 한다. 모든 버키볼은, 부족하지도 넘치지도 않게, 정확히 12개의 오각형 면을 가진다.

---

[4] 정규그래프(regular graph)란 각 꼭짓점의 차수(degree)가 일정한 그래프를 말한다. 이때, 3차 정규 그래프란 각 꼭짓점의 차수가 3으로 일정한 정규그래프를 말한다.

추가적인 생각들

항상 $F_5 = 12$가 성립한다는 것은 꽤 놀라운 일이고, 이는 버키볼과 지오데식 돔 구조와 관련하여 더 많은 후속연구로 이어진다. 우리는 12개의 오각형 면과 몇 개의 육각형 면으로 이루어진 3차 평면 그래프를 그려서 그 밖의 다른 버키볼을 만들 수 있다. 예를 들면, 교사는 학생들에게 12개의 오각형 면과 단지 2개의 육각형 면을 가지는 3차 정규 그래프를 가능한 많이 찾아보도록 하게 할 수 있다. 얼마나 많은 피츠 유닛을 사용하여 이것을 만들 수 있는가? 이러한 그래프에서 오직 한 개의 육각형 면을 가지는 것이 가능한가? 답은 "가능하지 않다" 이다.

이러한 모델들을 살펴보면 다른 몇 가지 사실들을 발견할 수 있다. 베타 테스터인 노던 아이오와 대학(University of Northern Iowa)의 제이슨 리반도(Jason Ribando)는 "정십이면체와 달리 피츠 십이면체는 평행한 면 위의 오각형 구멍들이 나란히 정렬되어 있다는 것을 주목할 가치가 있다. 그 이유를 설명하는 것은 아주 좋은 연습문제가 될 수 있다." 고 언급한다. 1993년 햄프셔 대학 여름 수학 연구회 (HCSSiM)[5]의 학생이었던 고우리 라마찬드란(Gowri Ramachandran)은 십이면체의 인접한 변을 서로 다른 세 가지 색으로 칠하는 적절한 3색-변-채색을 할 때, 다면체의 반대쪽 면들은 비슷한 채색 패턴을 가지게 된다는 것을 알게 되었다. 즉, 한쪽 면이 예를 들어 2개의 노란색 변, 2개의 분홍색 변, 그리고 하나의 하얀색 변으로 색칠되었다면, 그 반대쪽 면 또한 같은 패턴의 채색을 가진다. 이러한 사실이 더 큰 버키볼에서도 여전히 참일까?

여기 다른 질문이 있다. 빨간색, 파란색, 그리고 초록색의 피츠 유닛을 사용하여 십이면체를 3-변-채색할 때, 몇 개의 꼭짓점들은 시계방향으로 (빨강, 파랑, 초록) 순서로 나열되고, 다른 것들은 반시계방향으로 나열될 것이다. 시계 방향과 반시계 방향으로 나열된 것이 각각 얼마나 될까? 이것이 항상 사실인가? 이들이 십이면체에 위에서 임의의 패턴으로 나열된 것인가? 분명히 구면 모양의 버키볼들의 채색 문제와 관련하여 탐구할 많은 문제들이 있다. 이는 특히 학생들의 연구를 위한 비옥한 토양을 제공한다. 화학에 관심이 있는 학생들은 나노기술 과학자들이 탐구하고 있는 모델을 피츠 유닛 다면체로 만들고 싶어할 수 있다. 예를 들어, 라이스 대학의 리처드 스몰리(Richard E. Smalley)의 웹페이지[6]에 있는 이미지를 고려해보라. 스몰리는 탄소-60 (버크민스터풀러렌) 분자를 발견한 업적으로 노벨상을 받은 사람들 중 하나이고, 그의 버키 튜브에 대한 새로운 연구는 초전도 분야에서 혁명적인 일이 될지도 모른다.

그러나 지오데식 돔 구조는 구 형태이다. 버키볼을 가능한 구 모양이 되도록 만들기 위해서는 12개의 오각형 사이에 육각형을 균등하게 배치시키는 것을 생각할 필요가 있다. 사실 우리는 각각의 오각형을 이십면체의 꼭짓점에 대응하는 것으로 생각할 수 있고, 이십면체를 이루는 각각의 삼각형 면을 구형 버키볼 위의 3개의 오각형과 이들 사이에 자리 잡은 육각형들을 나타낸다고 생각할 수 있다. (아래 그림을 보라.) 이러한 삼각형 '타일'들은 구형 버키볼의 대칭군을 설명할 뿐만 아니라 이들을 유일하게 결정하고 열거한다 [Hull05-2].

---

[5] HCSSiM (Hampshire College Summer Studies in Mathematics). 홈페이지 주소는 `https://hcssim.org`이다.
[6] `http://smalley.rice.edu/smalley.cfm?doc_id=4866`

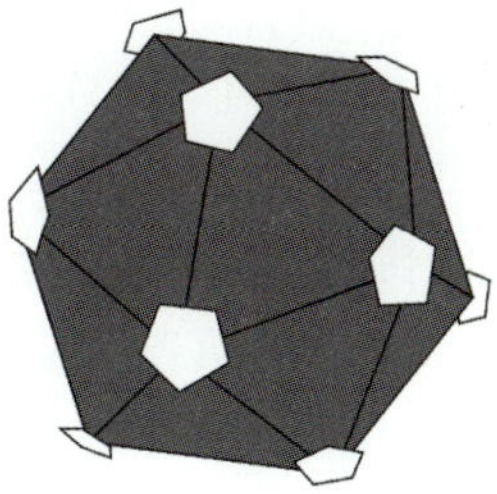

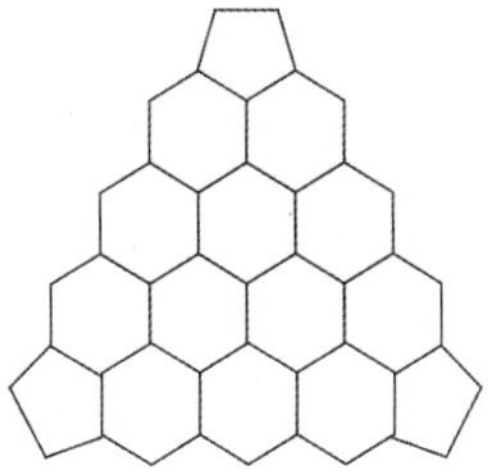

콕스터(Coxeter) [Coxe71]는 삼각형 격자 위의 삼각형 타일들을 사용하여 이러한 버키볼의 쌍대다면체의 분류를 제공했다. 그리고 이 결과는 임의의 구형 버키볼의 꼭짓점, 변, 면들의 개수에 대한 명확한 공식으로 이끈다. 짧게 요약하자면, 증명을 위한 아이디어는 버키볼을 이루는 타일들의 쌍대를 고려하는 것이고, 이는 지오데식 구의 삼각형 '타일'을 준다. 이들은 삼각형 격자 위에서 서로 거리가 같은 3개의 점들을 택하는 것에 의해 완전히 분류될 수 있다. 다시 말해, 두 벡터 $v_1 = (1,\ 0)$, $v_2 = (1/2,\ \sqrt{3}/2)$의 일차 결합을 정수 위에서 고려하자. 두 벡터 v_1과 v_2의 정수배는 각각 이 격자의 p-축과 q-축을 이룬다. 삼각형 타일의 한쪽 구석에 있는 것을 $(0,\ 0)$으로 놓고, 격자 위의 임의의 한 점을 $(p,\ q)$라 하자.[7] 이것은 삼각형 타일을 만들기 위해 필요한 세 번째 점을 결정할 것이고, 이는 $(p,\ q)$를 원점을 중심으로 $60°$만큼 회전 이동하여 얻을 수 있다. 아래 그림은 $(p,\ q) = (2,\ 1)$, 즉 좌표평면 위에서 $2v_1 + v_2$일 때의 한 예이다.

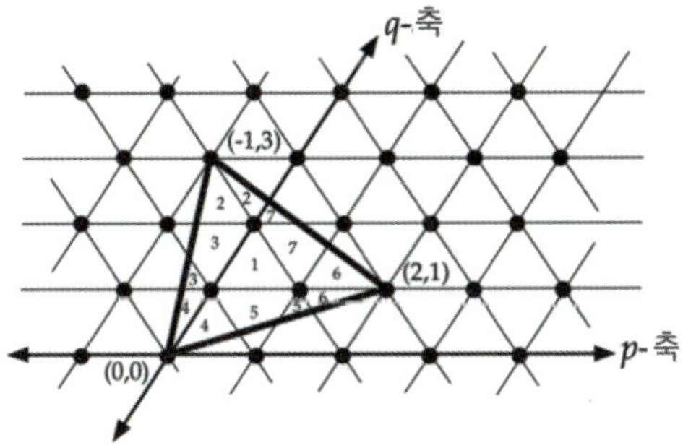

이러한 접근법의 장점은 삼각형 타일들의 면적을 계산할 수 있다는 것이다. 만약 격자 위의 각각의 삼각형 타일 면적을 1로 정규화하면, 주어진 타일의 면적을 계산하기 위해 그 안에 있는 삼각형 유닛이 몇 개인지 세기만 하면 된다. 타일의 경계에서 잘린 임의의 삼각형들은 다른 어떤 곳에서 그에 정합하는 나머지 부분을 가지게 된다. 이 사실은 타일의 대칭성에 의해 보장된다. 예를 들면, 위의 그림에서 삼각형들의 개수는 이것이 참임을 보여준다. 따라서 정규화된 면적은

[7]여기서 $(p,\ q)$는 벡터 $pv_1 + qv_2$를 의미한다. 즉, 2개의 단위벡터 v_1, v_2로 이루어진 기저에 의해 생성된 좌표를 나타낸다.

항상 정수이다. 콕스터는 (p, q)에 의해 생성되는 삼각형 타일의 면적, 즉 삼각형 유닛의 개수가 이차형식인 $p^2 + pq + q^2$임을 보였다. 이를 스스로 증명하는 것은 즐거운 일이 될 수 있다.

만약 지오데식 구를 만들기 위해 (p, q)-타일을 사용한다면 하나의 타일을 이십면체의 각각의 면에 놓게 될 것이다. 따라서 이러한 구 위의 삼각형 면의 개수는 $20(p^2 + pq + q^2)$이 된다. 이는 쌍대 다면체인 구형 버키볼의 꼭짓점의 개수와 같다. 식 $3V = 2E$가 성립하므로 이는 버키볼의 변의 개수, 즉 제작에 필요한 피츠 유닛의 개수가 $30(p^2 + pq + q^2)$라는 사실을 말해준다.

내가 실제로 제작한 가장 큰 버키볼은 $(3, 3)$-타일로부터 만들어졌고 총 810개의 피츠 유닛이 필요했다. 이러한 버키볼에 대한 사진은 웹사이트(`http://mars.wne.edu/~thull/gallery/modgallery.html`)에서 검색하여 찾아볼 수 있다.

도넛 모양의 곡면 접기

Activity 18

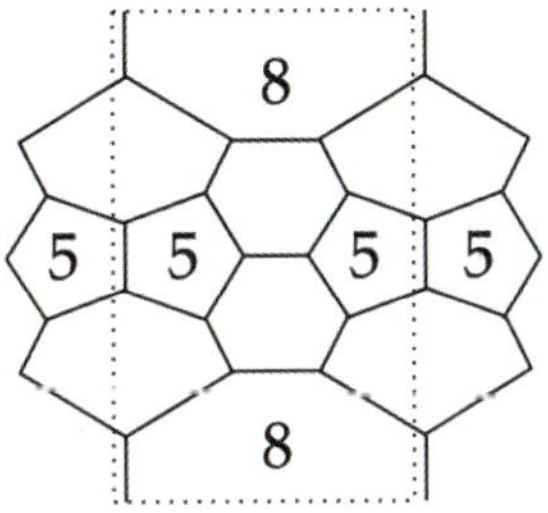

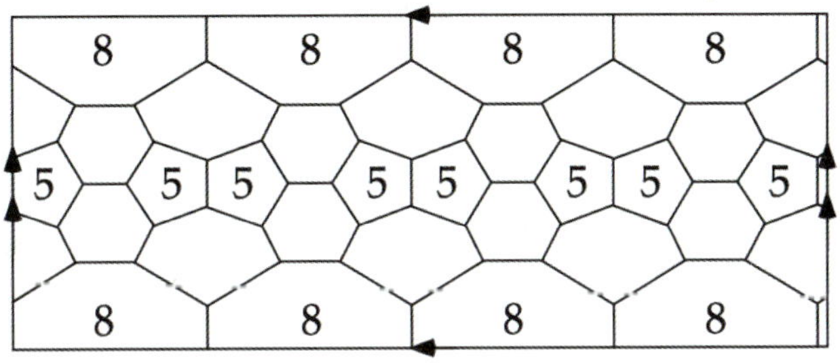

관련 과목: 기하학, 그래프 이론, 위상수학

개요

학생들은 피츠 유닛을 사용하여 도넛 모양의 곡면, 즉 토러스(torus)를 만든다.[1] 이 활동에 참여하는 학생들은 피츠 유닛 모델(최소한 정십이각형)을 이미 만들어본 경험이 있어야 한다. 이 활동은 토러스의 기본영역(fundamental domain) [2]과, 양의 곡률과 음의 곡률 중 어느 것을 선택해야 하는지에 대한 토론으로 이어진다. 토러스의 접기 디자인을 계획하기 위해 학생들은 '버키 토라이(Bucky tori)'에 대한 조합 이론을 학습한다.

내용

이 활동은 도넛 모양의 곡면이 가지는 위상(topology)을 공부하기 위한 입문으로 좋은 소재가 될 수 있다. 또한 이 활동은, 평면과는 다른 곡면들의 그래프를 가지고 학생들 스스로가 실제적인 작업의 모든 측면에 참여하여 그래프 이론을 학습할 수 있는 기회를 제공한다. 오각형, 육각형, 그리고 칠각형 면으로 이루어진 차수 3인 토로이달 그래프(toroidal graph)[3]의 오각형과 칠각형

[1] 도넛 모양의 곡면을 토러스(torus)라고 부르며 복수형은 토라이(tori)이다. 때때로 원환면(圓環面)으로 부르기도 한다.

[2] 토러스는 직사각형 모양의 종이를 가지고 그 경계를 이어 붙여서 만들 수 있다. 토러스의 기본영역(fundamental domain)은 이러한 직사각형 영역과 그 경계의 점들의 관계를 설명하는 수학적 개념이다.

[3] 토로이달 그래프(toroidal graph)는 토러스 곡면에 놓여 있는 그래프를 의미한다. 단, 평면그래프와 같이 각 변이 서로 교차하지 않아야 한다. 각 변이 서로 교차하지 않으므로 면을 생각할 수 있다.

면의 개수는 항상 같다. 이를 증명하기 위해 토러스에 대한 오일러 공식 $V - E + F = 0$을 사용한다.

버키볼 접기의 첫 번째 활동지 내용이 필요하기에 이 활동은 버키볼 접기 활동의 연장으로 볼 수 있다.

활동지

3개의 활동지가 있다.

(1) 음의 곡률을 가지는 더 큰 고리 모양을 피츠 유닛으로 만드는 방법 탐구하기

(2) 토로이달 그래프를 토러스의 기본영역 위에 그리는 방법 탐구하기

(3) 종수(genus) g이고 방향을 줄 수 있는 곡면 위에서 오일러 공식 탐구하기. 이는 '버키 토라이(Bucky Tori)'에 있는 오각형의 개수와 n각형의 개수 사이의 관계를 발견하도록 이끈다.

수업 시간

첫 번째 활동지에서는 대부분의 시간이 고리모양 제작을 위한 유닛들을 접는 데 소요된다. 이러한 유닛들을 미리 준비한다면, 수업을 마치기까지 단지 15～20분정도 걸릴 것이다. 두 번째 활동지는 토로이달 그래프 그리기 활동만 포함한다. 첫 번째 페이지를 위해서는 약 10～15분이 소요되지만 두 번째 페이지는 보다 광범위한 프로젝트로, 실제로 피츠 유닛을 가지고 토러스를 만든다. 세 번째 활동지는 여러 부분들로 이루어지고, 학생들이 이를 모두 수행하기까지 40～50분의 시간이 걸릴 수 있다.

활동지 1 피츠 유닛으로 더 큰 고리 만들기

이 활동지에서는 피츠 유닛을 사용하여 더 큰 '고리모양'을 제작하는 실험을 한다.

활동: 피츠 유닛을 사용하여 칠각형과 팔각형을 만들어보자 (대략 14개에서 16개의 유닛이 필요할 것이다. 모둠 안에서 자유롭게 만들어보자). 이는 매우 도전적인 과제이다. 어떻게 고리가 닫히게 할 수 있는가? 강제로 유닛에 추가적인 주름을 만들지 말아야 한다! 이는 보통의 유닛들로 만들어져야 한다.

질문: 오각형 고리, 육각형 고리, 그리고 더 큰 고리(7각형 또는 8각형)의 모양을 비교해보자.

특히, 이러한 고리들이 곡면 위에 놓여진다고 상상해보자. 오각형 고리가 놓이는 곡면들의 종류는 무엇일까?

육각형 고리인 경우는 어떠한가?

칠각형 또는 팔각형 고리에 대해서는 어떠한가?

만일 피츠 유닛을 사용하여 **토러스(torus)**를 만든다면 오각형 고리는 토러스 위의 어디에 위치하겠는가? 육각형 또는 더 큰 다각형의 경우는 어떠한가?

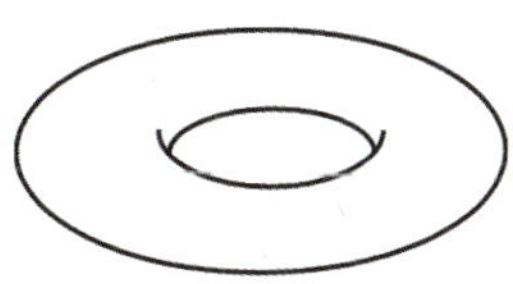

활동지 2 토로이달 그래프(Toroidal Graphs) 그리기

피츠 유닛을 사용하여 토러스 모델 만들기를 계획할 때, 이를 시각화하는 것이 어려울 수 있다. 왜냐하면 토러스는 버키볼[4]처럼 그 구조를 나타내는 평면그래프를 그릴 수 없기 때문이다.

그러나 펜과 종이를 사용하여 토러스 위에 그래프를 그릴 수 있도록, 토러스를 평면에 나타내는 한 가지 방법이 있다. 아래 그림은 이를 보여준다. 토러스 표면에 서로 수직인 2개의 선을 따라 자른 후 토러스를 직사각형으로 '펼친다'고 생각해보자. 이를 **토러스의 기본영역**이라고 부른다.

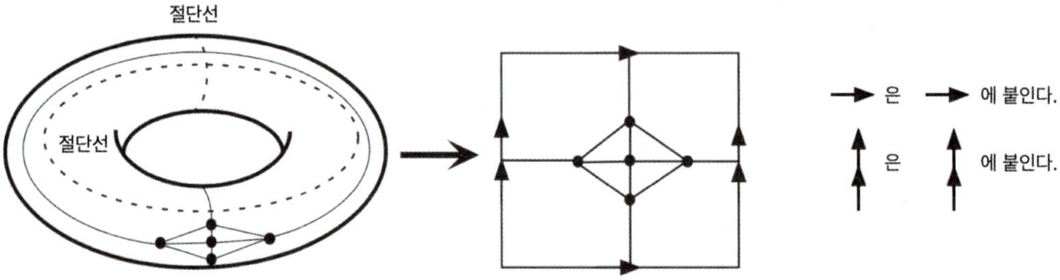

토러스를 점선을 따라 자른다. 토러스의 기본영역

토러스의 기본영역에서 그래프를 그리는 방법은 그래프의 변이 경계에 닿으면 반대쪽 경계로 다시 돌아가서 그려야 한다. 위의 그림과 같이, 토러스 위에 그려진 그래프는 몇 개의 변들을 위에서 아래로, 왼쪽에서 오른쪽으로 '감싸기' 하여 기본영역 위에 나타낼 수 있다.

활동: 아래에 있는 **사각 토러스**(square torus)의 그래프를 기본영역 위에 그려라.

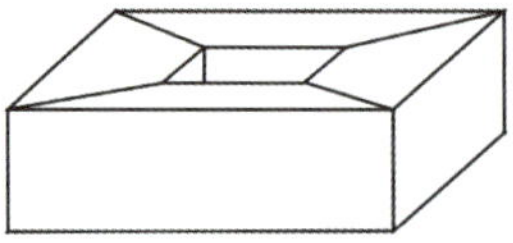

---

[4]버키볼과 같이 구와 위상동형인 다면체들은 한 면을 포함하는 평면 위로 다른 변들을 적절하게 사영(projection)하여 평면그래프로 나타내는 것이 가능하다. 이 때, 꼭짓점, 변, 면의 개수가 변하지 않는다. 따라서 평면그래프에서 성립하는 오일러 공식을 다면체 위에 적용하는 것이 가능해진다.

이제 자신만의 피츠 유닛 토러스 제작을 위해 디자인을 하기 전, 필요한 것을 갖추었다. 토러스의 기본영역을 가지고 시작하라. 그리고 그 위에 다음 조건을 만족하는 그래프를 그려라.

(1) 모든 꼭짓점의 차수가 3이다.

(2) 오각형, 육각형, 또는 n각형($n \geq 7$)으로 이루어진 면(face)을 가진다.

(사각형과 삼각형 면은 피츠 유닛과는 잘 어울리지 않는다.)

불행하게도, 피츠 유닛으로 토러스를 만들기 위해서는 아주 많은 양의 유닛이 필요하다. 이것들을 만드는데 사람들은 보통 수백 개의 유닛을 사용한다. 그러나 보다 합리적인 개수의 유닛으로 이를 만들 수 있는 방법이 있다. 아래는 수학자 사라-마리 벨카스트로(Sarah-Marie Belcastro)[5]에 의해 디자인된 토러스로, 84개의 유닛이 필요하다. 이는 왼쪽 아래 그림에서, 점선으로 이루어진 박스 안의 작은 패턴을 4번 반복하여 만든다. 여서기는 단지 오각형, 육각형 팔각형 면을 사용한다.

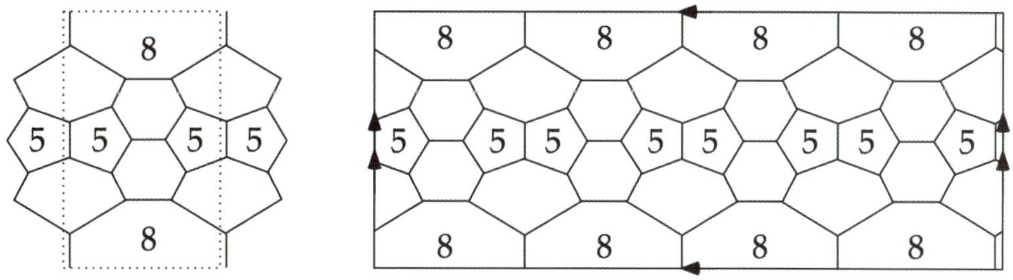

이것을 가지고 토러스를 만들 수 있지만 또한 스스로 디자인을 할 수도 있다. 팔각형 대신 10각형과 같이 더 큰 다각형들을 사용하면 더 작은 것을 디자인 할 수 있다.

도움말: 이러한 토러스를 만들 때, **먼저** 안쪽 테두리에 음의 곡률을 가지는 더 큰 다각형들을 만들어라. 이는 어려워 보일 수 있다. 그러나 처음에 이것을 만드는 것이 마지막에 가서 하는 것보다는 훨씬 더 쉽다. 일단 안쪽 테두리가 제자리를 찾게 되면, 육각형과 오각형을 만드는 것이 훨씬 더 쉬워진다.

[5] 위상적 그래프 이론을 연구하는 수학자. 사라-마리 벨카스트로의 홈페이지 `http://www.toroidalsnark.net`

활동지 3 토러스에 대한 오일러 공식

질문 1: 아래 그림은 **사각 토러스**(square torus)를 보여준다. 이 다면체에 대한 오일러 공식, $V-E+F$의 값은 얼마인가?

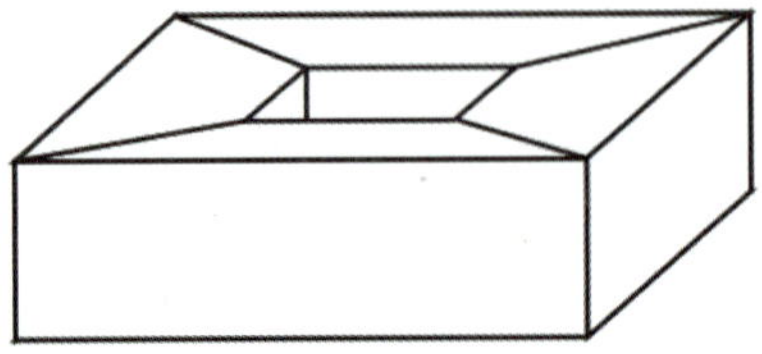

질문 2: **2개의 구멍이 있는 토러스**(2-holed torus)에 대해서는 어떠한가?

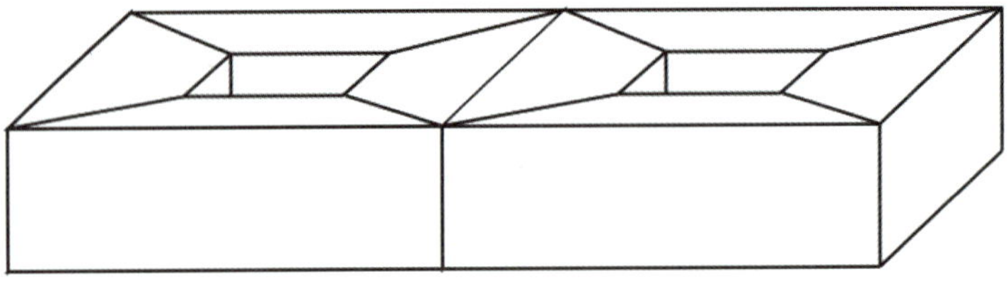

질문 3: 다면체가 가지는 구멍의 개수를 그 다면체의 **종수**(genus)라고 정의한다. 따라서 토러스는 종수 1, 구멍이 2개인 토러스는 종수 2, 그리고 정이십면체는 종수 0을 가진다. 종수가 g인 다면체에 대한 **일반화된 오일러 공식**(generalized Euler' s formula)을 찾아라.

토로이달 '버키볼'의 성질

이제 토러스에 대한 오일러 공식을 알기 때문에, 피츠 유닛을 사용하여 토러스를 만드는 계획을 세우는 데 도움이 되는 몇 가지 사실들에 대해 배울 수 있다.

질문 4: 피츠 유닛을 사용하여 토러스를 만들 때 **오각형**, **육각형**, 그리고 **칠각형** 면만을 사용한다고 가정하자. F_5(오각형 면의 개수)와 F_7(칠각형 면의 개수)에 관련된 공식을 찾아라.

힌트: 공식 $3V = 2E$을 기억하라. 버키볼의 오각형 면의 개수가 항상 12개임을 증명할 때와 같은 방법을 사용하라.

질문 5: 피츠 유닛을 사용하여 토러스를 만들 때 **오각형**, **육각형**, 그리고 **팔각형** 면만을 사용한다고 가정하자. 오각형과 팔각형 면의 개수에 대한 관련 공식을 찾아라.

질문 6: 이러한 결과들을 일반화할 수 있는가?

해답과 교수법

이 활동은 버키볼 접기 활동이 선행되어야 한다. 한 가지 이유는, 그 활동에서 피츠 유닛을 소개하고 있으며, 버키볼과 같이 구 모양의 모델[6]을 피츠 유닛으로 만드는 방법을 탐구하지 않고, 바로 피츠 토러스를 만들 수 있을 것으로 기대하기 어렵기 때문이다. 또한 토러스 활동에서 사용된 세기(counting) 논법, 특히 토러스에 대한 오일러 공식을 다루는 활동이 버키볼 활동에서 자세히 설명했던 것과 매우 유사하기 때문이다.

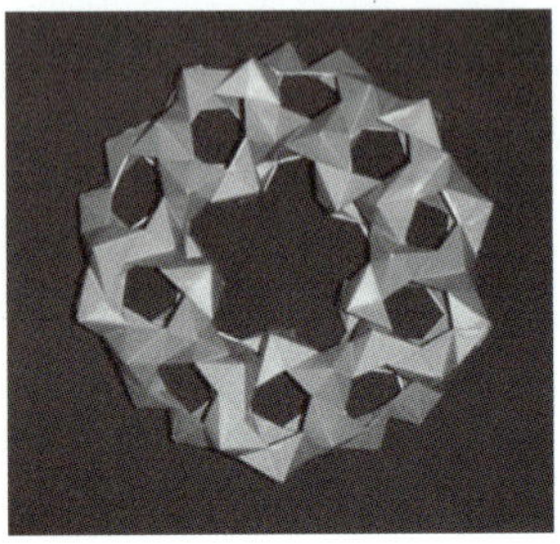

버키볼 활동과 마찬가지로 교사는 피츠 유닛으로 토러스를 만들고 실험하는 데 시간을 할애해야 한다. 작은 토러스 조차 제작을 위해서는 100개 가까이의 피츠 유닛이 필요하기에, 상당한 시간이 소요될 수 있다. 위 사진의 토러스는 105개의 피츠 유닛으로 만들어졌다. 나는 두 번째 활동지에서 벨카스트로가 디자인한 토러스를 추천했다. 이는 84개의 피츠 유닛을 필요로 한다. 그러나 이보다 더 작은 것도 만들 수 있다. 활동지에서는 4개의 기본 구조를 사용하지만, 3개의 기본 구조만을 사용하면 63개의 피츠 유닛만 가지고도 토러스를 만들 수 있다. 하지만 이 경우에 만들기는 훨씬 더 어렵다. 왜냐하면 유닛들 사이에 더 많은 장력이 있기 때문이다.

아래는 내가 디자인한 피츠 토러스이다. 토러스 제작을 위해 3개의 기본 구조를 사용하고, 각각의 기본구조는 10각형을 사용한다. 총 81개의 피츠 유닛이 필요하다.

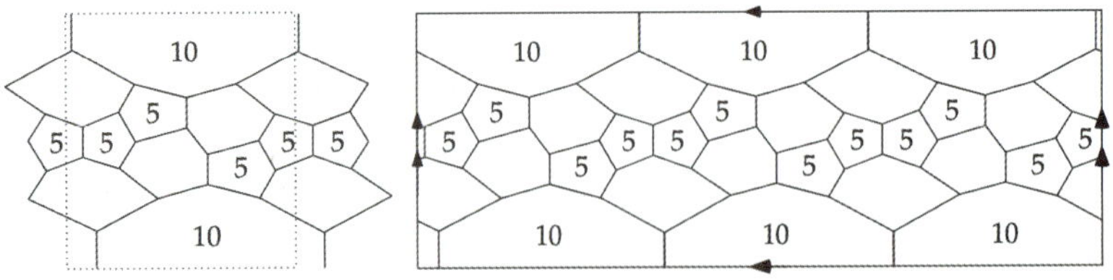

[6] 수학적으로는 구와 위상동형인 다면체를 말한다. 즉, 붙이거나 자르지 않고 구부리거나 늘리는 과정을 통해 구 모양을 만들 수 있는 다면체를 말한다.

이것을 만들 때 한 가지 팁은 큰 '다각형'들의 고리를 먼저 만드는 것이다. 이는 토러스 표면의 안쪽 부분에 위치한다. 이곳은 음의 곡률이 부각되는 곳이고, 개념화하고 실행하기 가장 어려운 부분이다. 일단 이것들이 만들어지면, 육각형과 오각형 고리를 더하는 것이 훨씬 쉬워질 것이다. 버키볼을 만들 때처럼 마지막 유닛을 붙이는 일은 항상 까다롭다. 그러나 이것이 토러스 안쪽의 일부가 되는 것보다는 바깥쪽 테두리에 있는 오각형 또는 육각형의 일부가 되도록 하는 것이 훨씬 쉽다.

피츠 유닛으로 토러스를 만드는 일은 굉장히 만족스러울 수 있다. 학생들은 판지를 사용하여 다면체를 만들어본 경험이 있을 수 있다. 그리고 이는 모듈식 종이접기로 다면체를 만들 때 사용되는 구성 방법에 반영될 수 있다. 반면 토러스를 실제로 제작할 기회는 훨씬 더 드물다. 이 활동은 학생들이 다각형의 종류 및 곡률 요소에 대한 상당히 중요한 직관을 개발할 기회를 제공한다. 이러한 직관은 토러스를 만들면서 자연히 따라오게 된다.

활동지 1: 피츠 유닛으로 더 큰 고리 만들기

이 활동은 수년간 내가 피츠 유닛을 가지고 활동하면서 발견하게 된 것을 학생들이 탐구를 통해 배울 수 있도록 의도하여 만든 것이다. 보통 육각형보다 큰 고리를 만들 수 있지만 이는 음의 곡률을 초래한다! 이러한 고리를 처음 만들 때는 불가능하게 보일 수 있다. 일단, 육각형 고리가 위치할 자리에 충분한 유닛들을 확보하면, 더 이상의 유닛을 넣을 수 없을 것처럼 보인다. 그러나 공간에서 고리의 비틀어짐을 허용하면 음의 곡률을 얻게 되고, 더 많은 변을 삽입할 수 있게 된다.

그래서 활동지에 있는 질문에 대한 답은 다음과 같다.

- 오각형 고리는 구 또는 돔 표면에 놓일 수 있다.
- 육각형 고리는 평평하다. 그래서 평면 위에 놓일 수 있다.
- 칠각형과 더 큰 다각형들은 프링글즈 칩 모양의 곡면이나 쌍곡 포물면과 같은, 그러한 곡면의 안장점 위에 놓일 수 있다.
- 오각형은 양의 곡률이 존재하는 토러스의 바깥쪽에 놓여야 한다. 칠각형 고리, 팔각형 고리, 또는 더 큰 고리는 음의 곡률이 있는 안쪽 부분에 있어야 한다.

활동지 2: 토로이달 그래프(Toroidal Graphs) 그리기

이 활동지는 토러스의 기본영역에 대한 개념을 소개한다. 이는 토로이달 그래프를 그리기 위한 목적으로 사용된다. 만약 학생들이 이미 이러한 개념을 알고 있다면, 더할 나위 없이 좋을 것이다. 이 활동지의 첫 페이지는, 기본영역이 도입된 직후에, 소위 고무-시트 기하로 불리는 위상수학 수업에 적합할 것이다. 이는 기본영역 개념을 강화하는 좋은 방법이 토로이달 그래프를 기본영역 위에 실제로 그리는 것이기 때문이다.

아래는 사각 토러스 그래프를 보여준다.

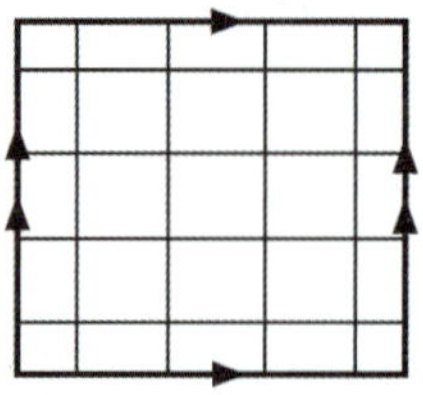

이 활동지의 남은 부분은 학생들에게 피츠 유닛을 사용하여 '버키 토라이(Bucky tori)'를 만들어 보게 하는 것이다. 벨카스트로의 디자인을 따라가며 접어보는 것은 도전해 볼 만하다. 이를 위해서는 많은 수의 유닛이 필요하기 때문에 교사는 학생들이 그룹으로 함께 유닛을 접도록 권장할 수 있다. 그러나, 이러한 모듈식 종이접기 프로젝트는 수행하기 쉽지 않다는 것을 강조하고 싶다. 피츠 유닛으로 구 모양의 모델을 만드는데 많은 시간을 쓰지 않은 학생들은 피츠 유닛으로 토러스를 만드는 것이 거의 불가능하다는 것을 알게 된다. 반면, 이러한 토러스를 완성하는 것은 너무나 만족스럽고 교육적이어서 학생들은 까다로운 조립방법을 알기 위해 고군분투해 볼 만한 가치가 충분히 있다.

앞에서 주어진 벨카스트로의 예처럼 학생들이 피츠 유닛을 사용하여 만들 수 있는 토로이달 그래프를 단지 디자인만 하는 것은 더 쉬운 프로젝트가 될 수 있다. 이런 종류의 작업을 위해 학생들에게 구성방법을 지도하기 위해서는 어느 정도의 연습이 필요하다. 내가 발견한 최선의 방법은 학생들에게 스스로 구성할 수 있는 시간을 주고난 후, 어떻게 하고 있는지 살펴보는 것이다. 이 때, 각 꼭짓점의 차수가 3인지, 모든 면들이 오각형 또는 더 많은 변을 가지는 다각형인지, 그리고 기본영역의 경계를 그래프의 변이 지날 때 반대편 경계의 적당한 지점으로 들어오는지를 확인한다.

너무 작아서 피츠 유닛으로 만들어 질 수 없는 토로이달 그래프를 오각형, 육각형, 그리고 더 많은 변을 가지는 다각형 면을 사용하여 디자인하기는 매우 쉽다. 그러나 피츠 유닛으로부터 가능한 더 작은 토러스를 만드는 실험이 권장되어야 한다. 2000년 햄프셔 대학 여름 수학 연구회(HCSSiM)에서 사라-마리 벨카스트로와 나는 학생들에게 이것을 하도록 도전했고, 이러한 소위 '토러스 전쟁(Torus Wars)'으로부터 훌륭한 디자인들이 산출되었다. 이는 100개 미만의 피츠 유닛만을 필요로 했다.

물론 매우 큰 토러스 또한 디자인할 수 있다. 내가 만든 가장 큰 것은 660개의 피츠 유닛을 사용한 것이다. 이는 매사추세츠 하버힐(Haverhill, MA)에 있는 오리가미도 스튜디오(Origamido Studio)에 수년간 전시되었다. 거대한 버키볼처럼, 이러한 큰 규모의 모델을 만드는 것을 목표로 학생들이 그룹 프로젝트를 수행할 수 있다.

활동지 3: 토러스에 대한 오일러 공식

버키볼 활동에서 버키볼이 정확히 12개의 오각형 면을 가진다는 사실을 증명했다. 이 활동지는 이를 증명할 때 사용한 조합론적 방법을 반영한다. 유사한 결과들이 오각형, 육각형, 그리고 n-각형 ($n \geq 7$)면을 사용하여 만든 '버키 토라이(Bucky tori)'에 대해서도 성립한다. 예를 들면, 만약 오각형, 육각형, 그리고 칠각형만을 사용한다면, 학생들은 오각형과 칠각형의 개수가 같아져야 함을 증명할 수 있다. 이는 그래프의 모든 꼭짓점이 차수가 3이라는 가정으로부터 따른다. 만약 칠각형 대신 팔각형을 사용한다면 오각형이 팔각형의 두 배가 되어야 한다. 이는 두 번째 활동지에 있는 벨카스트로의 예에서 확인할 수 있다.)

질문 1. 이 질문은 학생들이 두 번째 활동지의 첫째 장에 있는 활동을 했다면 훨씬 쉽게 답할 수 있다. 거기서 학생들은 이러한 사각 토러스의 그래프를 기본영역에 그렸다. $V = 16$, $E = 32$, 그리고 $F = 16$이므로 $V - E + F = 0$이다.

질문 2. 2개의 구멍이 있는 토러스는 다소 이상해 보일 수 있다. 왜냐하면 평평해 보이지만, 그 위를 가로지르는 변이 있는 영역이 있기 때문이다.[7] 만약 그러한 변들이 제거된다면, 이는 변의 개수 E와 면의 개수 F를 각각 하나씩 감소시킨다. 따라서 $V - E + F$의 값은 변하지 않는다.

어쨌든 $V = 28$, $E = 60$, 그리고 $F = 30$으로부터 $V - E + F = -2$이다.

사려 깊은 어떤 학생들은 기본영역 위에 2개의 구멍을 가지는 토러스의 그래프를 그리고 싶어할 수 있다. 이는 팔각형의 적당한 변들을 동일시하여 얻은 기본영역 위에 그려진다.[8]

이는 이 활동지에서 다루지는 않지만, 이차원 곡면들의 분류를 목표로 하는 위상수학 수업에서 별도의 프로젝트 또는 숙제로서 정말 좋은 문제이다.

질문 3. 이 시점에서 학생들은 다음 3개의 자료를 가진다.

곡면	$V-E+F$	종수, g
구	2	0
토러스	0	1
구멍이 2개인 토러스	−2	2

학생들은 이 자료로부터 식 $V - E + F = 2 - 2g$를 추측할 수 있을 것이다. 그리고 나면 위상수학(또는 그래프 이론) 수업에서 이를 증명하기 위한 탐구를 할 수 있다.

[7]즉, 2개의 면이 평평하게 붙어 있는 것처럼 보인다.

[8]토러스의 기본영역과 마찬가지로, 2개의 구멍이 있는 토러스의 기본영역은 팔각형의 2개의 변끼리 적절하게 동일시하여 나타낼 수 있다. 따라서 팔각형을 구부리거나 늘리는 과정을 통해, 이러한 변끼리 이어 붙이면 2개의 구멍을 가지는 토러스를 만들 수 있다.

만약 학생들이 무엇을 위해 노력을 기울여야 하는지 정확히 알지 못하면, 학생들은 질문 3에 답하기 어려워할 수 있다. 즉, $V - E + F = \square$ 형식의 공식을 구하는 것을 말한다. 이 식에서 $\square$에는 종수 g에 관한 식이 들어가야 한다. 이 문제로 허둥대는 학생 그룹이 있다면 교사는 이것을 구하는 것이 목표임을 알려주어야 한다.

질문 4. 버키볼 활동에서 오각형의 개수 F_5가 항상 12임을 증명해 본 경험이 있는 학생들은 이 활동이 어렵지 않다. 식 $3V = 2E$가 성립하므로, 토러스에 대한 오일러 공식을 다음과 같이 다시 쓸 수 있다.

$$F - \frac{1}{3}E = 0.$$

그러면 두 식 $F_5 + F_6 + F_7 = F$과 $5F_5 + 6F_6 + 7F_7 = 2E$를 사용하여 위의 식을 다음과 같이 바꿀 수 있다.

$$\begin{aligned}
& F_5 + F_6 + F_7 - \frac{1}{3}\left(\frac{5F_5 + 6F_6 + 7F_7}{2}\right) && = 0 \\
\Rightarrow\ & 6F_5 + 6F_6 + 6F_7 - 5F_5 - 6F_6 - 7F_7 && = 0 \\
\Rightarrow\ & F_5 - F_7 && = 0
\end{aligned}$$

따라서 오각형과 칠각형의 개수가 같아야만 한다.

질문 5. 칠각형 대신 팔각형을 사용하면, 정확히 같은 방법으로 $F_5 - 2F_8 = 0$을 얻을 수 있다. 즉, 팔각형의 개수는 오각형 개수의 두 배와 같다.

질문 6. "이러한 결과를 일반화하라"는 문제가 가지는 가치의 일부는 충분한 수학적 성숙도를 가진 학생들의 성장을 독려하는데 있다. 여기서 충분히 성숙하다는 것은 첫째, 그러한 일반화가 무엇을 의미하는지, 둘째, 그것을 하기 위해 무엇을 해야 하는지를 알 수 있는 정도의 수준을 말한다. 이것이 질문 6이 의도적으로 모호하게 주어진 이유이다. 문제를 잘 설정해 주기를 학생들이 원할 수 있지만, 교사는 이를 지양해야 한다. 학생들이 추상적 개념으로부터 특정한 모델로 뛰어오를 수 있도록 하는 것이 이 질문의 진정한 교육 목표이다.

만약 오각형, 육각형, 그리고 n각형만을 사용하여 피츠 토러스를 만들고 위와 같은 조합적 방법을 사용한다면 우리는 다음을 얻는다.

$$F_5 - (n-6)F_n = 0.$$

따라서 각각의 n각형에 대해 $n-6$개의 오각형이 필요할 것이다.

또 다른 프로젝트

일단 피츠 토러스를 만드는 것에 익숙해지면, 피츠로 제작할 수 있는 것에 대한 광범위한 가능성이 열린다. 단지 오각형과 육각형만 사용하여 '버키 튜브'를 만드는 것은 쉽다. 토러스에 대한 연구는 이러한 튜브들을 구부릴 수 있게 하는 방법을 제공한다. 이 방법을 알면, 모든 종류의 버키 배관을 가지고 나선모양의 곡면, n개의 구멍이 있는 다양한 모양의 토러스, 그리고 심지어는 클라인 병(Klein bottle)[9]과 같은 이상한 곡면들도 만들 수 있다. 클라인 병은 방향을 줄 수 없는 곡면[10]이기에 특히 어렵지만, 결국 만들 수 있다. '피츠 유닛(PHiZZ unit)'을 주제로 인터넷 검색을 하면 이러한 프로젝트에 대한 많은 산출물들을 찾을 수 있다.

유일한 단점은 이러한 프로젝트는 수백 개의 피츠 유닛들을 필요로 한다는 점이다. 그럼에도 여전히 거대한 피츠 구조물을 만드는데 완전히 집착하는 수학 전공자들을 이따금 만날 수 있다.[11]

피츠 유닛으로 직접 만든 흥미로운 구조물이 있다면 언제든지 나에게 이메일로 사진을 보내주기 바란다!

---

[9] 뫼비우스의 띠는 직사각형 모양의 종이를 가지고 한쪽 변을 꼬아 이어 붙여 만들 수 있다. 이러한 직사각형에서, 구부리거나 늘리는 과정을 통해, 나머지 두 변을 이어 붙이면, 4차원 공간 안에 있는 이차원 곡면으로 생각할 수 있다. 이 곡면을 클라인 병이라 부른다.

[10] 주어진 곡면에 수직인 단위벡터들이 곡면을 따라 연속적으로 이동할 수 있을 때, 이 곡면에 방향을 줄 수 있다고 정의한다. 뫼비우스 띠, 또는 클라인 병은 이것이 불가능하고 따라서 방향을 줄 수 없는 곡면이다.

[11] 역자와 3명의 학생은 756개의 피츠 유닛을 사용하여 적절한 3색-변-채색으로 삼엽형 매듭 곡면(trefoil knot)을 제작하였다.

멩거 스펀지 모듈러 Activity 19

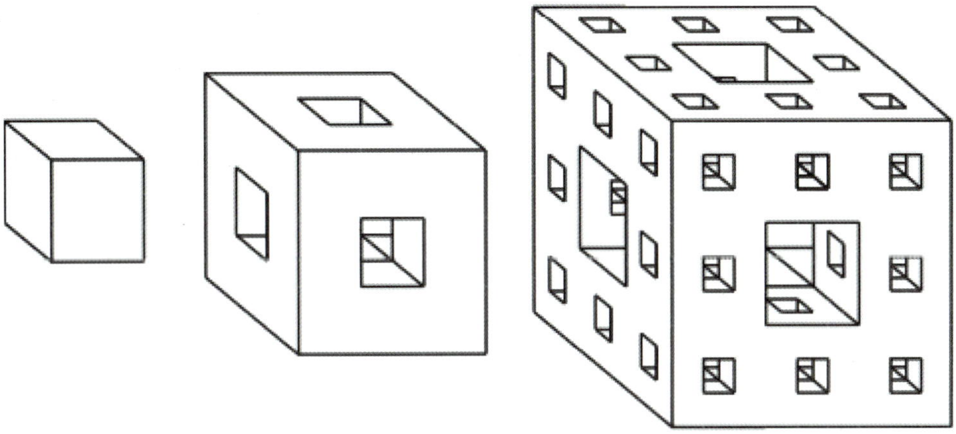

관련 과목: 프랙털 기하, 이산수학, 조합론, 교양수학

개요

학생들은 아마도 세상에서 가장 쉬운 모듈러 디자인 중 하나인 명함 정육면체 모듈러와 평평한 판으로 덮는 패널링(paneling)을 배운다. 학생들은 모둠으로 1수준의 멩거 스펀지(Menger Sponge)를 만든다. 이후 $1, 2, 3, n$ 수준의 멩거 스펀지를 만드는데 필요한 명함의 개수를 계산한다.

내용

여기서는 변형된 프랙털에 대해 소개한다. 계산을 하려면 유한등비급수와 자기 유사성(self-similarity)의 개념을 이해해야 한다.

활동지

활동지 1에는 기본 유닛을 만드는 방법과 1수준 멩거 스펀지를 만드는 활동이 제시되어 있다. 활동지 2에는 더 큰 멩거 스펀지를 만드는 데 필요한 유닛의 개수를 계산하는 질문이 제기되어 있는데, 이 활동은 높은 수준의 이산수학 또는 조합론 수업에 적합하다.

수업 시간

유닛을 만드는 법을 가르치는 데는 거의 시간이 걸리지 않지만, 학생들이 첫 번째 정육면체를 구성하는데 10~15분이 걸린다. 정육면체를 패널링하고 2개의 정육면체를 결합하는 방법을 찾는데 15분 정도가 소요된다. 따라서 활동지 1을 끝내는데 총 40분이 소요될 수 있다.

활동지 2의 조합 문제는 조합론 수업을 위한 것이며 다소 시간이 걸릴 수 있다. 이 부분은 수업 시간에 20분 정도 다루고, 마무리는 숙제로 내어줄 수 있다.

활동지 1 명함 정육면체와 멩거 스펀지

표준적인 크기의 명함으로 가장 만들기 쉬운 모듈러 종이접기 중 하나가 정육면체이다. 이때 총 여섯 장의 명함이 필요하다. 유닛을 만들려면, 두 장의 명함으로 '더하기' 기호를 만들고 서로를 감싸도록 구부린다. 그것들을 분리하면, 2개의 유닛을 만들 수 있다!

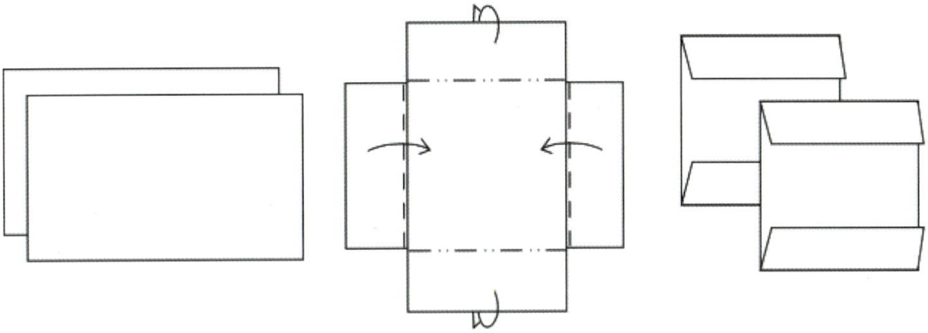

유닛 6개를 만들고 이를 사용하여 정육면체를 만들어보자. 각 유닛은 정육면체의 면이 되는데, 접힌 덮개 부분이 다른 유닛을 붙잡아야 한다. 다 만들고 나면, 바깥쪽으로 나와 있는 서로를 붙잡고 있는 접힌 덮개들을 볼 수 있다.

이때 유닛 6개를 더 가져와서, 이를 사용하여 정육면체의 면을 평평하게 만들기 위해 각 면을 패널링 할 수 있다. 왜 그렇게 되는지 알 수 있는가?

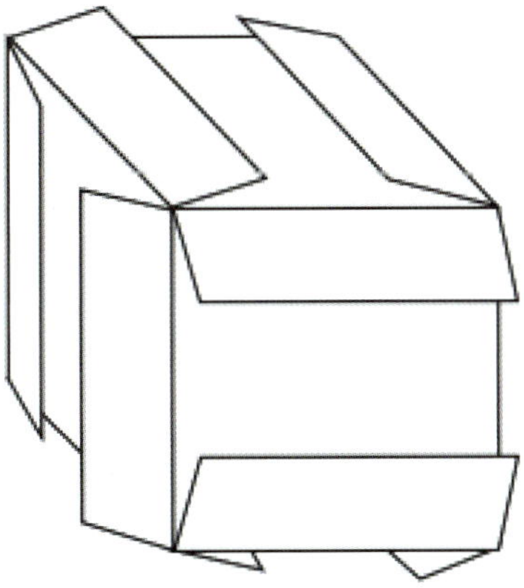

패널링이 안 된 2개의 정육면체는 각각의 접힌 덮개들이 서로를 붙잡도록 하여 면을 결합할 수 있다. 이렇게 하면 이 정육면체들로 구조물을 만들 수 있다.

활동: 모둠 활동을 통해 1수준 **멩거 스펀지**를 만든다. 멩거 스펀지는 정육면체(0수준)에서 시작하여 20개의 정육면체로 정육면체 프레임을 만든 다음(1수준), 이 프레임 20개로 더 큰 정육면체 프레임(2수준)을 만들고, 또 그 다음 수준의 프레임을 계속해서 만들어가는 프랙털 도형이다. 각각을 반복한 후 모델을 축소하면(그렇게 해야 전체 크기가 동일하게 유지됨), 무한의 경우에 해당하는 멩거 스펀지로 알려진 형태를 갖게 된다.

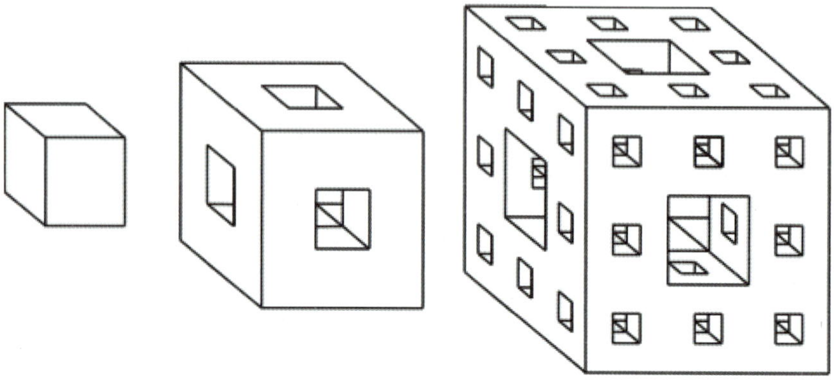

1수준의 멩거 스펀지를 만드는 데 몇 장의 명함이 필요한가? 패널링이 된 경우에는 몇 장이 필요한가?

질문 1: U_n은 패널링이 안 된 n수준의 멩거 스펀지를 만드는 데 필요한 명함의 수이고, 따라서 $U_0 = 6$ 이다. U_1, U_2, U_3의 값을 계산하시오. U_n을 n에 대한 닫힌 공식(closed formula)으로 나타내시오.

질문 2: P_n은 패널링이 된 n수준의 멩거 스펀지를 만드는 데 필요한 명함의 수이고, 따라서 $P_0 = 12$ 이다. P_1, P_2, P_3의 값을 찾으시오. P_n에 대한 일반적인 공식을 찾을 수 있는가? (반드시 닫힌 공식일 필요는 없다). 혹시 닫힌 공식으로 나타낼 수 있는가?

해답과 교수법

각 학생마다 수십 장의 명함이 필요하기 때문에 이 활동을 위해서는 많은 양의 명함을 준비해야 한다. 학생들은 분명히 12장의 명함이 필요한 패널링이 된 정육면체를 만들고 싶어 할 것이다. 패널링이 안 된 1수준의 멩거 스펀지를 만드는 데 유닛 120개가 필요하기 때문에, 실제로 학생들은 모둠으로 작업하는 것이 적합하며 많은 양의 명함이 필요하다. (많은 명함을 어디에서 구할 수 있는지에 대한 정보는 이 책 서문의 '종이를 어디서 구할 수 있는가?'를 참조하시오.) 어쨌든 이 모듈러 유닛 접기는 놀라울 정도로 쉬워서 수십 개의 유닛을 매우 빨리 접을 수 있다. 즉 학생 모둠은 대체로 한 수업 시간 내에 1수준의 멩거 스펀지를 만들어 낼 수 있다.

다음을 접는 방법은 학생들이 알아낼 수 있도록 한다.

(1) 유닛으로 정육면체를 만드는 방법

(2) 정육면체를 패널링하는 방법

(3) 패널링을 하지 않은 2개의 정육면체를 결합하는 방법

(1)의 경우, 학생들이 정육면체의 외부에 '덮개' 를 남겨두는지 확인해야 한다. 만약 덮개가 정육면체의 안쪽에 위치하게 되면 정육면체가 유지되지 않는다. 이밖에 가장 어려운 부분은 마지막 유닛을 끼워 넣을 때까지 유닛들이 서로 결합되어 있도록 하는 것이다. 이때 접은 부분을 날카롭게 만드는 것이 도움이 된다. 다시 말하지만, 이 작업에는 손이 많이 필요하므로 학생들이 익숙해질 때까지 두 명이 모둠을 이루어서 작업을 하도록 한다. 활동지에 제시된 그림은 큰 도움이 될 것이다.

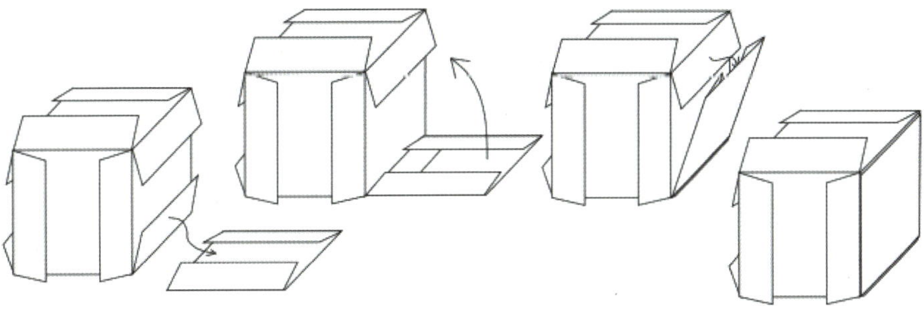

(2)의 경우, 패널링 과정은 위 그림과 같이 새로운 유닛의 덮개로 정육면체의 쪽의 덮개를 수직 방향으로 감싸도록 하면 되므로 개념적으로는 매우 쉽다. 하지만 실제로 해보면 쉽지만은 않다. 조금 쉬운 방법은 패널의 한쪽을 걸고 나서, 정육면체의 한쪽을 약간 열어서 패널의 다른 쪽을 잠그는 것이다. 정육면체를 패널링하면 매우 안정적이고 견고해진다는 장점이 있다.

(3)의 아이디어는 패널링과 정확히 동일하지만, 그 결과는 두 정육면체가 면을 서로 공유하여 결합되는 것으로 나타난다. 이것은 또한 매우 안정적이어서, 이러한 정육면체들로 만들어진 모든 구조를 강력하게 만든다.

1수준 스펀지의 모든 내부의 면들을 패널링하는 것은 쉽지 않다. 학생들은 이 스펀지를 패널링하기 원한다면 외부 정육면체가 제자리에 고정되기 전에 내부의 면들을 패널링해야 함을 발견할 수 있을 것이다. 만약 컬러 명함을 가지고 있다면, 매우 매력적인 구조물을 만들 수 있다.

학생들은 1수준 멩거 스펀지를 만드는 과정을 스스로 발견해야 한다. 예를 들어, 미리 계획해서 안쪽부터 바깥쪽으로 만들어 나온다면 그 과정이 쉽고 간단할 수도 있고, 바깥쪽 정육면체를 먼저 완성한 뒤에 내부 면을 마지막에 패널링한다면 매우 실망스러운 결과가 나올 수도 있다. 이 물체를 구성하는 방법을 계획하는 것은 학생들이 스펀지의 구조를 이해하는 데 도움이 되며, 활동지 2에 있는 계산 문제에 대한 통찰을 제공할 것이다. 교양수학이나 낮은 수준의 수학 수업에서는 조합과 관련된 질문이 어려울 수 있기 때문에 활동지 2는 다루지 않는 것이 좋다. 그러나 수학이나 컴퓨터 과학 전공 학생을 위한 조합론 또는 이산수학 강의에는 적합할 것이다.

이 활동으로 수업을 하는 교사는 학생들이 명함 정육면체 구조 만들기에 중독되는 것이 정상임을 미리 알려줄 필요가 있다. 이 책의 저자는 저술 과정에서 앨비언 대학(Albion College), 데이비슨 대학(Davidson College), 로욜라 메리 마운트 대학(Loyola Marymount University)의 교수들로부터 2수준 또는 3수준의 스펀지를 학생들이 공용 공간이나 라운지에 협력하여 구축하는 것과 관련된 보고서를 받았다. 명함으로 3수준 스펀지를 처음으로 만들면서 모든 패널링까지 완벽하게 한 유일한 사람은 지니 모슬리(Jeannine Mosely)였다. 지니 모슬리의 명함 멩거 스펀지 프로젝트는 완료하는 데 수 년이 걸렸고 무게가 150파운드가 넘었으며 성공을 위해 구조 엔지니어링 문제를 극복해야 했다([Mos] 참조). 모슬리 박사는 4수준 스펀지는 백만 개가 넘는 명함이 필요하고 무게가 1톤이 넘으므로 자체 무게를 지탱할 수가 없다는 결론을 내렸다. 따라서 4수준의 스펀지를 만들려는 시도는 하지 않는 것이 좋다.

질문 1

$U_0 = 6$이고, 1수준 스펀지는 20개의 정육면체로 구성된다. 따라서 $U_1 = 6 \times 20 = 120$이 된다. 2수준 스펀지는 1수준 스펀지 20개로 구성되므로, $U_2 = 120 \times 20 = 2400$이다. 같은 방법으로 $U_3 = 48000$ 이다. 일반화하면, 닫힌 공식은 $U_n = 6 \times 20^n$ 이 된다.

질문 2

$P_0 = 12$이고, P_1은 U_1 처럼 계산이 쉽지는 않다. P_1을 구하는 방법에는 여러 가지가 있지만 일반화할 수 있는 방법으로 접근하는 것이 더 중요하다. 예를 들어, 다음은 일반화가 되지 않는

방법 중 하나이다.

$$\begin{aligned} P_1 &= U_1 + (\text{모서리 정육면체 8개의 패널}) + (\text{가장자리 정육면체 12개의 패널}) \\ &= 120 + 8 \times 3 + 12 \times 4 \\ &= 120 + 24 + 48 = 192 \end{aligned}$$

그러나 2수준 스펀지에는 모서리 정육면체(corner cube)와 가장자리 정육면체(edge cube) 이상의 것이 있기 때문에 P_2의 계산은 이 접근 방식을 따르지 않는다. 보다 우아한 접근 방식은 P_n을 패널이 있는, 20개의 $n-1$수준 정육면체로 생각하는 것이다. 그러나 $n-1$수준 정육면체 2개가 함께 결합된 경우, 해당 결합 면에는 패널이 필요하지 않다. 따라서 패널링이 필요하지 않은 위치를 추적하고 해당 패널의 수를 빼면 된다. P_1을 계산하는 방법은 다음과 같다.

$$\begin{aligned} P_1 &= (\text{모서리 } P_0 \text{ 정육면체 8개}) + (\text{가장자리 } P_0 \text{ 정육면체 12개}) \\ &= 8(P_0 - \text{패널링이 필요 없는 면 3개}) + 12(P_0 - \text{패널링이 필요 없는 면 2개}) \\ &= 8(P_0 - 3) + 12(P_0 - 2) = 8 \times 9 + 12 \times 10 = 192 \text{ 유닛} \end{aligned}$$

이와 유사하게 다음을 구할 수 있다.

$$\begin{aligned} P_2 &= (\text{모서리 } P_1 \text{ 정육면체 8개}) + (\text{가장자리 } P_1 \text{ 정육면체 12개}) \\ &= 8(P_1 \quad \text{패널링이 필요 없는 면 } 3{\times}8\text{개}) + \\ &\quad\; 12(P_1 - \text{패널링이 필요 없는 면 } 2 \times 8\text{개}) \\ &= 8(P_1 - 24) + 12(P_1 - 16) = 8 \times 168 + 12 \times 176 = 3456 \text{ 유닛} \end{aligned}$$

또한 다음이 성립한다.

$$\begin{aligned} P_3 &= (\text{모서리 } P_2 \text{ 정육면체 8개}) + (\text{가장자리 } P_2 \text{ 정육면체 12개}) \\ &= 8(P_2 - 3{\times}8^2) + 12(P_2 - 2{\times}8^2) \\ &= 66048 \text{ 유닛} \end{aligned}$$

이를 일반화된 점화식으로 나타내면 다음과 같다.

$$P_n = 8(P_{n-1} - 3 \times 8^{n-1}) + 12(P_{n-1} - 2 \times 8^{n-1}) = 20P_{n-1} - 6 \times 8^n$$

이제 점화식을 알기 때문에 보다 간단하게 정당화를 할 수 있다. P_n을 구하려면 $n-1$ 수준의 20개의 패널링된 정육면체가 필요한데 이때 각각은 P_{n-1}개의 명함이 필요하다. 이후 여기서 필요하지 않은 패널링의 수를 빼야 한다. 가장자리에 위치한 $n-1$ 수준의 12개의 정육면체는 각각에 패널링이 필요하지 않은 2개의 면이 있으며 (따라서 $12 \times 2 = 24$), 이러한 각 면은 패널링이 필요하지 않은 모서리 정육면체의 면을 향하게 된다. 따라서 패널링이 필요하지 않은 면은 총 48개이다. 이제 $n-1$ 수준 정육면체의 면을 패널링하려면 8^{n-1}개의 명함이 필요하므로 $48 \times 8^{n-1} = 6 \times 8^n$을 빼서 원하는 점화식을 구할 수 있다.

이 점화식은 생성 함수를 사용하여 풀어서 닫힌 공식을 찾을 수 있다. 방정식에 x^n을 곱하고 $n \geq 1$에 대해 모두 더하면 다음을 구할 수 있다.

$$\sum_{n=1}^{\infty} P_n x^n = 20 \sum_{n=1}^{\infty} P_{n-1} x^n - 6 \sum_{n=1}^{\infty} 8^n x^n$$

생성함수는 $G(x) = \sum_{n=0}^{\infty} P_n x^n$이 된다. 이를 대입하고 $\sum_{n=0}^{\infty} (8x)^n = \frac{1}{(1-8x)}$를 사용하면

$$\begin{aligned} G(x) - P_0 &= 20xG(x) - 6\left(\frac{1}{1-8x} - 1\right) \\ \Rightarrow G(x)(1-20x) &= 12 - \frac{6}{1-8x} + 6 \\ \Rightarrow G(x) &= \frac{18}{1-20x} - \frac{6}{(1-8x)(1-20x)} \end{aligned}$$

마지막 항을 부분분수로 나누면 다음과 같다.

$$\frac{6}{(1-8x)(1-20x)} = \frac{A}{1-8x} + \frac{B}{1-20x}$$

따라서 $6 = A(1-20x) + B(1-8x)$가 된다. 이때 $x = \frac{1}{8}$에 대입하면 $A = -4$이고, $x = \frac{1}{20}$에 대입하면 $B = 10$을 구할 수 있다. 따라서 생성함수는 다음과 같다.

$$G(x) = \frac{8}{1-20x} + \frac{4}{1-8x} = 8\sum_{n=0}^{\infty} 20^n x^n + 4\sum_{n=0}^{\infty} 8^n x^n.$$

따라서 $P_n = 8 \times 20^n + 4 \times 8^n$이 된다.

당연히 위의 방법보다 더 쉽게 계산하는 다른 방법이 있다. 그러나 재귀 관계나 생성 함수는 학부 조합론 강의에서 배우는 기본적인 내용이기 때문에, 이 활동은 놀라움을 주며, 이 방법이 어떻게 활용되는지를 경험하게 한다.

후속활동 / 고학년 프로젝트

조합론 강의를 수강하고 프랙털 기하학을 공부하는 학생들은 멩거 스펀지의 겉넓이와 부피를 계산하는 문제를 탐구할 준비가 되어 있을 것이다. 이 도형은 많은 프랙털 도형과 마찬가지로 이와 관련하여 반직관적인 특성을 보인다. 멩거 스펀지가 무한 반복되면 부피는 0이지만 겉넓이는 무한대가 된다.

이러한 분석을 수행할 때 멩거 스펀지의 각각의 반복은 단위가 동일해야 함을 기억해야 한다. 즉, 0수준 멩거 스펀지 정육면체 측면 길이가 1이라고 가정하면, 모든 n 수준 멩거 스펀지도 이와 동일해야 한다. 따라서 1수준 멩거 스펀지의 부피는 $20\times\frac{1}{27}$이 된다. 계속 반복하면 n 수준 멩거 스펀지 부피는 $\left(\frac{20}{27}\right)^n$이 되며, n이 무한대로 가면 0이 된다. 패널 유닛의 개수인 P_n-U_n은 n수준 스펀지의 겉넓이 계산에 사용할 수 있는데, 극한을 취하면 겉넓이가 무한대가 됨을 알 수 있다.

종이학 접기 및 색칠하기

Activity 20

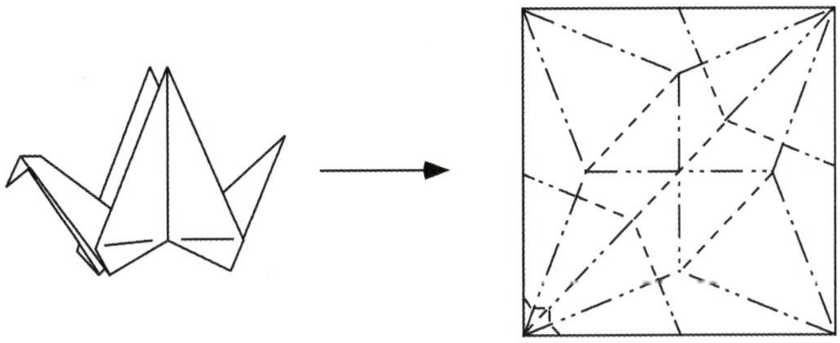

관련 과목: 이산수학, 그래프 이론, 교양수학

개요

학생들은 펄럭이는 새(전통적인 일본 종이학의 간단한 버전) 모델을 배운다. 우선 모델을 펼치고 주름 패턴을 그려야 한다. 그런 다음 2개의 인접한 영역이 동일한 색이 되지 않도록 주름 패턴의 영역에 색칠하는데 가능한 적은 개수의 색을 사용해야 한다. 모델을 다시 접으면 어떻게 될 것이라고 생각하는가? 이것은 우리에게 어떤 것을 알려주는가?

내용

이 활동은 '계산 종이접기(computational origami)' 분야의 시작을 다루지만 간단한 그래프 색칠하기에 대한 연습이기도 하다. 순수하게 이론적인 증명을 하는 것은 기본 그래프 이론에 대한 좋은 연습이다.

활동지

종이학을 접는 방법과 주름 패턴을 그리고 색칠하는 활동이 들어 있다.

수업 시간

종이학(날개를 펄럭이는 새)을 가르치는 데는 15~20분이 소요되며 주름 패턴을 그리는 데에도 얼마간의 시간이 소요될 수 있다. 그 후에 색칠하기와 종이학 색칠문제를 공부하는 데는 오랜 시간이 걸리지 않지만 전체 활동에는 45분 정도의 수업 시간을 할당하는 것이 좋다.

활동지 1 펄럭이는 새(종이학) 접기

정사각형 종이로 시작하자.

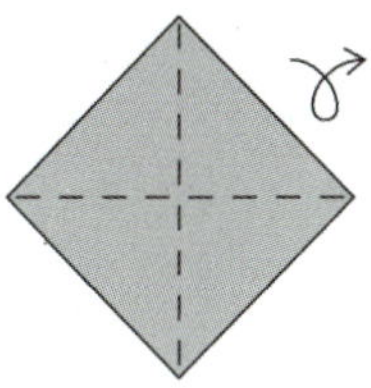

(1) 두 대각선을 모두 접은 후 뒤집는다.

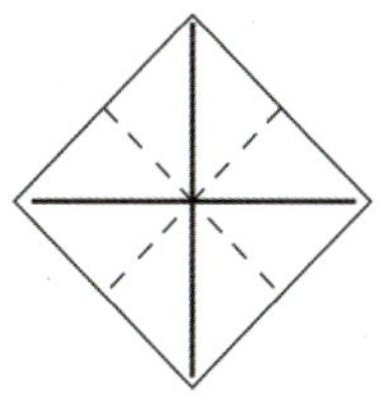

(2) 양방향으로 반으로 접는다.

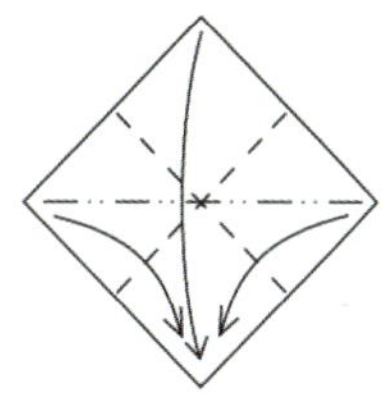

(3) 주름을 사용하여 모든 꼭짓점을 아래의 꼭짓점에 맞추어 접는다.

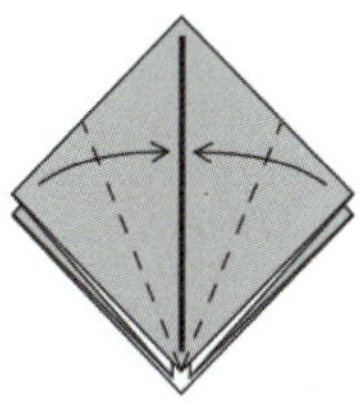

(4) 그림과 같이 접는다. 이것을 예비 바탕이라고 한다. 아래 열린 끝 부분의 두 각을 이등분한다.

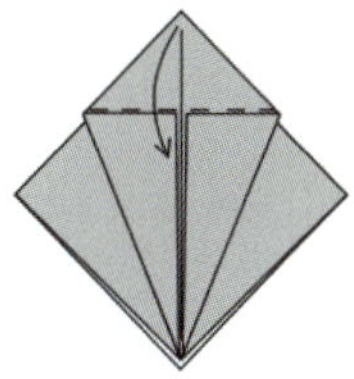

(5) 그런 다음 상단 부분을 아래로 접는다.

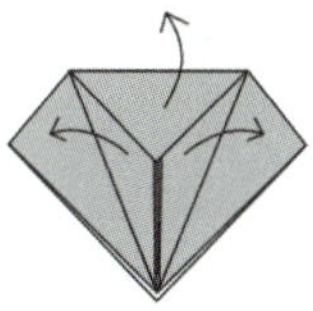

(6) 앞의 두 단계 (4), (5)에서 했던 것을 되돌려 놓는다.

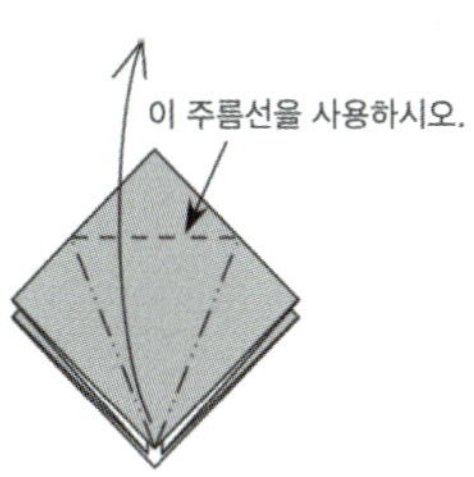

(7) 이제 꽃잎 접기를 한다. 그림에 표시된 주름을 이용하여 종이 한 겹을 들어 올린다.

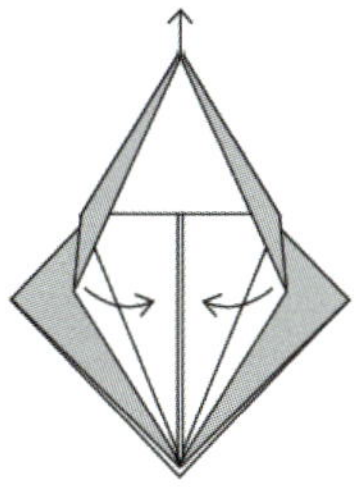

(8) 그림과 같이 접는다. 한 꼭짓점을 위로 끝까지 들어 올린 후, 양쪽 옆면이 중앙에 오도록 평평하게 접는다.

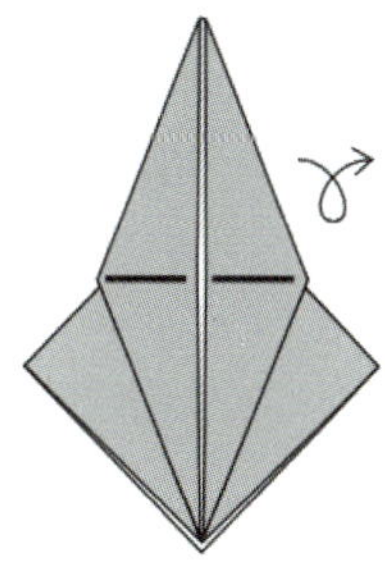

(9) 그림과 같이 접은 후, 다음과 같이 뒤집는다.

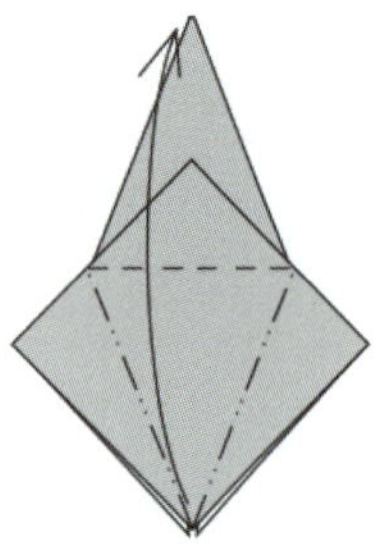

(10) 이제 뒤집은 쪽도 같은 꽃잎 접기를 한다.

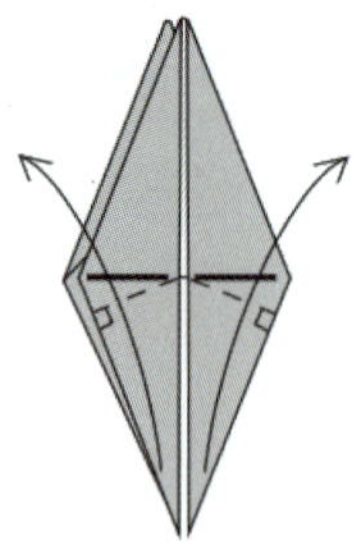

(11) 이 부분을 새 바탕(bird base)이라고 한다. 아래의 두 개의 플랩을 위로 접는다. (이 부분들이 머리와 꼬리가 된다.)

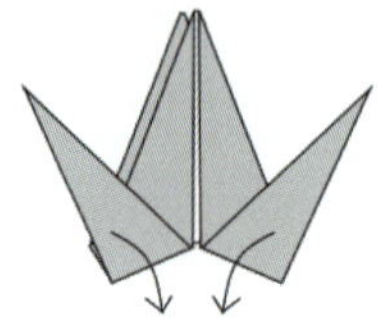

(12) 단단히 주름을 잡은 후 펼친다.

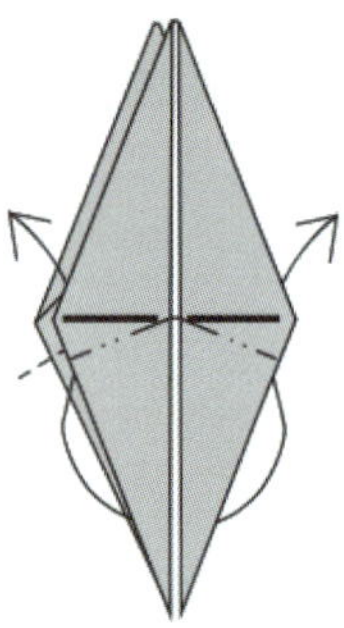

(13) 이제 마지막 주름을 다시 접는다. 이번에는 플랩을 안쪽으로 뒤집어 접는다. 다음 그림을 보라.

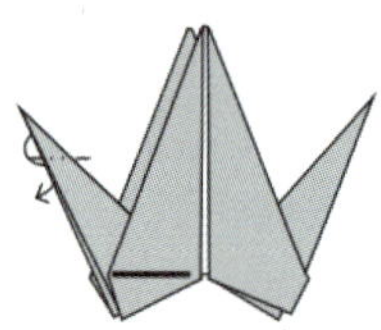

(14) 마지막으로 안쪽으로 뒤집어 접어서 머리를 만든다.

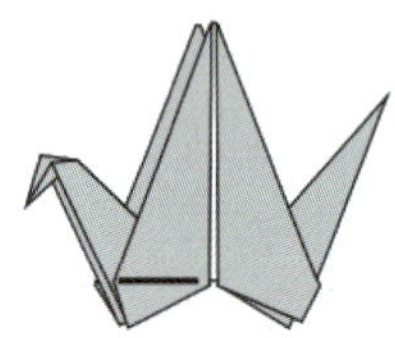

(15) 종이학이 완성되었다!

완성된 결과물은 책안에 넣고 눌러도 구겨지지 않기 때문에 평평한 종이접기 모델의 한 예이다.

활동 1: 종이학을 조심스럽게 펼치고 이 모델의 주름 패턴을 펜으로 그린다. 도중에 만들어진 보조 주름이 아니라 완성된 모델에서 실제로 사용된 주름만 그려야 한다.

활동 2: 그런 다음 주름 패턴의 면을 가능한 적은 수의 색으로 색칠한다. 즉, 지도에서 국가를 색칠할 때와 마찬가지로 동일한 주름선을 경계로 하는 두 면을 같은 색으로 칠할 수 없다는 규칙에 따라 주름선 사이의 면에 색을 칠한다. 사용할 수 있는 색의 가장 적은 개수는 얼마일까?

활동 3: 모델을 다시 접으면 색이 어떻게 표시되는가? 어떤 일이 일어나는지 보기 위해 다시 접기 전에 추측해 보자. 모든 평평한 종이접기 모델에서 이런 일이 발생하는가? 증명을 할 수 있겠는가?

해답과 교수법

이 활동은 매우 간단하지만 놀라울 만큼 흥미롭다. 이 활동의 목적은 그래프 이론의 관점에서 2가지 색으로 평평한 접기 패턴의 모든 면을 칠할 수 있다는 사실을 학생들이 발견하게 하는 것이다. 그래프 이론만 가지고 이것을 증명할 수 있지만 '종이접기로 하는 증명'은 실제로 매우 아름답다.

접기 교수법

교사는 학생들에게 활동지에 있는 종이학에 대한 그림을 제공하고 학생들이 개인별 능력에 맞게 따라가도록 할 수 있다. 서로를 돕기 위해 모둠으로 작업하는 것은 매우 좋은 생각이다. 또는 교사가 단계별로 종이접기 수업을 할 수 있다. 어느 경우이든 교사는 이 모델을 여러 번 접어 더 까다로운 단계인 꽃잎 접힘 단계 (7)~(8)과 역 접힘 단계 (13)~(14)에 익숙해 져야 한다.

지침에는 한 면은 색이 있고 다른 면은 흰색인 용지를 사용한 종이접기를 설명하고 있다. 전통적으로 종이접기에 사용되는 종이(kami)는 이러한 성질을 가지고 있지만, 이 활동에 필요하거나 바람직한 종이는 아니다. 학생들이 주름 패턴을 쉽게 그릴 수 있어야 하고, 영역에 색을 칠해야 하기 때문에 평범한 흰색 정사각형 모양의 종이가 더 좋다. 흰색 복사 용지를 정사각형 모양으로 잘라서 사용하면 이 모델과 활동에 적합할 것이다.

활동지에서는 언급하지 않지만 이 모델을 펄럭이는 새라고 부르는 이유가 있다. 한 손으로 목 밑 부분을 잡고 다른 손으로 꼬리를 부드럽게 당기면 날개가 펄럭일 수 있다. 새롭게 접은 모델은 새의 펄럭이는 메커니즘이 작동할 수 있도록 '같은 축'에 놓여 있어야 하며, 그런 다음에는 쉽게 날개가 펄럭일 수 있다. 이것은 이 활동의 수학 내용과 전혀 상관이 없지만 학생들의 흥미를 돋울 것이다.

활동들

학생들은 자신들의 창작물인 종이학을 다시 펼치고 싶어하지 않을 수 있지만, 종이를 접었던 순서를 거꾸로 하도록 하면 학생들이 쉽게 종이학을 펼칠 수 있을 것이다. 주름 패턴을 그리는 것은 조금 까다로울 수 있다. 왜냐하면 최종 모델에서 사용되지 않은 주름선을 그릴 수도 있기 때문이다. 마지막에 사용되는 주름선만 그린다는 것을 학생들에게 강조해야 한다.

결과는 아래 그림과 같아야 한다. 그림에는 어떤 주름이 산 주름인지 골짜기 주름인지 표시했지만 학생들은 이를 구분할 필요가 없다.

도움이 된다면 학생들은 모델을 펼치면서 사용한 주름을 단계별로 그려보거나 종이가 접혀 있는 상태에서 매직 마커 또는 펜으로 그릴 수 있다. 또한 주름 패턴을 그리기 시작했거나 거의

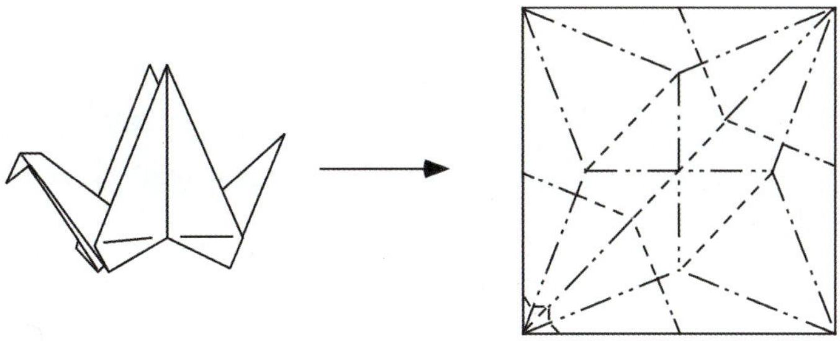

그리는 것이 끝나가는 학생에게 위의 그림을 보여주면 도움이 될 것이다. 그렇게 함으로써 그들은 활동 중 색칠한 부분이 정확한지 확인할 수 있다.

주름 패턴 영역을 색칠하려면 오직 두 가지 색만 필요하다. 각 주름선은 서로 다른 색이 칠해진 두 영역을 경계로 하기 때문에 주름선을 다시 접으면 두 색이 반대 쪽에 있게 된다. 따라서 평평한 종이접기의 주름패턴으로 만들어지는 모델의 각 면은 2가지 색으로 색칠할 수 있다. 이 모델을 접었을 때 한쪽 방향의 면들은 하나의 색으로 색칠할 수 있고 반대쪽 방향의 면들은 다른 색으로 색칠할 수 있다.

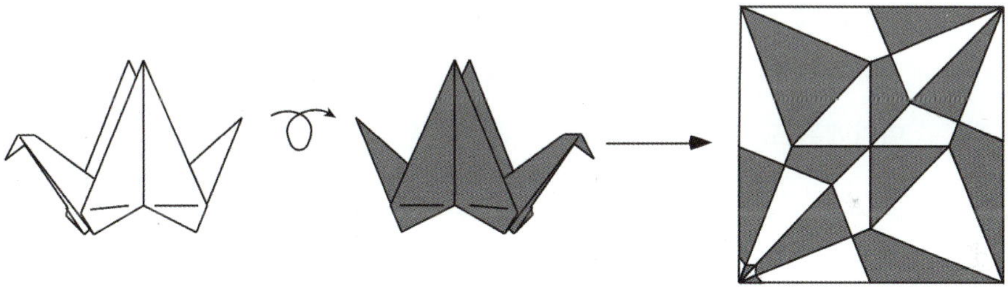

실제로 이것은 모든 평평한 종이접기 모델의 주름 패턴을 2가지 색으로 색칠할 수 있다는 사실에 대한 매끄러운 증명을 준다. 평평한 대상을 얻기 위해서 접으시오. 평평하기 때문에 종이의 각 영역은 왼쪽과 오른쪽의 두 방향 중 하나를 향한다. 왼쪽을 향하는 모든 영역은 흰색으로 칠하고 오른쪽을 향하는 모든 영역은 회색으로 칠하시오. 모델이 펼쳐지면 주름 패턴의 면들은 2가지 색으로만 색칠할 수 있고 인접한 두 면은 같은 색이 칠해져 있지 않다.

그래프 이론만 사용하여 이것을 증명할 수도 있다. 먼저 평평한 모델의 종이 내부에 있는 모든 꼭짓점들이 짝수 차수를 가진다는 것을 논의해 보자. 이는 학부생들조차도 엄밀하게 증명하기가 쉽지 않기 때문에 약간 생각할 시간을 줄 필요가 있다. 주름 패턴을 평면 그래프로 간주할 때, 정사각형의 경계를 그래프의 변으로 간주할 수 있고, 홀수 차수 꼭짓점들은 아마도 정사각형의 경계에 놓일 것이다. '바깥면'에 새로운 꼭짓점 v를 만들고 정사각형 종이의 경계에 있는 홀수 차수의 꼭짓점들을 잇는 변을 그린다. 그래프에는 항상 홀수 차수 꼭짓점들이 짝수개 있으므로 v의 차수는 짝수이고 새롭게 만든 그래프에는 모든 꼭짓점이 짝수 차수를 가진다.[1] 모든 꼭짓점들이 짝수 차수인 평면 그래프의 쌍대 그래프는 이분 그래프다. 따라서 쌍대 그래프의 꼭짓점은 2가지 색으로 색칠할 수 있다. 즉, 꼭짓점 v가 있는 주름 패턴의 면들은 2가지 색으로 색칠할 수 있다. 꼭짓점 v를 제거하면 원래 주름 패턴의 면을 2가지 색으로 색칠할 수 있다.

그래프 이론 수업에서 이 증명을 통해 몇 가지 기본 개념들, 즉 쌍대성, 이분 그래프, 꼭짓점의 차수 같은 것을 더 잘 이해할 수 있다. 이러한 '순수 그래프 이론'을 이용하여 증명을 하는 것은 학생들에게 훌륭한 연습이 될 수 있다.

펄럭이는 새를 접는 속도를 빠르게 하는 한 가지 방법은 이 활동의 단계들을 순서를 바꾸어서 하는 것이다. (1) 종이학을 접는다. (2) 종이가 접힌 상태에서 학생들이 한 방향을 향하는 모든 면에 회색이 되고 다른 방향을 향하는 모든 면에 흰색이 되도록 주름 사이의 종이 면을 색칠하게 한다. (3) 그런 다음 모델을 펼치고 이렇게 색칠한 결과가 주름 패턴의 면들에다 적절하게 색칠하게 되는 것이라는 것을 학생들이 설명하게 한다. 특별히 머리 주변의 작은 영역과 같이 종이가 접혀 있는 면을 색칠하는 것은 어려울 수 있다. 그러나 이 대체 접근 방식은 많은 학생들의 활동 시간을 줄일 수 있다.

우리는 왜 이 문제에 관심을 가지는가?

수학자로서 이러한 2면 색칠하기의 결과는 본질적으로 매력적이다. 많은 수학과 학생들은 이것을 인정하지만 여기에는 또 다른 동기가 있다. 새로운 분야의 거대한 열린 영역 중 하나인 '계산 종이접기(computational origami)'는 컴퓨터로 가상 종이접기 (virtual origami)를 구현하기 위한 프로그래밍의 문제를 다룬다. (그렇다! 이는 실제로 새롭고 빠르게 성장하는 계산 기하학(computational geometry)의 하위 분야이다. 에릭 드메인(Erik Demaine)의 작업을 참조하면 이 분야에 대한 이해가 될 것이다. [Dem99, Dem02]) 목표는 사용자가 화면에서 가상의 종이 한 장을 접어서 종이접기 개체로 만들 수 있는 프로그램을 고안하는 것이다. 이러한 프로그램은 종이접기에서 발생하는 계산 복잡성 문제로 인해 만들어지는 것이 요원하다. 예를 들어 일반적인 주름 패턴을 평평하게 접을 수 있는지 여부를 결정하는 것은 NP-완전(NP-complete) 문제이다. 자세한 것은 [Bern96]를 참조하면 된다.

이 두 개의 색으로 면을 색칠한 결과는 접었을 때 평평한 종이접기 주름 패턴의 각 영역이 향하는 방향을 컴퓨터가 매우 빠르게 결정할 수 있는 방법을 제공한다. 따라서 이 결과는 종이접기의 계산적 측면에서 연구자들에게 매우 유용하다.

[1] 모든 꼭짓점들의 차수의 합은 변의 개수의 2배이다. 즉, $\sum_{v\in V} d(v) = 2|E|$

평평한 꼭짓점 접기 탐구하기

Activity 21

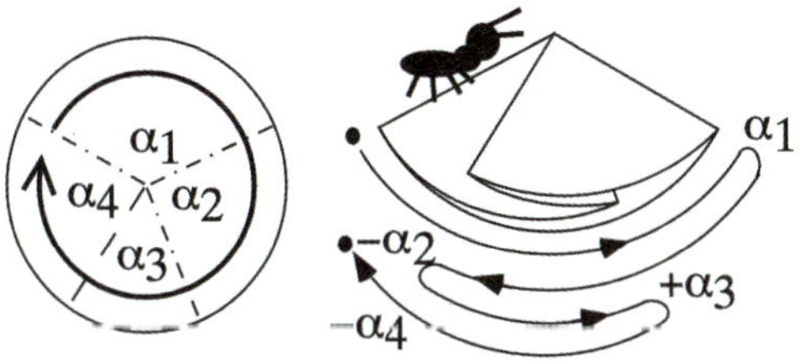

관련 과목: 기하학, 이산수학, 조합론, 교양수학, 증명 입문, 모델링

개요

학생들은 조그마한 종잇조각 중앙에 하나의 꼭짓점만 있는 주름 패턴 모델에 대한 평평한 종이접기를 여러 번 할 것이다. 학생들이 할 일은 패턴을 찾고, 추측을 하고, 증명과 반례들을 찾는 것이다.

내용

학생들이 만든 추측과 이들의 증명에는 몇몇 기본적인 기하학, 조합론 및 신중한 추론이 관련되어 있다. 따라서 이 활동은 탐구, 추측 및 증명의 과정을 강조하는 입문 활동으로서 기하학 또는 조합론 수업에 사용될 수 있다. 이 활동은 거의 부담이 되지 않으므로 교양수학이나 증명 입문 과정에서 사용할 수도 있다. 또한 이 활동은 물리적 상황을 수학적으로 모델링하는데 필요한 언어, 개념 및 이론을 만들고 연구하는 것에 훌륭한 예가 될 수 있다. 그러므로 이 활동은 수학적 모델링 수업에 적합하다. 여기에서 추측한 것들은 또한 평평한 종이접기 이론의 기초를 형성한다.

활동지

첫 번째 활동지는 의도적으로 간단하고 또한 열린 결론이 되도록 만들었다. 주요 아이디어는 학생들이 자신의 고유한 추측을 하고 반례 또는 증명을 찾도록 하는 것이다. 해답과 교수법에서 평평한 꼭짓점 접기에 대한 여러 추측들이 제시되므로 활동지에는 힌트를 제공하지 않는다. 학생들이 활동하면서 스스로 추측을 발견하도록 하는 것이 가장 좋다.

두 번째 및 세 번째 활동지는 지오지브라 또는 GSP를 사용하여 평평한 꼭짓점 접기를 모델링하는 활동에 대한 것이다. 구체적인 목적은 학생들에게 카와사키(Kawasaki)의 정리를 발견할 수 있는 실험적인 방법을 제공하는 것이다.

수업 시간

첫 번째 활동지는 열린 결론을 가지고 있어서 교사가 원하는 방식에 따라 한 차시의 수업을 진행할 수도 있고 또는 여러 차시에 걸쳐서 수업을 진행할 수도 있다. 두 번째 또는 세 번째 활동지는 학생들이 지오지브라 또는 GSP에 익숙한 정도에 따라 각각 30~40분 정도에 걸쳐 수업을 할 수 있다.

활동지 1 평평한 꼭짓점 접기 탐구하기

활동: 정사각형 종이를 가져다가 평평하게 접어서 무작위로 하나의 꼭짓점 주름 패턴을 만든다. 종이의 모서리가 아니라 종이의 중앙 근처에 꼭짓점을 배치하고 꼭짓점으로부터 나오는 주름선을 몇개 만든다. 그리고 몇개의 주름선을 추가하여 전체를 평평하게 접는다. 아래에 몇 가지 예가 나와 있다. 자신만의 것을 많이 만드시오.

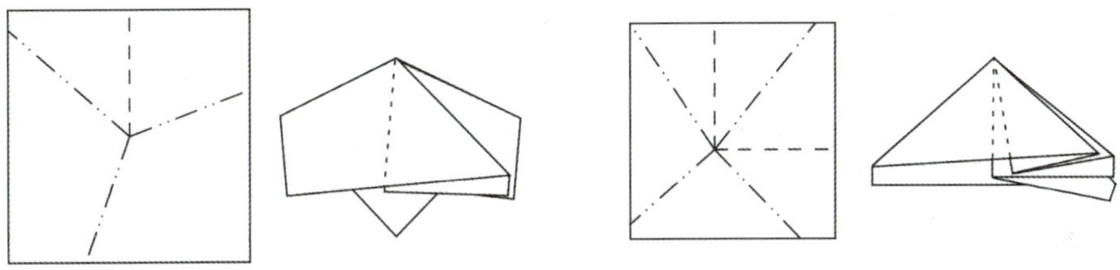

"여기서 어떤 일이 일어나고 있는가?"라는 **질문**을 할 수 있다. 이러한 평평한 꼭짓점 접기가 따르는 규칙이 있을까? 학생들의 **과제**는 이러한 평평한 종이접기가 어떻게 가능한지에 대해 가능한 많이 추측해 보는 것이다.

하나의 추측이 떠오르면 칠판에 적어 학급의 다른 학생들이 동의하는지 또는 누군가 반례를 찾을 수 있는지 확인하시오. 또는 더 나은 방법으로는, 누군가가 실제로 당신의 추측을 증명할 수 있는지 보시오!

활동지 2 지오지브라를 이용하여 평평한 꼭짓점 접기

지오지브라를 이용하여 평평한 꼭짓점 접기 모의 실험을 하려면 다음을 수행하시오.

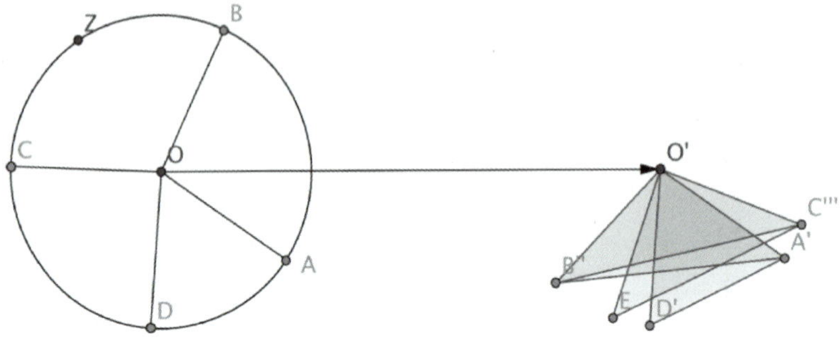

(1) 워크 시트 왼쪽에 원을 하나 만드시오. 중심을 O로 표시하시오.

(2) 원 위에 네 점 A, B, C, D를 만드시오.

(3) 네 점들과 중심 O 사이에 선분들을 만드시오. 이 원과 선들은 펼쳐진 종이 조각을 나타낼 것이다.

(4) 워크 시트 오른쪽에 점 O'를 만드시오. **두 점 사이의 벡터** 도구를 사용하여 O에서 O'까지 벡터를 만든다.

(5) 이제 **벡터에 의하여 평행이동** 도구를 사용하여 점 A를 단계 (4)의 벡터 방향으로 평행이동한 점을 A'이라 하자. 점 B, C, D에 대해 동일한 작업을 수행하여 점 B', C' 및 D'를 만드시오.

(6) **다각형** 도구를 사용하여 $\triangle O'A'D'$를 만드시오. 이 삼각형은 접힌 종이의 시작이 될 것이다.

(7) 이제 주름선 $O'A'$에 대하여 점 B', C', D'를 선대칭 이동을 하시오. **직선에 대하여 대칭** 도구를 사용하여 각 점을 한 번에 하나씩 선대칭 이동을 하여 새로운 점 B'', C'' 및 D''를 얻는다.

(8) 이제 **다각형** 도구를 사용하여 $\triangle O'A'B''$를 만드시오.

(9) 이제 선 OB''에 대한 점 C''와 D''를 대칭이동(접기!)하여 세 번째 접기를 수행하시오. 그러면 새 점 C'''와 D'''가 만들어진다.

(10) **다각형** 도구를 사용하여 $\triangle O'B''C'''$를 만든다.

(11) 이제 주름선 $O'C'''$에 대하여 D'''를 대칭이동하여 새 점 E를 만든다. (지오지브라는 D''''를 좋아하지 않기 때문에 새 문자를 사용한다.)

(12) **다각형** 도구를 사용하여 접힌 종이의 마지막 삼각형인 $\triangle O'C'''E$를 만든다.

(13) 이제 **대상 보이기/감추기** 도구를 사용하여 더 이상 필요하지 않은 점 B', C', C'', D'' 및 D'''을 숨긴다.

연습문제: 마지막 점 E가 점 D'과 일치하는가? 그렇다면 왼쪽에 만든 주름선이 평평하게 접힐 수 있다. 그렇지 않은 경우 왼쪽 원의 점을 E와 D'이 일치할 때까지 이동하자. 지오지브라를 사용하여 $\angle AOB$, $\angle BOC$, $\angle COD$ 및 $\angle DOA$의 각도를 측정한다. 주름이 평평하게 접힐 때 이러한 각도에 대해 어떤 것을 추측할 수 있을까?

활동지 3 GSP를 이용하여 평평한 꼭짓점 접기

GSP에서 평평한 꼭짓점 접기 모의 실험을 하려면 다음을 수행하시오.

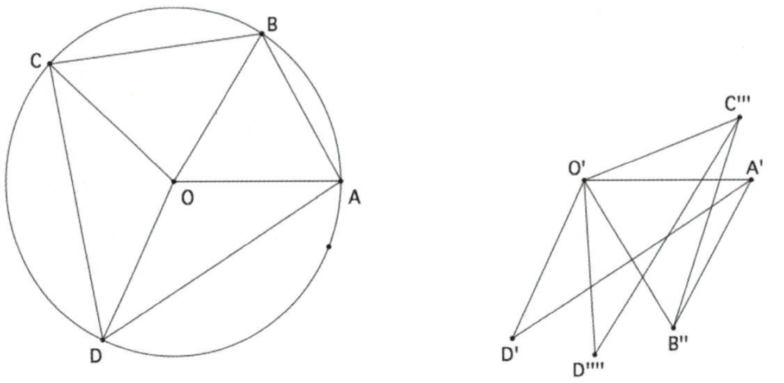

(1) 워크 시트 왼쪽에 원을 만든다. 중심을 O로 표시한다.

(2) 원 위에 네 점 A, B, C, D를 만든다.

(3) 네 점들과 O 사이에 선분을 만든다. 또한 사각형을 만들기 위해 A, B, C, D 사이에 선분을 만든다. (위 그림 참조).

(4) 사변형과 점 A, B, C, D, O와 점 O에서의 선분들을 선택하고 **변환** 메뉴에서 **평행이동**을 선택한다. 직교 좌표를 선택하고 수평 및 수직 거리를 각각 12cm와 0cm로 만든다.

(5) 이제 주름들이 있는 정사각형 '종이'의 두 번째 복사본이 있다. 텍스트 도구를 선택하고 이 복사본의 모든 점들을 클릭하여 그들이 무엇인지 확인하시오 (A', B', C', D', O').

(6) 이제 주름에 대하여 이 사본의 부분들을 반사하여 접기를 한다. 선분 $O'A'$를 선택하고 **변환** 메뉴에서 **대칭축 지정**을 선택한다.

(7) 이제 선분 $A'B'$, $B'C'$, $C'D'$, $O'B'$, $O'C'$ 및 $O'D'$를 선택하고 B', C' 및 D'를 지정하시오. 이 모든 것을 선택한 상태에서 **변환** 메뉴에서 **선대칭이동**을 선택한다.

(8) $\triangle O'A'D'$를 고정하고 주름 $O'A'$에 대한 종이의 나머지 부분을 반사한다! 이제 이전에 선택했던 부분을 숨기려고 한다. **편집** 메뉴에서 **상위 개체 선택**을 한 다음 선분 $O'A'$ 및 $O'D'$와 점 D'를 선택 취소한다. 그런 다음 **표시** 메뉴에서 **개체 숨기기**를 선택한다.

(9) 텍스트 도구를 사용하여 새 점을 클릭하여 그것이 무엇인지 확인한다 (B'', C'', D'').

(10) 이제 선분 $O'B''$를 선택하고 **대칭축 지정**을 실행한다.

(11) 선분 $B''C''$, $C''D''$, $O'C''$ 및 $O'D''$와 점 C'' 및 D''를 선택한다. 그런 다음 **반사(Reflect)** 한다.

(12) 다시 **상위 선택**을 수행하고 선분 $O'B''$를 선택 해제한 다음 **숨기기**를 선택한다.
(13) 점에 다시 레이블을 지정하고 선분 $O'C'''$를 선택하고 **대칭축 지정**을 수행한다.
(14) $C'''D'''$ 및 $O'D'''$를 선택하고 **반사**한 다음 $C'''D'''$, $O'D'''$ 및 D'''를 **숨긴다**.

연습문제: 마지막으로 만든 점 D''''이 점 D'과 일치하는가? 그렇다면 왼쪽에 만든 주름선이 평평하게 접힐 수 있다. 그렇지 않으면 왼쪽 원의 점을 D'''이 D'과 일치할 때까지 이동한다. GSP를 사용하여 $\angle AOB$, $\angle BOC$, $\angle COD$ 및 $\angle DOA$ 각도를 측정한다. 주름이 평평하게 접힐 때 이러한 각도에 대해 어떤 추측을 할 수 있는가?

해답과 교수법

교사는 이 활동을 시작하기 전에 평평한 꼭짓점 접기를 여러번 직접 연습해 보아야 한다. 그 이유는 많은 사람들이 선입견을 가지고 이런 종류의 종이접기에 대한 자유로운 형태의 탐구를 시작하기 때문이다. 물론 교사들도 이러한 선입견을 가질 수 있다.

이러한 선입견에는 "주름선이 종이 전체를 통과해야 한다." 또는 "너무 많은 산 주름 (또는 골짜기 주름)이 연속해서 나타날 수 없다." 등이 있다. 선입견과 다르게 주름선은 종이 전체를 통과하지 않는다. 실제로 활동지에 있는 것과 다른 예는 아래 오른쪽 그림을 참조하면 알 수 있다. 아래 왼쪽 그림은 어떻게 산 주름들이 연속적으로 있을 수 있는지를 보여준다.

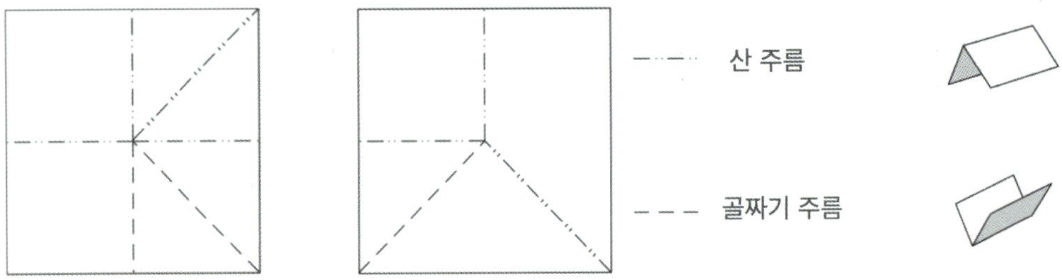

학생들이 모둠을 이루어 여러 예들을 접어보면서 종이접기 방법을 공유하도록 하여 이러한 선입견을 가지지 않게 해야 한다. 여기에서 접힌 꼭짓점은 종이 내부에 있어야 한다는 것을 주목하자.

그러나 많은 학생들이 가지고 있는 또 다른 문제는 '희미한 주름'을 만드는 것이다. 이러한 평평한 꼭짓점 접기에서는 주름을 날카롭게 만드는 것이 상당히 중요하다. 부드럽고 모호한 주름은 정확하지 않아 학생들은 종종 다른 사람의 추측에 대한 반례가 있다고 생각할 수도 있다.

추측들

그렇다면 학생들은 어떤 종류의 추측들을 개발할까? 학생들의 추측 목록은 다음과 같다.

(1) 평평한 꼭짓점 접기에서 각 꼭짓점의 차수는 짝수이다. 여기에서 차수는 꼭짓점에 모여 있는 주름의 개수를 말한다.

(2) 평평한 꼭짓점 접기에서 2개의 연속한 주름 사이의 각은 항상 180° 보다 작거나 같다.

(3) 접힌 꼭짓점이 적절한 위치, 즉, 종이의 모서리 근처가 아니고 주름 부분이 아닌 곳에 있다고 하면 그 꼭짓점은 항상 짝수개의 종이 겹을 가진다.

(4) 평평한 꼭짓점 접기에서 산 주름의 개수와 골짜기 주름의 개수의 차는 항상 2이다.

(5) 만약 $\alpha_1, \alpha_2, \alpha_3$가 평평한 꼭짓점 접기에서 연속인 각이고 $\alpha_1 > \alpha_2$, $\alpha_3 > \alpha_2$이면 이 각들을 구분하는 2개의 주름은 하나가 산(골짜기) 주름일 때 다른 하나는 골짜기(산) 주름이어야 한다.

(6) 만약 평평한 꼭짓점 접기에서 순서대로 나열된 주름 사이의 각들이 $\alpha_1, \alpha_2, \ldots, \alpha_{2n}$이라면, $\alpha_1 - \alpha_2 + \alpha_3 - \ldots - \alpha_{2n} = 0$이다.

(7) (6)과 같은 표기를 사용하면 $\alpha_1 + \alpha_3 + \ldots + \alpha_{2n-1} = \alpha_2 + \alpha_4 + \ldots + \alpha_{2n} = 180^\circ$.

(8) (더 어렵게) 하나의 꼭짓점에서 만나는 주름선들을 그릴 때 주름선 사이의 연속한 사잇각들이 $\alpha_1 - \alpha_2 + \alpha_3 - \ldots - \alpha_{2n} = 0$을 만족하면 그 꼭짓점은 평평하게 접힐 것이다.

물론 학생들이 "모든 주름이 산 주름이거나 골짜기 주름일 수는 없다"와 같이 참인 명제이지만 너무 자명한 것들을 추측할 수 있다. 또한 위에서 나열한 추측들은 모두 참이지만 학생들이 몇몇 잘못된 추측을 할 수도 있다. 학생들이 잘못한 추측들이나 이전에 생각하지 못하였던 추측들도 교사들은 똑같이 진지하게 다루어야 할 것이다.

나는 학생들이 평평한 꼭짓점 접기 문제를 탐구할 때 칠판에 추측들의 목록을 적어 놓는 것을 신호 한다. 이렇게 하면 학생들이 더 많은 추측들을 계속 하거나 목록에 있는 추측들을 증명하거나 반례를 찾으려는 데에 관심을 가질 수 있다. 학생들이 만든 추측들에 학생 이름을 붙이면 학생들은 특별한 자극을 받을 것이다. '맥스(Max)의 추측'을 증명하는 것은 '추측 (2)'보다 훨씬 더 개인적인 느낌을 준다. 이러한 것들은 학생들이 개발하고 있는 수학을 자신이 소유하고 있다고 느끼는데 도움이 되고, 수학 연구자가 되기 위한 하나의 큰 도약이 된다. 또한 원하는 경우 이 활동을 위해 필요한 수업 시간을 어떻게 할당할 수 있는지 알 수 있다. 무어(Moore) 방식과 같은 접근 방식으로 추측 목록을 학생들에게 숙제로 내 줄 수도 있다.

앞서 언급했듯이 학생들이 이러한 추측들을 스스로 생각해 내는 것이 가장 좋다. 평평한 종이접기 이론에서 위의 (4)와 (6)~(8) 추측들이 아마도 가장 중요한 추측들이다. 이 추측들은 각각 마에카와(Maekawa)와 카와사키(Kawasaki) 정리 [Kas87]로 알려져 있지만, 저스틴(Justin)도 이 정리를 발견했고 [Jus84, Jus86], 추측 (6)도 다른 사람들에 의해 독립적으로 발견되었다([Rob77], [Law89] 참조). 그러나 이 추측들 중 하나를 수업에서 하지 않더라도 손해를 볼 일이 없다. 평평한 종이접기 또는 행렬 모델에 대한 후속 활동을 계획하지 않는 한 손해볼 것이 없는데, 이러한 후속 활동을 계획한 경우에는 수업에서 카와사키 정리를 알아야 할 필요가 있다.

실제로 학생들은 위의 추측 (6)~(8)에서 각에 대한 조건이 필요하다는 것을 이해하지 못할 가능성이 크다. 이 추측들은 다른 활동들을 위한 중요한 결과이기 때문에 학생들에게 지오지브라 또는 GSP에서 차수가 4인 평평한 꼭짓점 접기를 모의 실험하는 방법을 보여주는 활동지를 포함시켰다. 아이디어는 다음과 같다. 평평한 접기는 각각의 주름선이 평면에서 대칭 변환처럼 작동해야 한다. 지오지브라에서 차수 4인 꼭짓점을 선택하고 주름선(활동지의 선분 OD) 중 하나를 따라 절단하였다고 상상해 보자. 그런 다음 기하 소프트웨어의 대칭 도구를 사용하여 다른 주름선을 따라 접히는 모습이 어떨지 학생들에게 보여준다. 종이의 두 절단 끝이 같은 직선에 있으면 4개의 주름을 접을 수 있는 평평한 꼭짓점 주름 패턴을 만들 수 있다. 같은 직선에 있지 않으면 주름이 평평하게 접히지 않는다.

이 활동의 목적은 학생들이 주름들 사이의 각을 측정하여 평평한 꼭짓점 접기를 할 수 있는 각들이 어떤 것들이 있는지 관련 데이터를 생성할 수 있도록 하는 것이다. 학생들에게 차수 4인 꼭짓점의 경우에 실제로 카와사키 정리를 추측할 수 있는 기회를 제공하고, 확장된 일반화 정리를 생각할 수 있게 한다.

여전히 학생들이 이러한 작은 접힌 종이 조각들을 가지고 할 수 있는 진정한 수학이 있고, 그래서 몇몇 재치있는 힌트가 제안될 수도 있는 것을 이해하는 것이 중요하다. 예를 들어, 학생들은 자주 산 주름과 골짜기 주름 사이에서 가능한 주름 패턴이 무엇인지 고려할 생각조차 하지 않을 때가 많다. 활동지는 실제로 예제로 주어진 꼭짓점 접기에서 적당한 산 주름들과 골짜기 주름들을 보여 주고 있고, 이것은 절묘한 힌트가 될 수 있다. 학생들이 이것을 이해하지 못한다면, 교사들은 학생들 모둠 사이를 돌아 다닐 때 전체 학급에 소리내어 제안 할 수도 있다. "산 주름들과 골짜기 주름들에 대하여 아무도 생각하지 않는다는 것이 재미있네!" 그러면 학생들이 산 주름들과 골짜기 주름들에 대하여 추측을 하기 시작할 것이다.

추측들의 증명

이러한 추측들을 증명하는데에는 여러 가지 방법들이 있다. 만약 이것이 종이접기 수학 교과서 또는 논문이라면 나는 특정 결과들의 순서를 우아하게 선택할 것이다. 그렇게 하면 일부 결과들이 다른 결과들로부터 더 쉽게 증명될 수 있지만, 학생들이 그렇게 하지는 않을 것이므로 이러한 추측들에 대한 증명을 분리하여 각각 아는 것이 도움이 된다. 물론 이것은 직접 연구를 수행하는 것과 잘 정리되어 출간된 연구 결과를 읽는 것의 차이다.

따라서 특별한 순서 없이 몇 가지 증명을 나열하겠다. 이 글을 읽는 사람들이나 학생들은 더 많은 증명을 찾을 수 있다. 증명에 대한 참고 문헌은 [Hull94, Hull02-1, Hull03]이다.

정리 21.1: 마에카와 정리(Maekawa's Theorem)

M과 V는 평평한 꼭짓점 접기에서 꼭지점에서 만나는 산 주름과 골짜기 주름의 수라고 하면, $M - V = \pm 2$.

| 증명 | 종이를 꼭짓점을 중심으로 평평하게 접고 가위로 꼭짓점을 잘라내어 평평한 다각형 횡단면을 남긴다고 상상해 보자. 아래 그림을 참조하면 쉽게 알 수 있다. 이 횡단면을 따라 시계 반대 방향으로 이동하는 모노레일을 상상해 보자. 그런 다음 위로부터 횡단면을 본다고 가정하면 모노레일이 산 주름에 도달할 때마다 180° 회전하고 골짜기 주름에 도달할 때마다 -180° 회전한다. 시작 위치로 돌아 오면 360° 회전할 것이다. 그러므로,

$$180M - 180V = 360 \Rightarrow M - V = 2.$$

'아래'에서부터 꼭짓점을 봤다면 -2를 얻을 수 있다. □

| 증명 | (1993년 HCSSiM 수업에서 얀 시바노비치(Jan Siwanowicz)가 증명을 개발했다.) 주름의 개수를 n이라 하면, $n = M + V$가 된다. 종이를 평평하게 접고 꼭짓점을 잘라내어 얻은 횡단면을 고려하면 횡단면은 평면 다각형을 형성하게 된다. 이 다각형에서 내각 0°를 골짜기 주름으로, 내각 360°를 산 주름으로 보면 다각형의 내각의 합은 $0V + 360M = (n-2)180 = (M+V-2)180$이 되고 이로부터 $M - V = -2$를 얻을 수 있다. 산과 골짜기 주름의 역할을 바꾸면, 이것은 종이를 뒤집는 것에 해당하고, $M - V = 2$를 얻게 된다. □

정리 21.2: 짝수 차수 정리(Even Degree Theorem)

평평한 꼭짓점 접기에서 꼭지점의 차수는 항상 짝수이다.

| 증명 1 | [마에카와 정리를 사용한 증명] 꼭짓점의 주름의 개수는 $n = M + V = 2V + M - V = 2V \pm 2 = 2(V \pm 1)$가 되고 짝수이다. □

| 증명 2 | [색칠하기를 사용한 증명] 학생들이 종이학 접기 및 색칠하기 활동을 수행했다면 평평한 꼭짓점 접기가 모두 2가지 색으로 면들을 색칠할 수 있다는 것을 알것이다. 이로부터 주름의 개수가 짝수임을 알 수 있다. □

| 증명 3 | [독립적인 증명] 마에카와 정리의 증명 1에서 볼 수 있는 모노레일 접근 방식을 사용하여 모노레일이 왼쪽 또는 오른쪽으로 몇 번씩 이동하는지 L과 R의 수열로 놓고 추적한다. 각 주름이 평평하게 접히기 때문에 이 수열에는 L과 R이 번갈아 가며 나타난다. 모노레일이 출발한 영역에 도착할 때 추적을 중단하면 R과 동일한 개수의 L을 얻게 되므로 수열의 항의 개수는 짝수가 된다. 또한 이 수열의 항의 개수는 꼭짓점의 차수와 같다. □

정리 21.3: 큰 각-작은 각-큰 각 정리(Big-Little-Big Angle Theorem)

평평한 꼭짓점 접기에서 $\alpha_{i-1} > \alpha_i$, $\alpha_i < \alpha_{i+1}$인 연속적인 각 α_{i-1}, α_i, α_{i+1}이 있다면, 세 각 사이에 있는 두 주름이 동시에 골짜기 주름이거나 산 주름이 될 수는 없다.

|증명| 모순을 위해 두 주름이 둘 다 골짜기 주름이거나 산 주름이라고 가정하자. 그런 다음 접었을 때 큰 각 α_{i-1}과 α_{i+1}이 종이의 같은 면에 있는 작은 각 α_i를 덮게 된다. 이것은 종이가 교차하지 않고서는 불가능하다. 따라서 2개의 주름선에 대하여 두 주름이 동시에 골짜기 주름이거나 산 주름이 될 수는 없다. □

정리 21.4: 카와사키 정리(Kawasaki's Theorem)

꼭지점 v에서 주름 사이의 사잇각들을 차례로 더하고 뺀 값이 0인 경우에만 꼭짓점 v에서 평평한 꼭지점 접기가 가능하다.

|증명| 꼭지점 v에 인접한 주름들 사이의 사잇각을 순서대로 $\alpha_1, \ldots, \alpha_{2n}$이라 하자. 평평한 꼭짓점 접기를 한 후 접힌 종이의 꼭짓점 주위를 개미가 걸어다니는 상황을 상상해 보자. 종이를 펼친 후 개미의 경로를 표시하면, 이는 v 주위의 단순 닫힌 루프[1]가 된다. 개미가 각 α_1을 걷는 것으로 시작한다고 가정하여 보자. 그런 다음 주름선을 건너고 방향을 바꾸어 각 α_2를 따라 걷게 된다. 또한 다음 주름선을 건너고 α_1과 같은 방향으로 각 α_3을 따라 걷게 된다. 아래 그림을 참조하자. 개미가 좌우로 움직이는 각들을 추적하면 교대합(alternating sum) $\alpha_1 - \alpha_2 + \alpha_3 - \ldots - \alpha_{2n}$을 얻게 된다. 마지막에는 개미가 시작된 곳으로 돌아와야 하므로 이 합은 0이어야 한다.

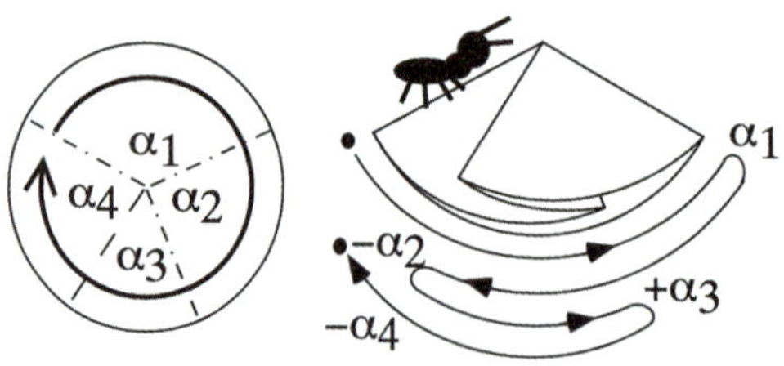

반대로 $\alpha_1 - \alpha_2 + \alpha_3 - \ldots - \alpha_{2n} = 0$라고 가정하고 꼭짓점이 평평하게 접힐 수 있음을 보이자. 접었을 때 종이가 자기 자신과 교차하지 않도록 꼭지점 v에 인접한 주름들에 산 주름과 골짜기 주름을 할당하고 이를 접어 평평한 꼭지점 접기를 할 수 있다는 것을 보여 줄 것이다.

[1] 단순 닫힌 루프(Simple closed loop)란 시작점과 끝점이 일치하며 중간에 교차하지 않는 곡선을 말한다.

꼭지점 v에 인접한 주름선 l을 무작위로 선택하고 이 주름선을 따라 잘라서 l이 있던 곳에 2개의 '느슨한 끝' 종이를 만든다. 그런 다음 나머지 주름선에 산 주름과 골짜기 주름을 번갈아 가며 할당하자. 그런 다음 이 주름을 접으면 단면이 지그재그 패턴처럼 보일 것이다. 각의 교대 합이 0이므로 느슨한 두 끝이 서로 정렬된다는 것을 알수 있다. 운이 좋다면, 이 느슨한 끝에는 사이에 종이가 없을 것이다. 그러면 그것들을 다시 붙일 수 있고, l이 산 주름과 골짜기 주름 중 어느 것인지 결정할 수 있으며, 평평한 꼭짓점 접기를 할 수 있다. 아래 그림을 참조하면 알 수 있다.

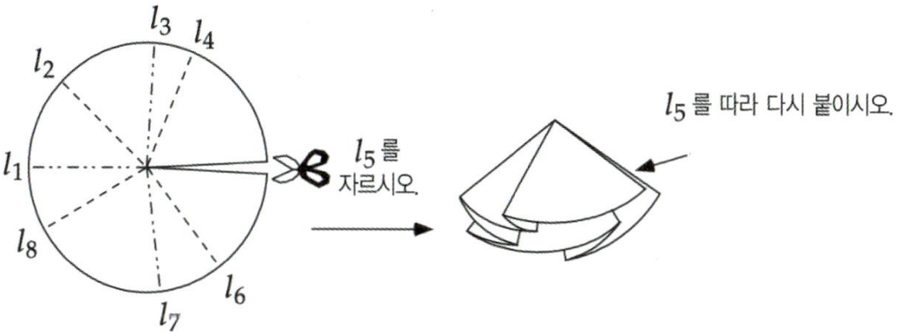

그러나 운이 좋지 않다면 l의 느슨한 끝 사이에 종이의 겹(layer)들이 있을 것이다. 이 경우 지그재그 주름의 횡단면을 볼 필요가 있다. 그러면 횡단면에 나타난 종이 겹들이 왼쪽 또는 오른쪽을 향하게 된다. 이어서 이 횡단면에서 가장 오른쪽에 있는 주름을 선택하여 산 주름에서 골짜기 주름으로 또는 골짜기 주름에서 산 주름으로 뒤집어 돌려야 한다. 이렇게 하면 느슨한 끝 사이에 어떠한 종이 겹들이 놓이지 않은 채 끝 부분이 만나게 되고, 이를 다시 붙여서 평평한 꼭짓점 접기를 완성할 수 있다. 아래 그림을 참고하면 알 수 있다. □

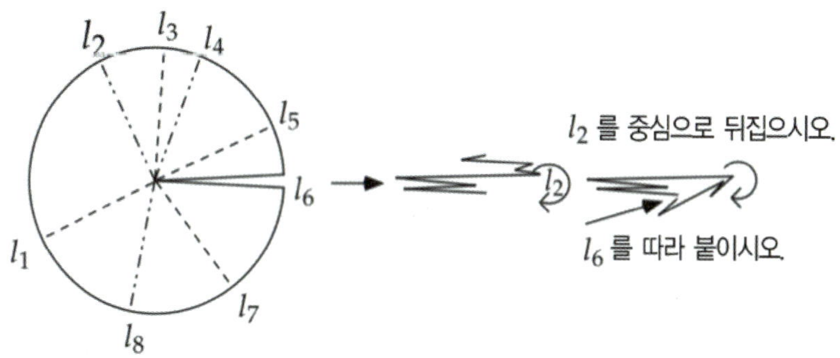

정리 21.5: 각 정리(Angle Theorem)

평평한 꼭짓점 접기의 인접한 두 주름 사이의 각도는 항상 180° 보다 작거나 같다.

증명 1 [카와사키 정리를 이용한 증명] 꼭짓점이 평평하게 접히기 때문에 $\sum(-1)^i\alpha_i = 0$이라는 것을 알고 있다. 또한 $\sum\alpha_i = 360^\circ$ 라는 것도 알고 있다. 이 방정식을 더하고 단순화하면

$$\alpha_1 + \alpha_3 + \ldots + \alpha_{2n-1} = 180^\circ,$$
$$\alpha_2 + \alpha_4 + \ldots + \alpha_{2n} = 180^\circ.$$

따라서 평평한 꼭짓점 접기에 있어서 어떤 각도 180° 보다 크거나 같을 수 없다. 단 차수가 2인 '자명한' 꼭짓점은 정확히 180° 의 각을 가질 수 있다. □

차수가 2인 꼭짓점을 반드시 고려할 필요는 없지만 일부 학생들은 그런 꼭짓점들이 존재한다고 주장할 수도 있다. 이러한 '평평한 종이접기 이론'을 개발할 때 차수가 2인 꼭짓점을 허용하는 것이 때때로 편리하므로 괘념치 않아도 된다.

증명 2 [독립적인 증명] 학생들이 카와사키 정리를 발견하기 전에 이것을 증명하려고 시도할 가능성이 있으므로 카와사키 정리를 사용하지 않고 증명하는 것이 필요하다. 이를 위해, 모순에 의한 증명 방법을 사용하는 것이 도움이 될 것이다.

평평한 꼭짓점 접기에 $\alpha_i > 180^\circ$ 인 각이 있다고 가정하자. 종이접기에 대한 하나의 근본적인 사실은 종이가 늘어나거나 찢어지지 않는다는 것이다. 따라서 펼쳐진 종이에 두 꼭짓점이 주어지면 이 꼭짓점들 사이의 거리는 종이를 접은 후에도 동일하게 유지되거나 줄어들 수 있다. 즉, D가 종이조각이고 $f: D \to \mathbb{R}^2$ 는 평평한 접기를 나타내는 함수이면, 모든 $x, y \in D$에 대하여 $d(f(x), f(y)) \le d(x, y)$이 성립한다. 그렇지 않으면 꼭짓점들이 처음보다 멀어져야 하므로 종이가 찢어지게 된다.

따라서 x를 각 α_{i-1}로 생성된 종이 영역의 한 점이라 하고 y를 각 α_{i+1}로 생성된 종이 영역에 있는 점이라고 하면 $\alpha_i > 180^\circ$ 이므로 각 α_i를 포함하는 종이 영역은 볼록(convex)집합이 아니다. 따라서 각 α_i의 영역이 고정되었다는 가정 아래 각 α_i와 α_{i-1} 사이의 주름선 및 α_i와 α_{i+1} 사이의 주름선을 접으면 점 x와 y가 서로 더 멀리 이동하게 되므로 모순이다. □

정리 21.6: 종이 겹들의 개수 정리(Number of Layers Theorem)

가장자리와 만나지 않는 꼭짓점에서 평평하게 접히는 꼭짓점 근처의 종이 겹들의 수는 짝수이다.

| 증명 | 카와사키 정리의 개미-걷기 방법을 사용하면, 개미는 한 꼭짓점에서 종이의 모든 겹들에 대하여 한 번씩 이 꼭짓점을 가로 지르게 된다. 물론 그 경로가 적절하게 선택되었다고 가정했을 때 이런 일이 일어난다. 개미가 이 꼭짓점을 왼쪽으로 건널 때마다 시작했던 곳으로 돌아가기 위하여 오른쪽으로 건너가야 한다. 즉, 개미가 꼭짓점의 오른쪽에서 시작하면 먼저 왼쪽으로 이동하여 꼭짓점을 가로지른 후 다시 돌아가기 위해 오른쪽으로 이동하여 꼭짓점을 가로 지르게 된다. 따라서 개미가 꼭짓점을 가로지르며 이동하는 것은 왼쪽-오른쪽 쌍을 이루고, 이는 꼭짓점에서 짝수개의 종이 겹을 가진다는 것을 의미한다. □

교수법

추측과 증명 목록들은 교사가 이와 같은 열린 결론을 가지는 활동을 할 때 학생들의 추측에 대하여 예상할 수 있는 것들을 아는데 도움이 많이 되기 때문에 여기에서만 제공된다. 교사는 강의 형식으로 돌아가려는 충동을 뿌리치고 학생들에게 일련의 추측과 증명들을 제공해야 한다. 이 활동의 목적은 완전히 생소한 문제이지만 쉽게 탐구할 수 있고, 선행 지식이 필요하지 않지만, 답을 찾기 위해서는 깊은 통찰력이 요구되는 문제를 학생들에게 제시하는 것이다. 그러나 강의식 수업은 이것을 수포로 돌아가게 만들 것이다. 학생들은 패턴을 찾고, 추측을 하고, 그것들을 증명하려고 노력하면서 수학 연구에 대한 직접적인 경험을 할 수 있다.

학생들이 목록에 있는 모든 추측을 제시하지 못할 가능성이 매우 높다. 어쩌면 학생들이 목록에 없는 몇 가지 추측을 발견 할 수도 있다! 이러한 열린 결론을 포함하는 활동은 수업 중 어떤 일이 일어날 지 정확히 알지 못하기 때문에 매우 어려울 수 있다. 이러한 추측들을 수업에서 모두 다룰 필요가 있는 것으로 생각하지 않는 것이 가장 좋다. 오히려 문제들을 해결하려고 애썼던 경험들과 추측을 개발하고 이를 증명하는 것이 핵심 학습 목표가 되어야 한다. 이 책의 '불가능한 주름 형태' 활동이나 '행렬 모델' 활동과 같이 평평한 종이접기 활동 수업을 더 할 계획이 있다면, 학생들에게 힌트를 주면서 그들이 마에카와 정리와 카와사키 정리를 확실히 발견하게 하는 것이 좋다.

한편으로 평평한 꼭짓점 접기 활동은 매우 간단하고 재미가 있다. 왜냐하면 이 활동과 관련된 수학은 학생들에게 부담이 되지 않기 때문이다. 반면에 학생들이 수학자처럼 생각하고 이전에 본 것과는 아주 다른 방식으로 '수학'을 해야 하기 때문에 매우 도전적이다.

학생들에게 동기를 부여하는 것은 특히 하위 수준의 수업 또는 '교양수학' 수업에서는 이슈가 될 수 있다. 이런 수업들의 경우에는 평평한 꼭짓점 접기활동에 직접 뛰어들기 전에 종이접기 및 종이학 색칠하기 활동 안에 있는 날개가 퍼덕거리는 새와 같은 실제 모델을 접도록 하는 것이 매우 유용할 것이다.

나쁜 증명들

이러한 추측들에 대한 증명을 할 때 학생들은 결실을 거의 맺을 수 없는 사고 방식으로 증명을 하는 경향이 매우 강하다. 더 나쁜 것은, 마에카와 정리와 카와사키 정리를 증명할 때 학생들에게 매우 설득력 있게 들리지만 엄밀하지 않고, 심지어 거짓인 어떤 논의가 있을 수 있다는 사실이다. 이는 이 활동에서 증명 구축 과정을 매우 가치있게 만든다. 왜냐하면 일부 추측들은 증명하기 어렵지는 않지만 건전한 사고가 필요하고, 몇몇 추측들을 증명하는 것은 매우 도전적이기 때문이다.

특히 학생들이 귀납법을 이용하여 마에카와 정리와 카와사키 정리를 증명하려고 시도하는 것에 대해 교사는 주의를 기울여야 한다. 이러한 식으로 증명하는 것은 어떤 의미에서는 실패로 귀결되기 마련이다. 왜냐하면 일반적인 평평한 꼭짓점 접기에서 일부 주름선을 제거하면 결과가 더 이상 평평한 꼭짓점 접기가 되지 않기 때문이다! 여전히 일부 학생들은 산 주름이 있는 모든 곳에 골짜기 주름이 따라온다고 주장한다. 예를 들어, 가장 '기본적인' 평평한 꼭짓점 접기 중 하나는 차수가 2차인 꼭짓점 접기이다. 즉, 2개 이상의 산 주름이 있는 꼭짓점으로 생각할 수 있다. 그런 다음 다른 평평한 꼭짓점 접기는 여기에 산 주름과 골짜기 주름을 추가하고 이를 반복하여 항상 골짜기 주름보다 산 주름이 2개 이상 더 많다고 생각할 수 있다. 어떤 학생들은 이것이 타당한 주장이라고 주장하지만 물론 말도 되지 않는다. 다른 한편으로 귀납법이 작동하는 다른 방법이 있다. 자세한 내용은 '후속 활동'을 참조하시오.

이러한 추측들을 증명할 때 어려운 점은 학생들이 어디서부터 시작해야 할지 알기 위해 힘든 시간을 보낸다는 점과 쉽게 이해할 수 있는 즉각적인 공식이나 '수학적인' 것들이 없다는 점이다. 이는 이러한 활동이 학생들에게 귀중한 경험이 될 수 있는 또 다른 이유이기도 하다. 왜냐하면 수학자들은 종종 어떤 것을 증명할 수 있기 전에 수학적 모델을 만들어야 하는 상황에 직면해야 하기 때문이다. 여기에 있는 모든 학생들은 접힌 종이 조각을 가지고 있다. 각과 산 주름과 골짜기 주름을 정의하여 모델을 만드는 것은 시작에 불과하지만 창의력이 없는 상태로 엄격한 증명으로 이어지는 무언가를 만들어 내기는 매우 어렵다. 즉, 접힌 종이의 꼭짓점 주위를 기어 다니는 것을 무엇으로 하면 좋을지 고민하거나, 꼭짓점을 잘라내어서 나타나는 단면을 보는 것과 같이 창의적인 활동 없이 엄격한 증명을 하기가 매우 어렵다. 이러한 것들이 좋은 증명을 할 수 있는 관건이 될 수 있다. 또한, 모노레일과 개미 걷기 기술에 의한 증명들은 아주 많이 도움이 된다. 위의 활동들은 종이와 함께 벌어지는 일들을 시각화할 수 있는 방법을 제공한다.

이러한 기술을 제안하거나 개미 걷기 방법을 이용하여 카와사키 정리를 증명하는 것은 다른 추측들을 증명하는데 필요한 아이디어를 제공해 줄 수도 있다.

교육학적으로 교사가 학생들이 스스로 증명을 개발해야 하는 필요성과, 힌트를 제공하여 학생들을 가르치고자 하는 욕구 사이에서 균형을 맞추기는 매우 어려울 수 있다. 이런 의미에서 교사가 위의 증명을 알고 있는 것이 해가 될 수도 있다. 왜냐하면 교사가 증명을 몰랐다면 학생들이 스스로 증명을 고안하게 할 수도 있기 때문이다. 위에서 소개한 마에카와 정리의 증명 중 하나는 고등학생에 의해 개발되었다. 교사들은 학생들이 어떤 새로운 접근 방식을 생각해 낼지 결코 알지 못한다.

후속 활동

학생들이 평평한 꼭짓점 접기의 주제를 더 연구할 수 있는 방향이 많이 있다. 이것은 접근 가능하고 열린 결론 문제에 대한 활동을 포함하여, 학생 프로젝트 활동에 아주 적절하다.

이 책에는 이러한 연구의 방향 중 일부를 살펴 볼 수 있는 다른 활동이 포함되어 있다. 카와사키 정리를 2개 이상의 꼭짓점을 가진 주름 패턴으로 일반화할 수 있는가 여부를 묻는 것이 불가능한 주름 패턴 활동의 주제이다. 또한 평평한 꼭짓점 접기의 행렬 모델 활동에서 살펴볼 수 있는 것으로서, 평평한 접기에 대한 행렬 모델을 사용하여 카와사키 정리의 동등한 버전을 만들 수 있다.

그러나 전체 이야기에 대해 더 알고 싶은 학생과 교사는 논문 '평평한 접기의 조합: 조사 논문(survey paper)' [Hull02-1]을 읽어 보기 바란다. 논문에서 언급한 것 중 하나는 마에카와 정리와 카와사키 정리에 대한 증명은 우리가 사용하고 있는 종이가 평평하다는 사실을 실제로 사용하지 않고 있다. 따라서 이 두 결과는 모두 곡률이 다른 종이의 접기에 적용될 수 있다. 예를 들어 원뿔 모양의 종이와 그 꼭짓점을 가지고 평평한 종이접기를 하는 경우 이 두 가지 결과는 여전히 유효할 것이다. 이 형식에서는 주름을 제거하는 것이 원뿔 주위에 있는 일정량의 종이를 줄이는 것과 같을 수 있기 때문에 신중하게 귀납법을 사용하여 이러한 정리들을 실제로 증명할 수 있다.

이 분야를 공부하는 또 다른 방법은 주어진 주름 패턴에 대해 산 주름 및 골짜기 주름의 가능한 할당 수를 계산하는 것이다. 위에서 언급한 조사 논문과 마찬가지로 '정사각형 비틀기 접기' 활동에서 이에 대한 사례를 살펴볼 수 있다 ([Hull03] 참조).

불가능한 주름 패턴

Activity 22

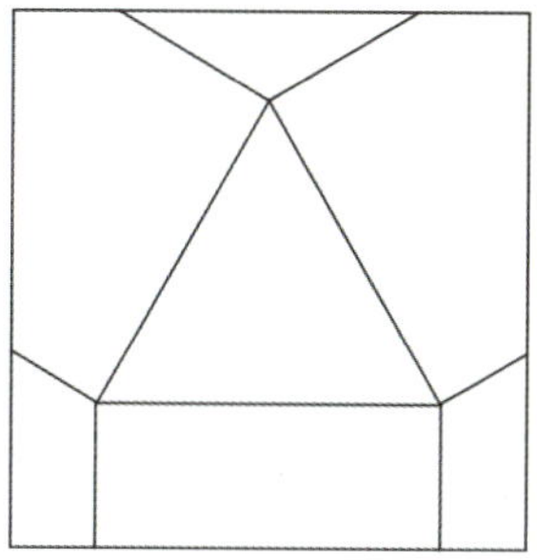

관련 과목: 기하학, 이산수학, 조합론, 교양수학, 증명 입문, 모델링

개요

이 활동은 '평평한 꼭짓점 접기'에 대한 후속 활동이지만 반드시 이와 연관지어 학습할 필요는 없다. 학생들은 주름 패턴이 그려진 정사각형 모양의 종이를 가지고 주름선을 따라 접어 종이를 평평하게 접는 활동을 할 것이다. 문제는 새로운 주름을 삽입하지 않고는 주름 패턴을 평평하게 접을 수 없다는 것이다. 이것은 각 꼭짓점이 부분적으로 평평하게 접히지만 전체 패턴은 그렇지 않기 때문에 당혹스럽다. 학생들은 불가능한 주름 패턴에 대하여 설명하는 활동을 할 것이다.

내용

기본 수준에서 이 활동은 학생들에게 실제 상황을 조사하고 수학적으로 분석하는 연습을 더 많이 제공하고 있다. 이전 활동을 하고 나면 이번 활동을 보다 더 좋은 맥락 속에 놓을 수 있지만 이 활동 자체만 보면 부가적으로 요구되는 것은 없다.

그러나 이전 활동을 통해 학생들은 심화 활동을 할 수 있다. 하나의 꼭짓점 주름 형태가 주어지면 그것을 평평하게 접을 수 있는지 쉽게 결정할 수 있다. 그러나 이 활동의 '불가능한 주름 패턴'에서 설명되듯이 다중 꼭짓점 주름 패턴에 대하여는 많은 어려움이 있다. 주름 패턴을 일반적으로 평평하게 접을 수 있는지 여부를 결정하는 문제는 NP-완전 문제이다. 그러므로,

이것은 결정 가능성과 계산 복잡성이 발생할 수있는 다양한 상황의 알고리즘 과정 분석에 대하여 학생들에게 제시할 수 있는 예시 활동이 될 수 있다. 실제로 NP-완전성을 입증하는 것은 이 활동의 범위를 벗어나지만 불가능한 주름 패턴을 가지고 놀면서 문제를 논의하는 것은 더 큰 주름 패턴을 가진 문제가 얼마나 어려울 수 있는지 학생들이 이해하는데 도움을 준다.

활동지

활동지는 최소한의 기본적인 내용만을 담고 있고 주름 패턴을 전달하는 장치일 뿐이다. 학생들이나 교사가 수업 시간 전에 활동지에 있는 종이접기 패턴을 미리 오려둘 수 있다.

수업 시간

수업에 필요한 시간은 학생들이 얼마나 많은 수의 주름 패턴 종이접기를 시도하는가에 따라 다르다. 종이접기를 하는데에는 각각 5~10분 정도 걸리지만 왜 접기가 불가능한지 그 이유를 설명하는데에 10분 정도가 걸릴 것이다.

활동지 1 주름 패턴 접기

활동: 다음은 종이접기 주름 패턴이다. 여러분이 할 것은 종이를 잘라내어서 어떤 것을 접을 수 있는지 알아 보는 것이다. 참고: 표시된 주름선을 따라서만 접을 수 있다. 주름을 더 많이 추가하는 것은 규칙을 어기는 것이다. 그러나 산 주름으로 만들지 골짜기 주름으로 만들지는 결정할 수 있다.

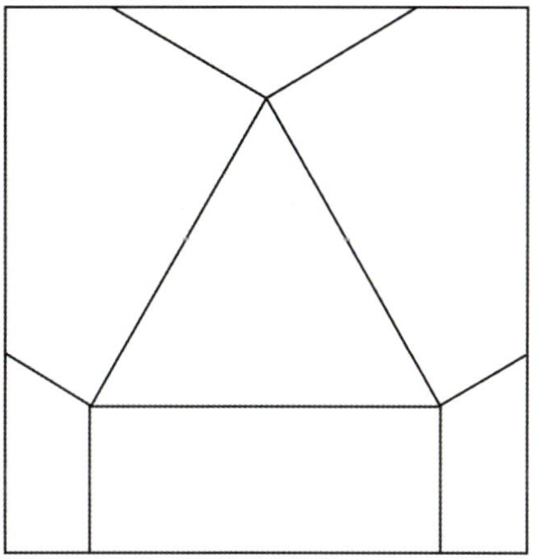

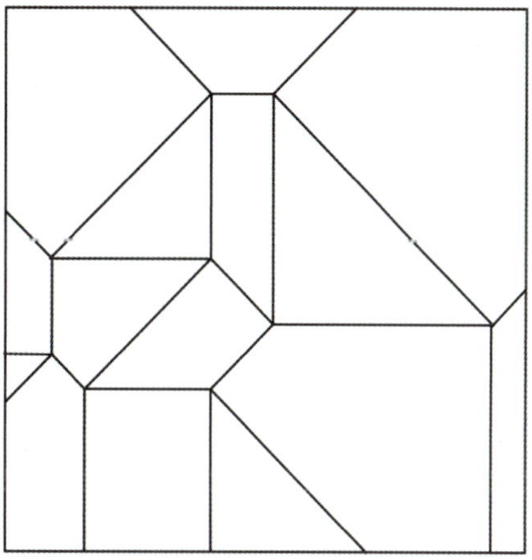

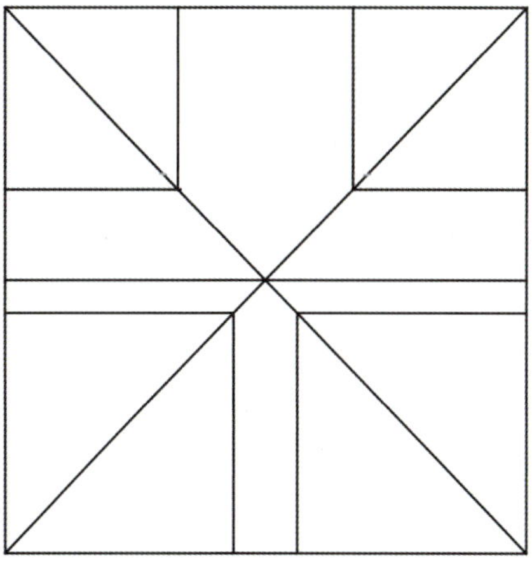

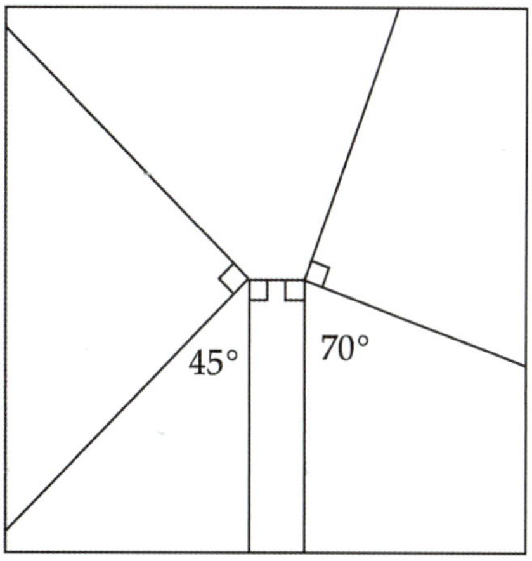

해답과 교수법

물론 전체적으로, 여기에 제시되는 주름 패턴 중 평평하게 접을 수 있는 것이 하나도 없다는 사실이 나쁘지만 매력적인 부분이다. 따라서 학생들은 이러한 주름 패턴이 불가능하다는 사실을 깨닫고 그 이유를 알아내기까지 약간 당황할 수 있다.

이 활동은 평평한 꼭짓점 접기 탐구 활동의 아주 좋은 추가 활동이 된다. 평평한 꼭짓점 접기 탐구 활동에서 나타날 수 있는 주요 정리 중 하나는 소위 카와사키 정리인데 그 내용은 다음과 같다. 하나의 꼭짓점 주름 패턴에서 주름 사이의 사잇각들의 교대 합이 0인 경우에만 꼭짓점을 평평하게 접을 수 있다. 이번 활동을 통하여 학생들은 각각의 꼭짓점에 대한 주름 패턴에 대하여는 카와사키 정리가 성립됨에도 불구하고, 이 정리가 다중 꼭짓점 주름 패턴의 경우로 확장될 수 없다는 것을 알 수 있다. 오른쪽 아래 주름 패턴은 2개의 꼭짓점만 포함하기 때문에 특히 당황스럽다! 이 주름 패턴에 대하여 평평한 접기가 불가능하다는 것을 다양한 방법으로 알 수 있다.

맨 윗줄은 산 주름과 골짜기 주름의 모순이 있기 때문에 평평하게 접을 수 없다. 이것은 평평한 접기에 대한 기본 사실을 사용하여 알 수 있다. 꼭짓점에 순서대로 큰 각, 작은 각, 또 다른 큰 각이 있는 경우 이 세 각 사이의 두 주름선은 서로 다른 모양의 주름을 가져야 한다. 즉, 하나가 산 주름이면 다른 하나는 골짜기 주름이어야 한다. 그 이유는 만약 그것들이 동일한 모양의 주름이면, 종이의 같은 면에 작은 각을 덮는 2개의 큰 각을 가지게 되어 종이가 스스로 교차하도록 만들 수 있기 때문이다. 이것은 학생들이 평평한 꼭짓점 접기 탐색 활동에서 관찰할 수 있는 사실 중 하나이다. 즉, 큰 각-작은 각-큰 각 정리(Big-Little-Big Angle Theorem)가 성립한다.

따라서 왼쪽 상단 주름 패턴에는 2개의 90도 각이 있고, 3개의 꼭짓점 모두에서 60도 각을 이룬다. 따라서 중앙의 삼각형에 있는 주름 패턴은 주변에 산과 골짜기가 번갈아 가며 나타나야 하므로 불가능하다. 오른쪽 위 주름 패턴은 정확히 똑같은 문제가 발생하지만 산 골짜기 모순에는 더 긴 주름들의 체인이 필요하다. 다음 페이지에 있는 그림은 이를 수행하는 한 가지 방법이다. 차수가 4인 평평한 꼭짓점에는 마에카와 정리에 의해 3개의 산 주름과 1개의 골짜기 주름(또는 그 반대)이 있어야 한다는 사실을 사용하면 된다.

이러한 예는 산-골짜기 주름 모순이 그래프의 2색 칠하기 문제로 생각될 수 있다는 것을 보여주고 있다. 연속적으로 다른 산-골짜기 주름이 연속적으로 동등하게 나타나는 주름선 체인들을 살펴보면 산-골짜기 주름 모순을 피하기 위해서는 이러한 체인을 2색 칠하기가 가능해야 된다는 것이다. 이러한 체인에서 홀수 길이의 회로는 언뜻 도움이 될 듯하나 종국에는 모순을 가져온다.

활동지의 아래쪽 두 주름 패턴은 분석하기가 더 어렵다. 둘 다 산 골짜기 모순은 아니다. 대신

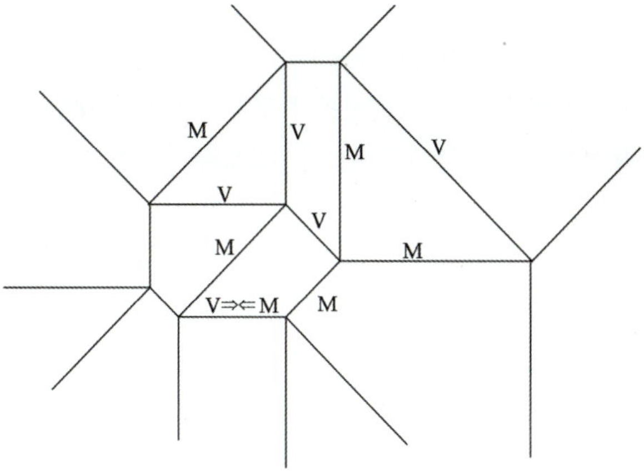

종이 자체 교차(self-intersecting) 문제가 발생한다. 둘 다 정사각형 경계에 꼭짓점이 놓여지는 것에 매우 민감하다. 예를 들어 아래의 오른쪽의 주름 패턴에서 두 꼭짓점이 서로 멀리 떨어져 있으면 이것은 접기가 가능하다.

실제로 아래의 왼쪽의 주름 패턴은 접기가 불가능한 것을 증명하는 것은 매우 어렵다. 학생들에게 이것을 엄격하게 증명하도록 요청하는 것은 다소 잔인할 지 몰라도 매우 좋은 도전이며, 나는 학생 중 누군가가 내가 아는 것보다 더 확실한 증명을 할 수 있기를 바란다. 증명의 아이디어는 사각형의 네 모서리가 종이의 덮개로 바뀌고, 그 주위의 수평 및 수직 주름이 덮개의 크기를 결정한다는 것이다. 아래쪽 덮개는 상당히 크고 위쪽 덮개는 정사각형 한변의 길이의 1/3이 된다. 이 4개의 덮개는 모두 덮여야 하고 모델의 내부에 들어가야 한다. 모든 가능성을 살펴보면 그 어느 것도 작동하지 않는다는 것을 알게될 것이다. 일반적으로 문제는 더 큰 덮개 중 하나가 모델 외부에 남아 있을 수 있지만 다른 큰 덮개는 공간이 충분하지 않은 내부에 넣어야 한다는 것이다. 이 모델을 직접 실험하는 것만으로 이것이 사실인 것을 확신할 수 있을 것이다.

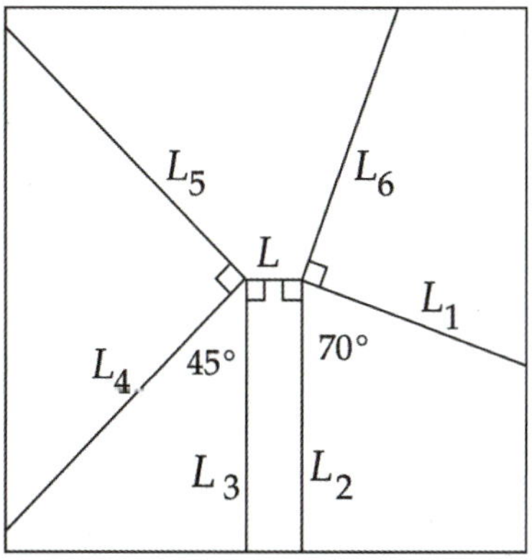

활동지의 아래의 오른쪽에 있는 주름 패턴은 수리과학 분야의 프리랜서 작가인 배리 씨프라 (Barry Cipra)가 제기한 도전 문제, 즉, 국소적으로 평평하게 접을 수 있는 2개의 꼭짓점 주름 패턴이 전체적으로 평평하게 접을 수 있는지를 결정하는 문제에 대한 대답이 될 수 있다. 이 문제에 대한 대답은 부정적이라는 것이고, 이 예가 2개의 꼭짓점 주름 패턴 중 접기가 불가능한 예이다. 아이디어는 45° 와 70° 의 각을 가지는 2개의 평행 주름선 L_2, L_3은 둘 다 골짜기 주름선이 될 수 없던지, 또는 산 주름선이 될 수 없다. 만약 그렇게 된다면 종이가 자체적으로 교차할 수 밖에 없게 되기 때문이다. 주름선 L_5, L_6, L은 동시에 산 주름이거나 골짜기 주름이 되어야 한다. 이러한 사실들은 마에카와 정리와 큰 각-작은 각-큰 각 정리(Big-Little-Big Angle Theorem)에 의하여 알려져 있다. 위의 두 정리를 이용하면 주름선 L_3, L_4는 동시에 산 주름 또는 골짜기 주름이 될 수 없다는 것을 알 수 있고, 그러므로 주름선 L_5, L은 같은 모양의 주름이 된다. 마찬가지로 주름선 L_1, L_2는 동시에 산 주름 또는 골짜기 주름이 될 수 없다는 것을 알 수 있고, 그러므로 주름선 L_6, L은 동시에 같은 모양의 주름이 된다.

그러므로 주름선 L_5, L, L_6에 의해 만들어지는 부분은 접기 결과 뒷벽이 될 수 있고, 앞벽에는 주름선 L_2, L_3 의해 만들어지는 플랩을 배치할 수 있어야만 한다. 이러한 플랩 중 하나는 다른 모든 것들보다 앞에 있어야 하지만 다른 플랩은 이 모델의 안쪽에 접혀져 있어야만 한다. 그 이유는 주름선 L_2, L_3가 다르기 때문이다. 아무리 모델 안쪽으로 플랩을 접으려고 해도 종이를 찢거나 다른 주름을 첨가하지 않고서는 L_5 - L - L_6로 이루어진 벽 안으로 플랩을 접어 넣을 충분한 공간을 가지지 못 할 것이다.

수업에 도움되는 조언들

수업에서 이러한 주름 패턴 중 하나는 평평하게 접을 수 있다고 믿는 학생들이 있을 가능성이 매우 높다. 이런 일이 발생하면 학생들이 어딘가에 여분의 주름을 추가했거나 실수로 주름선 중 하나를 이동 했음이 틀림없다는 확신을 가지고 수업을 진행하라. 학생들이 그룹으로 작업하는 경우, 모든 사람이 똑같이 접을 수 없다면 평평한 종이접기를 한 것으로 간주하지 않기로 규칙을 정할 수 있다. 이렇게 함으로써 실수로 주름 패턴을 변경한 학생들을 찾아낼 수 있을 것이다.

그러나 마지막 주름 패턴인 활동지의 오른쪽 아래에 있는 주름 패턴은 특히 까다롭다. 학생들이 주름을 정확하지 않게 만들어 45° 및 70° 각을 약간 변경하면 실제로 접을 수 있다. 따라서 이 모델에서 가능한 한 정확하게 주름을 만들어야 한다는 점을 강조하는 것이 중요하다. 이 주름 패턴의 큰 버전을 접으면 이러한 접힘 사고를 방지하는 데 도움이 된다. 큰 버전은 복사기를 사용하여 주름 패턴을 확대하면 만들 수 있다.

이 활동에 참여한 학생들은 접기가 불가능한 주름 패턴을 자신만의 방법으로 만들려고 시도할 수 있다. 이러한 내용을 수업에 포함시키고자 한다면 활동지에 있는 오른쪽 위에 있는 예와 왼쪽 아래에 있는 예만 제공하라. 둘 다 꼭짓점이 많이 있는 예이고, 따라서 학생들이 더 적은 수의 꼭짓점을 가지는 예를 찾도록 질문할 수 있다. 오른쪽 위의 예에서 산-골짜기 주름패턴에 대한 모순 개념을 이해하는 학생들은 스스로 왼쪽 위 예제를 발견할 수 있는 좋은 기회를 갖게 될 것이다. 실제로 2005 햄프셔 대학 수학 여름 학교(Hampshire College Summer Studies in Mathematics)의 여러 학생들은 아래 그림과 같이 꼭짓점 중 하나를 종이에서 벗어나게 함으로써 이 3개의 꼭짓점이 있는 예를 2개의 꼭짓점이 있는 예로 바꾸려고 했다.

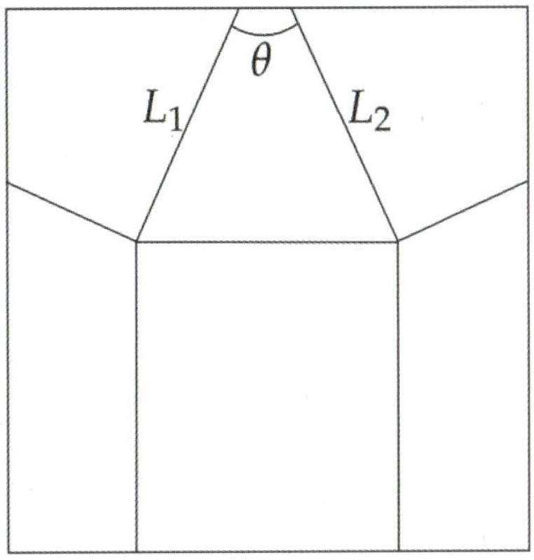

그러나 이것은 제대로 작동하지 않는다. 위 그림에서 각 θ가 60°이면 세 꼭짓점에 대한 예에서처럼 이 주름 패턴은 접을 수 있다. 즉, L_1과 L_2가 같은 모양의 산-골짜기 주름을 갖도록 하면 주름 패턴을 접을 수 있다. 대신에 각 θ를 60°보다 작게 만들어 두 꼭짓점이 서로 더 가까워 지도록 하면 위의 주름 패턴은 실제로 평평하게 접는 것이 불가능하다. 이 경우 L_1과 L_2는 동일한 산-골짜기 주름 패턴을 가지게 되어, 접었을 때 정사각형의 윗면이 어쩔 수 없이 교차하게 된다. 이것은 활동지의 오른쪽 아래 2개의 꼭짓점이 있는 예에서 발생하는 현상과 비슷하지만 이해하기는 더 쉽다.

추가적인 검토 및 탐구 사항

이러한 불가능한 주름 패턴의 예는 평평한 꼭짓점 종이접기 가능성 분야의 최근 연구문제를 분명히 드러낸다. 1994년 논문 [Hull94]에 이러한 주름 패턴 중 두 가지 (활동지에 있는 왼쪽 위 및 아래의 예)가 실려 있다. 이 논문은 마에카와 정리와 카와사키 정리 결과를 전달한 최초의 논문이기도 하다. 2년 후, 베른(Bern)과 헤이스(Hayes) [Bern96]는 주어진 주름 패턴이 평평하게 접을 수 있는지 여부를 결정하는 일반적인 문제가 NP-완전하다는 것을 증명하였다. 그들은 심지어 우리에게 산 골짜기 할당이 주어진다 해도 이러한 문제가 여전히 NP라는 것을 증명했다! 즉, 평평한 종이접기 가능성을 결정할 때 활동지 상단의 두 주름 패턴에서 발견된 것과 같은 산 골짜기 모순 문제는 쉽게 감지할 수 있지만 (즉, 다항식 시간으로 결정할 수 있지만), 아래쪽 2개의 주름 패턴과 같이 종이 자체 교차는 알아내기가 훨씬 더 어렵다.

이것은 모두 종이접기의 자기 교차 가능성이 종이접기 모델링을 어렵게 만드는 것을 의미한다. 그러나 어렵다는 것은 일반적으로 흥미로운 것을 의미한다. 왜냐하면 종이접기는 원래 생각했던 것보다 훨씬 더 복잡하다는 것을 의미하기 때문이다. 이것이 지금 드메인(Demaine), 루비(Lubiw), 오로크(O'Rourke)와 같은 많은 연구자들이 종이접기에서 발견되는 계산 복잡성 문제를 연구하고 있는 이유이다. 실제로 이 연구자들은 1990년대 후반과 21세기 초에 저술한 논문을 통해 계산 종이접기(computer origami)로 알려진 새로운 수학 및 이론적 컴퓨터 과학 분야를 창조하였다. 이 분야의 결과들은 다양한 응용을 가진다. 종이학 접기 및 색칠하기 활동에서 언급했듯이, 아무도 '가상 종이접기'를 컴퓨터 모델로 완벽하게 만들지 못했다. 이는 종이접기 문제가 NP-완전 문제라는 사실이 장애가 되기 때문이다. 종이접기의 계산적 측면에서의 결과는 이러한 것을 가능하게 하는데 도움이 될 것이다. 또한 많은 계산 종이접기 문제가 '1차원 접기' 문제로 축소될 수 있기 때문에 로봇 공학 및 생물학에서의 단백질 접기에도 적용된다.

컴퓨터 종이접기에서 더 발전된 문제를 조사하는 것은 학부생들의 탐구과제를 위한 매우 풍부한 영역이 될 것이다. 에릭 드메인(Erik Demaine)의 웹 사이트 (`http://theory.lcs.mit.edu/~edemaine`)에 있는 수많은 논문을 살펴 보는 것은 좋은 출발점이 될 것이다.

정사각형 꼬인 주름 접기

Activity 23

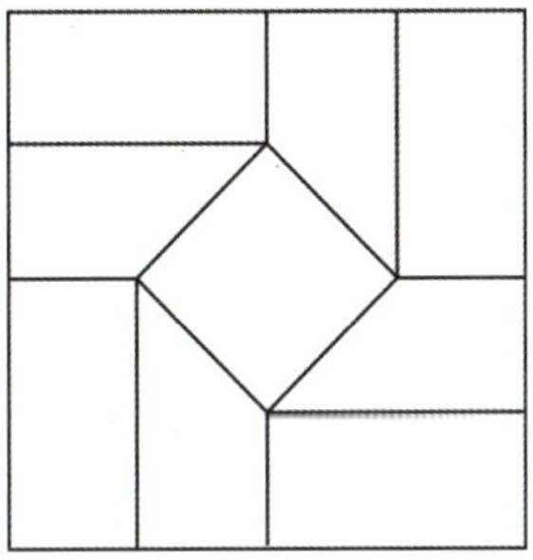

관련 과목: 기하학, 이산수학, 조합론, 인문수학, 증명 입문, 모델링, 추상 대수학

개요

학생들은 쉽게 접을 수 있는 정사각형 모양의 꼬인 주름 패턴을 평평하게 접는 문제에 도전하게 된다. 이 활동을 하고 나면 학생들은 모델을 서로 비교하고 동일한 작업을 수행했는지 확인해야 한다. 이 활동은 산 주름과 골짜기 주름 패턴의 차이에 대한 논의로 이어질 것이다. 그런 다음 "산 주름과 골짜기 주름을 정사각형 모양의 꼬인 주름 패턴에 할당하고 접을 수 있는 방법은 몇 가지일까?"라고 질문할 것이다.

추가 활동으로 다음과 같은 것이 있다. 같은 종이를 가지고 2개 이상의 정사각형 모양의 꼬인 주름을 접으려고 하면 어떤 일이 일어날까? 이것을 할 수 있는 체계적인 방법이 있을까?

내용

이것은 이산수학 및 조합론과 관련된 모델링 문제이고, 이는 다른 평평한 접기활동과 본질적으로 구별된다. 꼬아서 접는 것은 매우 매력적이며 추가로 배워야 할 것이 없으므로 일반 신입생 수준의 수학 수업에서 할 수 있는 활동이다. 반면에 이 활동에서 자신의 결론을 엄밀하게 증명하는 것은 까다로울 수 있으므로 증명하는 법을 배우는 학생들에게는 좋은 연습 활동이 될 수 있다. 마지막으로, 이 활동은 조합론적 대수학의 번사이드(Burnside) 정리를 적용할 수 있는 좋은 상황을 제공하고 있다.

활동지

활동지는 일반적인 수준으로 작성되어 있고, 정사각형 꼬인 주름 패턴이 제시되고, 얼마나 다른 방법으로 많이 접을 수 있는지에 관한 질문이 포함되어 있다. 정확히 무엇을 헤아려야 하는지, 어떻게 그것을 할 수 있는지를 학생들에게 파악하게 한다.

수업 시간

정사각형 꼬인 접기를 하는데는 약 25분 정도 수업 시간이 필요하다. 학생들이 접는 방법의 수를 열거하는 방법에 따라 추가 20분의 수업 시간이 더 필요할 수도 있다.

활동지 1 정사각형 꼬인 주름 접기

활동: 아래에 주름 패턴을 보여준다. 주름은 모두 정사각형의 1/4선에 있지만 중앙 다이아몬드는 제자리에 '꼬집어 접힌(pinched) 채로' 있어야 한다. 정사각형 종이를 가져다가 어떻게 접는지를 알아보기 위해 주름 패턴을 재현한다.

다음 지침을 따르면 이것을 접는데 도움이 된다.

(1) 정사각형에 있는 4×4 격자 모양의 주름을 접는다.

(2) 중앙에 다이아몬드를 만드는 4개의 주름 부분을 꼬집어 접는다.

(3) 펜으로 주름 아래에 주름 패턴을 그린다.

그런 다음 접을 수 있다.

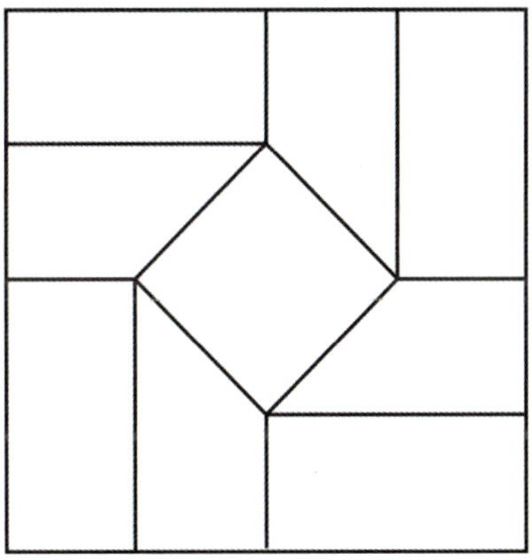

이 종이접기 방법은 **정사각형 꼬임**이라고 하며 종이를 평평하게 접을 수 있는 방법 중 조금 덜 자명한 것이다.

질문: 다른 반 친구들의 정사각형 꼬임을 확인하시오. 여러분이 만든 것과 똑같이 생겼는가? 확실한가? 함께 작업하여 이 주름 패턴을 새로운 주름을 만들지 않고 접는 방법이 몇 가지인지 계산해 보시오.

해답과 교수법

정사각형 꼬임은 종이접기 동작 중 아주 자명하지 않은 것이다. 이것은 중앙에 있는 다각형 쪽으로 종이 조각을 '수축(contract)'하거나 '축소(shrink)'할 수 있는 복잡한 방법이다. 예를 들어, 삼각형 꼬임, 육각형 꼬임, 팔각형 꼬임 등이 있다. 교사와 학생들은 이러한 것을 탐구해 보기를 권장한다!

따라서 일부 학생들은 이 주름 패턴으로 무엇인가 접는 데 어려움을 겪을 것이다. 나는 학생들이 활동지에 있는 것을 잘라내어 접는 것보다 별도의 정사각형 종이에 이 주름 패턴을 만들어 보는 것을 권장한다. 그 이유는 대충 그린 주름일지라도 직접 접어보는 것이 이미 만들어진 주름을 접는 것보다 종이접기의 흥미로운 성질을 이해하는데 도움이 된다고 느끼기 때문이다. 이것은 주름 패턴의 다양한 가능성을 탐구하는 데 도움이 될 수 있다. 또한 활동지 전체를 가지고 있으면 정사각형 꼬임을 접는 여러 가지 방법이 떠오를 때 활동지에 기입할 수 있게 될 것이다.

물론 이 주름 패턴을 평평하게 접는 방법은 여러 가지가 있을 수 있다. 아래는 예로 들 수 있는 두 가지 방법이다. 여기에서 굵은 선은 산 주름, 가는 선은 골짜기 주름을 나타낸다.

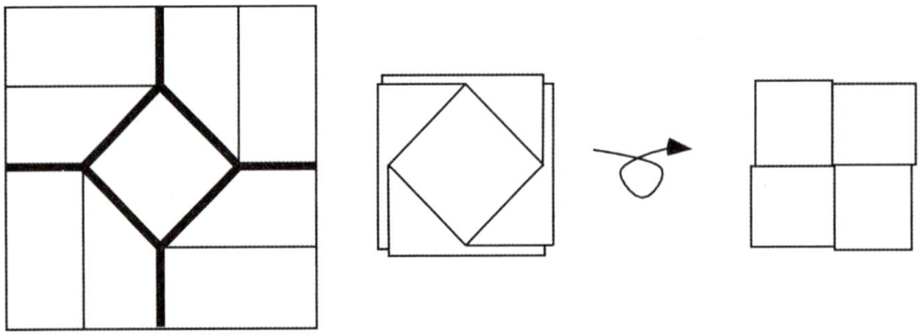

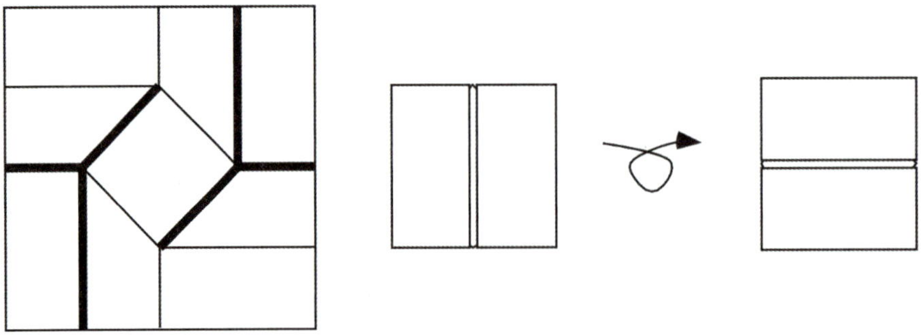

맨 위의 예는 '고전적인' 정사각형 꼬임으로, 주름 패턴을 접을 때 중앙 다이아몬드 모양이 90도 회전하는 것을 쉽게 확인할 수 있다. 이러한 현상은 평평하게 접을 때마다 항상 일어나지만 중앙 다이아몬드 모양이 온전하게 보이지 않을 수도 있다. 아래쪽 예는 종이의 양쪽 면이 같은 모양으로 접히고 있고 단지 회전되는 점에서 멋진 대칭성이 있다. 이 모델은 종이접기를 하는 사람들에게 동일 면적(iso-area)이라고 불리고 있다. 자세한 내용은 [Mae02]와 [Kas87]를 참조하면 된다.

이제 학생이 이 주름 패턴을 접는 하나의 방법이 주어지면 모든 산 주름을 골짜기 주름으로 (또는 그 반대, 즉, 골짜기 주름을 산 주름으로) 전환하여 항상 다른 주름 패턴을 얻을 수 있다. 그러나 이러한 작업은 우리가 정확히 무엇을 계산하고 있는지 질문하게 된다. 학생들이 계산하는 대상을 다음 중 하나에서 선택해야 한다.

(a) 물리적으로 다른 접기들, 또는
(b) 대칭적으로 다른 접기들.

(a)에서 각 주름선에 마치 이름이 있는 것처럼, 유효한 산-골짜기 주름(MV) 할당의 수를 실제로 계산하고 있으므로 일부 주름선에 다른 할당이 있으면 2개의 MV 할당이 다르게 된다. (b)에서는 회전해서 MV 할당이 같아지면 동일한 주름패턴으로 간주한다.

이 주름 패턴은 모든 가능한 방법을 체계적으로 헤아릴 수 없을 정도로 복잡하지 않기 때문에 위의 두 가지 문제는 빠짐없이 헤아려서 해결할 수 있다. 그러나 실제로 학생들에게 이러한 접근 방식을 시도하도록 해 보면, 다른 가능성이 존재하지 않다는 것을 증명하거나 정확하게 설명하면서 제대로 수행하는 경우는 거의 없었다. 따라서 이러한 접근 방법은 오랜 시간이 걸릴 뿐만 아니라 제대로 된 문제해결을 하기가 매우 어렵다.

(a)에 대한 더 나은 접근 방법은 평평한 접기에 대한 몇 가지 기본 사실을 사용하는 것이다. 이는 평평한 꼭짓점 접기 탐구 활동에서 일반적으로 볼 수 있지만 이 활동에서 독립적으로 발견할 수 있다. 먼저 정사각형 꼬임의 주름 패턴에 있는 각 꼭짓점은 내부 다이아몬드의 각에서 시작하여 시계 방향으로 90°, 45°, 90°, 135°의 각을 동일하게 가진다. 마에카와 정리 ($M - V = \pm 2$, 평평한 꼭짓점 접기 탐구 활동 참조)를 통하여 각 꼭짓점에 3개의 산 주름과 하나의 골짜기 주름이 있거나 그 반대로 1개의 산 주름과 3개의 골짜기 주름이 있어야 한다는 것을 알 수 있다. (이전에 평평한 접기 활동을 하지 않은 학생들은 4개의 산 주름과 2개의 산 주름, 2개의 골짜기 주름 상황이 불가능하다는 것을 알기만 하면 된다.) 또한 45° 각을 이루는 2개의 주름선은 둘 다 산 주름이거나 둘 다 골짜기 주름이 될 수 없다. 그렇지 않으면 종이의 같은 면에 45도 각을 동시에 덮으려고 하는 2개의 90도 각이 있어서 용지가 자기 교차하게 된다. 이것은 평평한 꼭짓점 접기 탐구 활동에서 '큰 각-작은 각-큰 각 정리(Big-Little-Big Angle Theorem)'라고 불리었다.

이것은 모두 정사각형 꼬임 주름 패턴에서 내부 다이아몬드의 MV 할당을 선택하면 나머지 MV 할당이 강제로 되는 것을 의미한다. 이는 45° 각의 경계를 이루는 다이아몬드 주름 모양이 정해지면 45° 각의 남은 주름 모양이 강제로 정해지기 때문이다. 그러면 각 꼭짓점에서의 나머지 주름의 모양은 마에카와 정리로부터 결정된다.

따라서 (a)에 대한 해는 다이아몬드의 각 주름에 대해 두 가지 선택할 수 있으므로 2^4가지 방법이 있어서 이 주름 패턴을 접는 16가지 방법이 있다.

실제로 16가지 가능한 주름 패턴을 모두 살펴보면 어떤 것이 단순하게 회전에 의해서 얻을 수 있는 것인지 알 수 있으므로 (b)부분을 풀 수 있다. 그러나 다시 말하지만, 빠짐없이 경우의 수를 다 고려하는 증명은 하기가 어렵고 이보다 더 나은 방법이 있다. 예를 들어, 학생들은 다이아몬드의 주름에서 산 주름의 개수가 4개, 3개, 2개, 1개 또는 전혀 없는 경우를 분명히 하여 다양한 MV 할당의 대칭성을 요약할 수 있다. 이러한 경우로 나눈 후 모든 대칭 가능한 것들을 탐색하면 정사각형 꼬임에서 대칭적으로 다른 MV 할당을 할 수 있다.

이와 동일한 작업을 수행하는 보다 효율적인 방법은 번사이드(Burnside)의 정리 ([Gal01], [Tuc02] 참조)를 사용하는 것이다. 이는 어떤 대상의 대칭군이 G일 때, 이 물체를 색칠하는 방법의 수 N이 다음과 같다.

$$N = \frac{1}{|G|}\sum_{\pi \in G} \phi(\pi).$$

여기서 $\phi(\pi)$는 대칭에 의하여 고정되는 채색의 수이다. 이 경우 대칭군은 사각형의 회전군이며 $G = \{R_0, R_{90}, R_{180}, R_{270}\}$로 표시할 수 있다.

R_0는 항등원이므로 $\phi(R_0) = 16$이다.

R_{90}과 R_{270}은 서로 역원이므로 $\phi(R_{90}) = \phi(R_{270})$이다. 그리고 내부 다이아몬드에 대해 생각하면 두 가지 색(산 색(M)과 골짜기 색(V))을 사용하여 채색하는 방법 중 90° 회전에 의해 고정되는 경우는 모두 산 주름인 경우이거나 모두 골짜기 주름인 경우 뿐이다. 따라서 $\phi(R_{90}) = \phi(R_{270}) = 2$.

180° 회전인 경우 고정되는 경우는 모두 골짜기 주름이거나 모두 산 주름인 경우와 MVMV 또는 VMVM인 경우 뿐이다. 따라서 $\phi(R_{180}) = 4$. 그래서,

$$N = \frac{1}{4}(16 + 2 + 4 + 2) = \frac{24}{4} = 6.$$

여섯 가지 가능한 경우는 다음 그림과 같다.

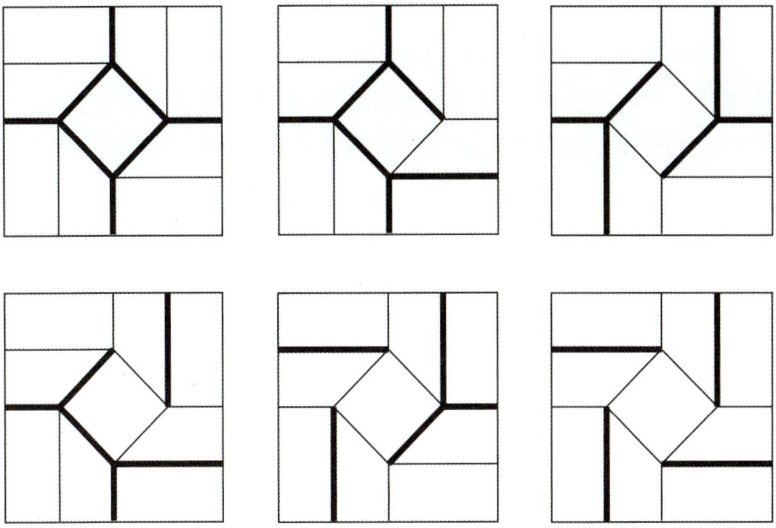

진취적인 학생들은 똑같은 MV 할당을 헤아리지 않고 산과 골짜기가 반전된 것만 계산할 수도 있다. 이 경우 답은 4이다.

후속 활동

정사각형 꼬임은 다소 매력적이며 '이러한 종류'의 종이접기를 더 많이보고 싶은 학생들이 있을 수 있다.

앞서 언급했듯이 다른 다각형도 '비틀어 질' 수 있으며 정사각형이 아닌 다각형을 비틀어 접는 것이 이 활동을 확장하는 가장 쉬운 방법 일 수 있다. 이 책의 첫 번째 활동인 '정사각형에서 정삼각형 접기' 활동에서 정사각형 종이 안에 정육각형을 접는 방법을 찾을 수 있다. 이러한 육각형을 잘라 내면 육각형 꼬임을 접을 수 있는 이상적인 시작점이 될 수 있다. 아이디어는 사각형 꼬임과 동일하다. 종이 중앙에 작은 육각형을 넣은 다음 작은 육각형의 꼭짓점에서 방사형으로 주름을 접는다. 그런 다음 '주름'을 방사형 주름선과 평행하게 만든다.

다음 그림은 중앙에 있는 더 작은 육각형의 윗변에서 가운데 주름까지의 거리가 1/4인 주름 패턴을 보여준다. 오른 쪽 옆 그림은 육각형 꼬임이 접혔을 때 어떠한 모양인지를 보여준다.

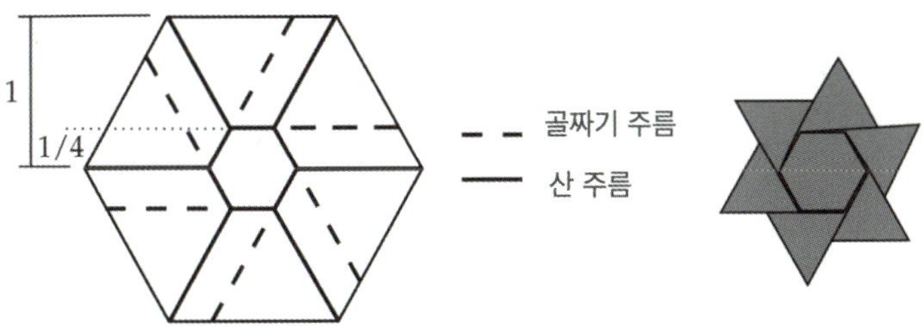

육각형 꼬임을 접는 것이 정사각형 꼬임을 접는 것보다 훨씬 더 어려울 수 있다. 아마도 꼬임의 6개의 '팔'이 모두 동시에 접혀야 하기 때문에 다루어야 할 주름이 더 많기 때문일 수 있다. 이러한 꼬임을 접는 것은 다소 즐거운 일이고, 위와 같은 질문에 답할 수 있다. 평평하게 접기 위해 이 주름 패턴에 산과 골짜기를 얼마나 많이 할당할 수 있을까? 위에서 제시한 예는 이 중 한가지 방법이며 다른 방법도 많이 있다.

이 활동의 또 다른 후속 작업은 사각형 꼬임을 더 큰 종이로 테셀레이션하는 것이다. 이를 수행하는 방법은 Activity 28 (종이접기 및 동형)에 설명되어 있다.

종이접기 테셀레이션과 다른 종류의 꼬임 접기 만들기에 대한 자세한 내용은 에릭 기에르데(Eric Gjerde)의 뛰어난 저서 《종이접기 테셀레이션(Origami Tessellations)》 [Gje09]에서 찾을 수 있다.

평평한 꼭짓점 접기 방법 수 헤아리기

Activity 24

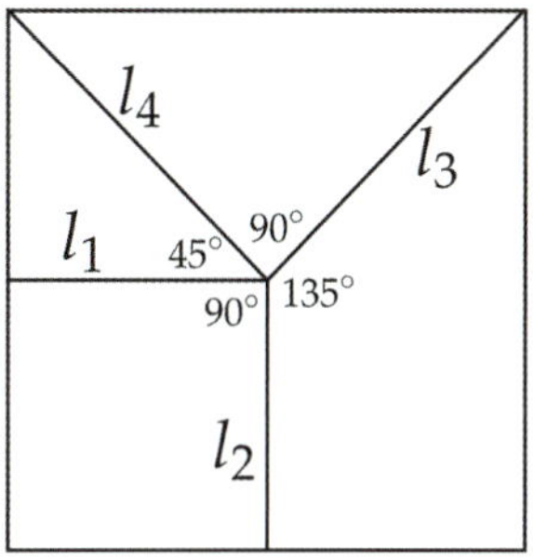

관련 과목: 조합론, 기하학, 이산수학

개요

학생들은 가장 단순한 형태인 한점으로 이루어진 평평한 꼭짓점 종이접기, 특히 차수 4인 꼭짓점 접기에 대한 실험을 한다. 학생들은 이러한 꼭짓점이 평평하게 접힐 수 있는 방법의 수를 헤아리는 것에 대한 질문을 받을 것이다. 이로부터 일반적으로 차수가 $2n$인 꼭짓점이 평평하게 접힐 수 있는 방법의 수의 범위를 발견할 수 있다.

내용

이 활동은 조합론과 기하학 분야와 관련되어 있다. 문제를 해결하려면 기본적인 조합적 추론이 필요하지만 주름 사이의 각이 강력한 역할을 하며 이 활동은 기하학적인 내용과 관련되어 있다.

활동지

활동지는 하나 뿐이다. 학생들에게 차수가 4인 세 가지 종류의 평평한 꼭짓점 접기를 접어보고 얼마나 많은 방법으로 평평하게 접을 수 있는지 계산하도록 한다. 그런 다음 이러한 예로부터 두가지 일반적인 질문을 할 수 있다.

수업 시간

수업 시간은 학생들이 이 책에 있는 다른 평평한 접기 활동을 이미 했는지의 여부에 따라 크게 달라질 수 있다. 다른 활동을 이미 했다면 이 활동을 하는데 20~25분이면 충분하다. 다른 평평한 접기 활동을 해보지 않았다면 종이접기에 대하여 학생들에게 더 많은 힌트나 구체적인 도움을 제공하고 수업 시간은 40분으로 계획하면 된다.

활동지 1 평평한 꼭짓점을 접는 경우의 수 계산

아래는 차수 4인 세 꼭짓점 v_1, v_2 및 v_3에 대한 종이접기를 보여준다.

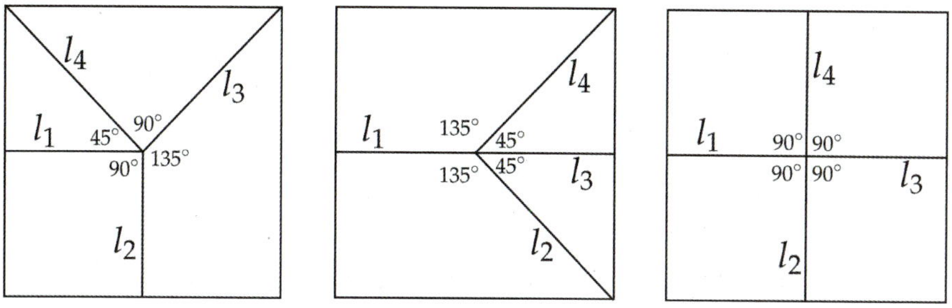

$C(v_1) =$ ______　　$C(v_2) =$ ______　　$C(v_3) =$ ______

이러한 평평한 꼭짓점 접기에 대해 다음을 계산하려고 한다.

$$C(v) = \text{꼭지점 } v\text{를 평평하게 접을 수 있는 방법의 수}$$

예를 들어, 위의 세 번째 꼭지점 v_3에 대하여 l_1, l_2, l_3은 모두 골짜기 주름이고 l_4는 산 주름으로 놓을 수 있다. 이는 꼭지점 v_3를 평평하게 접을 수 있는 한 가지 방법이다.

따라서 작은 정사각형 모양의 종이를 사용하여 이 꼭짓점을 평평하게 접고 각각에 대해 $C(v)$를 계산하는 실험을 한 다음 다음 질문에 답해 보시오.

질문 1: 차수가 4인 평평한 꼭짓점 접기에 대하여 위에서 찾은 값과 다른 $C(v)$ 값이 있는가?

질문 2: 차수가 $2n$인 꼭짓점 v에 대하여 $C(v)$ 값 중 **가장 큰 값**은 무엇인가? (이것이 $C(v)$의 **상한값**이다.)

$C(v)$에 대해 얻을 수 있는 **가장 작은 값(하한값)**은 어떤 값일까?

해답과 교수법

차수 4인 평평한 꼭짓점 접기는 거의 모든 평평한 종이접기 모델에서 발견할 수 있다. 고전적인 종이학의 주름 패턴을 살펴보면 활동지에 있는 차수 4인 평평한 꼭짓점 접기 세 가지 경우를 모두 볼 수 있다. 이를 위하여 종이학 접기 및 채색에 대한 Activity 20을 참조하시오.

이 활동의 기본 아이디어는 매우 간단하여서 적어도 질문 1까지는 수학과 학생이면 누구에게나 주어질 수 있다. 그러나 종이학 접기 및 색칠하기, 평평한 꼭짓점 종이접기 및 불가능한 주름선 패턴과 같은 평평한 종이접기 활동을 수행한 학생들은 이 활동이 아주 간단하다는 것을 알 수 있을 것이다. 학생들은 끝까지 완전한 해결책을 얻지 못할 수도 있지만 질문 1을 처리한다면 질문 2에 대한 추측을 하기가 훨씬 더 쉬울 것이다.

위의 예에 있는 종이접기는 학생들에게 자명하지 않을 수 있다. 꼭짓점 v_3에 대한 접기 문제는 대부분 어려운 종이접기를 해 낸 학생들에게는 문제가 되지 않는다. 그러나 v_1 및 v_2의 경우 주름이 모두 정사각형에서 쉽게 접을 수 있는 대칭선 위에 있다는 것을 기억하여야 한다. 이러한 주름을 만들려면 대각선 주름의 절반만 접거나 '책을 반으로 접는' 주름을 가로 또는 세로로 접으면 된다. 용지를 완전히 가로 질러 접지 말고 중앙에서 멈추시오. 이에 해당되는 것은 v_2의 주름선 l_2, l_4와 v_1의 모든 주름이고, 이렇게 접는 것이 가장 어려운 부분일 수 있다.

꼭짓점 v_1

이 주름 패턴에 대한 실험에서는 학생들이 꼭짓점 v_1을 평평하게 접을 때 어떤 주름이 산 주름이고 어떤 주름이 골짜기 주름인지 관찰하도록 유도해야 한다.

- 주름선 l_2와 l_3은 항상 동시에 산 주름이던지 골짜기 주름이어야 한다.
- 주름선 l_1과 l_4는 하나가 산(골짜기) 주름이면 다른 하나가 골짜기(산) 주름이어야 한다.

학생들에게 이러한 관찰이 왜 사실인지 논쟁하도록 장려해야 한다. (증명해 보자!) 두 번째는 모순을 사용하면 논쟁하기가 더 쉽다. 예를 들어 일반성을 잃지 않고 l_1과 l_4가 둘 다 골짜기 주름이라고 가정할 수 있다. 왜냐하면 만약 두 주름이 모두 산 주름인 경우 접기에서 나타나는 모든 주름을 서로 뒤바꾸면 되고, 그러면 l_1과 l_4는 골짜기 주름이라고 놓을 수 있기 때문이다. l_1과 l_4 사이의 각은 45°인 반면 l_1과 l_2 사이, l_4와 l_3 사이의 각은 90°이다. l_1과 l_4가 둘 다 골짜기 주름이면 이 두 90° 각은 둘 다 45° 각을 덮어야 하는데 이는 불가능하다! 이렇게 하려면 새로운 주름을 만들어야 하거나 종이가 찢어질 수 밖에 없다. 이러한 종이의 두 90° 각이 45° 각으로 접힐 수 있는 유일한 방법은 l_1과 l_4는 하나가 산(골짜기) 주름이면 다른 하나가 골짜기(산) 주름이어야 한다.

이는 주름 l_1이 산 주름(M)이고 l_4가 골짜기 주름(V)이거나 또는 l_1이 골짜기 주름(V)이고 l_4가 산 주름(M)인 두 가지 가능성만 있다는 것을 의미한다. 이제 학생들이 평평한 꼭짓점 접기

탐구 활동 (Activity 21)을 수행한 경우 마에카와 정리를 사용하여 주름 l_2와 l_3가 산 주름(M)이거나 또는 주름 l_2와 l_3가 동시에 골짜기 주름(V)이어야 한다고 주장할 수 있다. $|M-V|=2$가 v_1에서 성립하려면 이것이 참이어야 한다. 학생이 Activity 21을 수행하지 않은 경우 이것이 사실임을 보일 필요가 있을 것이다. 이것이 참인 이유는 l_2와 l_3의 주름이 다를 경우 두 주름 사이의 각이 v_1 주변에서 가장 큰 각이므로 종이가 찢어지지 않으면서 나머지 각들로 135° 각을 휘감으며 접을 수 있는 방법이 없기 때문이다.

따라서 접는 주름 l_1, l_4에 대해 두 가지 선택을 할 수 있고, l_2, l_3에 대해 두 가지 선택을 할 수 있으므로 v_1에 대해 총 4개의 유효한 산 - 골짜기 주름 할당을 할 수 있다. 즉, $C(v_1)=4$이다.

꼭짓점 v_2

주름은 3개의 산 주름과 1개의 골짜기 주름 또는 1개의 산 주름과 3개의 골짜기 주름이어야 한다. 이것도 실험이나 마에카와 정리를 사용하여 추론할 수 있다. 그렇다면 핵심은 l_1이 3개의 주름과 다른 산 - 골짜기 주름 할당을 가진 유일한 주름이 될 수 없다는 점에 주목할 필요가 있다. 모순을 위해 l_1이 골짜기 주름이고 다른 주름 l_2, l_3, l_4가 산 주름이라고 가정하면, 두 쌍의 45° 각이 l_1 주위에 있는 2개의 135° 각을 포함하면서 종이를 평평하게 접을 수 있는 방법이 없기 때문이다.

따라서 v_2에 3개의 산 주름과 1개의 골짜기 주름이 있다고 가정하자. 그러면 l_2, l_3, l_4 중 하나만 골짜기 주름이 될 수 있고 나머지는 산 주름이 되는 세 가지 가능성이 있다. 이들 각각은 하나의 산 주름과 3개의 골짜기 주름이 있는 경우로 '뒤집어 질' 수 있으며, 따라서 $C(v_2)=6$이 됨을 알 수 있다.

꼭짓점 v_3

이것이 가장 쉬운 경우이다. 우리는 여전히 마에카와 정리에 의해 3개의 산 주름과 하나의 골짜기 주름 또는 그 반대로 3개의 골짜기 주름과 하나의 산 주름이 있어야 한다. v_3의 모든 각은 같으므로 하나의 골짜기 주름이 어디에라도 위치할 수 있고 나머지는 산 주름이 되는 것에 대한 제약이 없다. 따라서 우리는 하나의 골짜기 주름을 어디에 위치하는지에 대해 네 가지 선택을 할 수 있으며, 이러한 경우 각각을 뒤집어 하나의 산 주름과 3개의 골짜기 주름이 있는 경우에 대하여 네 가지 선택을 할 수 있다. 따라서 $C(v_3)=2\times4=8$이 된다.

실제로 학생들은 v_1, v_2 및 v_3의 종이 모델로 많은 예를 시도하여 이러한 결과를 얻을 수 있다. 그러나 나머지 질문들에 대해 답을 추론할 수 있도록 이 값들 이면에 있는 논리를 아는 것이 중요하다.

질문 1

이 질문에 대한 대답은 부정적이다. 이것이 참인 이유에 대한 분명한 근거를 제시하려면 관찰로부터 얻어진 다음 사실들을 사용해야 할 것이다.

- $C(v)$는 항상 짝수이다. 이는 평평하게 접히는 유효한 산 - 골짜기 주름 할당에 대하여 단순히 산 주름과 골짜기 주름을 뒤집어 다른 유효한 산 - 골짜기 주름 할당을 만들 수 있기 때문이다. 마에카와 정리의 맥락에서 이것은 $M - V = 2$를 가진 산 - 골짜기 주름 할당과 $M - V = -2$를 가진 산 - 골짜기 주름 할당 사이에 일대일 대응을 준다.
- 차수가 4인 평평한 꼭짓점 접힘 v의 경우 $C(v) = 2$일 수 없다. $C(v) = 2$는 직선에 있는 '차수 2'인 꼭짓점이라는 비정상적인 경우에만 발생한다. 이 경우 두 주름이 모두 산 주름이거나 모두 골짜기 주름이 된다. 이러한 차수가 2인 꼭짓점의 경우는 자명한 경우로서 고려하지 않을 수 있다. 그러나 더 나은 주장은 차수가 4인 평평한 꼭짓점 접기는 가장 작은 각(같은 경우도 포함)을 가지고 있고, 이 각을 이루는 양쪽의 주름들이 MV 또는 VM이 되어야 하며 마에카와 정리에 의해 나머지 두개의 주름은 서로 같은 모양의 주름이 된다. 이것은 위의 v_1 경우에서와 같은 주장이다. 우리는 2개의 유효한 산 - 골짜기 주름 할당을 할 수 있으며, 각각의 산 주름과 골짜기 주름을 반전시켜 꼭짓점을 평평하게 접는 다른 두 가지 유효한 방법을 제공할 수 있다. 따라서 $C(v) \geq 4$가 된다. 이 주장은 질문 2에서 중요해 질 것이다.
- 활동지에 있는 꼭짓점 v_3의 경우는 $C(v)$가 차수가 4인 꼭짓점에 대해 얻을 수 있는 가장 큰 값이다. 모든 각도가 같을 때 우리는 산 주름과 골짜기 주름을 어디에 둘지에 대해 가장 유연하게 대처할 수 있다. 마에카와 정리가 성립하는 모든 경우에 대하여 산 - 골짜기 주름 할당이 가능하다! 따라서 차수가 4인 꼭짓점 v에 대하여 $C(v) \leq 8$이다. 이 사실은 질문 2에서도 중요하다.

따라서 모든 차수 4인 평평한 꼭짓점 접기에 대하여 $4 \leq C(v) \leq 8$, 그리고 $C(v)$는 항상 짝수여야 하므로 값 4, 6, 8 만이 가능한 유일한 값이 된다.

질문 2

이 질문은 학생들이 종이접기 예제와 질문 1에서 배운 내용을 기초로 하여 일반적인 $2n$ 차수의 평평한 꼭짓점 접힘의 경우를 추론하도록 묻고 있다는 점에서 더욱 복잡하다. (꼭짓점이 평평하게 접히려면 꼭짓점의 차수가 짝수가 되어야 함을 주목하자. 이것은 Activity 21, 평평한 꼭짓점 접기 탐구 활동에서 입증되었지만 학생들이 이것이 사실이어야 하는 이유를 이해하는 것은 매우 쉽다.)

상한값의 경우 학생들은 v_3에 표시된 예제가 모든 꼭짓점으로 일반화된다는 것을 알아야 한다. 즉, 꼭짓점을 접을 수 있는 경우의 수가 최대가 되기를 원한다면 인접한 주름 사이의 각도가 모두 같아야 한다. 그러나 상한값에 대한 공식을 만들려면 v_3 경우에 대해 주어진 사실을 일반화해야 한다.

학생들이 먼저 꼭짓점을 중심으로 모든 각도가 60°이고 차수가 6인 경우를 고려하는 것이 더 쉬울 수 있다. 마에카와 정리가 성립되어야 하므로 4개의 산 주름과 2개의 골짜기 주름이 있거나 그 반대의 경우도 마찬가지이다. 4개의 산 주름과 2개의 골짜기 주름이라고 가정해 보자. 그런 다음 6개의 주름 중 2개를 골라 골짜기 주름으로 만들고 나머지는 산 주름으로 만들 수 있다. 이 방법의 수는 $\binom{6}{2} = 15$이다. 그러면 이들 중 어느 것이든 산 주름과 골짜기 주름이 뒤집혀서 총 $15 \times 2 = 30$이 될 수 있다. 따라서 차수가 6인 경우에 $C(v) \leq 30$이다.

일반 차수 $2n$인 꼭짓점의 경우 $n+1$개의 산 주름과 $n-1$개의 골짜기 주름이 있다고 가정하자. 다시 마에카와 정리를 사용하자. $n-1$개의 골짜기 주름을 먼저 선택한 다음 산-골짜기 주름을 뒤집는 경우를 고려하여 2를 곱하면 다음이 성립한다.

$$C(v) \leq 2\binom{2n}{n-1}$$

하한값에 대해서는 v_1 경우를 따라하고 싶지만 차수가 6차인 경우를 고려하지 않고는 이것이 어떻게 작동하는지 확인하는 것이 어려울 수 있다.

꼭짓점의 차수가 6인 평평한 꼭짓점 접기의 경우 평평하게 접는 방법의 수를 최소화 하려면 주름 패턴에서 가능한 한 대칭성을 거의 갖지 않기를 원할 것이다. 예를 들어 모든 각이 다르다고 가정할 수 있다. 그러나 v_1의 경우처럼 여전히 가장 작은 각이 있을 것이며 이 가장 작은 각을 이루는 주름은 MV 또는 VM이 되어야 한다.

이 가장 작은 각을 이루는 주름만 접는다고 상상해 보자. 이것은 종이를 원뿔로 바꾸어 생각할 수 있다. 이때 꼭짓점은 원뿔의 꼭짓점으로 둔다. 이제 이 원뿔에 대하여는 이미 2개를 접었으므로 4개의 주름이 남아 있을 것이다. 이 4개의 주름 중 가장 작은 각이 있으며 MV 또는 VM을 사용하여 주름을 접을 수 있다. 그 후 나머지 두 주름은 마에카와 정리에 의해 MM 또는 VV이어야 한다.

방금 설명한 과정의 각 단계에서 두 가지 선택 중 하나를 해야 한다. 따라서 이 꼭짓점을 접는 방법의 수는 $2 \times 2 \times 2 = 8$이 될 것이다. 이런 이유로 6차 평평한 꼭짓점 접기에 대하여 $C(v) \geq 8$이 됨을 알 수 있다.

임의의 $2n$ 차수 평면 꼭짓점 접기에 대해 이 논의를 일반화 하기 위해 연속되는 주름 사이의 가장 작은 각도를 검색하고 두 가지 방법 (MV 또는 VM) 중 하나로 이 두 주름을 접은 다음 반복하면 된다. 이것은 꼭짓점이 평평하게 접힐 수 있는 최소 2^n 가지의 방법, 즉 하한값을 얻을 수 있다.

물론 이 논의를 훨씬 더 엄밀하게 할 수 있다. 이렇게 하려면 평평한 꼭짓점 원뿔 접기의 하한값이 2^n이 되도록 추측을 재구성해야 한다. 여기서 평평한 꼭짓점 접기에 사용하는 종이는 원뿔 모양이다. 일반 종이는 원뿔 각도가 360°인 특별한 경우로 생각할 수 있다. 그러면 적절하게 수학적 귀납법을 사용할 수 있다.

그러나 수업 중 활동을 위해서, 가장 작은 각을 가지고 이 과정을 반복할 수 있다는 것을 단순히 깨닫기만 해도 학생들이 서로에게 아주 설득력 있는 주장을 충분히 할 수 있을 것이다. 이러한 주장을 수학적 귀납법을 가지고 형식화하는 것은 좋은 과제나 추가 프로젝트가 될 수 있고 수학적 귀납법에 대한 연습도 될 수도 있다! 그러나 교사는 학생들이 'Activity 21 (평평한 꼭짓점 접기 탐색하기)'를 수행하지 않은 상태에서 이처럼 형식화 된 엄밀한 증명을 할 수 있을 것으로 기대하지 말아야 한다.

어쨌든 질문 2에 대한 완전한 답은 다음과 같다. $2n$차의 평평한 꼭짓점 접기 v의 경우 다음 부등식이 성립한다.

$$2^n \leq C(v) \leq 2\binom{2n}{n-1}.$$

후속 탐구

이 활동을 통하여 훨씬 더 어려운 연구 수준의 질문을 할 수 있다. 평평한 종이접기를 할 수 있는 주름 패턴이 주어졌을 때, 평평하게 접을 수 있도록 산 주름과 골짜기 주름을 할당하는 방법이 얼마나 다양할 수 있는가? 또한 그 방법의 수는 얼마일까? 평평한 종이접기에 대한 경우의 수를 계산하는 것은 일반적으로 매우 어렵다.

꼭짓점이 하나일 경우에 대하여는 거의 모든 것이 알려져 있다. 상한값과 하한값을 가지는 평평한 종이접기의 예가 있기 때문에 이 활동에서 얻은 부등식의 범위를 더 줄일 수는 없다. 그러나 특정한 평평한 꼭짓점 접기의 경우 주름 사이의 각을 기반으로 하는 재귀 공식이 존재하며, 이로부터 평평하게 접을 수 있는 방법의 수를 정확하게 알 수 있다. [Hull02-1], [Hull03] 또는 [Dem07]를 참조하시오.

꼭짓점이 하나일 경우에 대하여 흥미로운 질문은 차수가 $2n$인 평평한 꼭짓점 접기 문제에 대하여 하한값 2^n과 상한값 $2\binom{2n}{n-1}$ 사이에 있는 짝수들 중 얻어 질 수 있는 값이 어떤 것일까라는 질문이다. 차수 4의 경우 4와 8 사이의 모든 짝수 값에 대하여 평평하게 접을 수 있지만 차수 6의 경우는 8에서 30 사이의 모든 값에 대하여 평평하게 접을 수 있는 경우를 찾을 수는 없다. 6차 꼭짓점에 대해 정확히 어떤 숫자가 $C(v)$로 될 수 있는지 알아내는 것은 많은 경우의 평평한 접기를 즐기거나 신중하게 문서화하는 것을 즐기는 사람들에게 매우 재미있고 도전적인 연습이다. 그러나 일반적으로 차수가 $2n$인 꼭짓점의 경우에 이 문제는 여전히 풀리지 않았다. 이에 대한 진행 상황은 2011년에 저자와 저자의 학생이었던 에릭 창(Eric Chang) [HullCha11]의 논문에서 찾을 수 있다.

2개 이상의 꼭짓점이 있는 주름 패턴의 경우 이 문제는 아직 미해결 문제로 남아 있다. 단지 특수한 종류의 주름 패턴에 대한 예들만이 검토되었고 가장 단순한 경우조차도 매우 복잡해

보인다. 예를 들어, 기본적으로 종이에 균등한 간격의 $m \times n$ 격자를 형성하는 주름 패턴을 고려하는 우표 접기 문제가 있다. 이 문제를 풀기 위해 꽤 많은 노력들이 있었고 또한 연구자들이 신중한 알고리즘을 사용하여, 이러한 격자를 평평하게 접는 방법의 수를 계산할 수 있었지만 정확한 공식과 같은 것은 아직 파악하기 어렵다. [Koe68] 및 [Lun68]를 참조하시오.

이러한 접기 문제에 대한 경우의 수를 구하는 것에 물리 및 물리 화학 분야에서 관심이 있다는 것은 주목할 만 하다. 특히 고분자막이 어떻게 접히는지 연구하는 사람들은 이 문제에 직면하게 된다. 인공 또는 자연 발생 여부에 관계없이 인체의 혈액 세포벽에서 발생하는 고분자막은 정사각형 또는 삼각형 격자와 같은 일종의 분자 격자로 만들어진다. 만약 이런 중합체가 구겨지면 격자를 구성하는 분자 결합을 따라 문자 그대로 접히게 된다. 이때, 모든 결합 주름이 사용되지 않고 일부만 사용될 수 있다. 이러한 중합체(polymer)의 기계적 특성을 이해하려면 접거나 구길 수 있는 방법을 대략적으로 아는 것이 중요하며 물리학자들은 그러한 근사값을 얻기 위해 열역학 방법을 사용한다 (왜냐하면 이러한 접힘이 만들어질 때 에너지가 방출되고, 열역학이 이때 발생하는 현상에 대한 모델을 제공할 수 있기 때문이다). 이러한 연구에 관련된 수학은 매우 강력하고 이 활동에서 탐구한 방법과는 상당히 다르지만, 관심있는 독자나 학생들은 필리페 디 프란체스코(Philippe Di Francesco)의 조사 논문(survey paper)인 '수학과 물리학의 접힘 및 채색 문제' [DiF00]를 참조하면 된다.

자기 유사성을 가진 파도 접기

Activity 25

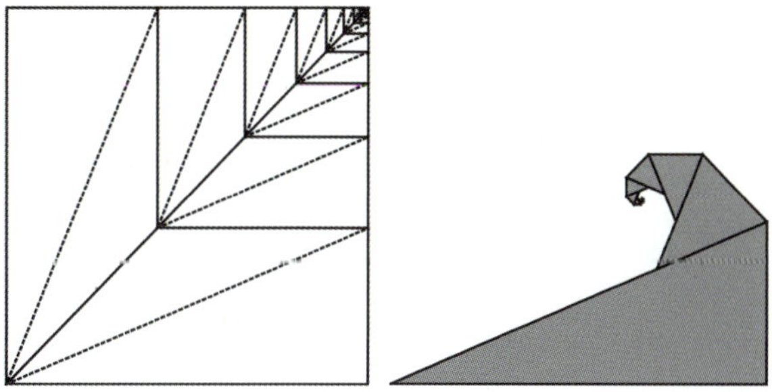

관련 과목: 프랙털 기하, 복소해석학

개요

종이접기로 파도를 만들기 위한 설명이 주어진다. 일단 학생들이 수업시간에 종이접기로 파도를 만들고 나면 학생들은 나선 모양의 성질을 조사해야 한다. 종이접기 모델을 좌표평면에 놓은 뒤 나선이 수렴하는 점을 찾을 수 있을까?

내용

이것은 종이 한 장으로 종이접기 파도를 만드는 모델이다. 이는 자기 유사성을 가지는 종이접기 모델의 한 예이며 그 이면에 있는 수학 내용을 복소수 또는 변환 기하를 사용하여 탐구한다. 이 파도 접기는 '무한 진행(infinite progression)'으로 알려진 종이접기의 한 분야에 속하는 예이고, 종종 사람들은 그러한 모델을 프랙털이라고 잘못 인식한다. 따라서 프랙털 수업에서, 이 모델은 자기 유사성을 가지지만 프랙털은 아닌 수학적 대상을 손으로 실습하면서 탐색할 수 있는 기회를 제공한다.

활동지

활동지는 단지 종이접기 파도 모델을 만들기 위한 지침을 제공한다. 학생들은 퍼즐을 풀기 위해 수업에서 배운 기하학적 변환 또는 복소수와 같은 다양한 수학적 기술을 사용해야 한다.

수업 시간

이 모델은 주름 패턴을 먼저 접은 다음 전체를 접도록 되어 있다. 또한 학생이나 교사가 모델을 접기 위해 필요한 '레벨' 수를 결정해야 한다. 레벨을 3개 또는 4개 정도 만들면, 대략 15~20분 정도의 적은 시간이 걸릴 것이다.

이 활동을 위해 필요한 수학은 매우 복잡하여 대수 또는 복소수와 관련된 심도있는 배경 지식이 필요하다. 학생 그룹은 일반적으로 활동을 완료하는데 20~30분이 필요하지만 학생들이 가진 수학적 배경 지식에 따라 다르다. 이 활동을 위해서는 넉넉하게 시간을 계획하는 것이 좋다.

활동지 1 자기 유사성을 가진 파도 접기

이 파도 모델에는 정사각형 종이 한 장이 필요하다. 아래 그림에서 종이의 한 면은 흰색이고 그 뒷면은 다른 색이라고 가정하자.

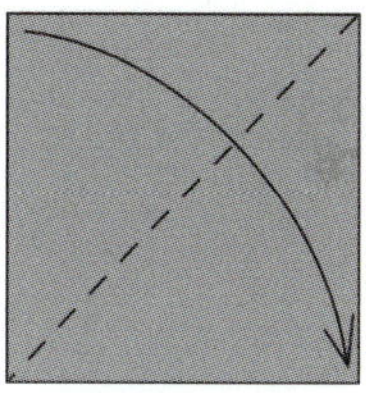

(1) 색이 있는 면이 위로 보이도록 한 후 대각선으로 접는다.

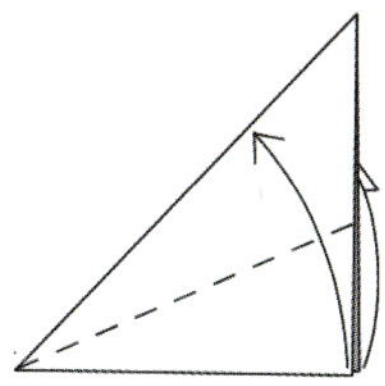

(2) 대각선까지 한 겹을 접는다. 뒤쪽도 마찬가지로 접는다.

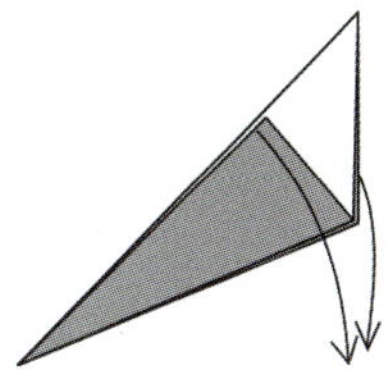

(3) 단계 (2)의 접힌 종이를 펼친다.

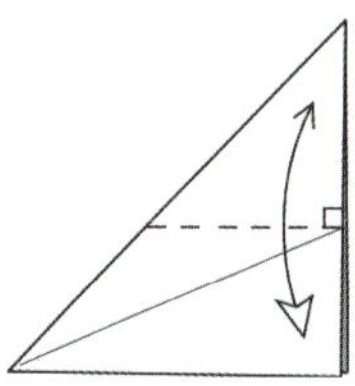

(4) 표시된 지점을 오른쪽 변에 수직이 되도록 접는다.

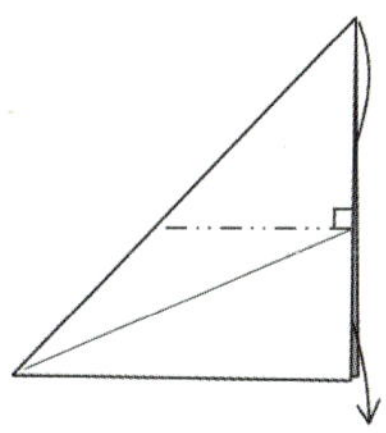

(5) 이제 안쪽 지점을 반대로 뒤집기 위해 (4)로부터 얻어진 주름을 사용한다.

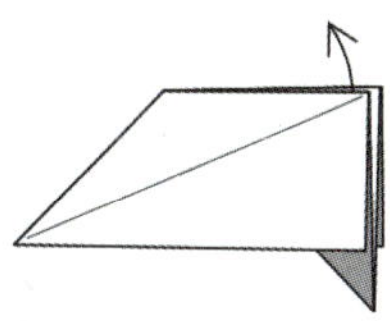

(6) 그림과 같이 접는다. 주름을 날카롭게 하고 (5)의 접힌 종이를 펼친다.

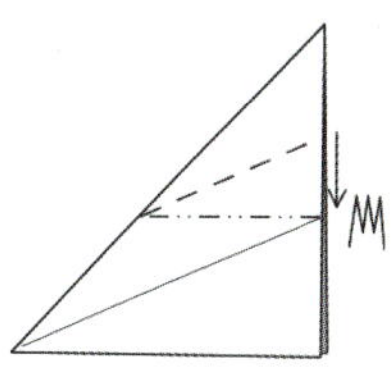

(7) 다시 (5)를 접는다. 그러나 이번에는 물결 모양을 내기 위해 대각선 각의 이등분선을 추가한다.

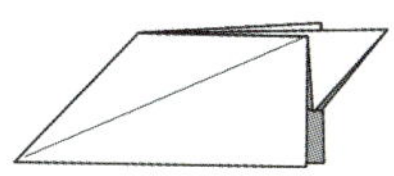

(8) 그림처럼 접는다. 꽉 접은 후 펼친다.

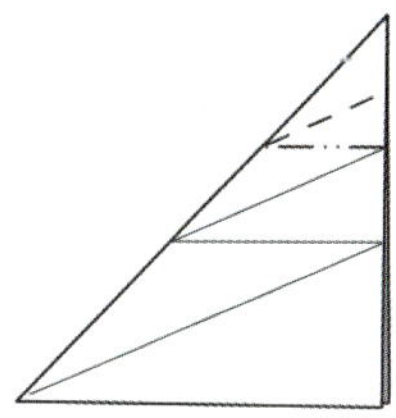

(9) 이제 다음 '레벨'을 만들기 위해 (4)~(8)과정을 반복한다.

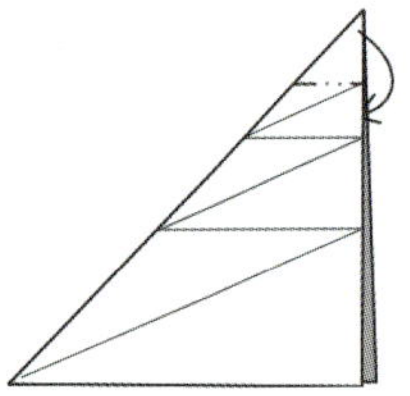

(10) 이 과정을 계속 진행할 수 있지만 처음 접을 때는 (4)~(5) 단계를 마지막으로 한 번만 더 실행하고 3레벨에서 멈춘다.

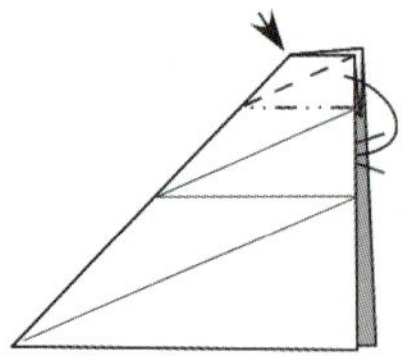

(11) 종이를 안쪽으로 회전시키기 위해 세 번째 레벨의 주름들을 사용한다.

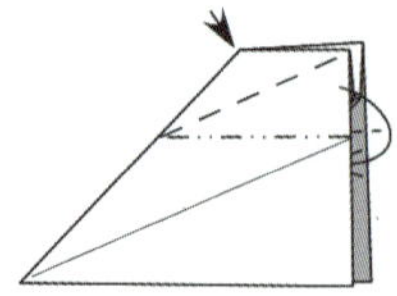

(12) 두 번째 레벨의 주름들을 사용하여 같은 작업을 반복한다. 나선모양의 파도가 안쪽으로 생길 것이다.

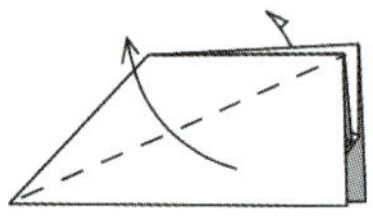

(13) 첫 번째 레벨에서 해야 할 일은 단계 (2)에서 얻은 주름을 다시 접는 것이다.

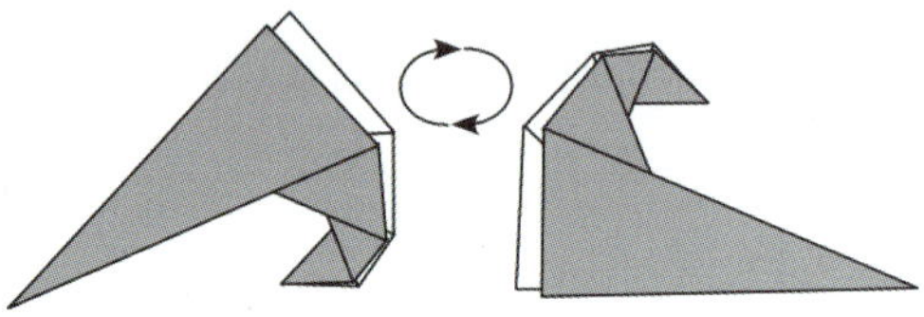

(14) 이것으로부터 파도 모양이 드러난다. 물론, 더 많은 파도의 회전을 만들기 위해 더 많은 레벨을 만들 수 있다.

질문: 한 변의 길이가 1인 정사각형 종이로 시작하여 이 파도 모델을 무한히 많은 레벨로 접었다고 가정하자. 완성된 모델을 아래의 가운데 그림처럼 좌표평면에 놓고 아랫변을 x축 위에, 왼쪽 꼭짓점을 원점에 위치시킬 때, 나선의 극한으로 얻어지는 점 P의 좌표는 무엇인가?

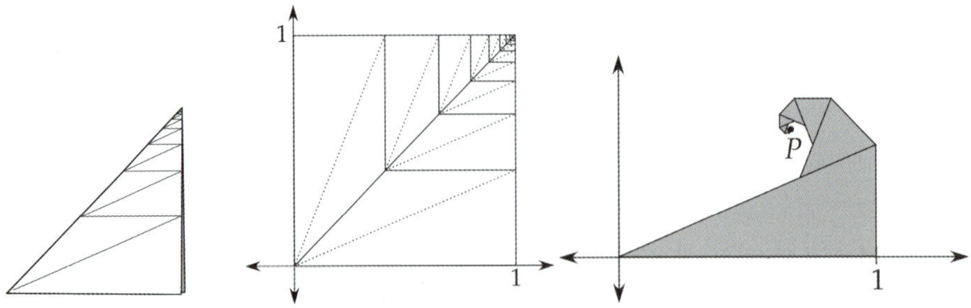

해답과 교수법

이 종이접기 모델은 이 책의 저자를 비롯하여 파울로 바래토(Paulo Baretto), 일란 가리비(Ilan Garibi), 준 마에카와(Jun Maekawa), 크리스 팔머(Chris Palmer)등 많은 사람들이 독자적으로 발견했다. 이는 동일한 패턴이 더 작은 크기로 반복해서 접히는 '무한 진행'접기의 매우 자연스러운 예이다. 사실 자기 유사성을 가진 파도 모델은 연 모양 베이스(kite base)로 시작하여 이러한 무한 진행 접기를 수행하는 가장 자연스러운 방법이라 말할 수 있다. 연 모양 베이스(kite base)는 기본적으로 모델에서 처음 두 번째 단계를 말한다.

이 모델을 접을 때 몇 가지 까다로운 단계가 있고, 그래서 교사는 수업하기 전에 직접 여러 번 연습해야 한다. 학생들이 이 모델을 성공적으로 접기 위한 한 가지 방안은 처음 시도할 때 3레벨까지만 접도록 하는 것이다. 교사는 단호하게 이를 행해야 한다. 왜냐하면 학생들은 이 과정에서 계속 '무한히 접기'가 가능하다는 것을 빠르게 이해하고 서로 앞다투어서 하려 할 것이기 때문이다. 그러나 종이접기 초보자의 경우, 특히 첫 번째 시도에서, 레벨을 4개 또는 5개 이상 시도하지 않는 것이 좋다. 모든 학생들의 레벨이 3개 또는 4개인 파도 접기를 성공적으로 접은 후, 학생들이 다시 파도를 접도록 하여 누가 성공적으로 더 많은 레벨의 파도를 접을 수 있는지 살펴볼 수 있다.

활동지에 있는 질문에서는 학생들이 문제를 어떻게 풀어야 할지 일부러 안내하지 않았다. 이는 교사가 수업과 관련하여 학생들이 특정한 접근 방식을 사용하기를 원할 수 있기 때문이다. 나는 표준적인 대학 수준(또는 상급의 고등학교)의 교육과정에 적합한 두 가지 접근 방식(즉, 기하적인 변환사상 또는 복소수를 사용하는 것)을 알고 있다. 두 해법 모두 이 모델에 나타나는 자기 유사성과 주름 패턴을 활용한다. 사실 이러한 자기 유사성은 학생들과 교사들이 프랙털과 이 모델 사이의 연결고리에 대해 깊이 생각하게 한다. 우리는 점 P의 좌표를 찾는 문제에 대해 해법을 제시한 후, 이 모델이 프랙털인지 아닌지에 대한 질문으로 돌아올 것이다.

기하적인 변환을 사용한 해법

이 활동에서 주름 패턴은 다소 기본적인 의미에서 자기 유사성을 가진다. 주름 패턴 위에서의 아핀 변환이 있음이 분명하고 이 아핀 변환은 일대일 함수이지만 위로의 함수(onto)는 아니다. 이 때문에 접힌 모델도 자기 유사성이 있기 마련이다. 기하학 수업에서 학생들은 자기 유사성의 개념에 익숙하지 않을 수 있지만, 이와 상관없이 이 모델은 학생들이 자신의 아핀 변환 기술을 적용할 수 있는 좋은 연습문제를 제공한다.

먼저 주름 패턴 위에서 어떤 종류의 닮음 변환이 있는지 살펴보자. 한 변의 길이가 1인 정사각형의 왼쪽 아래 꼭짓점이 원점에 놓이도록 제1사분면에 정사각형을 배치하면 이 닮음 변환은 평면을 점 $(1, 1)$을 중심으로 어느 정도 축소하는 변환이다. 여기서 축소되는 정도는 아래의 왼쪽 그림에서 볼 수 있듯이 점 $(1,0)$이 점 $(1,y)$로 이동하는 정도인데, 이 때 점 $(1,y)$는 접기 지침의 단계 (2)에서 연(kite) 접기의 주름선이 오른쪽 변과 만나는 지점이다. 변수 y의 값을 찾을 수 있다면 변환의 축소비율은 $1-y$가 될 것이다. 이는 닮음 변환에서 더 작은 정사각형의 한 변의 길이이다.

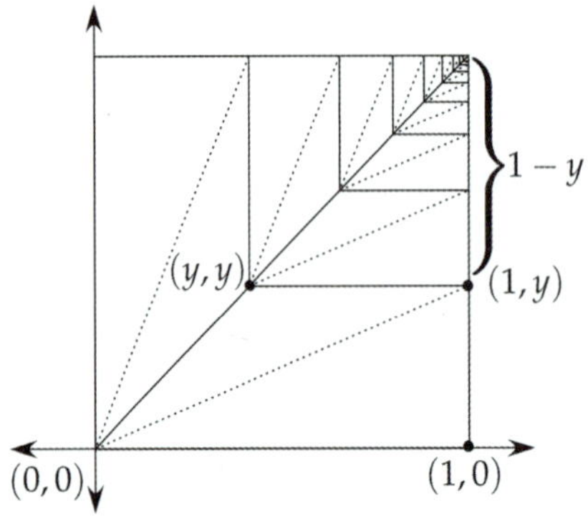

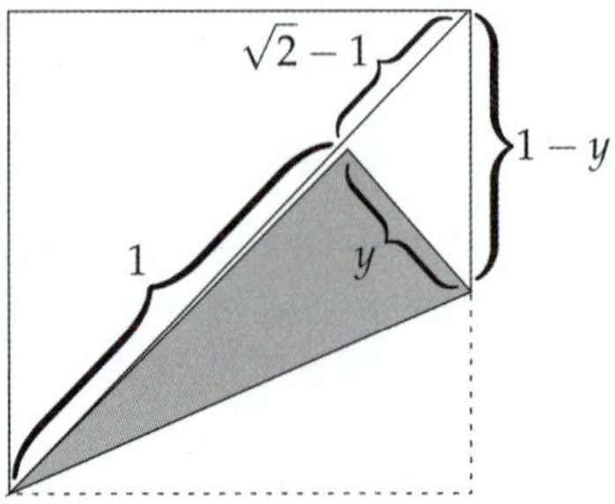

변수 y의 값은 여러 가지 방법으로 찾을 수 있다. 위의 오른쪽 그림은 이 중 한 가지 방법을 보여준다. 여기서 $1-y$는 한 내각이 $45°$이고 다른 두 변의 길이가 각각 y와 $\sqrt{2}-1$인 직각삼각형의 빗변의 길이이다. 두 변의 길이가 같아야 하므로 $y=\sqrt{2}-1$이다.

그래서 닮음 변환의 축소비율은 $1-y=2-\sqrt{2}$가 된다.

이 축소비율은 접힌 파도모양의 닮음 변환에 대해서도 같아질 것이다. 손에 접힌 모델을 가지고 있더라도 파도의 자기 유사성이 어떠한지 정확히 알기 어려울 수 있다. 아래는 반투명 종이로 파도모양을 접었을 때 그 내부 주름을 보여준다.

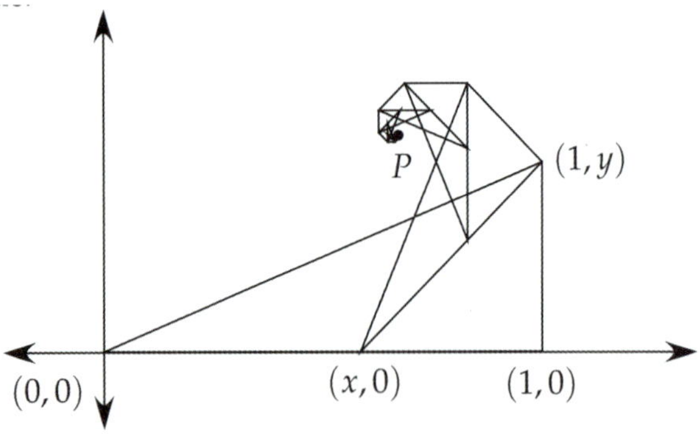

이는 점 $(1,0)$이 여전히 접힌 파도모델의 점 $(1,y)$에 사상되고, 원점은 x축 위의 어떤 점 $(x,0)$에 사상되고 있음을 보여준다. 사실, 이 그림은 파도의 나선모양에서 중심에 있는 극한점 P가 어떻게 아핀 변환의 고정점이 되는지를 보여준다. 이것이 핵심이다. 이 아핀 변환에 대한 공식을 찾을 수 있다면 P는 변환의 유일한 고정점이 될 것이다.

이 변환은 다음과 같이 함수 $F(x,y)$로 나타낼 수 있다.

$$F(x,y)=\begin{pmatrix} a & b \\ c & d \end{pmatrix}\begin{pmatrix} x \\ y \end{pmatrix}+\begin{pmatrix} e \\ f \end{pmatrix}$$

여기서 행렬 $\begin{pmatrix} a & b \\ c & d \end{pmatrix}$는 축소 및 회전 변환이고, 벡터 $\begin{pmatrix} e \\ f \end{pmatrix}$는 평행이동을 나타낸다. 우리는 축소비율이 $2-\sqrt{2}$이고 $45°$ 회전변환을 나타내는 행렬을 사용할 수 있다. 위의 그림을 보면 x축의 양의 방향과 더 작은 파도 모델의 밑변이 어떻게 $45°$의 각을 이루는지 알 수 있다.

따라서 우리의 행렬은 다음과 같다.

$$\begin{aligned}\begin{pmatrix} a & b \\ c & d \end{pmatrix}&=(2-\sqrt{2})\begin{pmatrix} \cos 45° & -\sin 45° \\ \sin 45° & \cos 45° \end{pmatrix}\\ &=(2-\sqrt{2})\begin{pmatrix} \frac{\sqrt{2}}{2} & -\frac{\sqrt{2}}{2} \\ \frac{\sqrt{2}}{2} & \frac{\sqrt{2}}{2} \end{pmatrix}=(\sqrt{2}-1)\begin{pmatrix} 1 & -1 \\ 1 & 1 \end{pmatrix}\end{aligned}$$

위 그림에서 원점이 $(x,0)$으로 사상되므로 평행이동을 주는 벡터는 $(x,0)$이다. 점 $(x,0),(1,y)$ 및 $(1,0)$이 두 내각이 $45°$인 직각삼각형을 이루기 때문에 $1-x=y$이고 $x=1-y=2-\sqrt{2}$이다.

따라서 아핀변환은 다음과 같다.

$$F(x,y)=(\sqrt{2}-1)\begin{pmatrix} 1 & -1 \\ 1 & 1 \end{pmatrix}\begin{pmatrix} x \\ y \end{pmatrix}+\begin{pmatrix} 2-\sqrt{2} \\ 0 \end{pmatrix}.$$

이제, 대수적 계산을 통해 방정식 $F(x,y)=(x,y)$를 풀 수 있다. 이는 분모의 유리화를 연습할 수 있는 좋은 문제이다. 만일 이러한 방법을 좋아한다면 지금 빨리 풀어보자. 그러나 방정식 $F(x,y)=(x,y)$은 행렬을 사용하여 보다 손쉽게 풀 수 있다. 만약 이 식을 행렬-백터방정식 $A\vec{x}+\vec{b}=\vec{x}$로 생각하면 이는

$$A\vec{x}-\vec{x}=-\vec{b}\Rightarrow(A-I)\vec{x}=-\vec{b}$$

로 다시 쓸 수 있고 그 해는 $\vec{x}=(A-I)^{-1}(-\vec{b})$이다. 따라서 다음을 얻는다.

$$A-I=\begin{pmatrix} \sqrt{2}-2 & 1-\sqrt{2} \\ \sqrt{2}-1 & \sqrt{2}-2 \end{pmatrix} \text{ 이고 } (A-I)^{-1}=\frac{1}{3}\begin{pmatrix} -2-\sqrt{2} & 1+\sqrt{2} \\ -1-\sqrt{2} & -2-\sqrt{2} \end{pmatrix}.$$

구하고자 하는 해는

$$P=(A-I)^{-1}(-\vec{b})=\frac{1}{3}\begin{pmatrix} -2-\sqrt{2} & 1+\sqrt{2} \\ -1-\sqrt{2} & -2-\sqrt{2} \end{pmatrix}\begin{pmatrix} \sqrt{2}-2 \\ 0 \end{pmatrix}=\begin{pmatrix} 2/3 \\ \sqrt{2}/3 \end{pmatrix}$$

$\sqrt{2}$가 식에 많이 포함되어 복잡하게 보이는 것에 비해 답이 간단하게 표현되는 것이 놀랍다. 그러나 이 해법은 아핀 변환을 다루는 확실한 연습을 제공한다.

복소수를 사용한 해법

복소평면에서 접힌 파도 모델을 고려한다면, 접힌 모델 위에서 점 P_n을 잘 선택하여 이러한 복소수들의 무한급수로서 점 P의 위치에 대한 해를 얻을 수 있다. 이것을 할 수 있는 여러 가지 방법이 있지만 아마도 가장 간단한 방법은 접힌 파도 모델에서 원래 사각형의 주 대각선의 상(image)을 따라 가는 것이다. 이는 다음 그림에 설명되어 있다.

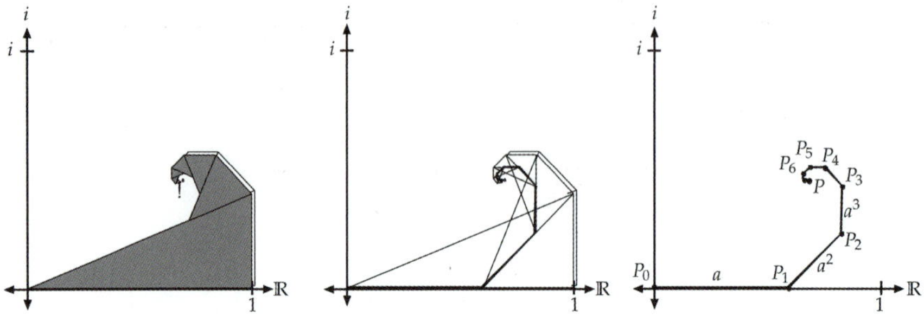

경로의 P_0부터 P_1까지의 첫 번째 선분은 길이가 a이다. 접히지 않은 사각형 위에서 이는 주 대각선 주름 (앞 그림에서 원점부터 점 (y, y)까지의 선분)의 첫 번째 부분에 대응한다. 기하학적 변환에서 우리는 $a = 2 - \sqrt{2}$라는 것을 보였다. 그래서 복소평면에서 P_n 경로의 첫 번째 점은 $P_1 = 2 - \sqrt{2}$이다.

점 P_1으로부터 P_2까지 이동하기 위해서는 $45° = \pi/4$라디안 만큼 위로 회전시킨 후 a^2만큼 이동하는 것이 필요하다. 만약 이러한 복소수들을 $re^{i\theta}$ 형태로 나타내면 P_2의 위치를 계산하기 쉽다.

$$P_2 = P_1 + a^2 e^{\frac{\pi}{4}i} = a + a^2 e^{\frac{\pi}{4}i}$$

그런 다음 P_3에 대해서는 P_2로 이동한 다음, 양의 실수축을 기준으로 각 $2(\pi/4)$가 되도록 회전한 후 a^3의 길이만큼 이동한다. 그래서

$$P_3 = P_2 + a^3 e^{2(\pi/4)i} = a + a^2 e^{(\pi/4)i} + a^3 e^{2(\pi/4)i}$$

이고 이 방법을 계속하면 다음을 얻는다.

$$P_n = a + a^2 e^{\frac{\pi}{4}i} + a^3 e^{2\frac{\pi}{4}i} + \ldots + a^n e^{(n-1)\frac{\pi}{4}i}$$

따라서 점 P는 다음 무한급수의 합이 될 것이다.

$$P = a \sum_{n=0}^{\infty} (ae^{\frac{\pi}{4}i})^n.$$

그런데 이는 등비급수이다. 만약 $|z| < 1$이면 $\sum_{n=0}^{\infty} z^n = 1/(1-z)$이다. 여기서

$$z = ae^{\frac{\pi}{4}i} = (2-\sqrt{2})(\cos(\pi/4)+i\sin(\pi/4)) = (2-\sqrt{2})((\sqrt{2}/2)+(\sqrt{2}/2)i) = (\sqrt{2}-1)(1+i).$$

따라서 $a = 2-\sqrt{2} = 2/(2+\sqrt{2})$로부터 다음을 얻는다.

$$P = (2-\sqrt{2})\frac{1}{1-(\sqrt{2}-1)(1+i)} = \frac{2}{2+\sqrt{2}}\frac{1}{(2-\sqrt{2})-(\sqrt{2}-1)i} = \frac{2}{2-\sqrt{2}i}.$$

분모와 분자에 $2+\sqrt{2}i$를 곱하면

$$P = \frac{2}{2-\sqrt{2}i}\frac{2+\sqrt{2}i}{2+\sqrt{2}i} = \frac{4+2\sqrt{2}i}{6} = \frac{2}{3}+\frac{\sqrt{2}}{3}i.$$

따라서 파도는 점 $(2/3, \sqrt{2}/3)$로 수렴하며 나선형 모양을 그리게 될 것이다. 이는 앞에서 기하학적 변환을 통해 얻은 답과 정확히 같다.

이처럼, 복소수를 사용한 해법은 극좌표계를 사용하여 복소수의 기하학적 의미를 생각하고, 복소수의 무한급수에 대해 생각하는 학생들에게 훌륭한 연습을 제공한다. 이는 기초 복소수 이론을 사용하는 교육과정에 매우 좋은 자료이다.

교사가 학생들에게 물어볼 수 있는 또 다른 질문이 있다 (또는 학생들 중 누군가 스스로 물어볼 수 있다!). 즉 "이 종이접기 파도에서 나타나는 나선은 로그 나선인가?" 또는 황금 나선을 본 학생들은 자기 유사성을 가지는 파도 나선과 연관이 있는지 궁금해할 수 있다.

나선의 점과 중심점 P사이의 거리가 나선을 따라 이동할 때 기하급수적으로 증가할 때 이 나선을 로그나선이라 한다. (중심에서 일정한 속도로 멀어지는 아르키메데스 나선과는 대조적으로 황금 나선은 로그 나선의 예이다.) 따라서 만약 우리의 자기 유사성을 가지는 파도 나선이 로그 나선을 모델링하고 있다면, 거리 $|P-P_n|$은 n의 지수 함수가 될 것이다. 이를 확인해보자:

$$\begin{aligned} |P-P_n| &= \left|a\sum_{k=n}^{\infty}(ae^{\frac{\pi}{4}i})^k\right| = \left|a(ae^{\frac{\pi}{4}i})^n\sum_{k=0}^{\infty}(ae^{\frac{\pi}{4}i})^k\right| \\ &= \left|(2-\sqrt{2})((\sqrt{2}-1)(1+i))^n\right|\cdot|P| \\ &= (2-\sqrt{2})((\sqrt{2}-1)\sqrt{2})^n\frac{\sqrt{6}}{3} = \frac{\sqrt{6}}{3}(2-\sqrt{2})^{n+1}. \end{aligned}$$

(여기서 원점에서 점 $1+i$까지의 거리가 $|1+i|$, 즉 $\sqrt{2}$라는 사실을 사용했다.) 우리는 나선형에서 점 P와 점 P_n 사이의 거리가 지수함수라는 것을 알 수 있다. 따라서 자기 유사성을 지닌 파도 모양이 생성하는 나선은 실제로 로그 나선이다. 점 P가 원점에 있도록 이 나선을 평행이동하면 이 나선에 대한 극좌표 방정식을 얻을 수 있다.

$$r(\theta) = \frac{\sqrt{6}}{3}(2-\sqrt{2})^{\frac{4}{\pi}(\theta-\pi-\arctan(\sqrt{2}/2))}.$$

이러한 나선의 그래프는 다음과 같다.

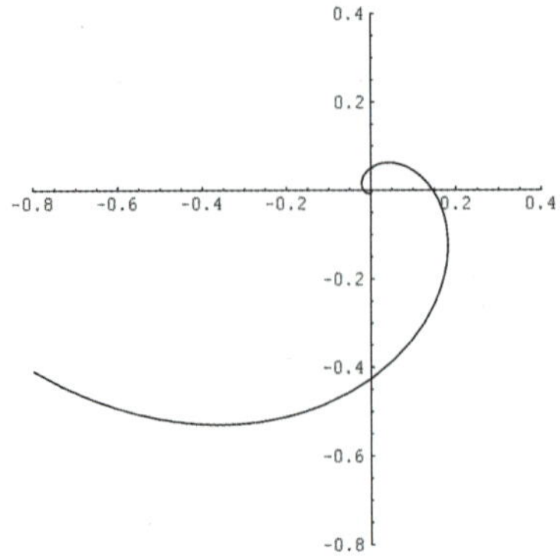

프랙털과의 연결

앞서 언급했듯이 자기 유사성을 가지는 파도 모델은 무한 반복되지만 종이접기 가능한 많은 주름 패턴 가운데 단지 하나일 뿐이다. 이러한 주름 패턴의 두 가지 예가 아래에 나와있다. 왼쪽은 준 마에카와(Jun Maekawa)가 고안한 것이고, 오른쪽은 슈조 후지모토(Shuzo Fujimoto)의 주름 무늬이다.

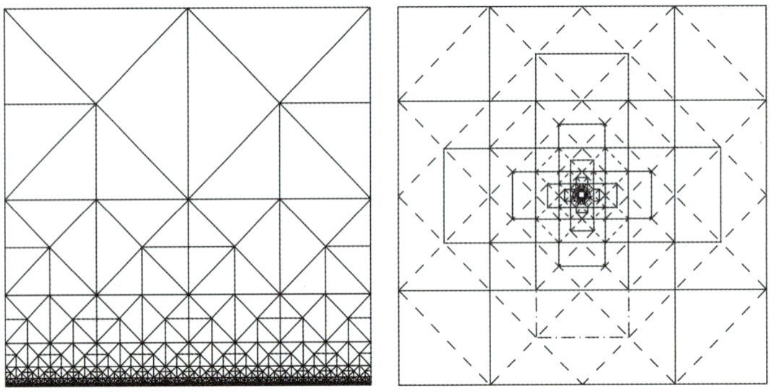

이 주름 패턴을 따라 접는 것은 쉽지 않다! 이는 자기 유사성을 가진 파도 접기보다 훨씬 더 어렵다. 자기 유사성을 가지는 종이접기 주름 패턴은 많이 있으며 위에서 제시된 두 패턴은 그 예이다.

종이접기 활동가는 이러한 접기 모델을 '종이접기 프랙털'이라고 언급하는 경향이 있다. 프랙털에 대한 경험이 있는 학생들도 이렇게 말할 수 있다. 그러나 이러한 종이접기 모델은 실제로 프랙털 동작을 나타내지 않으며 이를 프랙털이라고 부르는 것은 옳지 않다.

프랙털 기하학은 상대적으로 여전히 수학의 새로운 분야이기 때문에 '프랙털'의 정의를 기술적으로 정확하게 정의하는 것에 논쟁의 여지가 있다. 기본적으로, 실제로 쓰이는 정의는 하우스도르프(Hausdorff) 차원이 위상 차원보다 더 큰 수학적 대상이다. 여기서 위상 차원은 학생들이 알고 있는 차원의 표준 개념으로, 점은 0차원, 선 또는 부드러운 곡선은 1차원, 면적이 있는 평면의 집합은 2차원 등이다. 하우스도르프 차원은 매우 전문적인 개념으로, 여러 책에서 '닮음 차원(similarity dimension)' 또는 '프랙털 차원'이라고 부르는 것과 같은 것이다. 이는 수학적 대상의 자기 유사성의 본질이 그 대상의 차원과 관련이 있음을 보여준다. 이 차원 개념은 결국 정수가 아니다. 그래서 대부분의 프랙털은 1.26 또는 0.792와 같이 정수가 아닌 하우스도르프 차원을 가진다.

프랙털에 대해 생각하는 또 다른 방법은 모든 단계에서 어떤 유형의 자기 유사성을 나타내는 수학적 대상이라는 것이다. 즉, 대상의 어느 지점을 확대하면 자기 유사성을 가지고 원래의 것과 똑같은 모양이 계속해서 나타남을 보게 될 것이다.

자기 유사성을 가진 파도의 주름 패턴과 접기 모델은 후자의 직관적인 정의를 만족시키는 것으로 보인다. 그러나 그것을 실제 프랙털과 비교하면 이러한 관점에 문제가 있음이 드러난다. 아래는 프랙털 나무의 예이다. 가지 사이의 각도는 나무 전체에서 동일하고, 줄기 수가 기하급수적으로 증가함에 따라 나무줄기의 길이가 기하급수적으로 감소한다.

이것을 볼 때 우리는 "프랙털 부분이 무엇인가?" 라고 자문해야 한다. 줄기는 1차원 선분일 뿐이다. 이들에 대한 프랙털은 없다. 오히려 프랙털을 만드는 것은 나무 가지의 끝, 가지가 수렴하는 지점이다. 오른쪽 위 그림처럼 나뭇가지의 끝은 자체적으로 그려지는 곡선을 형성하여 모든 지점에서 자기 유사성을 나타낸다. 즉, 이 곡선의 한 지점을 확대하면 점점 더 많은 굴곡과 함께 원래의 곡선과 똑같은 모양이 계속 나타남을 볼 수 있다. 반대로 나무줄기 중 하나를 확대하면 나무의 더 많은 복사본이 아닌 직선만 나타난다.

자기 유사성을 가진 파도 접기 모델에서 물어봐야 하는 것도 바로 "프랙털 부분은 무엇인가?" 라는 질문이다. 파도의 주름 패턴 대부분은 프랙털 나무의 줄기처럼 작동하고 '무한 부분'을 구성하지 않는다. 사실, 파도 접기 모델과 주름 패턴의 자기 유사성은 한 점으로 수렴하고 있다. 주름 패턴에서 이 점은 정사각형의 오른쪽 상단 모서리이고 접은 후에는 점 P 에 대응한다. 두 경우 모두 '무한 부분'은 0차원인 한 점이다. 이것은 프랙털이 아니다.

위에서 소개된 2개의 자기 유사성을 가진 주름 패턴에서도 같은 종류의 일이 발생한다. 준 마에카와의 예는 정사각형 바닥에 있는 1차원 직선으로 수렴하는 주름패턴이다. 슈조 후지모토의 예는 정사각형의 중심으로 수렴하고 이는 0차원이다. 따라서 이들 중 어느 것도 프랙털이 아니다.

실제 프랙털을 모방하는 종이접기는 매우 어렵다. 일본의 종이접기 활동가 우쇼 이케가미(Ushio Ikegami)는 프랙털 트리를 성공적으로 디자인하고 종이로 접을 수 있었다. ([Ike09] 참조.) 이 모델은 접는 것이 극히 어렵고, 따라서 실제로 프랙털을 종이로 접는 것이 얼마나 어려운지를 입증하는 예가 된다.

평평한 꼭짓점 접기의 행렬 모델

Activity 26

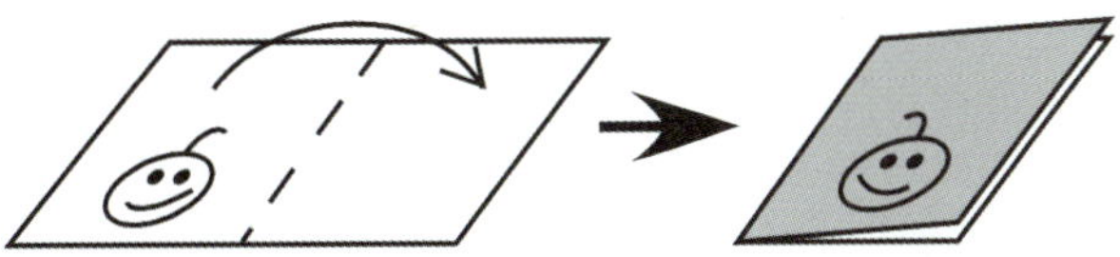

관련 과목: 기하학, 선형대수학, 모델링

개요

이 활동에서는 종이접기 모델링에 대하여 다음과 같이 접근하고 있다. 종이를 평평하게 접을 때 실제로 종이의 한 부분은 다른 부분으로 대칭이동한다. 따라서 우리는 평평하게 접을 때마다 대칭변환을 하고 있다. 평면의 대칭변환은 행렬로 모델링 할 수 있다. 따라서 학생들은 차수가 4인 간단한 평면 꼭짓점 접기의 각 주름선에 대해 2×2 대칭변환 행렬을 계산하게 될 것이다. 그런 다음 이 행렬에 대한 곱셈을 하면 무엇을 얻게 되는지 계산할 것이다. 이 과정에서 단위행렬을 얻는 것이 이치에 맞는가?

내용

기하와 연관이 있기 때문에 기본 행렬 연산을 가정할 수있는 선형대수학 또는 기하학 수업에 적합하지만 이것은 선형대수학의 응용이다. 이 활동의 주요 결과는 꼭짓점이 평평하게 접히는 경우에만 꼭짓점에서의 주름에 대한 대칭변환 행렬의 곱이 실제로 단위행렬이 된다는 것이다. 이는 평평한 꼭짓점 접기 탐구 활동에서 소개된 카와사키 정리와 동치이다.

활동지

활동지는 자명하여 따로 설명이 필요없다. 이는 학생들로 하여금 접기 행렬을 생성하는 활동으로 이끌며, 학생들이 행렬을 곱할 때 어떤 일이 발생하는지 발견하도록 도전하게 한다.

수업 시간

학생들이 대칭변환 행렬을 얼마나 잘 구성하는지에 따라 이 활동은 빠르면 15 ~ 20분 정도 걸리거나 그 이상이면 30 ~ 40분 정도 걸릴 수 있다.

활동지 1 행렬과 평평한 종이접기

아이디어: 종이를 평평하게 접으면 실제로 종이의 절반이 다른 절반에 **대칭이동**이 된다. 이것을 사용하면 행렬을 사용하여 평평한 종이접기를 모델링 할 수 있다.

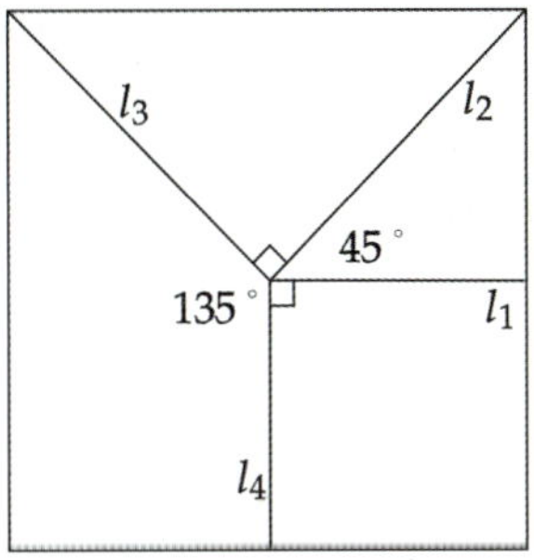

활동: 위의 그림은 평평한 꼭짓점 접기의 주름선들을 보여주고 있다. 꼭짓점이 xy-평면의 원점에 있다고 가정하자.

질문 1: 주름선 l_1에 대한 평면 대칭변환을 나타내는 2×2 행렬 $R(l_1)$을 찾으시오. 다른 주름선에 대해서도 동일한 활동을 해 보시오.

질문 2: 이 행렬을 곱하면 어떻게 되는지 설명하시오.

해답과 교수법

이 활동은 평평한 종이접기에 관한 것으로, 구겨 지거나 새로운 주름을 추가하지 않고 최종 모델이 책 안에 평평하게 압축된 상태로 들어갈 수 있게 하는 모든 종이접기를 포함하는 활동이다. 평평한 꼭짓점 접기 탐구하기, 불가능한 주름 패턴, 그리고 정사각형 꼬인 주름 접기라는 이전 활동들에서 이 주제에 대한 좋은 소개가 있었다. 학생들은 이 활동에 참여하기 위해 이전 활동들을 다 이해할 필요는 없지만 교사는 이전 활동들을 숙지하고 있는 것이 유용하다.

학생들이 행렬을 만들기 전에 작은 정사각형 모양의 종이를 주고 활동지에 표시된 꼭짓점을 접게 하시오. 각 주름은 별도로 만들어야 한다. l_1과 l_4는 종이를 좌우로 반으로 접어 만들지만 끝까지 접지 않고 중심에서 멈추어야 하고, l_2와 l_3은 정사각형의 대각선을 접어서 다시, 중심에서 멈추면 된다. 이때, 평평한 꼭짓점 접기를 얻으려면 모든 주름을 동시에 접어야 한다. 위의 예에서 l_1은 산 주름이고 l_2, l_3, l_4는 골짜기 주름이다. 고려해 볼 모델을 가지고 있으면 학생들에게 평평한 접기에 대한 아이디어를 줄 수 있고 생성해야 할 대칭변환 행렬을 시각화하는데 도움이 된다.

최근에 기하학 또는 선형대수학 수업에서 평면의 다양한 등장 행렬을 사용해 본 학생들은 활동의 첫 부분을 하는데 아무 문제가 없다. 때때로 학생들은 $y = x$ 또는 $y = -x$에 대한 대칭행렬을 찾는데 어려움을 겪는다. 이런 어려움을 겪는 학생들을 위해 이것을 찾는 방법을 제안할 수 있다. 예를 들어, l_2 인 $y = x$를 반사하면 점 $(1, 0)$을 $(0, 1)$로, 점 $(0, -1)$을 $(-1, 0)$으로 보내게 된다. 그래서 미지의 2×2 변환 행렬은 다음을 충족해야 한다.

$$\begin{pmatrix} a & b \\ c & d \end{pmatrix}\begin{pmatrix} 1 \\ 0 \end{pmatrix} = \begin{pmatrix} 0 \\ 1 \end{pmatrix}, \quad \begin{pmatrix} a & b \\ c & d \end{pmatrix}\begin{pmatrix} 0 \\ -1 \end{pmatrix} = \begin{pmatrix} -1 \\ 0 \end{pmatrix}$$

이것을 충분히 오래 동안 생각해 보면 학생들은 변수가 무엇인지 알아낼 수 있다. 또는 그것들을 곱하고 4개의 미지수가 있는 4개의 방정식을 얻고 이를 풀 수 있다.

어쨌든 $R(l_i)$가 주름 l_i에 대한 대칭변환 행렬이면 질문 1의 해는 다음과 같다.

$$R(l_1) = \begin{pmatrix} 1 & 0 \\ 0 & -1 \end{pmatrix},$$

$$R(l_2) = \begin{pmatrix} 0 & 1 \\ 1 & 0 \end{pmatrix},$$

$$R(l_3) = \begin{pmatrix} 0 & -1 \\ -1 & 0 \end{pmatrix},$$

$$R(l_4) = \begin{pmatrix} -1 & 0 \\ 0 & 1 \end{pmatrix}$$

질문 2에서 이 행렬을 함께 곱하면

$$R(l_4)R(l_3)R(l_2)R(l_1) = I.$$

또는 행렬을 역순으로 놓을 수 있다. 그러나 곱셈은 꼭짓점을 중심으로 시계 방향 또는 시계 반대 방향으로 이동할 때, 주름선을 만나는 순서와 동일해야 한다.

우리가 단위행렬을 얻는 이유 중 하나는 매우 간단하다. 행렬을 순서대로 곱하는 것은 평평한 접기 모델에서 꼭짓점 주위를 걷는 벌레의 방향에 대한 모의실험을 하는 것이다. 벌레가 시작된 위치로 돌아와야 하므로 동일한 방향으로 해당 행렬을 곱한 결과는 단위행렬이 되어야 한다.

그러나 이 주장이 비록 올바른 방향으로 이끌고 있고, 주의를 기울이면 말이 되게 할 수 있지만, 이 주장은 심각한 결함이 있다. 따라서 우리는 질문 2의 결과에 대해 여러 방식의 증명을 제시할 것이다.

|증명 1| **[벌레 이동의 형식화]** 주름신 l_1과 l_4 (오른쪽 아래 사분면) 사이의 영역을 고정하고 주름선에 따라 나머지 영역을 접는다고 가정하자. 고정된 영역에서 벌레를 시작하고 펼쳐진 종이의 꼭짓점을 중심으로 시계 반대 방향으로 가는 경로를 따라 가도록 한다. 하지만 벌레는 접힌 종이 위를 걷게 될 것임을 기억하시오.

벌레는 먼저 주름 l_1을 지나가고 벌레가 만드는 대칭행렬은 $R(l_1)$이다. 지금까지는 좋다. 하지만 벌레는 계속 걸어 가면서 결국 주름을 만나게 된다. 단, l_2는 더 이상 펼쳐진 종이의 위치에 있지는 않다. 따라서 이 두 번째 주름 주위를 걷는 벌레를 모델링하는 대칭행렬은 $R(l_2)$가 아니다! 접기가 완료된 후 l_2 이미지에 대한 대칭행렬은 무엇인가 있을 것이다. 이 행렬을 L_2라고 하자. 그러면 벌레가 계속해서 걸어가게 될 것이고, l_3 및 l_4를 접은 후에 그 이미지에 대한 대칭이동을 하게 될 것이다. 이 행렬을 각각 L_3 및 L_4라고 하자. 그런 다음 벌레가 시작 지역과 동일한 지역으로 돌아가기 때문에 $L_4L_3L_2L_1 = I$이고 표기를 보기 좋게 하기 위하여 $L_1 = R(l_1)$으로 쓰자. 이것은 학생들이 시도할 수 있는 직접적인 방법이며 벌레 이동의 관점으로 접근할 때 얻을 수 있는 것이다. 그러나 $R(l_i)$ 행렬의 곱과는 다르게 된다.

그럼에도 불구하고 이러한 방법은 학습을 진행하기에 좋은 방향이다. L_2 행렬을 계산해 볼 것이다. 이 반사 작업을 모델링하는 한 가지 방법은 먼저 주름선 l_1을 펼친 다음 $R(l_2)$를 한 다음 l_1을 다시 접는 것이다. 따라서 다음이 성립한다.

$$L_2 = L_1R(l_2)L_1^{-1} = R(l_1)R(l_2)R(l_1)^{-1}.$$

마찬가지로 L_3는 l_2 (접힌 위치)를 펼친 다음 l_1을 펼치고 $R(l_3)$을 수행한 후 l_1 및 l_2 (접힌 위치)를 다시 접어 모델링 할 수 있다. 그러므로,

$$
\begin{aligned}
L_3 &= L_2L_1R(l_3)L_1^{-1}L_2^{-1}\\
&= (R(l_1)R(l_2)R(l_1)^{-1})(R(l_1))R(l_3)(R(l_1)^{-1})(R(l_1)R(l_2)^{-1}R(l_1)^{-1})\\
&= R(l_1)R(l_2)R(l_3)R(l_2)^{-1}R(l_1)^{-1}.
\end{aligned}
$$

유사하게,

$$
\begin{aligned}
L_4 &= L_3L_2L_1R(l_4)L_1^{-1}L_2^{-1}L_3^{-1}\\
&= R(l_1)R(l_2)R(l_3)R(l_4)R(l_3)^{-1}R(l_2)^{-1}R(l_1)^{-1}.
\end{aligned}
$$

그런 다음

$$
\begin{aligned}
I &= L_4L_3L_2L_1\\
&= (R(l_1)R(l_2)R(l_3)R(l_4)R(l_3)^{-1}R(l_2)^{-1}R(l_1)^{-1})\\
&\quad \cdot (R(l_1)R(l_2)R(l_3)R(l_2)^{-1}R(l_1)^{-1})\\
&\quad \cdot (R(l_1)R(l_2)R(l_1)^{-1}) \cdot (R(l_1))\\
&= R(l_1)R(l_2)R(l_3)R(l_4).
\end{aligned}
$$

이로부터 임의의 차수의 평평한 꼭짓점 접기로 어떻게 일반화될 수 있는지 볼 수 있다. 그러나 행렬 기호를 사용한 계산은 수학과 관련하여 겁을 내는 심약한 사람을 위한 것이 아니다! 따라서 이러한 논의 방식을 자세히 추구하는 것은 학생들이 구성하거나 따를 수 있는 가장 쉬운 증명 방법은 아니다. 하지만 선형대수학과 기하 변환에서는 훌륭한 연습 문제가 될 수 있다.

그러나 $R(l_i)$의 곱이 단위행렬이 된다는 사실이 얼마나 놀라운지를 이 증명이 어떻게 강조하는지 주목하자. 이 행렬은 모두 원래 위치의 주름선을 반영한다는 것을 기억하자! 기어 다니는 벌레에 관한 주장은 논리적으로 완벽하지만 $\prod R(l_i)$가 하는 일은 아니다. □

|증명 2| **[작은 벌레 이동]** 신중하게 접근하여 기어 다니는 벌레의 움직임을 이용하면 간단한 증명을 할 수 있다. F를 주름선 l_1과 l_4 사이의 종이 영역이라고 하자. 이 영역을 정사각형의 경계(말하자면, 점 $(1,-1)$)로부터 원점까지 종이를 잡고 찢어 2개로 나눈다고 상상해 보자. 이렇게 하면 F는 l_1에 인접한 F'와 l_4에 인접한 F''라는 2개의 더 작은 영역으로 바뀐다. 이제 영역 F''에 반사를 나타내는 행렬 $R(l_4)$부터 $R(l_1)$까지

순서대로 적용하여 영역 F''를 대칭이동시키자. 각 반사는 주름이 접힐 때 종이가 하는 일에 대하여 모의실험을 하게 되며, 꼭짓점의 끝이 평평하게 접히기 때문에 찢어지는 부분을 따라 F'와 F''가 정렬되어 있어야 한다. 즉,

$$R(l_1)R(l_2)R(l_3)R(l_4)[F''] = I[F''].$$

이것은 이 행렬 곱이 영역 F''에서 단위행렬이 되는 것을 증명한 것이다. 선형대수학을 잘 알고 있는 학생들은 이 경우 행렬 곱이 영역 F'' 위의 모든 점뿐만 아니라 평면의 모든 점에 대하여 단위행렬이 됨을 의미한다는 것을 이해할 수 있다.

그 이유는 F''가 양의 면적을 가지는 xy-평면의 영역이므로 F''에 원점을 시점으로 하는 2개의 일차 독립인 벡터 v_1, v_2가 존재하기 때문이다. 편의상 $R(l_1)R(l_2)R(l_3)R(l_4)$ 행렬 곱을 행렬 T로 표시하면 $T(v_1) = v_1$ 및 $T(v_2) = v_2$이 됨을 알 수 있다. 이제 v를 평면의 다른 벡터라고 하자. 그러면 적당한 스칼라 $a, b \in \mathbb{R}$에 대해 $v = av_1 + bv_2$이다. 이제 T는 선형변환이므로

$$T(v) = T(av_1 + bv_2) = aT(v_1) + bT(v_2) = av_1 + bv_2 = v.$$

따라서 T는 단위행렬이다.

여기에 제시된 마지막 부분은 실제로 필요하지 않다. T는 등장 변환이므로 직선위에 있지 않은 세 점에 대한 작용에 의해 고유하게 결정된다. T가 원점을 고정시키고, 원점을 시점으로 하는 벡터 v_1 및 v_2의 끝점을 고정시키므로 T는 단위행렬이어야 한다.

그러나 이것이 T가 선형 변환이기 때문에 바로 얻어지는 사실임을 아는 것은 선형대수학 수업을 듣는 학생들에게 매우 귀중한 경험이 될 수 있다. 이는 종종 학생들에게 추상적이라고 느낄 수 있는 선형 변환 정의의 구체적인 응용이 될 수 있다.

T가 선형 변환이라는 사실을 사용하여 T가 항등 변환처럼 작동한다는 것을 증명하는 이 트릭은 평평하지 않은 3D 접기에 대해 다루는 다음 활동에서는 성립하지 않는다는 점을 수복할 필요가 있다. 이는 등거리성에 대한 3점 결정 정리가 $\mathbb{R}^3$에서는 성립되지 않기 때문이다. 그러나 이와 관련된 논의는 Activity 27에서 다룰 것이다. □

증명 3 **[카와사키 정리 사용]** 학생들이 선형대수학 내용을 사용하기를 꺼린다고 하면 카와사키 정리를 이용하여 임의의 평평한 꼭짓점 접기에 대하여 증명할 수 있다. 카와사키 정리는 평평한 꼭짓점 접기 활동 탐구를 할 때 보았던 정리이다. 카와사키 정리에 따르면 $\alpha_1, \alpha_2, \ldots, \alpha_{2n}$이 꼭짓점의 주름선 사이의 각들일 때, 꼭짓점이 평평하게 접히기 위한 필요충분조건은 $\alpha_1 + \alpha_3 + \ldots + \alpha_{2n-1} = 180°$, $\alpha_2 + \alpha_4 + \ldots + \alpha_{2n} = 180°$, 즉, $\alpha_1 - \alpha_2 + \alpha_3 - \alpha_4 + \ldots - \alpha_{2n} = 0$이다.

아이디어는 반사를 나타내는 두 행렬의 곱이 회전이동을 나타낸다는 사실을 사용하는 것이다. 이때 회전각은 두 주름선 사이 각도의 두 배가 된다. 따라서 주름 l_1과 l_2

사이의 각을 α_1 이라고 하면 $R(l_2)R(l_1)$ 은 $2\alpha_1$ 각도만큼의 회전이동을 나타내는 행렬이 된다. 그러면 $R(l_4)R(l_3)$ 은 $2\alpha_3$ 만큼의 회전이동을 의미한다. 이런 식으로 계속하면 행렬의 곱은 각

$$2\alpha_1 + 2\alpha_3 + \ldots + 2\alpha_{2n-1}$$

에 따른 평면상의 회전 행렬이 된다. 카와사키 정리에 따르면 이것은 360° 와 같으므로 이 결과는 단위행렬이 되게 된다.

그 반대 방향의 증명은 같은 방식으로 할 수 있다. 즉, 꼭짓점 접힘의 주름선에 의해 생성된 행렬들의 곱이 단위행렬이면, 카와사키 정리의 역을 가정하여 주름선들이 평평하게 접을 수 있음을 보일 수 있다.

평평한 종이접기 이론에서 이 모델은 매우 유용하다. 이 문제의 기본적인 결과는 다중 꼭짓점 접기 패턴으로 다음과 같이 확장할 수 있다. 평평한 종이접기 모델에서 주름 패턴에 있는 모든 꼭짓점을 회피할 수 있는 닫힌 곡선을 γ라 하고, γ가 순서대로 교차하는 주름에 대한 반사를 나타내는 행렬들의 곱을 $R(\gamma)$라 하자. 그러면 $R(\gamma) = I$ 가 된다. 자세한 내용은 [bel02]을 참조하라. 이것은 일반적인 평평한 종이접기 주름 패턴에 대한 필요조건이지만 충분조건은 아니다. 이에 대한 예는 불가능한 주름 패턴 활동을 참조하면 된다.

또한 이 모델은 종이가 평평하게 접힐 때 종이에 일어나는 일에 대해 많은 것을 알려주고 있다. 만약 평평한 종이접기 주름 패턴의 F 면을 택하고 종이의 나머지 부분을 접을 때 F가 고정된 상태로 유지된다면, 접기 함수(folding map)는 반사를 나타내는 $R(\gamma)$에 대한 다른 면 F' 의 상(image)을 이용하여 정의할 수 있다. 여기에서 γ는 주름 패턴의 꼭짓점들을 지나지 않고, 영역 F 의 한 점에서 영역 F' 의 한 점을 연결하는 경로이다. 이 함수는 잘 정의되며 종이를 접을 때 종이의 각 영역이 어디로 사상되는지를 알려 주고 있다. 자세한 내용은 [bel02] 및 [Jus97]을 참조하라. □

3차원 꼭짓점 접기의 행렬 모델

Activity 27

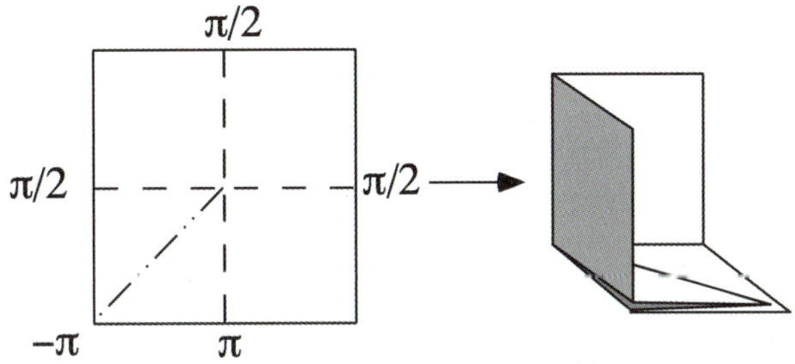

관련 과목: 기하학, 선형대수학, 모델링

개요

이 활동은 평평한 꼭짓점 접기의 행렬 모델 활동의 후속 활동이며 개념은 동일하다. 어떤 의미에서 3차원 꼭짓점 접힘 주위의 회전 행렬의 곱은 단위행렬이 된다. 그러나 3차원이기 때문에 회전 행렬을 구하는 것은 더 도전적인 문제이고, 주름 패턴 행렬들을 적절한 순서로 곱할 때 단위행렬이 된다는 사실을 증명하는 것은 더 복잡하다. 이 증명과정에서는 카와사키 정리에 의존할 수 없다!

내용

이것은 3차원 기하학에 응용할 수 있는 매우 도전적인 선형대수학 내용이다. 공간 $\mathbb{R}^3$에서의 회전에 대한 확고한 명령어가 필요하고, 강력한 3차원 시각화 기술이 필요하다. 컴퓨터 그래픽에 사용되는 선형대수학 내용을 배우는 데 관심이 있는 학생들에게는 특별히 좋은 도전 과제가 될 것이다. 강체 접기 2 활동과 결합하여 매스매티카에서 평평한 꼭짓점 접기가 열리고 닫히는 것을 애니메이션화 하는데 필요한 모든 것을 제공하고 있다.

활동지

활동지를 통하여 학생들은 간단한 3차원 꼭짓점 접기를 접고 각 주름선에 대해 3×3 회전 행렬을 계산하게 될 것이다. 그런 다음 학생들은 행렬들을 모두 곱하면 어떻게 되는지 확인하게 될 것이다.

활동지의 두 번째 페이지에는 이전 페이지에 있는 질문 2의 결론이 제공되므로 학생들이 원하는 경우 별도로 제공될 수 있다. 질문 3은 5개의 행렬의 곱이 단위행렬이 되는 이유를 설명하라는 질문이다. 질문 4는 매우 도전적인 질문으로서 일반적인 경우에 대한 증명을 하는 것이다.

수업 시간

이 활동에 대한 행렬 계산은 시각화하기가 까다롭고 학생들은 직접 계산하고 곱셈을 해야 하기에 40~50분이 필요할 것이다. 컴퓨터 대수 시스템을 사용할 수 있으면 수업 시간이 훨씬 적게 필요할 수 있다.

활동지 1 행렬과 3D 종이접기

정사각형 종이를 가져다가 아래의 주름을 만들어 **정육면체의** 3D **모서리**를 만든다.

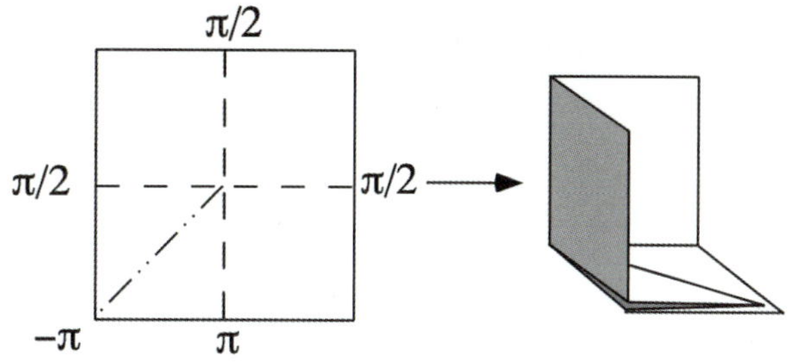

각각의 주름에서 모델을 만들기 위해 얼마만큼 접어야 하는지를 나타내는 각을 그 주름에서의 **접는 각**(folding angle)이라 한다.

질문 1: χ_i는 주름선 l_i를 중심으로 접는 각만큼 $\mathbb{R}^3$에서 회전시키는 3D, 3×3 회전 행렬이다. 위의 3D 종이접기에 대해 5개의 3×3 행렬 $\chi_1, \ldots, \chi_5$를 찾으시오. 꼭짓점이 원점에 있고 종이가 xy-평면에 있다고 가정하자.

질문 2: 이 행렬들을 모두 곱하면 어떻게 되는지 설명하시오.

질문 3: 이전 질문에서 행렬들을 곱하면 다음과 같이 얻게된다.

$$\chi_1\chi_2\chi_3\chi_4\chi_5 = I$$

왜 그렇게 되는가? 답을 할 때 주의하라. 행렬 χ_i는 펼쳐진 종이에 있는 주름선에 대한 회전 행렬인 것을 기억하여야 한다.

질문 4: 일반적으로 접는 행렬 $\chi_1, \chi_2, \ldots, \chi_n$에 대한 3D 단일 꼭짓점 접기가 주어질 때 이 행렬들을 순서대로 곱하면 단위행렬이 된다는 것을 증명하시오. (힌트: 접힌 종이의 꼭짓점 주위에 원을 그리며 기어 다니는 벌레를 생각해 보시오.) 벌레가 주름선을 넘을 때 어떻게 회전을 하는가?

해답과 교수법

이 활동은 평평한 꼭짓점 접기의 행렬 모델 활동의 확장이며, 이전 활동을 수행하고 $\mathbb{R}^3$에서 회전 행렬을 연구하는 과정에 있는 학생들에게 제공하는 것이 좋다. 이 활동의 주제는 3차원 종이접기 또는 보다 구체적으로 입체각 꼭짓점 접기이다. 이것은 각 꼭짓점이 공간에서 고정된 각을 이루는 특별한 유형의 3차원 종이접기이다. 즉, 주름선 사이의 종이 영역은 구부러지거나 뒤틀리지 않으며 모델을 접은 후에도 단단하게 유지된다.

평면 접기를 성공적으로 모델링하기 위해서는 단지 반사를 나타내는 행렬만 필요하지만 고정된 각의 꼭짓점 접기에는 $\mathbb{R}^3$의 회전 행렬이 필요하다. 이러한 회전 행렬 x_i는 회전축 역할을 하는 주름선과 접는 각 θ_i에 의해 결정된다. 접는 각은 평평하게 펼쳐진 위치에서 종이의 변하는 양을 나타낸다. 즉, 주름선에 대한 종이면 사이의 각을 이면각이라고 하면, 접는 각은 '$\theta_i = \pi -$ 이면각'이다.

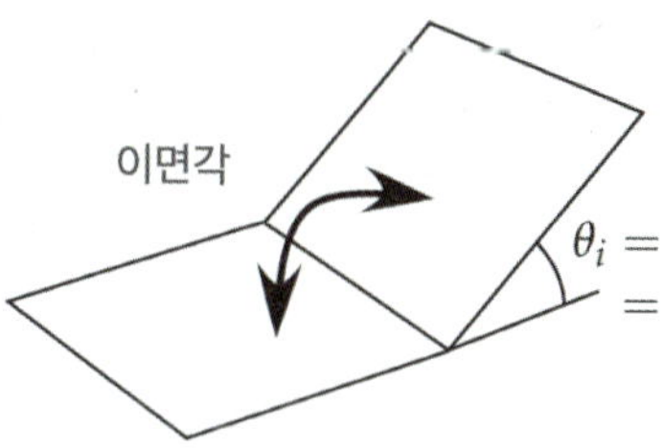

학생들은 $\mathbb{R}^3$의 표준 회전 행렬에 익숙해야 한다.

$$R_{yz}(\theta) = \begin{pmatrix} 1 & 0 & 0 \\ 0 & \cos\theta & -\sin\theta \\ 0 & \sin\theta & \cos\theta \end{pmatrix}, \quad R_{xz}(\theta) = \begin{pmatrix} \cos\theta & 0 & -\sin\theta \\ 0 & 1 & 0 \\ \sin\theta & 0 & \cos\theta \end{pmatrix},$$

$$R_{xy}(\theta) = \begin{pmatrix} \cos\theta & -\sin\theta & 0 \\ \sin\theta & \cos\theta & 0 \\ 0 & 0 & 1 \end{pmatrix}.$$

여기서 $R_{ij}(\theta)$는 ij-평면을 각 θ만큼 시계 반대 방향으로 회전하는 행렬을 나타낸다. 주름선에 $l_1, \ldots, l_5$라 이름짓고 x축의 양의 방향에서 시작하여 시계 반대 방향으로 진행한다. 적당한 접는 각을 θ에 대입하여 대부분의 χ_i 행렬들을 계산할 수 있다. 그러나 위의 회전 행렬은 양의 축들이 오른쪽과 위쪽 방향이 되도록 가정하고 관련된 평면을 회전시키므로 주의해야 한다. l_1의 경우에는 이것은 문제가 되지 않으며 $\chi_1 = R_{yz}(\pi/2)$를 얻는다. 하지만 $\chi_2 = R_{xz}(\pi/2)$라고 생각하는 것은 잘못된 것이다. 왜냐하면 이렇게 되면 x축과 z축의 양의 방향이 각각 왼쪽과 위쪽으로 이루어진 사분면이 되어 주름선 l_2가 잘못된 방향에서 xz-평면과 교차하기 때문이다. $R_{xz}(\theta)$ 행렬을 사용하려면 xz-평면의 다른쪽에서 이 회전을 볼 필요가 있다. 즉, 회전이 실제로 시계 방향으로 되고 있으므로 $\theta = -\pi/2$. 즉,

$$\chi_2 = R_{xz}(-\pi/2) = \begin{pmatrix} 0 & 0 & 1 \\ 0 & 1 & 0 \\ -1 & 0 & 0 \end{pmatrix}.$$

주축에 있는 주름선에 대한 다른 χ_i 행렬은 다음과 같다.

$$\chi_1 = \begin{pmatrix} 1 & 0 & 0 \\ 0 & 0 & -1 \\ 0 & 1 & 0 \end{pmatrix}, \ \chi_3 = \begin{pmatrix} 1 & 0 & 0 \\ 0 & 0 & 1 \\ 0 & -1 & 0 \end{pmatrix}, \ \chi_5 = \begin{pmatrix} -1 & 0 & 0 \\ 0 & 1 & 0 \\ 0 & 0 & -1 \end{pmatrix}.$$

주름 l_4는 주축 중 하나에 없으므로 χ_4를 다르게 계산해야 한다. 쉽게 찾을 수 있는 방법은 다른 회전 행렬을 구하여 합성하는 것이다. 먼저 접는 선 l_4를 음의 x축으로 회전하여 행렬 A를 얻고 x축을 중심으로 l_4의 접는 각을 음수 방향으로 회전하여 행렬 B를 얻으면 원래 위치로 돌아오게 되는 행렬 A^{-1}를 얻게된다. 그러면 $\chi_4 = A^{-1}BA$. 행렬 A는 $-\pi/4$만큼 z축을 중심으로 회전해야 하므로

$$\begin{aligned}\chi_4 &= \begin{pmatrix} \frac{\sqrt{2}}{2} & -\frac{\sqrt{2}}{2} & 0 \\ \frac{\sqrt{2}}{2} & \frac{\sqrt{2}}{2} & 0 \\ 0 & 0 & 1 \end{pmatrix} \begin{pmatrix} 1 & 0 & 0 \\ 0 & -1 & 0 \\ 0 & 0 & -1 \end{pmatrix} \begin{pmatrix} \frac{\sqrt{2}}{2} & \frac{\sqrt{2}}{2} & 0 \\ -\frac{\sqrt{2}}{2} & \frac{\sqrt{2}}{2} & 0 \\ 0 & 0 & 1 \end{pmatrix} \\ &= \begin{pmatrix} 0 & 1 & 0 \\ 1 & 0 & 0 \\ 0 & 0 & -1 \end{pmatrix}.\end{aligned}$$

학생들은 행렬을 제대로 구했는지 확인하여야 한다. 이것은 몇개의 벡터들을 선택하여 곱함으로써 그것들이 적절하게 회전하였는지 확인할 수 있다. 예를 들어 χ_1에 벡터 $(0,1,0)$을 곱하면 $(0,0,1)$이 되어야 하는데 이는 yz 평면을 90도 회전해야 하기 때문이다. χ_4에 $(-1,0,0)$을 곱하면 $(0,-1,0)$이 된다.

행렬 χ_i를 순서대로 모두 곱하면

$$\chi_1\chi_2\chi_3\chi_4\chi_5 = I.$$

역순으로 곱할 수도 있지만 행렬들의 곱은 여전히 단위행렬이 된다. 중요한 것은 시계 방향 또는 시계 반대 방향으로 꼭짓점 주위를 이동할 때 순서대로 곱하는 것이다.

5개의 3×3 행렬을 곱하는 것은 지루할 수 있으며, 행렬 곱셈을 허용하는 계산 패키지를 사용할 수 있는 경우에는 학생들이 이를 활용하도록 할 수 있다. 전반적으로 매트랩(MATLAB), 메이플(Maple) 또는 매스매티카(Mathematica)와 같은 수학 계산 패키지를 사용하여 이 활동을 수행하면 학생들에게 행렬이 수행하는 작업을 더 빠르고 정확하게 탐구하도록 할 수 있다. 행렬 곱셈 작업을 보고 이해하는 것은 학생들에게 훌륭한 학습 경험이 될 것이다.

왜 이런 일이 발생할까?

직관적으로 교사들과 학생들은 χ_i 행렬의 곱이 단위행렬이 된다는 사실에 놀라지 않을 것이다. 결국에는 평평한 꼭짓점 접기 활동에서도 똑같은 일이 일어났었다. 그렇지 않은가? 그러나 여기서는 무슨 일이 일어나고 있는지 생각해 보자. 우리는 xy-평면에 있는 선들을 중심으로 회전하는 행렬들을 곱하고 있다. 접힌 종이가 찢어지지 않도록 '시작'된 위치로 되돌아 가야 하는 것은 사실이지만, 이것은 더 이상 xy-평면이 아닌 $\mathbb{R}^3$에 있는 주름선을 중심으로 회전하는 것을 포함한다. xy-평면 회전 행렬들의 곱이 단위행렬이 되는 이유는 무엇일까?

이 활동에서 단일 꼭짓점이 3차원 형태로 접히고 주름 사이에 있는 종이의 모든 영역들을 평평하고 단단하게 유지하는 데 필요한 조건을 볼 수 있다. 이 필요 조건은 이러한 접힘을 모델링하기 위해 만들 수 있는 유일한 조건은 아니지만 xy-평면 회전만 필요하고 종이가 $\mathbb{R}^3$에서 어떻게 이동하는지 추적할 필요가 없기 때문에 가장 쉽게 계산할 수 있다. 그러나 이것이 항상 작동하는 이유를 확인하려면 증명이 필요하다. 이 부분의 내용은 [bel02]에서 발췌했다.

정리 27.1

주름 사이의 영역을 평평하게 유지하는 입체각 꼭짓점 접힘을 v라 하자. 만약 $\chi_1, \ldots, \chi_n$을 순서대로, v의 각 주름선에서 접는 각에 의한 회전을 나타내는 행렬들이라 하면 $\prod_{i=1}^{n} \chi_i = I$이다.

증명 고전적인 '벌레-걸음' 논증을 이용하면 어떤 일이 일어나고 있는지 아는데 도움이 될 수 있다. 이는 평평한 꼭짓점 접기 행렬 모델과 동일한 방식으로 작동하지만 개념적으로 더 까다로울 것이다. 원점에 꼭짓점 v가 있는 xy-평면에 펼쳐진 종이를 상상해 보자. 주름선 l_1과 l_n 사이의 종이의 고정된 영역을 F_1라고 하고, 다른 영역들을 꼭짓점을 중심으로 시계 반대 방향으로 $F_2, F_3, \ldots, F_n$이라 하자. F_1을 xy-평면에 고정한 상태에서 주름 패턴을 따라 다른 부분들을 3차원으로 접는다.

이제 접힌 모델에서 F_1에 서 있는 벌레를 상상하고 이 벌레가 펼친 주름 패턴에서 볼 때 반시계 방향 경로로 꼭짓점 주위를 기어 오르게 한다. 벌레가 주름선 l_1을 넘으면 공간에서 회전을 한다. L_1은 이 회전에 대한 행렬을 나타내고 있다. 그런 다음 벌레는 더 이상 xy-평면에 있지 않은 부분 F_2에서 기어가고 있을 것이다. 그런 다음 주름선

l_2를 교차한다. L_2는 이 주름선에 대한 벌레의 회전 행렬을 나타낸다. 이런 식으로 계속해서 회전 행렬 $L_3, L_4, \ldots, L_n$을 정의할 수 있다. 마지막으로 벌레는 F_1을 향하고 시작했을 때와 같은 방향으로 돌아온다. 이것으로부터 다음을 얻을 수 있다.

$$L_n L_{n-1} \ldots L_2 L_1 = I.$$

이것은 우리가 증명하려는 결과가 "명백하다"고 생각할 때 대부분의 사람들이 염두에 두고 있는 행렬 곱의 결과이다.

그렇다면 L_i 행렬은 어떤 것일까? F_1은 xy-평면에 고정되어 있으므로 $L_1 = \chi_1$이다. 그러나 L_2는 더 복잡하다. L_2를 구상하는 한 가지 방법은 먼저 l_1을 펼친 다음 행렬 χ_2로 l_2 주름선에 대하여 회전한 다음 l_1을 다시 접는 것이다. 이 세 회전의 곱은 $\mathbb{R}^3$의 3차원 위치에서 주름선 l_2를 중심으로 벌레가 회전하는 것이다. 즉,

$$L_2 = L_1 \chi_2 L_1^{-1}.$$

마찬가지로 $L_3 = L_2 L_1 \chi_3 L_1^{-1} L_2^{-1}$이 성립한다. l_2를 펼치고, l_1을 펼친 다음 χ_3을 수행한 후 l_1과 l_2를 다시 접는 방식으로 접힌 모델에서 벌레의 교차 주름선 l_3을 모델링할 수 있기 때문이다.

일반적으로 $L_i =$ (이전 L_s를 다시 실행) χ_i (이전 L_s를 역순으로 실행 취소). 즉,

$$L_i = (L_{i-1} \ldots L_1)\chi_i(L_1^{-1} \ldots L_{i-1}^{-1}).$$

이제 문제는 이러한 L_i 행렬이 재귀적으로 정의되기 때문에 단순화 된다는 것이다.

$$\begin{aligned}
L_1 &= \chi_1 \\
L_2 &= \chi_1 \chi_2 \chi_1^{-1} \\
L_3 &= (\chi_1 \chi_2 \chi_1^{-1})(\chi_1)\chi_3(\chi_1^{-1})(\chi_1 \chi_2^{-1} \chi_1^{-1}) = \chi_1 \chi_2 \chi_3 \chi_2^{-1} \chi_1^{-1} \\
&\vdots \\
L_i &= \chi_1 \cdots \chi_{i-1} \chi_i \chi_{i-1}^{-1} \cdots \chi_1^{-1}.
\end{aligned}$$

이를 우리의 등식에 대입하면

$$\begin{aligned}
I &= L_n L_{n-1} \ldots L_2 L_1 \\
&= (\chi_1 \cdots \chi_{n-1} \chi_n \chi_{n-1}^{-1} \cdots \chi_1^{-1})(\chi_1 \cdots \chi_{n-2} \chi_{n-1} \chi_{n-2}^{-1} \cdots \chi_1^{-1}) \cdots \\
&\quad (\chi_1 \chi_2 \chi_1^{-1})(\chi_1) \\
&= \chi_1 \chi_2 \cdots \chi_n.
\end{aligned}$$

빙고! □

| 다른 증명 | 평평한 꼭짓점 접기의 경우와 같이, 주어진 '종이의 영역을 반으로 찢어서' 하는 방법과 유사하게 증명할 수 있지만, 몇가지 세부적인 것을 주의해야 한다.

각각의 회전 행렬 χ_i는 두 가지 요소에 의해 결정된다. 즉, xy-평면에서 주름선 l_i의 위치와 접는 각도 θ_i에 의해 결정된다. F_1은 주름선 l_1과 l_n 사이의 종이의 영역이고, F_1을 정사각형의 경계에서 원점까지를 따라 두 조각으로 찢는다고 상상해 보자. F_1'를 l_1에 인접한 찢어진 영역, F_1''를 l_n에 인접한 찢어진 영역이라 하자. 그런 다음 F_1''에 회전 변환 χ_n을 수행하여 xy-평면 밖으로 이동하자. 다음으로 이 변환된 영역에 χ_{n-1}을 수행한다. 찢어진 영역 F_1''에 주름선 $l_n, l_{n-1}, \ldots, l_1$를 따라 종이를 접는 것을 모의실험을 해 본다. 이것은 유효한 입체각 접기이므로 이 F_1''의 이미지는 모든 회전 후 F_1'와 일치해야 하고 다음이 성립하게 된다.

$$\chi_1\chi_2\cdots\chi_n(F_1'') = I(F_1'').$$

이제 Activity 26에서와 동일한 전략을 사용하고, 등장 변환에 대한 3점 결정 정리를 적용하거나, 또는 행렬들의 곱이 $\mathbb{R}^3$ 전체에서 단위행렬이 되어야만 한다는 논증을 하기 위해 행렬의 곱이 하나의 선형 변환이 된다는 사실을 사용하기를 원한다. 그러나 이러한 논거가 바로 성립하지는 않는다. 그 중 한 가지 이유로는, 3점 결정 정리는 평면 등장 변환에만 성립한다. $\mathbb{R}^3$에서는 등장 변환을 결정하기 위해서는 4점이 필요하다. 마찬가지로 영역 F''는 평면 영역이다. 따라서 변환 $T = \chi_1\chi_2\cdots\chi_n$이 단위행렬이 되려면 일차 독립인 2개의 벡터가 필요하다. 이를 $\mathbb{R}^3$에 확장하게 되면 일차 독립인 3개의 벡터가 필요하게 된다.

그러나 위의 사실로부터 T가 xy-평면에 있는 모든 점에서 단위행렬이 된다는 것을 알 수 있다. v를 $\mathbb{R}^3$에 있는 xy-평면의 임의의 점이라 하면 $v = av_1 + bv_2$로 쓸 수 있다. 여기서 v_1과 v_2는 xy-평면에 있는 F'' 안에 있는 2개의 일차 독립인 벡터들이다. 그런 다음 Activity 26에서 수행한 것과 동일한 방법으로 $T(v) = v$를 보일 수 있다.

이것으로부터 우리는 T가 xy-평면에 있지 않은 점 v에 대하여도 단위행렬이 됨을 보여줄 필요가 있다. T는 회전 변환들의 곱이므로 T는 등장 변환이므로 T는 xy-평면을 고정된 상태로 유지하는 등장 변환이다. xy-평면을 고정한 상태로 두는 $\mathbb{R}^3$의 유일한 등장 변환은 항등 변환과 xy-평면에 대한 대칭 변환이다.

그러나 각 행렬 χ_i는 회전 변환이므로 행렬식이 1이 된다. 실제로, 이 행렬들은 직교 행렬이다. 행렬식이 1인 행렬의 곱도 행렬식 1을 가지므로 $\det(T) = 1$이다. 대칭 행렬은 행렬식이 -1이므로 T는 대칭 행렬이 될 수 없다. 따라서 T는 단위행렬이어야 한다. □

교수법

여기서 기본 논리는 비슷하지만 이전 활동에서 볼 수 있듯이 2차원의 평평한 접기의 경우는 훨씬 더 간단하다. 평면에서 대칭 변환을 시각화하는 것은 삼차원 공간에서 회전하는 것보다 훨씬 쉽다. 2차원의 경우 도움이 되는 카와사키 정리를 가지고 있다. 3차원의 꼭짓점 접기에 대한 것에는 비슷하고 쉬운 정리가 없다.

많은 함정이 있으므로 이 활동의 모든 세부 사항을 조사하는 것은 매우 어려울 수 있다. 예를 들어, 학생들은 위쪽과 왼쪽 부분을 양의 축으로 놓고 올바른 방향을 사용하여 R_{ij} 행렬을 사용해야만 하는 것을 기억하지 못할 수 있다. 학생들이 스스로 한 일을 쉽게 확인할 수 있는 기술이 있다면 이러한 세부 사항을 모두 파악할 것으로 기대하는 것이 전적으로 합리적이라고 생각한다. 사실, 활동지의 첫 페이지는 학생들이 3차원 회전과 관련된 모든 일을 정말로 이해하는지 확인하는 훌륭한 시험 무대이다. 기술을 사용할 수 없는 경우 각 행렬들을 확인하고 곱하는 것이 지루하지만 교육적 가치는 같다.

일반적인 결과의 증명은 매우 기술적이지만 기하학적 시각화, 행렬 곱셈 순서에 대한 세심한 주의, 행렬을 소거하기 위하여 역행렬을 활용하고 있다. 이 모든 것은 선형 대수학을 공부한 학생 또는 행렬에 대한 배경 지식을 가진 기하학 반의 학생이 수행 할 수 있어야 한다. 교사는 수업에서 증명의 개요를 개발한 다음, 숙제로 완전한 증명을 적어오도록 부가하거나 이 증명을 학생들의 프로젝트 주제로 만들 수 있다. 그만큼 증명을 자세하게 적게 함으로써 학생들이 자신과 씨름하게 하면 스스로 답을 찾는데 훨씬 더 좋을 것이다. 그러한 노력없이 증명이 단순히 수업 시간에 제시된다면 완전한 증명을 이해 못 하거나 학생들의 성장이 거의 이루어지지 않을 수 있다.

다른 증명은 행렬식의 기하학적 힘을 보여주는 예를 제공하기 때문에 흥미롭다. 2차원 사례에 대하여 학생들이 유사한 (그러나 더 쉬운!) 증명을 본 경우, 특히 3D 접기에 대해 동일한 접근 방식을 시도하고 싶어 할 것이며, 그렇게 함으로써 2차원과 3차원의 등장 변환 간의 차이와 미묘함에 대해 많이 배울 것이다.

이 활동은 또한 메이플 또는 매스매티카와 같은 컴퓨터 패키지를 사용하여 3차원 접기를 그릴 때 흥미로운 가능성에 대한 문을 열기 시작한다. 그러나 여기에 제시된 행렬 χ_i는 이러한 컴퓨터 프로그램에서 접힌 3차원 모서리를 시뮬레이션 하는 데 사용할 수 있는 반면, 예를 들어, 열기 및 닫기를 애니메이션 하는 데 필요한 정보가 충분히 담겨 있지는 않다. 일부 경우에 이를 수행 할 수 있는 방법이 있고, 이에 대한 자세한 내용은 Activity 30의 강체 접기 2에서 제공될 것이다.

종이접기와 준동형사상

Activity 28

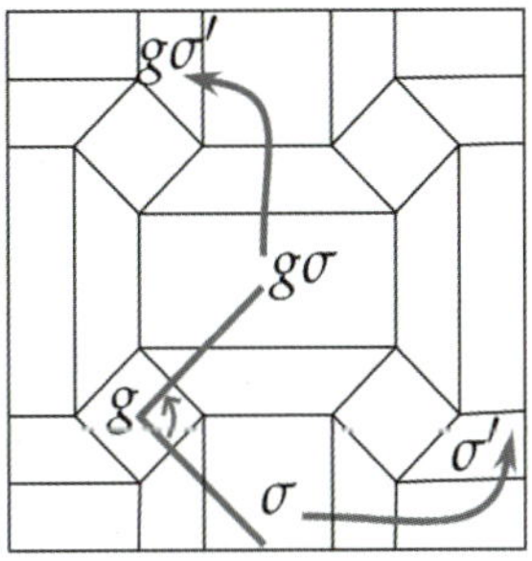

관련 과목: 추상 대수학

개요

다음과 같은 주장을 증명하려고 한다. 접힌 종이접기 모델의 대칭은 주름 패턴의 대칭에 의해 결정될 수 있어야 한다. 학생들은 종이접기 주름 패턴으로 구성된 준동형사상을 이용하여 이것을 증명한다.

내용

이 활동은 상당히 심화된 활동이다. 추상 대수학 수업에서 준동형사상을 본 적이 있고 종이접기 모델을 보고 접은 학생들은 이 활동을 통하여 대상들의 대칭을 구체적으로 연구할 수 있는 준동형사상의 실질적인 응용에 대해 배울 수 있다.

활동지

이 활동에 포함된 몇 가지 활동지가 있다.

(1) 정사각형 꼬임 테셀레이션 접기 지침. 종이접기 테셀레이션에는 대칭선이 풍부하므로 이 선택 활동지는 학생들에게 대칭이 많은 종이접기 모델을 제공한다.

(2) 표기법을 소개하고 학생들에게 ϕ_σ가 준동형사상이라는 것을 증명하게 한다.

(3) 학생들에게 종이접기 준동형사상의 예를 탐구하도록 요청한다.

수업 시간

이것은 상당히 광범위한 활동이다. 종이접기에 대해서 이전에 수업을 받은 학생들과 준동형사상과 대칭군에 친숙한 학생들에 맞게 수업 시간을 조정할 수 있다. 완전히 탐구하려면 여러 차시의 수업이 필요할 수도 있고, 경험이 더 많은 학생들은 오직 한 차시의 수업만 할 수도 있다.

활동지 1 정사각형 꼬임 테셀레이션 접기

이 지침은 정사각형 종이에 고전적인 정사각형 꼬임을 타일링하는 방법을 보여준다. 먼저 4×4 타일링을 만들고 사전 주름을 많이 만드는 것으로 시작한다!

(1) 정사각형을 한 방향으로 8등분하는 골짜기 주름을 만든다.

(2) 그런 다음 다른 방향으로 8등분 하는 골짜기 주름을 만든다.

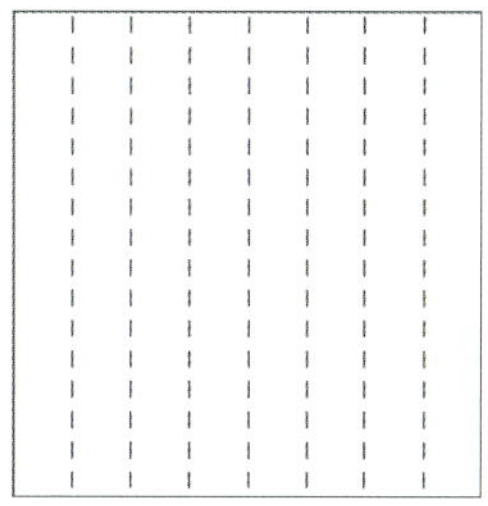

(3) 그림과 같이 다이아본드 모양의 사각형 4개의 산 주름을 조심스럽게 만든다.

(4) 이제 4개의 사각형 꼬임을 접는 데 필요한 주름들이 모두 만들어 졌다. 굵은 선은 산 주름선이고 점선은 골짜기 주름선으로 되어 있는 오른쪽에 표시된 주름들을 사용하자. 인접한 사각형 꼬임들은 반대 방향으로 회전할 것이다. 인내심을 가지자!

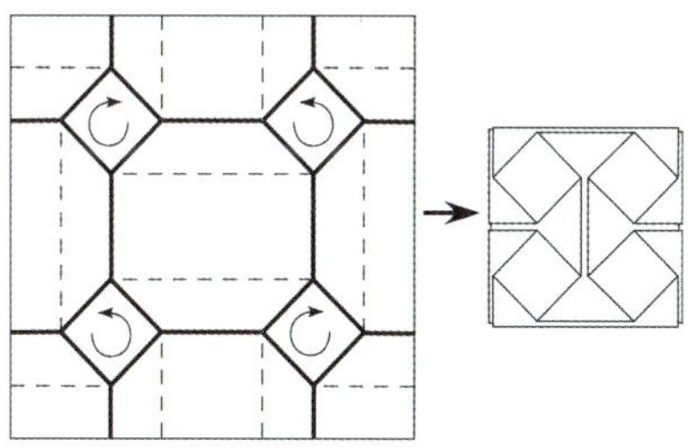

4×4 정사각형 꼬임 테셀레이션을 만드는데 성공했다면 8×8 정사각형 꼬임 테셀레이션을 만드는 것을 시도하시오! 먼저 사각형을 16등분하여 등분의 수를 늘려야하며 더 큰 용지를 사용하는 것이 좋다.

활동지 2 평평하게 접는 준동형사상

평평하게 접히는 주름 패턴이 있다고 가정하자. 주름 패턴 위에 그려진 곡선 γ를 주름선 $l_1, \ldots, l_{2n}$을 순서대로 지나되 꼭짓점은 지나지 않는 닫힌 곡선이라고 하자. 직선 l_i에 대한 평면 대칭 변환을 $R(l_i)$라 하면 각각의 접힌 부분은 주름선에 대하여 종이를 반사시킨 부분이고 종이접기에서 종이가 찢기지 않으므로, 다음이 성립한다.

$$R(l_1)R(l_2)R(l_3)\ldots R(l_{2n}) = I,$$

여기에서 I는 항등 변환이다.

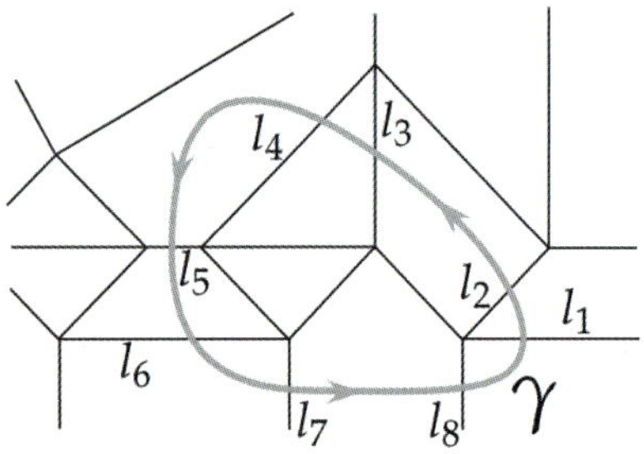

이제 σ 및 σ'를 주름 패턴 C의 두 면이라고 하자. 다음과 같은 변환을 정의하자:

$$[\sigma, \sigma'] := R(l_1)R(l_2)\ldots R(l_k),$$

여기서 $l_1, \ldots, l_k$는 꼭짓점 회피 곡선 γ가 σ에서 σ'로 가면서 만나는 주름선들이다.

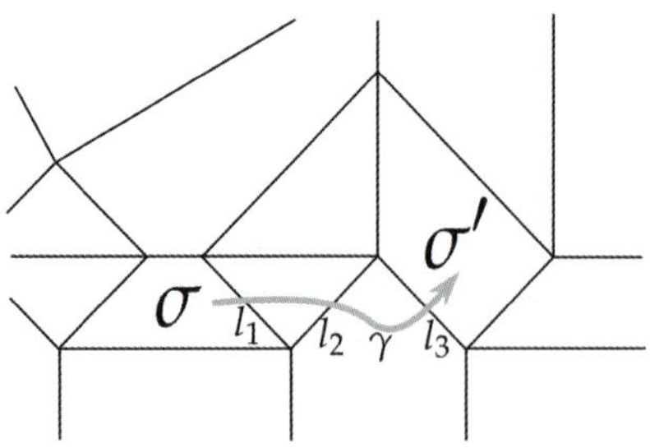

질문 1: 변환 $[\sigma, \sigma']$가 곡선 γ의 선택과 상관이 없는 이유를 설명하시오.

질문 2: 주름 패턴 C에 있는 모든 면 σ, σ' 및 σ''에 대해 $[\sigma, \sigma''] = [\sigma, \sigma'][\sigma', \sigma'']$가 성립하는 이유를 설명하시오.

질문 3: 주름 패턴의 임의의 대칭 g와 면 $\sigma, \sigma' \in C$에 대하여 $[g\sigma, g\sigma'] = g[\sigma, \sigma']g^{-1}$이 성립하는 이유를 설명하시오. 다음 그림에 표시된 예에서 g는 정사각형 꼬임 중 하나에 대해 90° 회전 변환이다.

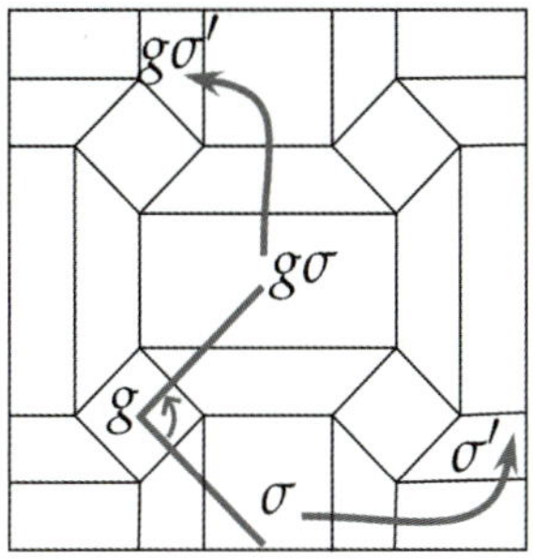

이제 $\mathrm{Isom}(\mathbb{R}^2)$은 **평면의 등장 변환군**이라고 하자. C가 평평하게 접을 수 있는 종이접기 주름 패턴으로 일때, $\Gamma \leq \mathrm{Isom}(\mathbb{R}^2)$를 C의 대칭군이라고 하자. (즉, Γ는 C를 고정시키는 등장 변환군의 부분군이다.)

C의 고정면 $\sigma \in C$에 대하여 $\phi_\sigma : \Gamma \to \mathrm{Isom}(\mathbb{R}^2)$ 사상을 다음과 같이 정의한다.

$$\phi_\sigma(g) = [\sigma, g\sigma]g \quad \forall g \in \Gamma.$$

질문 4: ϕ_σ가 준동형 사상이라는 것을 증명하시오. (즉, 모든 $g, h \in \Gamma$에 대해 $\phi_\sigma(gh) = \phi_\sigma(g)\phi_\sigma(h)$임을 증명하시오.)

질문 5: ϕ_σ는 준동형이기 때문에 이미지 집합 $\phi_\sigma(\Gamma)$에 대해 간단한 결론을 어떻게 내릴 수 있을까?

C의 고정면 σ의 경우, σ에 대한 C의 **접기 사상** $[\sigma]$를 다음과 같이 정의할 수도 있다.

$$x \in \sigma' \in C\text{에 대해,} \quad [\sigma](x) = [\sigma, \sigma'](x)$$

질문 6: 대칭 변환 $g \in \Gamma$에 대해 $\phi_\sigma(g)[\sigma] = [\sigma]g$이 된다는 것을 증명하시오. 즉, 이러한 변환의 합성이 동일하다는 것을 보이려면 주름 패턴의 모든 점 x에 대해 $\phi_\sigma(g)[\sigma](x) = [\sigma]g(x)$가 성립하는 것을 보이면 된다. 힌트: 모든 점 $x \in C$는 주름 패턴의 어떤 면에 놓여야 한다. 이 면을 σ'라고 하자.

질문 7: 질문 6에 의하면 모든 $g \in \Gamma$에 대해 $\phi_\sigma(g) = [\sigma]g[\sigma]^{-1}$이 성립하는가?

질문 7이 말하는 것은 평평하게 접힌 종이접기 모델에서 $\phi_\sigma(g)$의 동작이 그것을 펼치는 것 ($[\sigma]^{-1}$), 주름 패턴을 그대로 변하지 않게 하는 것(g), 종이를 다시 접는 것($[\sigma]$)과 동등하다는 것이다.

질문 8: 왜 이것이 $\phi_\sigma(\Gamma)$가 접힌 종이의 대칭군이 되는지에 대한 증명인지 설명하시오!

활동지 3 종이접기의 대칭 그룹 찾기

예 1: 고전적인 날개가 펄럭이는 새 (종이학)

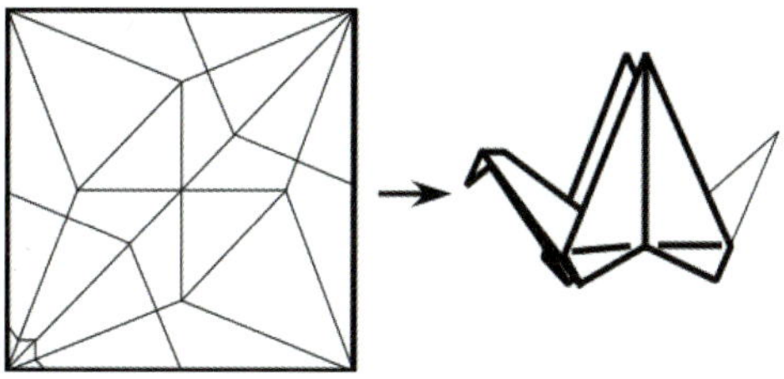

펄럭이는 새의 주름 패턴의 대칭군 Γ는 무엇일까? 오른쪽에 있는 좌표축 집합에서 주름 패턴을 보는 것이 도움이 될 수 있다.

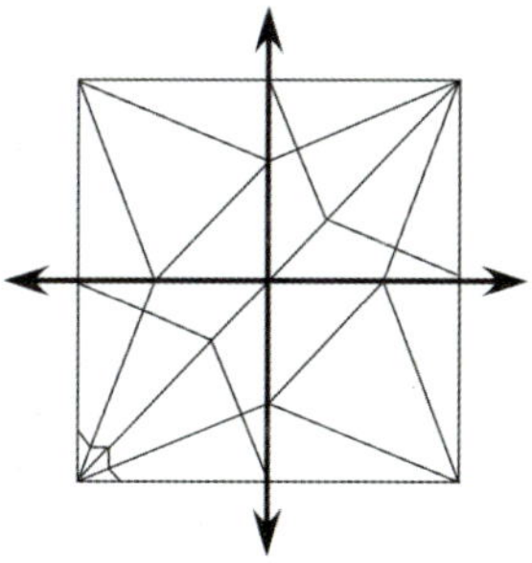

이 주름 패턴의 대칭군 Γ에는 2개의 원소만 있다는 것을 알 수 있다. 이 두 원소를 각각 a와 b라고 부르고 주름 패턴의 고정면 σ에 대해 $\phi_\sigma(a)$ 및 $\phi_\sigma(b)$가 무엇인지 결정한다.

결론: $\phi_\sigma(\Gamma)$ 군은 무엇을 의미할까? 이것은 접힌 종이학 모델의 대칭군인가?

(참고: 접힌 종이학은 3D 모델이 아니라 $\mathbb{R}^2$ 평면에 평평하게 펴진 것으로 생각해야 한다.)

예 2: 머리가 없는 종이학

이 주름 패턴의 대칭군 Γ을 찾으시오.

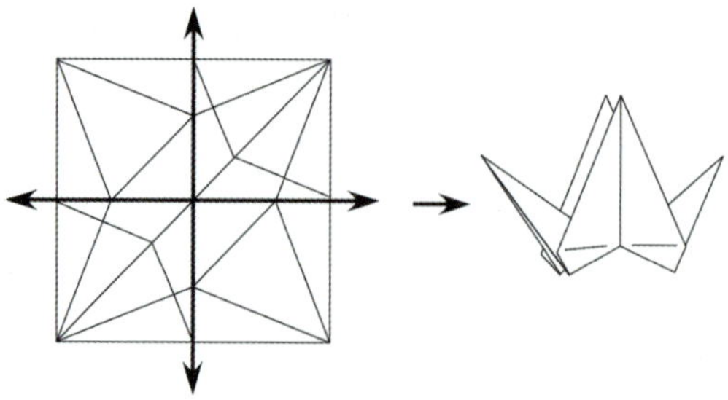

오른쪽에 우리는 면을 σ로 표시했다.
각 원소 $g \in \Gamma$에 대해 $\phi_\sigma(g)$를
계산하여 $\phi_\sigma(\Gamma)$ 군을 결정한다.

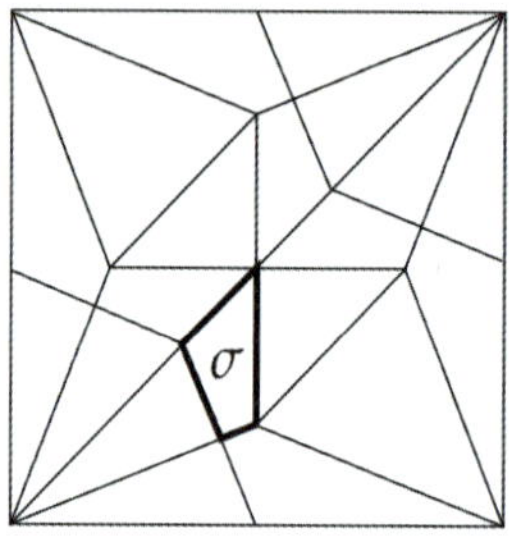

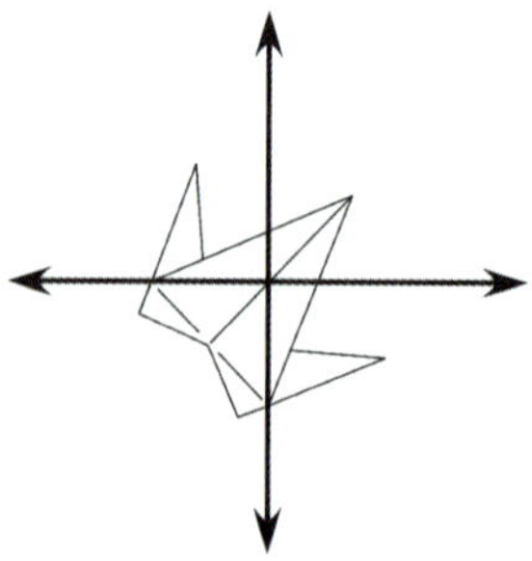

결론: $\phi_\sigma(\Gamma)$ 군을 계산한 것이 접힌 머리가 없는 종이학의 대칭군과 일치할까? 접기 사상에서, 평면에 놓이는 머리가 없는 종이학의 정확한 방향(orientation)은 σ의 선택에 따라 결정된다.

예 3: 종이접기 테셀레이션

무한 평면 $\mathbb{R}^2$ 위의 종이접기 주름 패턴을 C라 하자. 그러면 C의 대칭군 Γ는 벽지군(wallpaper group) 중 하나이다. 예를 들어 정사각형 비틀기 테셀레이션은 대칭군 $\Gamma = p4g$가 된다.

이 대칭군은 다음에 의해 생성된 무한군이다.

- 90° 회전 변환의 두 중심들인 원들,
- 2개의 회색 대칭선,
- 대칭선들의 교차점에 있는 180° 회전 변환의 중심인 다이아몬드,
- 2개의 평행이동 변환 벡터.

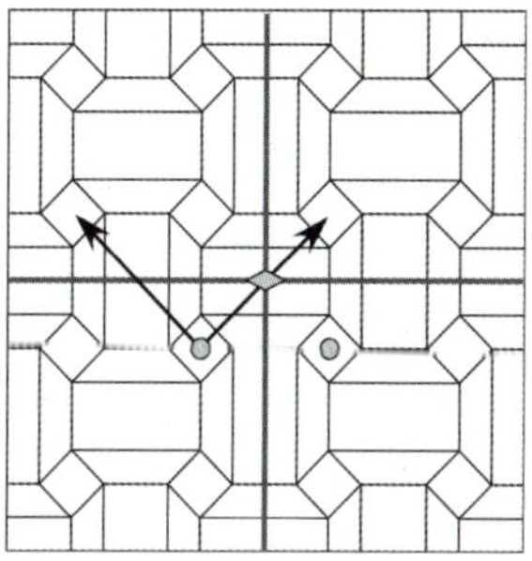

사실들:

- 모든 벽지군은 2개의 일차 독립인 평행 이동 변환들을 포함한다.
- 벽지군에는 유한 정규부분군이 없다.

문제: 평평한 종이접기 주름 패턴 C의 대칭군 Γ가 벽지군 중 하나이고 상 $\phi_\sigma(\Gamma)$도 벽지군이면

$$\phi_\sigma(\Gamma) \simeq \Gamma.$$

즉, 접힌 종이의 대칭군은 주름 패턴의 대칭군과 동형이 된다.

후속 활동: 주름 패턴이 데셀레이션이지만 접힌 모델이 벽지군이 아닌 종이접기 모델의 예를 생각할 수 있을까? 이것이 위의 문제와 모순되지 않는 이유는 무엇인가?

해법과 교수법

이 활동은 종이접기를 연구하기 위해 높은 수준의 수학을 사용하는 측면에서 고급 활동이며 대부분 카와사키와 요시다의 논문 [Kaw88]의 연구에서 파생되었다. 이 활동을 하기 전에 학생들이 종이접기를하는 것은 필수적이지만, 이러한 종이접기 경험의 목적은 종이를 주름 패턴을 따라 접을 때 어떤 일을 하는지 학생들이 이해하는 것이다. 최소한 학생들에게 미리 학/날개를 펄럭이는 새를 접도록 하시오. (Activity 20 참조). 준비를 더 잘 하려면 학생들이 첫 번째 활동지에서 고전적인 정사각형 꼬임과 정사각형 꼬임 테셀레이션을 접는 것이다. 이부분은 Activity 23을 참조하면 된다.

그러나 이 활동의 진정한 도전은 종이접기가 아니라 어떻게 학생들이 추상적인 대수적 표기법을 다양하게 사용할 수 있고 이러한 표기법과 접힌 종이와 같은 실제적인 것을 어떻게 연결하는가 하는 것이다. 이것은 추상 대수학을 배우는 학생들에게 매우 중요한 기술이다. 따라서 이 활동은 학생들에게 준동형사상과 같은 추상적인 주제를 접할 수 있는 기회를 제공할 것이다.

물론, 학생들은 이 활동 이전에 준동형사상의 정의를 접했어야 한다. 그리고 학생들은 대상의 대칭군, 즉, 대상을 불변으로 남겨 두는 변환들의 군이 무엇인지에 대한 확실한 아이디어를 가져야 한다.

활동지 1: 정사각형 꼬임 테셀레이션 접기

이 활동지는 선택 사항이다. 이는 학생들에게 대칭도가 높은 종이접기 모델에 대한 더 많은 경험을 제공하려는 방법으로만 제공될 것이다. 종이접기 테셀레이션은 주름 패턴이 평면에 규칙적으로 타일링 된 모델이다. 또는 우리가 무한한 종이를 가지고 있고 무한한 수의 주름을 만들 수 있는 능력이 있다면, 그 주름 패턴은 전체 평면의 타일링으로 확장될 수 있다. 이것을 종이학의 주름 패턴과 비교해보자. 이는 무한한 평면에서 타일링 할 수 있지만 접을 수는 없다.

정사각형 꼬임 테셀레이션은 어렵고 기술적인 접기이다. 즉, 사전 주름이 정확하게 이루어져야 하고 주름이 날카로워야 한다. (3) 단계에서 작은 산 대각선 주름을 만드는 것은 어렵다. 이렇게 하려면 종이를 잡고 주름의 끝점을 만드는 2개의 교차점을 확인한 후, 산 주름이 제자리에 놓이도록 꼬집듯이 접는다. 일단 꼬집듯이 접은 다음 손톱으로 더 날카롭게 만들 수 있다.

전체 테셀레이션을 접으려면 종이에 주름 패턴을 실제로 그리는 것이 매우 유용할 수 있다. 이는 사전에 주름을 만드는 과정에서 생선된 모든 주름이 결국 사용되는 것은 아니기 때문에 특히 그렇다. 종이에 (4) 단계에 표시된 접는 선만 그리면 학생과 교사가 동시에 적절하기 접기위해 4개의 정사각형이 비틀어지도록 하는데 도움이 된다. “인내심을 가지시오!”라는 조언이 매우 중요하다.

교사가 활동지 3의 예제 3을 수업과 함께 수행하려는 경우 활동지를 적극 권장한다. 학생들은 종이접기 주름 패턴의 대칭군이 어떻게 벽지군 중 하나가 될 수 있는지 이해하기 위해 실제로 종이접기 테셀레이션의 예를 볼 필요가 있다.

말하자면, 원하는 벽지군에 대해 종이접기 테셀레이션 주름 패턴을 만들 수 있다. 이것을 탐구하는 것은 이 활동의 범위를 훨씬 벗어나고 있다. 관심있는 독자는 에릭 기에르데(Eric Gjerde)의 뛰어난 저서 [Gje09]와 크리스 팔머(Chris Falmer)의 중요한 작업 [Pal11]을 참조하시오. 독자의 욕구를 자극하기 위해 아래 그림은 1994년 저자가 디자인한 더 복잡한 종이접기 테셀레이션의 한 예를 제공한 것이다. 이것은 (4, 6, 12) 아르키메데스 타일링을 기반으로 하고 있고, 타일링하고 접는 것이 매우 어려운 예이다.

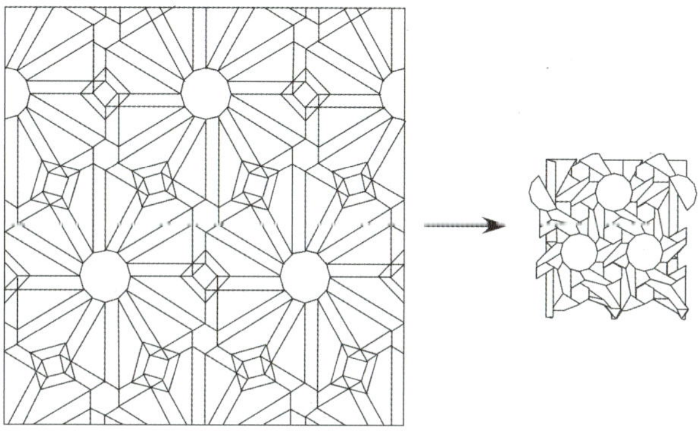

활동지 2: 평평하게 접는 준동형사상

이 활동지에서는 먼저 주름선 l_i를 포함하는 선에 대한 평면의 반사 변환으로서 $R(l_i)$를 소개하고 있다. 이것은 Activity 26 평평한 꼭짓점 접기의 행렬 모델에 사용된 것과 동일한 표기이며 그 활동에서 $R(l_1)\dots R(l_{2n}) = I$라는 사실을 탐구하고 증명하였다. 실제로 이 등식은 충분히 쉬워서 학생들을 설득하기에 충분하고 이 활동지의 첫 부분에 증명없이 기술하였다. 그러나 시간이 충분한 수업에서는 먼저 Activity 26을 수행하는 것을 고려해야 한다.

표기법 $[\sigma, \sigma']$에 대하여는 학생들이 이 활동을 하기 전에 먼저 학생들에게 자세히 설명해야 할 수도 있다. 이 표기법은 [Kaw88]에서 가져 왔고, 이러한 변환을 가지고 대수적으로 중요한 것을 기록하도록 할 수 있다는 점에서 매우 편리하다. 하지만 $[\sigma, \sigma']$는 대칭 변환의 합성이므로 $\mathbb{R}^2$에서 $\mathbb{R}^2$로의 등장변환이 된다는 사실을 학생들이 아는 것이 중요하다.

질문 1. $[\sigma, \sigma']$가 우리가 선택한 곡선 γ와 무관하다는 사실은 전적으로 활동지의 첫 부분에 있는 $R(l_1)\dots R(l_{2n}) = I$라는 결과로부터 알 수 있다. γ는 σ에서 σ'까지 가는 꼭짓점 회피 곡선이고 γ'는 σ에서 σ'까지 가는 또 다른 꼭짓점 회피 곡선이라 하자. $l_1, \dots, l_{2n}$은 γ가 통과하는 주름선들이고, $l'_1, \dots, l'_{2n}$은 γ'이 통과하는 주름선들이라고 놓자.

γ^{-1}은 γ를 따라 거꾸로 가는 곡선을 나타낸다. 그런 다음 결합된 곡선 $\gamma'\gamma^{-1}$, 즉 γ'를 따랐다가 γ^{-1}을 따라가는 곡선은 주름 패턴에 그려진 닫힌 꼭짓점 회피 곡선이다. 따라서

$$\begin{aligned} &R(l_1')\ldots R(l_{2k}')R(l_{2n})\ldots R(l_1) = I \\ &\Rightarrow R(l_1')\ldots R(l_{2k}') = R(l_1)\ldots R(l_{2n}). \end{aligned}$$

그러므로 $[\sigma, \sigma']$는 γ 또는 γ' 어느 것을 사용해도 상관없이 동일하다.

질문 2. $[\sigma, \sigma''] = [\sigma, \sigma'][\sigma', \sigma'']$이 성립하는 것은 질문 1로부터 바로 알 수 있다. γ 곡선을 선택하는 것은 중요하지 않기 때문에 변환 $[\sigma, \sigma'']$을 다음과 같이 수행할 수 있다. 먼저 주름 패턴의 임의의 다른 면 σ'에 대해 σ에서 σ'로 곡선을 따라 간 다음 σ'에서 σ''로 이동하면 된다. 결과적으로 등식을 얻을 수 있다.

질문 3. 이 질문과 함께 활동지에 표시된 그림은 학생들이 왜 모든 $\sigma, \sigma' \in C$ 및 $g \in \Gamma$에 대하여 $[g\sigma, g\sigma'] = g[\sigma, \sigma']g^{-1}$이 성립하는지를 알 수 있게 도움을 준다. 즉, $g\sigma$에서 $g\sigma'$로 주름을 접으려면 $g\sigma'$의 한 지점에서 시작하면 된다. 여기서 g는 주름 패턴이 변하지 않는 대칭변환이다. g^{-1}을 사용하여 σ'에 도달한 다음 σ'와 σ 사이의 주름에 대해 반사 변환을 한 다음 g를 다시 수행하여 문자 그대로 $g\sigma$에 도달한다. 이것이 작동하는 이유는 g가 주름 패턴을 불변으로 유지하기 때문에 σ와 σ' 사이의 반사 변환은 $g\sigma$와 $g\sigma'$ 사이의 대칭 변환과 정확히 동일할 것이기 때문이다. 이 질문에 답하기에 충분할만큼 간단하게 설명하면 된다.

보다 더 형식적으로 말하자면 $l_1, \ldots, l_k$는 꼭짓점 회피 곡선이 σ에서 σ'까지 거쳐 가는 주름선이고, gl_i가 변환 $g \in \Gamma$에 대한 주름 l_i의 상이라고 하면 g에 의하여 주름 패턴이 변하지 않기 때문에 모든 주름선 l_i에 대해 $R(gl_i) = gR(l_i)g^{-1}$가 성립한다. 그러므로

$$\begin{aligned} [g\sigma, g\sigma'] &= R(gl_1)R(gl_2)\ldots R(gl_k) = gR(l_1)g^{-1}gR(l_2)g^{-1}\ldots gR(l_k)g^{-1} \\ &= gR(l_1)R(l_2)\ldots R(l_k)g^{-1} = g[\sigma, \sigma']g^{-1}. \end{aligned}$$

질문 4. ϕ_σ가 준동형사상이라는 것을 증명하기 위해 다음과 같은 방식으로 이전 결과를 사용한다.

$$\begin{aligned} \phi_\sigma(gh) &= [\sigma, gh\sigma]gh = [\sigma, g\sigma][g\sigma, gh\sigma]gh \\ &= [\sigma, g\sigma]g[\sigma, h\sigma]g^{-1}gh \\ &= [\sigma, g\sigma]g[\sigma, h\sigma]h = \phi_\sigma(g)\phi_\sigma(h). \end{aligned}$$

이 질문의 가치는 ϕ_σ가 준동형사상이라는 것을 보여주기 위해 표기법과 추상화를 수용하고 함께 실행을 해야 할 필요가 있다는 것이다. 표기법과 종이접기 사이의 연결을 만드는 것이 이전 질문에서 한 것이었으며, $[\sigma, \sigma']$ 변환의 기본 속성을 알아볼 수 있게 했다. 질문 4에서는

학생들이 해석은 잠시 제쳐두고 표기법이 제 역할을 하도록 활동을 수행해야 한다. 그래도 위 증명의 각 단계에서는 종이접기 측면에서 '이치에 맞아야' 하지만 학생들이 그것에 너무 매달리는 것을 원하지 않는다. 1~3번 질문에 대한 해결책을 이해하고 믿는다면 질문 4에서 사용된 표기법을 기꺼이 받아 들여야 한다. 이러한 표기법을 신뢰하고 이해하는 것은 질문 6에서 특히 중요하다.

질문 5. ϕ_σ가 준동형사상이기 때문에 상 $\phi_\sigma(\Gamma)$가 $\text{Isom}(\mathbb{R}^2)$의 부분군이라는 것을 바로 알 수 있다. 예를 들어, 추상 대수학 교재 [Gal01]를 참조하시오.

질문 6. 접기 사상 $[\sigma]$에 대한 표기법은 설명이 필요할 수 있다. 그리고 다시, 우리는 카와사키와 요시다의 논문 [Kaw88]에서 사용된 것을 사용할 수 있다. 접기 사상은 말 그대로 함수 $[\sigma]: C \to \mathbb{R}^2$이다. 활동지에 제공된 정의는 C의 면 내부에 있는 점에만 적용되므로 약간 개략적이다. 접는 선이나 꼭짓점에 있는 점은 약간 다르게 정의해야 하며 세부적 내용은 이 활동에서 다루기에는 너무 지루할 수 있다. 기본적으로 $[\sigma]$가 $[\sigma]$를 연속적으로 만드는 방식으로 주름선과 꼭짓점에서 정의되어야 한다.

하지만 $[\sigma]$는 함수이기 때문에 우리는 특정 지점 x에서 함수를 적용하는 것을 나타내기 위해 $[\sigma](x)$로 쓰고 함수 자체는 $[\sigma]$로 나타낼 수 있다. 이는 실숫값 함수 $f(x)$를 f 또는 $f(x)$로 나타낼 수 있는 것과 같다.

따라서 학생들이 $\phi_\sigma(g)[\sigma]$와 $[\sigma]g$를 혼동할 수도 있다. 이 질문은 추상적인 표기를 할 수 있는가에 대한 좋은 도전이 될 것이다. 학생들은 뒤로 물러나서 $\phi_\sigma(g)$가 평면의 변환이라는 것과 $\phi_\sigma(g)[\sigma]$라는 표기가 이 두 변환의 합성을 의미한다는 것을 기억할 필요가 있다. $[\sigma]g$도 마찬가지이다.

어쨌든 $\phi_\sigma(g)[\sigma] = [\sigma]g$라는 것을 증명하기 위해 $\phi_\sigma(g)[\sigma](x)$가 $[\sigma]g(x)$와 같다는 것을 보여주면 되는데, 다음과 같이 할 수 있다.

$$
\begin{aligned}
\phi_\sigma(g)[\sigma](x) &= [\sigma, g\sigma]g[\sigma, \sigma'](x) && (x \in \sigma') \\
&= [\sigma, g\sigma][g\sigma, g\sigma']g(x) && (\text{질문 3에 의해 } g[\sigma, \sigma'] = [g\sigma, g\sigma']g\text{이므로}) \\
&= [\sigma, g\sigma']g(x) && (\text{질문 2에 의해}) \\
&= [\sigma]g(x) && (g(x) \in g\sigma'\text{이므로})
\end{aligned}
$$

질문 7. 이것은 질문 6의 결과의 양쪽 오른편에 $[\sigma]^{-1}$을 곱하면 된다.

질문 8. 이것은 학생들이 배운 모든 것의 의미를 종합해야 하기 때문에 이 활동지에서 가장 어려운 질문이 될 수 있다. 그리고 다시, 이 질문 앞의 단락은 많은 점을 연결하지만, 핵심을 얻기 위해 준동형사상 ϕ_σ와 접기 사상 $[\sigma]$에 대한 확실한 이해가 필요하다.

접기 사상 $[\sigma](x)$의 힘은 전체 주름 패턴을 접는 것을 나타내는 것이다. 즉, 점들의 집합 $[\sigma](C)$는 종이의 접힌 사상의 상이다. 그래서 $[\sigma]^{-1}$은 종이를 펼치는 사상이다.

$h \in \phi_\sigma(\Gamma)$라고 하자. h가 접힌 종이의 대칭 변환인 것을 보여주고 싶다. 이것을 위해 적당한 주름 패턴의 대칭 $g \in \Gamma$에 대하여 $h = \phi_\sigma(g)$가 된다는 것을 보여주고 싶다. 질문 7에 의하면 $h = \phi_\sigma(g) = [\sigma]g[\sigma]^{-1}$이 성립함을 알 수 있다.

이것을 말로 쓰면, 변환 h가 먼저 종이를 원래의 주름 패턴으로 펼친 다음 ($[\sigma]^{-1}$), g를 수행한다. 그러면 이것은 주름 패턴을 변경하지 않는다. 그리고 나서 종이를 다시 접는다 ($[\sigma]$). 즉, h가 펼쳐지고 대칭을 수행한 다음 종이를 다시 접으면 접힌 종이가 변하지 않는다. 즉, h는 접힌 종이의 대칭이고 $\phi_\sigma(\Gamma)$는 접힌 종이 조각의 대칭군이다.

보다 공식적으로 이 작업을 수행하려면 임의의 $g \in \Gamma$에 대해, 접힌 이미지 $[\sigma](C)$에 대한 사상 $\phi_\sigma(g)$가 수행하는 작업을 고려하시오.

$$\phi_\sigma(g)([\sigma](C)) = [\sigma]g[\sigma]^{-1}([\sigma](C)) = [\sigma]g(C) = [\sigma](C).$$

여기서 주름 패턴 C는 g에 의해 변하지 않기 때문에 $g(C) = C$라는 사실을 사용했다.

활동지 3: 종이접기의 대칭군 찾기

예들을 고려하면 활동지 2를 이해하는 데 큰 도움이 된다. 세 번째 활동지에는 3개의 이러한 예들이 있다. 처음 두 예, 날개가 펄럭이는 새 (종이학)와 날개가 펄럭이는 머리가 없는 새 (머리 없는 종이학)는 머리가 없는 버전이 머리가 있는 종이학보다 대칭이 약간 더 많기 때문에 매우 잘 어울리며, 이 예에는 준동형사상이 반영이 되고 있다. 세 번째 예는 대칭군이 벽지군인 종이접기 테셀레이션에 대한 것이다.

예 1, 예 2의 실제 대칭군을 계산하려면 대칭 변환을 설명하는 표기법이 만들어져야 한다. 학생들이 정사각형의 대칭군을 제공하는 이면체군 D_4를 탐색할 때 사용된 표기법을 사용하는 것은 당연하다. R_{180}은 원점을 기준으로 180° 회전변환을 나타내고 $R_{y=x}$는 선 $y = x$에 대한 평면 대칭 변환을 나타내고 $R_{y=-x}$는 $y = -x$에 대한 대칭 변환을 나타낸다.

예 1: 고전적인 종이학. 활동지에 표시된대로 xy-평면에 있는 고전적인 종이학의 주름 패턴은 $y = x$ 직선에 대해서만 대칭이다. 따라서 대칭군은 다음과 같다

$$\Gamma = \{I, R_{y=x}\} \simeq \mathbb{Z}_2.$$

여기서 I는 항등 변환을 나타낸다.

다음으로, 사상 ϕ_σ의 상이 Γ의 각 원소에 대해 무엇인지 확인해야 한다. 그러면 학생들이 활동지 2를 공부하는 동안 ϕ_σ가 주름 패턴의 면 σ의 선택에 얼마나 의존하는지에 대한 질문이 즉시 제기될 수 있다. 기술적으로 σ를 선택하는 것은 매우 중요하다. 대칭 사상 $\phi_\sigma(g)$에 대한

공식이나 변환 행렬을 실제로 계산할 때, σ를 변경하면 방정식이나 행렬이 바뀐다. 그러나 $\phi_\sigma(\Gamma)$군은 바뀌지 않는다. 이것은 C의 두 면 $\sigma, \sigma' \in C$에 대해 $[\sigma](C) = [\sigma, \sigma'][\sigma'](C)$가 성립한다. 이는 σ와 σ'에 대한 C의 접힌 이미지가 변환 $[\sigma, \sigma']$에 의해 일치함을 의미하고, 따라서 동형인 대칭군을 가진다.

즉, σ에 대해 주름 패턴의 면을 선택하는 것은 중요하지 않으며, 날개가 펄럭이는 새의 경우 σ를 임의적으로 유지하는 반면, 예 2의 날개가 펄럭이는 머리 없는 새의 경우 특정 면 σ를 선택해야 한다.

$\phi_\sigma(\Gamma)$를 결정하는 것으로 돌아가면 우선 $\phi_\sigma(I) = [\sigma, \sigma] = I$이라는 것에 주목하면 좋다. ϕ_σ 사상은 항상 항등변환을 항등변환으로 보낸다. ϕ_σ가 준동형사상이기 때문에 이미 이것을 알고 있었지만 $\phi_\sigma(g) = [\sigma, g\sigma]g$이 된다는 것을 이용하면 이 사실을 확인할 수 있다. Γ의 다른 원소에 대하여는 다음이 성립한다.

$$\phi_\sigma(R_{y=x}) = [\sigma, R_{y=x}\sigma]R_{y=x} = I.$$

위 식의 마지막 등호가 성립하는 것은 설명이 필요하다. 아이디어는 임의의 점 $x \in \sigma' \in C$를 택하면, 사상 $R_{y=x}$는 x를 선 $y = x$를 가로 질러 면 σ'에 대칭이고 합동인 면으로 보내고, 그런 다음 변환 $[\sigma, R_{y=x}\sigma]$는 점 $R_{y=x}(x)$를 원래 위치로 되돌린다는 것이다. $x \in \sigma$의 경우 말 그대로 σ를 $y = x$를 가로 질러 뒤집은 다음 σ로 다시 접으므로 $\sigma' = \sigma$를 사용하는 것이 더 쉽게 된다. 그러나 이것은 면 σ에 대해서 잘 작동하고 $[\sigma, R_{y=x}\sigma]$에 있는 주름 이외의 다른 주름에 대해서는 종이를 접을 수 없기 때문에 종이의 나머지 부분은 적합하게 따라 올 것이고, 이에 따라 전체 주름 패턴에 걸쳐 $[\sigma, R_{y=x}\sigma]R_{y=x} = I$가 성립하는 것을 알 수 있다. 그러나 이 현상은 실제 주름 패턴에 의해 결정이 되어진다. 특히, $y = x$를 따라 접는 선을 가지고 있으며 이것은 $R_{y=x}\sigma$가 σ로 다시 접히는 데에 중요한 요인인 것처럼 보인다.

결론적으로 $\phi_\sigma(\Gamma) = \{I\}$인데, 이것은 접힌 종이학에는 대칭이 없다는 사실을 의미한다! 이 고전적인 종이접기 모델이 단순하다는 것에 속지 말아라. $\mathbb{R}^2$에 있는 대상으로 볼 때는 회전 대칭이나 반사 대칭선이 없다. 3차원 대상으로서 반사 대칭되는 평면을 가지고 있지만 반사들을 가지고 종이를 접는 과정을 모델링하고 있기 때문에 종이의 다른 겹(layer)을 전혀 추적하지 않고 있으며, 따라서 접힌 이미지 $[\sigma](C)$를 3차원 대상으로 생각할 수 없다.

예 2: 머리가 없는 종이학. 머리 없는 날개짓 하는 새의 주름 패턴은 고전적인 종이학/날개짓 하는 새의 주름 패턴과 거의 동일하다. 그러나 새의 머리에 주름이 없는 주름 패턴은 더 많은 대칭을 허용하고 있다. 따라서 주름 패턴의 대칭군이 다음과 같다는 것을 알 수 있다.

$$\Gamma = \{I, R_{180}, R_{y=x}, R_{y=-x}\} \simeq \mathbb{Z}_2 \times \mathbb{Z}_2.$$

이 예제에서는 $\phi_\sigma(\Gamma)$의 원소를 찾는 것이 더 복잡하다. 활동지에서 σ를 특별한 면으로 설정했는데, 다음 그림에서도 볼 수 있다. 여전히 예 1과 동일한 방법으로 $\phi_\sigma(I) = I$ 및 $\phi_\sigma(R_{y=x}) = I$

이 성립함을 알 수 있다.

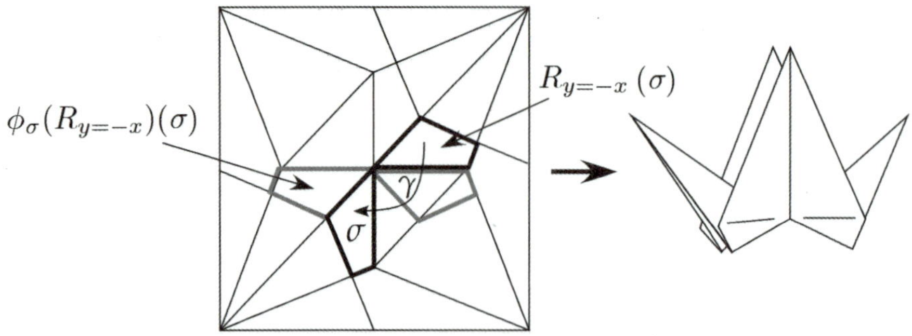

$\phi_\sigma(R_{y=-x})$의 경우, 주로 선 $y = -x$이 주름 패턴의 일부가 아니기 때문에 항등 변환을 얻지 못한다! ϕ_σ 식에 따라 다음을 얻을 수 있다.

$$\phi_\sigma(R_{y=-x}) = [\sigma, R_{y=-x}\sigma]R_{y=-x}.$$

위의 그림을 보면 σ 면에 이 변환을 수행하면 그림과 같이 먼저 $y = -x$에 대해 반사되어 $R_{y=-x}(\sigma)$를 얻게 된다. 그런 다음 그림과 같이 이 면으로부터 σ로 보내는 γ 곡선을 선택하고 이를 이용하여 $[\sigma, R_{y=-x}\sigma]$ 변환을 수행한다. 즉, x축과 y축 (그림에서 회색으로 윤곽선이 된 부분)을 순서대로 반사한다. 이로부터 위와 같이 $\phi_\sigma(R_{y=-x})(\sigma)$를 얻게 되고, 여기서 적어도 σ의 이미지를 고려하는 한, 다음을 얻는다.

$$\phi_\sigma(R_{y=-x}) = R_{y=x}.$$

주름 패턴의 다른 면으로 시작했더라도 똑같은 일이 일어 났을 것이다.

$\phi_\sigma(R_{180}) = [\sigma, R_{180}\sigma]R_{180}$의 경우 σ 면을 다시 따라 가야 한다. 이번에는 먼저 $R_{180}(\sigma)$를 회전한 다음 이면에서 σ까지 γ 곡선을 따라 가야 한다. 이것은 다음 그림에 설명되어 있다. 여기서 γ를 선택하면 $y = x$ 선, x축, y축 (회색 윤곽선) 순서대로 반사를 하면 된다. $\phi_\sigma(R_{180})(\sigma)$의 최종 위치를 보면 $\phi_\sigma(R_{180}) = R_{y=x}$가 된다.

따라서, 다음이 성립한다.

$$\phi_\sigma(\Gamma) = \{I, R_{y=x}\} \simeq \mathbb{Z}_2.$$

이것은 머리 없는 펄럭이는 새의 접힌 형태의 대칭에 적합하다. 직관적인 의미에서 머리 없는 종이학은 날개 중심을 따라 반사 대칭선이 하나 뿐이므로 대칭군은 $\mathbb{Z}_2$와 동형이어야 한다. 그러나 $\phi_\sigma(\Gamma)$을 계산하면 더 많은 것을 보여 주는데, 활동지에 있듯이 이 반사 대칭선이 $y = x$ 선을 따라 있다는 사실을 알 수 있다. 이 대칭 선이 $y = x$를 따른다는 사실은 면 σ의 선택에 따라 달라진다. 예를 들어, $[\sigma](C)$의 반사 대칭 선에 대해 $y = -x$ 선이 주어지면 σ에 대한 다른 선택이 있을 수도 있다.

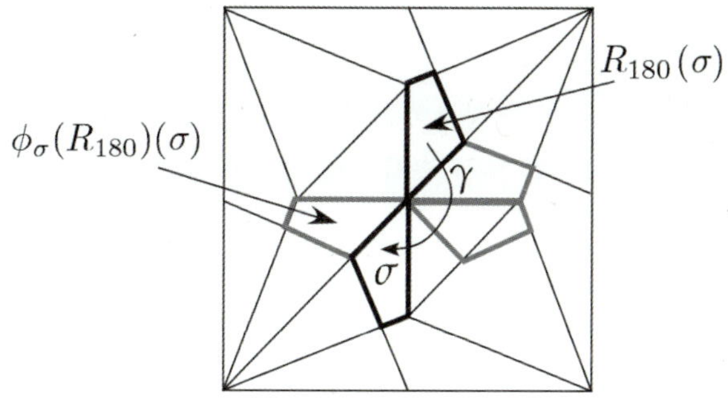

예 3: 종이접기 테셀레이션. 이 예는 다른 두 예와 매우 다르게 구성되어 있다. 종이학과 머리가 없는 종이학의 경우 대칭군 Γ 및 $\phi_\sigma(\Gamma)$를 구체적으로 작성할 수 있지만 무한 사각형 트위스트 테셀레이션의 경우 대칭군이 벽지군(wallpaper group), 결정그래픽군으로 알려진 p4g군이다. 학생들이 벽지군에 익숙하지 않은 경우에도 이 예제를 탐색 할 수 있으며 실제로 벽지군에 대해 몇 가지를 가르쳐 준다. 활동지와 p4g의 생성원에 대한 설명은 이 대칭군이 무한하다는 것을 나타내기 위해 제공된다. 이 대칭군은 무한한 종이에서 볼 수 있는 종이접기 주름 패턴에서 무한한 회전 대칭의 중심과 무한한 수의 반사 직선을 가지게 된다. 물론 이들 각각은 3개의 생성 회전 중심과 2개의 생성 반사 직선 및 2개의 평행이동 벡터의 조합에 의해 생성된다. 이 예제는 학생들에게 무한군을 위한 좋은 기하학적 생성원들에 대한 예제를 제공할 것이다.

벽지군에 대한 활동지에 제시된 사실은 중요하다. 사실, 모든 벽지군이 생성원 집합에 2개의 일차 독립인 평행이동을 가지고 있다는 첫 번째 사실을 이용하여 두 번째 사실을 증명할 수 있다. 예제 p4g에는 90° 회전 대칭 중심 중 하나에 대한 $A = \{I, R_{90}, R_{180}, R_{270}\}$과 같은 유한 부분군이 많이 있다. 그러나 이러한 부분군은 변환 벡터로 인해 정상(normal)이 아닐 것이다. 이러한 변환 벡터 중 하나를 $\vec{v}$라고 부르면 $A\vec{v}$의 원소들은 $\vec{v}A$의 원소들과 다른 회전 중심을 가지므로 A는 정상이 아니다. 가능한 유일한 유한 부분군은 회전 또는 반사들에 의해 생성되어지며 부분군들은 어떤 평행이동도 가질 수 없거나 또는 군이 무한군이 되게 된다. 그러나 그런 유한군의 원소를 평행이동 벡터들 중 하나로 공액 변환을 하면 유한군에 들어 있지 않은 대칭이 생성된다.

벽지군에는 유한한 정규부분군이 없다는 사실이 이 활동지에 제시된 문제에서 중요한 역할을 한다. 학생들에게 카와사키와 요시다의 논문 [Kaw88]의 주요 정리를 증명하도록 하게 한다. 평평한 종이접기 주름 패턴 C에 벽지군 대칭이 있고 접힌 종이 이미지 $[\sigma](C)$도 마찬가지이면 접힌 모델과 주름 패턴은 동일한 대칭군을 가져야 한다. 즉, $\phi_\sigma(\Gamma) \simeq \Gamma$.

이것의 증명은 매우 간단하다. $\phi_\sigma(\Gamma)$가 Γ와 동형이 아니라면 $\ker(\phi_\sigma)$는 자명하지 않은 부분군이다. $\phi_\sigma(\Gamma)$도 벽지군이므로 Γ와 같이 일차독립인 2개의 평행이동을 포함해야 한다. 따라서 $\ker(\phi_\sigma)$는 평행이동을 포함할 수 없으므로 유한군이다. 그러나 $\ker(\phi_\sigma)$는 첫번째 동형

정리에 의해 Γ의 정규 부분군이므로 벽지군 Γ의 공집합이 아닌 유한 정규부분군을 찾았다. 그러나 이것은 불가능하기 때문에 $\phi_\sigma(\Gamma) \simeq \Gamma$이다.

나중에 연습 문제로서 $\phi_\sigma(\Gamma)$도 벽지군이어야만 한다는 요구 사항이 필요한지 확인하려면 가장 간단한 종이접기 테셀레이션인 무한 정사각형 격자를 고려하여야 한다.

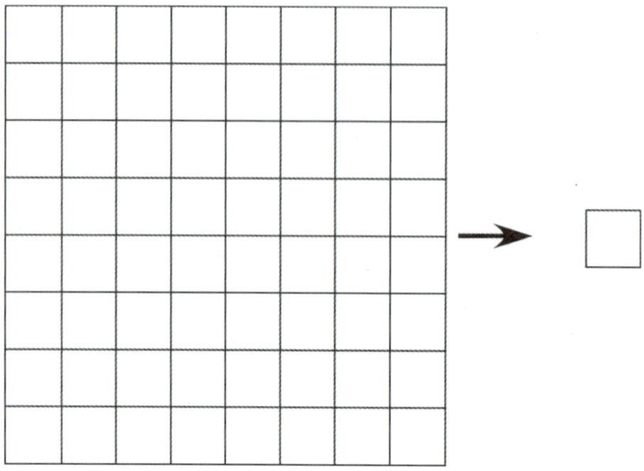

접을 수 없는 주름 패턴처럼 보일 수 있지만 정사각형 중 하나를 σ로 선택하면 평면의 다른 정사각형에 대해 접기 사상 $[\sigma](x)$를 정의할 수 있다. 이것은 잘 정의된 사상이므로 최소한 무한한 종이와 무한한 주름을 상상하는 한 유효한 접기이다. 이 예에서 분명히 $\phi_\sigma(\Gamma) \not\simeq \Gamma$이며, 이 예에서 위의 증명이 어떻게 성립하지 않는지 볼 수 있다. 실제로, ϕ_σ에 의해 Γ의 평행이동이 항등변환으로 보내지기 때문에 $\ker(\phi_\sigma) \simeq \mathbb{Z} \times \mathbb{Z}$. 따라서 핵(ker)은 무한하기 때문에 Γ의 자명하지 않은 정규부분군이다.

후속 연습에 대한 또 다른 가능한 예는 Activity 29에서 볼 수 있는 미우라 지도 접기이다. 무한한 종이에서 미우라 지도 접기에 의해 접힌 이미지가 무한 띠(strip)라는 것을 알 수 있다. 평행이동 벡터 중 하나만 ϕ_σ에 의해 항등 변환으로 보내지기 때문에 $\ker(\phi_\sigma) \simeq \mathbb{Z}$가 된다. 이 시점에서 독자들은 이 활동이 학생들에게 대칭군, 동형 및 첫번째 동형정리의 구체적인 적용을 볼 수 있는 좋은 기회를 제공한다고 확신할 것이다. 이러한 주제가 종이접기와 관련이 있다는 사실은 매우 놀랍다! 이는 전혀 과장이 아니다!

강체 접기 1: 가우시안 곡률

Activity 29

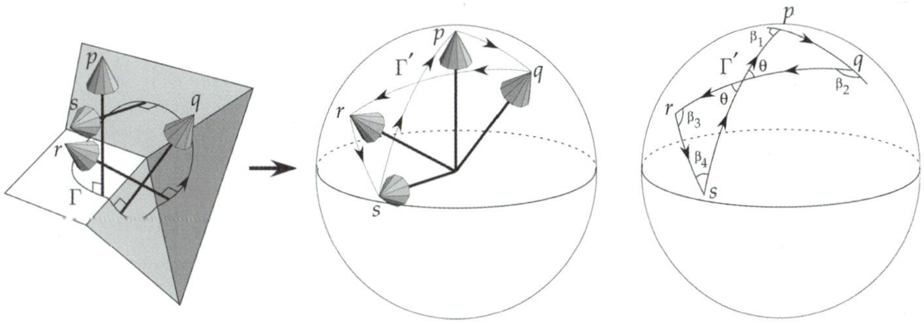

관련 과목: 기하학, 미분기하학

개요

아이디어는 학생들이 가우시안 곡률의 개념을 탐구하고, 종이의 곡률이 0이며 따라서 모든 접힌 모델의 곡률이 0임을 확인하고, 이것이 단단한 종이접기에 어떤 영향을 미치는지 탐구할 수 있는 일련의 활동지를 제공하는 것이다. 꼭짓점이 강성 테스트를 통과한 모델을 설명하기 위해 미우라 지도 접기의 다이어그램들이 제공된다. 몇 가지 간단한 꼭짓점 접기와 쌍곡 포물면이 강체 접기가 작동하지 않는 예로 제공된다.

내용

이 활동은 기하 또는 미분기하학 수업의 주제로 적합하다. 이 내용을 이해하기 위해 이전의 평평한 접기 결과는 필요하지 않는다. 이 모든 것을 다루려면 아마도 미우라 지도나 쌍곡 포물면이 종이접기 숙제로 주어지지 않는 한 몇 일의 수업이 필요하지만, 이 활동에서는 가우시안 곡률이 수업 전에 도입되지 않았다고 가정한다.

활동지

(1) 가우시안 곡률을 소개하고 학생들이 몇 가지 간단한 예들을 시도할 수 있도록 한다.
(2) 평평한 종이의 가우시안 곡률이 항상 0이라는 사실이 무엇을 의미하는 지를 조사한다. 이것을 강체 종이접기에 적용한다.
(3) 강체 접기의 유명한 예인 미우라 지도 접기 활동지
(4) 고난이도 비 강체 접기의 유명한 예인 쌍곡 포물면에 대한 활동지

수업 시간

처음 두 활동지는 3차원 시각화가 포함되어 있기 때문에 각 활동지에 대한 40분 정도의 수업 시간이 필요할 수도 있다. 두 장의 종이접기 활동지도 각각 30분 정도의 시간이 걸리지만 숙제로 학생들에게 내어 줄 수도 있다.

활동지 1 가우시안 곡률 소개

정리 29.1

곡면의 점 P에서의 **가우시안 곡률**은 다음과 같이 계산할 수 있는 실수 κ이다. P를 중심으로 시계 방향으로 곡면에 닫힌 곡선 Γ를 그린다. 곡면 Γ의 점들에 수직인 단위 벡터를 그린다. 그런 다음 이 벡터를 반지름이 1인 구의 중심으로 평행이동을 시키고 구면 위의 벡터의 끝점들로 이루어지는 곡선 Γ'을 고려해 보자. Γ에서 Γ'로의 사상을 **가우스 사상(Gauss map)**이라고 한다. 그런 다음 Γ가 P 주위로 축소되도록 하여 점 P에서의 가우시안 곡률을 다음과 같이 정의할 수 있다.

$$\kappa = \lim_{\Gamma \to P} \frac{\text{Area}(\Gamma')}{\text{Area}(\Gamma)}.$$

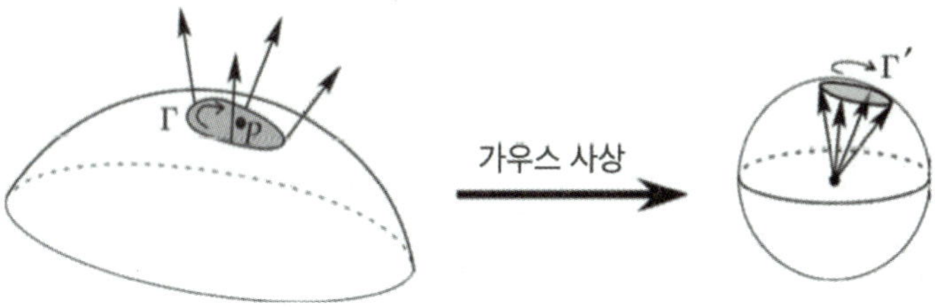

이것은 계산하기 어려울 수 있지만 항상 그런 것은 아니다.

질문 1: 반지름이 1인 구 위의 임의의 점에서의 가우시안 곡률은 무엇일까? 반지름이 2인 구의 가우시안 곡률은? 반지름이 1/2인 구의 가우시안 곡률은?

질문 2: 평면의 가우시안 곡률은 무엇일까?

질문 3: 안장점, 즉 Pringles^{TM} 감자 칩의 중심에서의 가우시안 곡률을 찾으려면 어떻게 하면 될까?

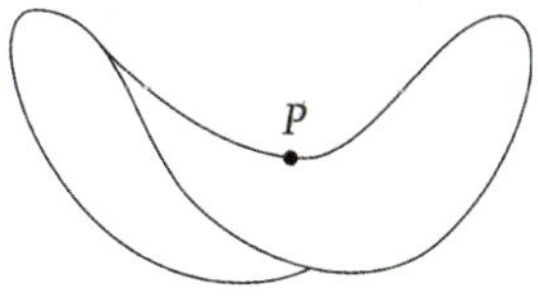

활동지 2 가우시안 곡률과 종이접기

이전 활동지에서 평평한 종이 조각의 가우시안 곡률이 0이 되는 것을 보았다. 이유는 선택한 Γ가 무엇이든 상관없이 곡선을 따라 법선 벡터가 모두 같은 방향을 가리키므로 $\mathrm{Area}(\Gamma') = 0$이기 때문이다.

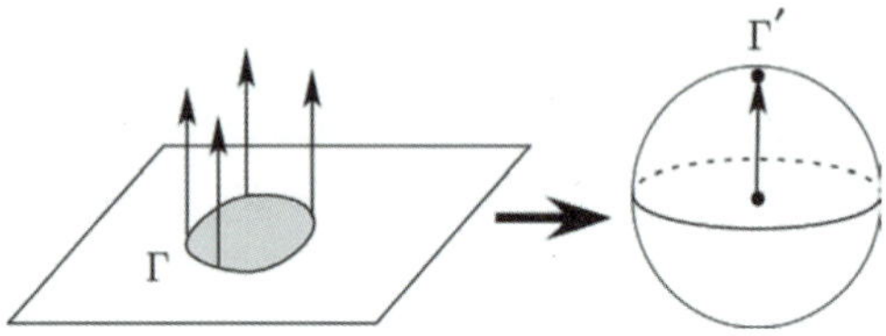

이것은 Γ가 무엇이든 상관없이 가우시안 곡률을 구할 수 있는 극한식에서 분자가 0이 된다는 것을 의미한다. 따라서 종이 조각의 곡률을 결정할 때 방정식의 극한 부분에 대해 걱정할 필요가 없다. 왜냐하면 Γ를 임의로 선택하더라도 항상 $\mathrm{Area}(\Gamma') = 0$이기 때문이다. 이 사실은 나중에 매우 유용하게 사용될 것이다.

질문 1: 종이 한 장을 가져다가 구부린다고 가정하자. 이로 인해 종이의 곡률이 바뀔까 또는 바뀌지 않을까? 아래 그림과 같이 굽힌 부분을 가로 지르는 곡선 Γ의 가우스 사상을 결정하여 이를 탐색하시오.

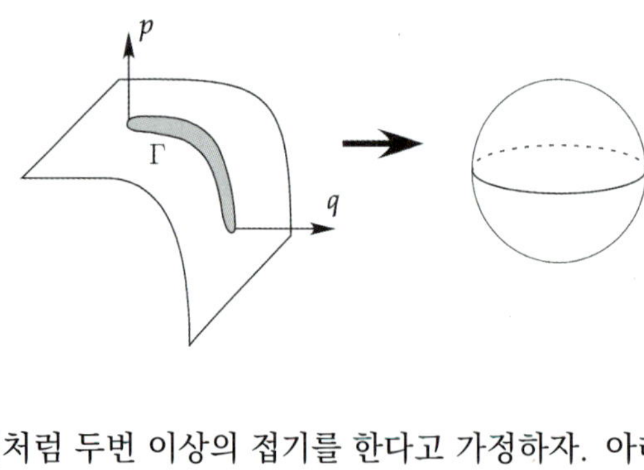

질문 2: 종이접기 모델처럼 두번 이상의 접기를 한다고 가정하자. 아래의 꼭짓점 접힌 부분에 표시된 Γ 곡선에 대해 가우스 사상이 어떻게 되는지 알아보자. Γ에 의해 생성되는 곡률은 무엇일까? 이것이 성립하는지 확인해 보자.

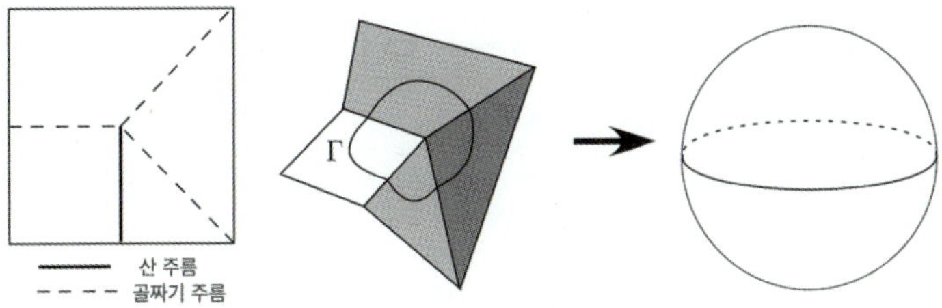

질문 3: 질문 2에서 해야 할 주장은 다음과 같다. 종이의 접힌 조각에 있는 모든 점에서 가우스 곡률은 0이다. 질문 2에서 만든 가우스 사상을 사용하여 차수 4인 꼭짓점 주변의 모든 곡선 Γ에 대해 가우시안 곡률이 0이 된다는 것을 증명하시오. 여기에서 단위구 위의 삼각형의 면적이 (세 내각의 합) − π가 된다는 사실을 사용할 필요가 있다.

질문 4: 가우시안 곡률과 강체 종이접기 사이의 연관성은 무엇일까? 접힌 부분 사이의 종이 영역은 금속으로 만들어져서 단단한 것처럼 생각할 수 있을 것이다!

강성 기준을 테스트에 적용

질문 5: 질문 4의 결론을 사용하여 **강체 종이접기** 모델에서 차수가 3인 꼭짓점을 갖는 것은 불가능 하다는 것을 증명하시오. 그러한 꼭짓점에 대한 가우스 사상의 그래프를 그려서 당신의 주장을 뒷받침하시오.

질문 6: 모든 주름이 산 주름인 강체 종이접기 모델은 차수 4인 꼭짓점을 갖는 것이 불가능하다는 것을 증명하시오.

활동지 3 미우라 지도 접기

일본 천체 물리학자 고료 미우라(Koryo Miura)는 우주 공간에 대형 태양 전지판을 펼치는 방법을 알고 싶어했다. 미우라의 접기는 지도를 접는 좋은 방법이다.

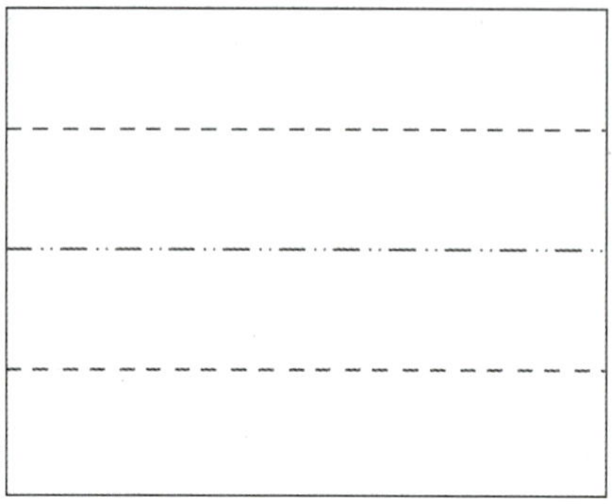

(1) 직사각형 종이를 가져다가 산-골짜기-산 접기를 해서 종이 길이를 1/4로 만든다.

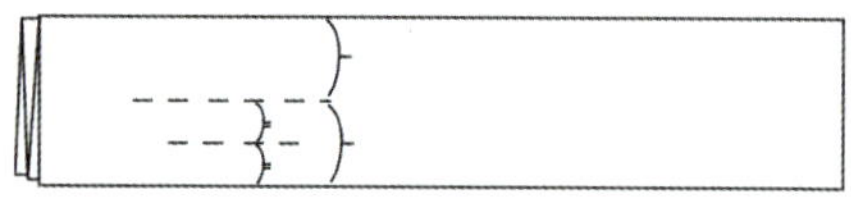

(2) 그림과 같이 종이 한겹의 측면에 1/2 및 1/4 핀치 표시를 한다.

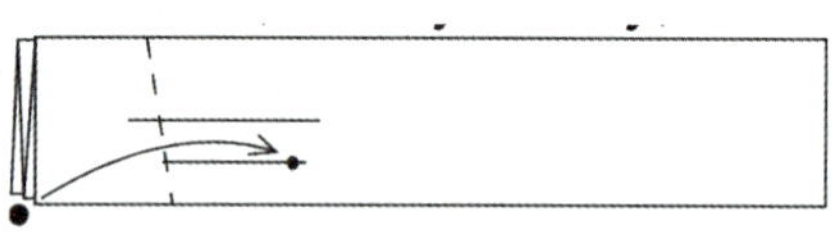

(3) 모든 **종이 겹**을 접고 그림과 같이 왼쪽 하단 모서리를 1/4선으로 가져온다.

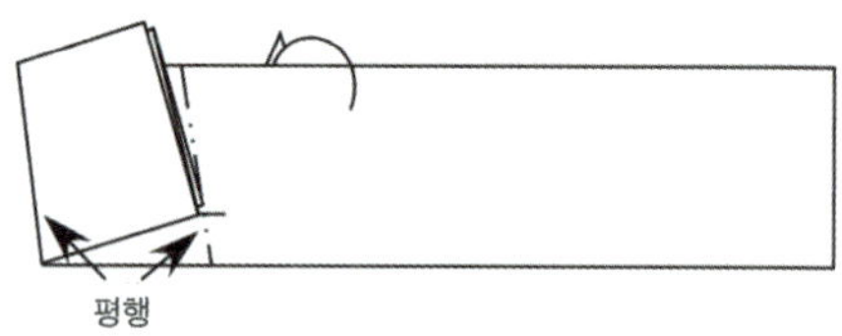

(4) 나머지 띠(strip)를 뒤로 접어 주름이 이전 주름과 평행이 되도록 한다.

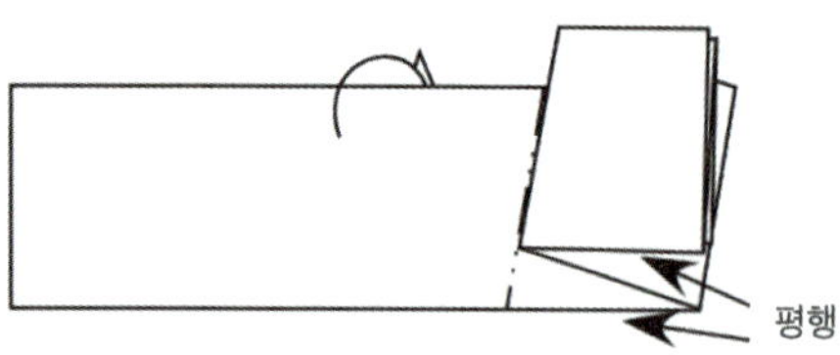

(5) 반복하되 이번에는 (3) 단계의 접기를 가이드로 사용한다.

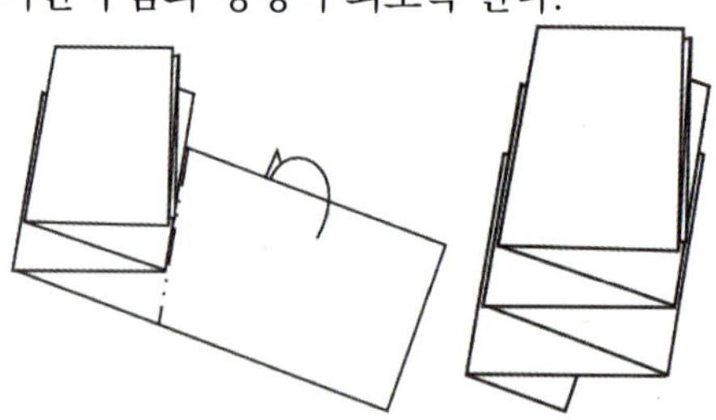

(6) 띠가 모두 소모될 때까지 이 과정을 반복한다. 그런 다음 접었던 것을 **모두 펼치시오.**

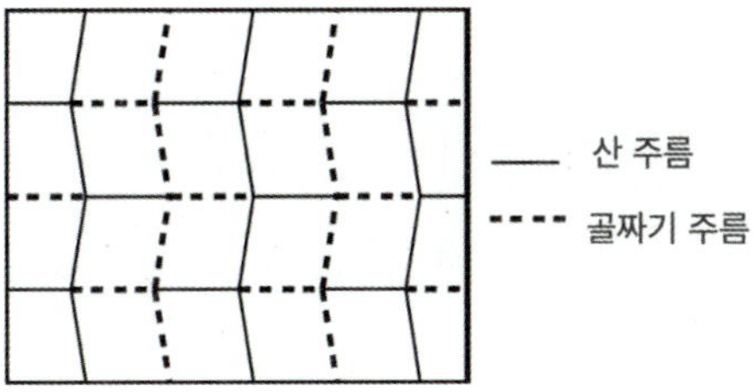

(7) 이제 모델을 다시 접고 일부 산 주름과 골짜기 주름을 변경하시오. 지그재그 주름이 어떻게 산 주름에서 모든 골짜기 주름으로 번갈아 나타나는지 확인하시오. 이것을 접을 때 가이드로 사용하시오.

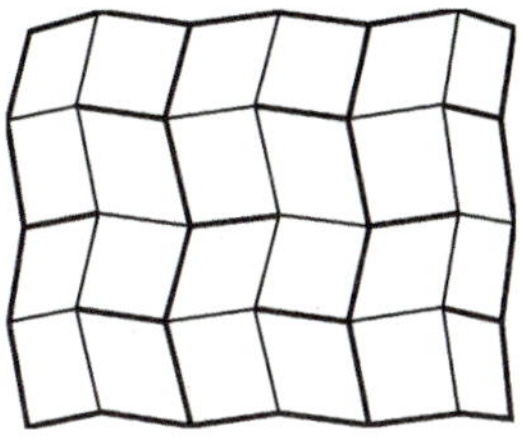

... 결국 종이는 오른쪽 그림과 같이 깔끔하게 접혀야 한다. 그러면 2개의 반대쪽 모서리를 분리하여 모델을 쉽게 열고 닫을 수 있을 것이다.

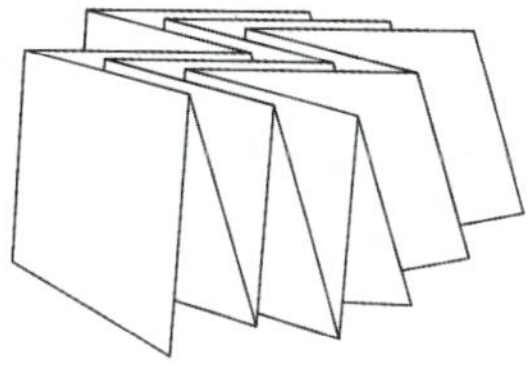

활동지 4 쌍곡 포물면

이 특이한 접기는 수년에 걸쳐 수많은 사람들에 의해 재발견 되었다. 다변수 미적분학에서 기억할 수 있는 3D 곡면과 비슷하다.

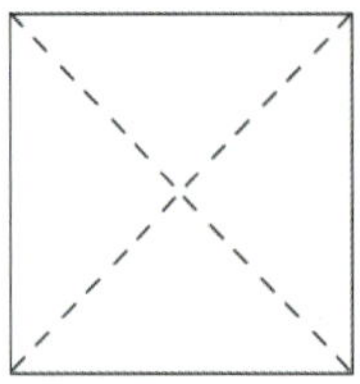

(1) 정사각형을 만들고 양쪽 대각선을 접는다. 뒤집으시오.

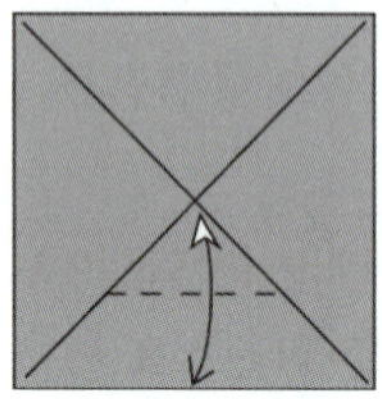

(2) 바닥을 가운데로 접으시오. 그러나 가운데에 있는 **주름선만** 접으시오.

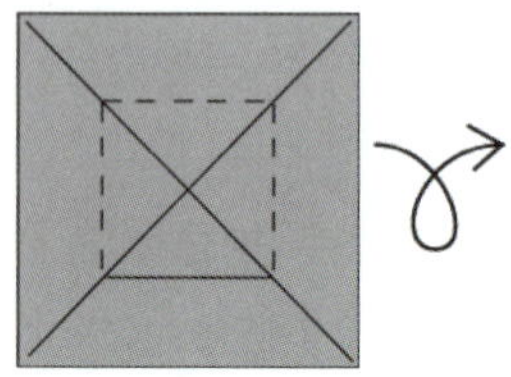

(3) 다른 세 면에서 (2) 단계를 반복한다. 뒤집으시오.

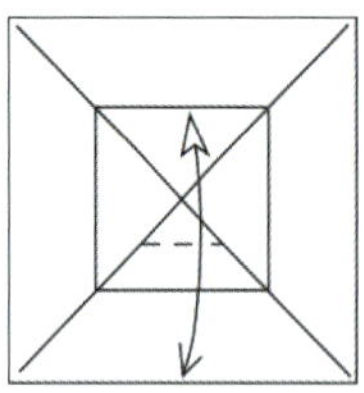

(4) 아래쪽을 위쪽 주름선으로 가져 와서 대각선 사이에서만 주름을 잡는다.

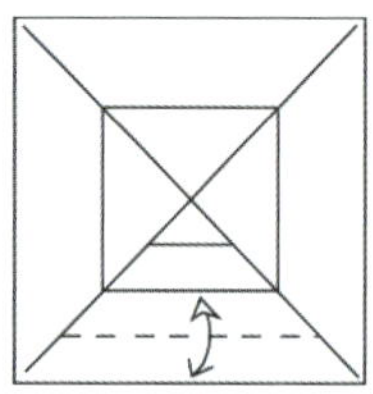

(5) 그런 다음 바닥을 가장 가까운 주름선으로 가져온다. 다시 말하지만, 완전히 접지 마시오.

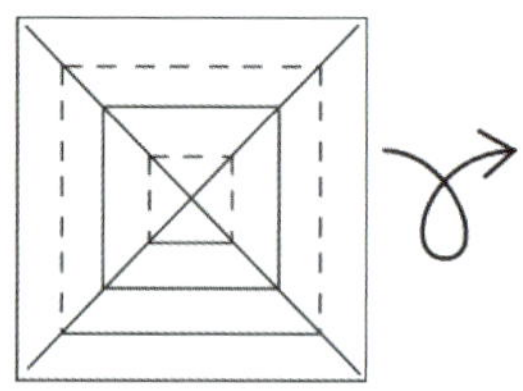

(6) 다른 세 면에서 (4) 단계와 (5) 단계를 반복한다. 뒤집으시오.

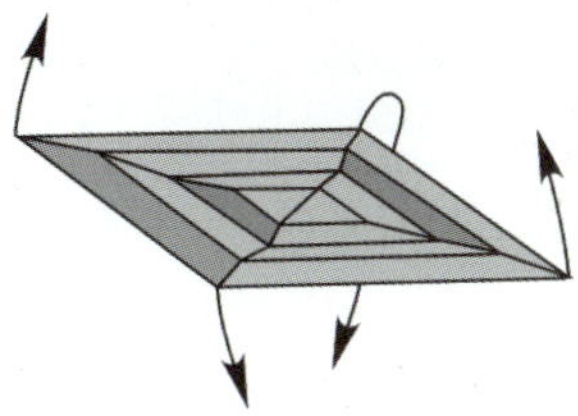

(7) 이제 모든 주름을 한 번에 만드시오. 먼저 바깥쪽 환의 주름을 접고 안으로 들어가는 것이 도움이 될 수 있다.

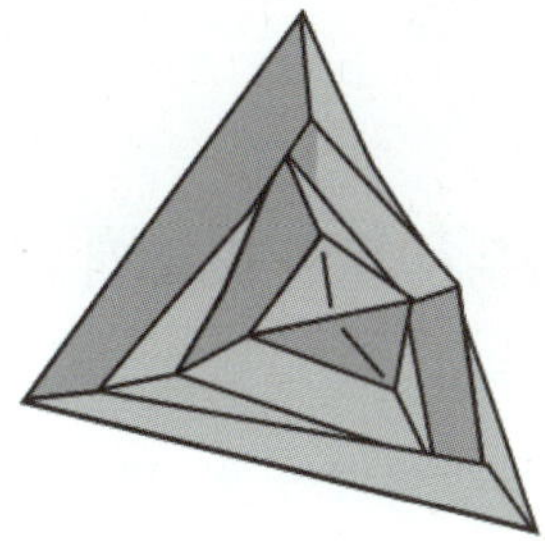

(8) 주름선이 접히면 종이가 이 모양으로 비틀어지게 되고 완성이 된다!

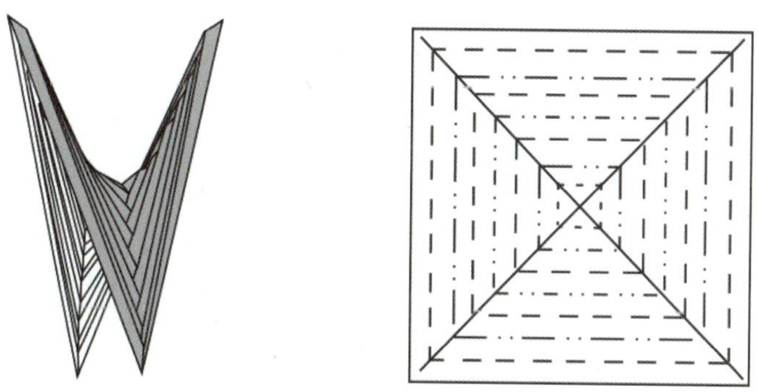

(9) 종이에서 더 많은 분할을 접어서 더 큰 것을 만들 수 있다. 핵심은 결국 동심원 사각형에서 산-골짜기-산 주름이 번갈아 나타나도록 하는 것이다. (1)~(3) 단계를 수행하고 종이를 뒤집지 말고 단계 (4)~(6)에서 1/4 분할을 수행한 다음 뒤집어서 1/8 분할을 할 수 있다. 아니면 1/16 분할을 할 수도 있다!

질문: 쌍곡 포물면이 **강체 종이접기** 모델일까? 접힌 부분에 경첩이 있는 단단한 판금으로 만들 수 있을까? 증명할 수 있는가?

해답과 교수법

활동지 1: 가우시안 곡률 소개

이 활동지에는 가우시안 곡률에 대한 매우 직관적인 정의가 제공된다. 학생들이 미적분에 기반한 정의를 더 많이 보아 왔다면 두 정의들이 왜 똑같은 지를 학생들에게 설명하는 데 시간을 할애할 수도 있다. 이 활동지에 주어진 정의는 강체 종이접기를 모델링하는데 매우 유용하다. 그러나 활동지에서는 가우시안 곡률의 정의가 곡선 Γ를 선택하는 것과 Γ를 P로 축소하는 방법에 관계없이 합리적이고 잘 정의되어 있다는 것을 증명하는 것과 같은 기술적이고 세부적인 내용을 무시하고 있다. 그러나 예들에서 중요하게 다루어야 할 것은 학생들이 정의가 실제로 $\mathbb{R}^3$에 있는 곡면의 곡률을 측정하는 합리적인 방법이라는 것을 알게 하는 것이다.

질문 1. 극한의 정의에 있는 분자와 분모의 면적이 같기 때문에 반지름이 1인 구의 가우시안 곡률은 1이 된다.

반지름이 2인 구는 분석하기가 더 까다롭다. 엄격하지 않은 접근 방식 중 하나는 구가 완벽하게 대칭이기 때문에 곡면이 일정한 곡률을 가져야 하며, 따라서 곡선 Γ의 선택에 관계 없이 분수 $\text{Area}(\Gamma')/\text{Area}(\Gamma)$가 전체에 걸쳐 일정해야 한다고 주장하는 것이다. 이것은 사실이고 자명하지는 않으나, 곡률의 개념을 확고하게 이해하고 있는 용감한 학생이 주장할 수도 있는 것일지도 모른다. 이러한 주장에 의하면 Γ를 구의 적도와 같이 $\text{Area}(\Gamma)$를 계산하기 쉬운 것으로 선택할 수도 있다. 이 경우 $\text{Area}(\Gamma) = 4\pi 2^2/2 = 8\pi$ 및 $\text{Area}(\Gamma') = 4\pi 1^2/2 = 2\pi$이다. 따라서 $\kappa = 1/4$이다.

비슷하게 반지름이 $1/2$인 구의 곡률이 $\kappa = 4$가 되어야 한다고 말할 수 있다. 실제로, 반지름이 r인 구의 가우시안 곡률은 항상 $1/r^2$이고, 이것을 증명하려면 더 많은 작업, 또는 적어도 구체적인 영역에 대한 더 많은 지식이 필요할 것이다. 예를 들어 Γ를 구의 점 P 주위의 완벽한 원으로 선택하고 Γ를 원형을 유지하면서 P로 균일하게 축소된다고 가정하자. 그러면 $\text{Area}(\Gamma)$는 Γ를 경계로 하는 구형의 표면적이다. r을 구의 반지름이고 h를 Γ로 만든 구형 모자의 '높이'라고 하자. 즉, h는 P에서 구 안의 원 Γ의 중심까지의 거리이다. 그런 다음 미적분학에 나오는 내용 중 회전면을 사용하거나 대부분의 미적분학 책의 뒷 부분에 나오는 내용을 사용하면 다음을 얻을 수 있다.

$$\text{Area}(\Gamma) = 2\pi r h.$$

이제 가우스 사상에 의하여 Γ'는 반지름 1의 구면에 있는 원들의 자취이다. h'가 Γ'로 만든 구형 모자의 높이이면 $h' = h/r$이다. 왜냐하면 Γ'로 만든 모자는 Γ로 만든 모자를 크기를 $1/r$로 축소한 것이다. 즉, 반경 r이 반경 1로 축소되므로 모자의 높이 h는 높이 h/r로 축소된다.

따라서,

$$\frac{\text{Area}(\Gamma')}{\text{Area}(\Gamma)} = \frac{2\pi h'}{2\pi rh} = \frac{2\pi h/r}{2\pi rh} = \frac{1}{r^2}.$$

질문 2. Γ의 선택에 상관없이 평평한 평면은 Γ'가 자명한 곡선, 즉 하나의 점이 된다! 따라서 항상 $\text{Area}(\Gamma') = 0$이다. 그래서 $\kappa = 0$이다. 이 질문은 종이접기에 가우시안 곡률을 적용하기 위한 기본적인 관찰에 따른다.

질문 3. 이 질문은 약간 오해의 소지가 있다. 안장점은 음의 곡률을 갖는 곡면의 예이다. 이것이 활동지에 있는 정의를 따르면 안장점 P를 중심으로 시계 방향으로 진행하는 닫힌 곡선 Γ에 대하여 가우스 사상을 취하면 상 Γ'가 곡면에서 시계 반대 방향으로 진행한다는 것이다. Γ'는 Γ의 반대 방향으로 움직이기 때문에 $\text{Area}(\Gamma')$는 음수가 되어 κ가 음수 값을 가진다고 말하고 있다.

따라서 학생들은 이 질문에 대하여 혼란스러울 것이다. 요점은 안장점 주변의 곡선에 대해 가우스 사상이 어떻게 되고, 상의 방향이 반대가 된다는 것이 의미하는 바를 학생들에게 생각해 보도록 하는 것이다. 학생들이 이러한 것을 깨닫게 되면, "반대 방향으로 가면 면적은 어떻게 될까?"라고 질문할 수 있다. 만약 학생들이 "아무 것도 일어나지 않는다"라고 대답한다면, 교사들은 안장점의 곡률이 구의 곡률과 같은 값을 줄 수도 있다는 것에 대하여 논쟁을 할 수도 있다. 이것이 합리적일까? 따라서 방향이 반대가 되면 면적이 음수가 되는 관습을 따르면 다양한 유형의 곡면을 구별하는 방법을 제공할 수 있다.

학생들은 수업을 진행하면서 스스로가 이러한 것들을 만들고 있다고 생각할 수 있으며, 정말 그렇다고 말해주는 것이 중요하다. 정의를 하는 것의 전체 아이디어는 유용한 표기법과 개념을 개발하는 것이고, 그러면 이전에는 설명하는 언어가 없었던 대상에 대해 논의할 수 있게 된다. 가우시안 곡률의 개념을 사용하면 표면이 얼마나 많이 휘어지는지를 실체적인 방식으로 측정함으로써 설명할 수 있고 또한 곡률의 유형을 나눌 수 있는 방법을 알 수 있다. 즉, 구처럼 보이는 대상은 양의 곡률을 가지고, 평평한 평면에 대하여 곡률이 0이 되고, 안장점처럼 보이는 대상에 대하여 곡률은 음수가 된다.

이러한 아이디어를 강화하기 위해 학생들과 함께 할 수 있는 예가 많이 있다. 예를 들면

- 원뿔면의 곡률은 무엇인가?
- 원기둥의 곡률은 무엇인가? 이것은 다음 활동지를 위한 좋은 준비가 될 수 있다.
- 내부에서 구의 곡률을 측정하면 음의 가우시안 곡률인가, 아닌가? 예를 들어 구의 아래쪽 절반을 내부에서 보았을 때, 그릇 모양 영역의 곡률을 측정하시오.

활동지 2: 가우시안 곡률과 종이접기

이 활동지의 목적은 평면 또는 종이 조각의 가우시안 곡률이 모든 점에서 0이라는 매우 기본적인 관찰을 하는 것이고, 이와 같은 관찰에 따라 종이접기의 가우시안 곡률에 대해 똑같이

간단하지만 종종 혼란스러운 관찰을 해 보는 것이다. 실질적인 동기는 종이를 접는 중에 접는 부분 사이의 종이 영역이 단단하게 유지되는 강체 종이접기 문제와 연결되어 있다.

질문 1. 구부러진 평평한 곡면에서 움직이는 곡선 Γ에 대한 가우스 사상을 탐색하면 $\text{Area}(\Gamma') = 0$이 되고, 곡률이 0이 된다. 아래 그림을 참조하시오. 그러나 가우시안 곡률의 극한 정의에 집중하고 있는 학생들은 곡선 Γ가 어느 정도 축소되면 너무 작아져서 평평하고 구부러지지 않은 용지를 다시 고려해야 된다고 논쟁할 수 있다. 두 답변 모두 질문 1에 대하여 유효하지만 앞의 대답은 활동지의 나머지 부분을 위해 준비하게 된다.

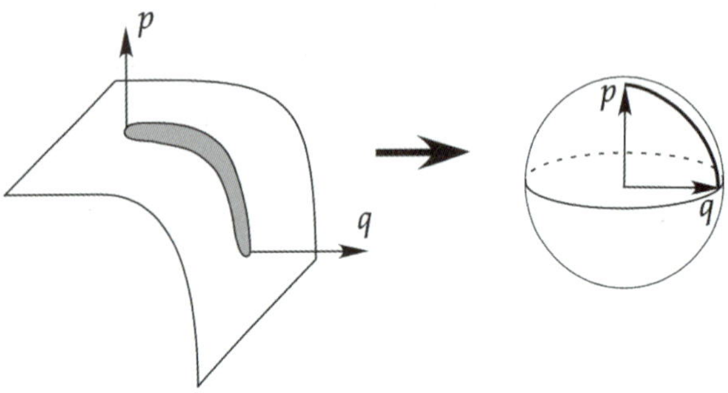

질문 2. 이 곡선에 대하여 가우스 사상의 그래프를 그리는 것은 매우 까다롭다. 실제로 필요한 것은 학생들이 벡터를 매우 신중하게 그리고 세부적인 것에 주의를 기울이는 것이지만, 이 곡선의 그래프를 시각화하는 것은 여전히 어려운 일이다.

주어진 활동이 차수가 4인 꼭짓점 접기이므로 가우스 사상은 접힌 종이의 각 영역에 대해 하나의 법선 벡터, 총 4개 뿐인 법선벡터를 고려해야만 한다. 이제 주름선은 실제로 종이에서 구부러진 것이므로 하나의 주름선을 통과하면 법선 벡터가 종이의 이전 영역에 수직인 방향에서 Γ가 들어오는 새로운 영역에 수직인 방향으로 변하게 된다. 따라서 가우스 사상은 4개의 법선 벡터를 갖게 될 것이며, Γ'는 질문 1에서와 같이 단위 구에서 이러한 벡터의 끝을 연결하는 호로 구성된다. 이러한 사실은 다음 그림에서 볼 수 있다. 여기서 p, q, r, s는 접힌 종이 영역에 수직인 4개의 벡터이다.

이제 Γ는 접힌 평평한 종잇조각에 있는 곡선이기 때문에 $\text{Area}(\Gamma') = 0$이어야 한다. 이것이 참인 한 가지 이유는 여러 개의 주름이 있는 것은 질문 1 상황보다 단지 더 복잡한 경우일 뿐이기 때문이다. 하나의 주름이 곡률을 유발하지 않는 경우 왜 2개 이상의 주름에 대해서도 그러해야 하는가? 물론 이것은 직관적으로 이해되기는 하지만 매우 애매모호한 주장이다. 실제로 학생들은 이 주장이 매우 설득력이 있다고 생각할 수 있지만 더 엄격한 증명이 필요하다는 것을 분명히 알아야 한다.

실제로, 처음에는 $\text{Area}(\Gamma') = 0$이라는 사실과 나비 넥타이 모양의 구형 다각형을 조화시키는 것이 어려울 수도 있을 것이다. 여기서 나비 넥타이 모양의 구형 다각형은 위의 벡터들이

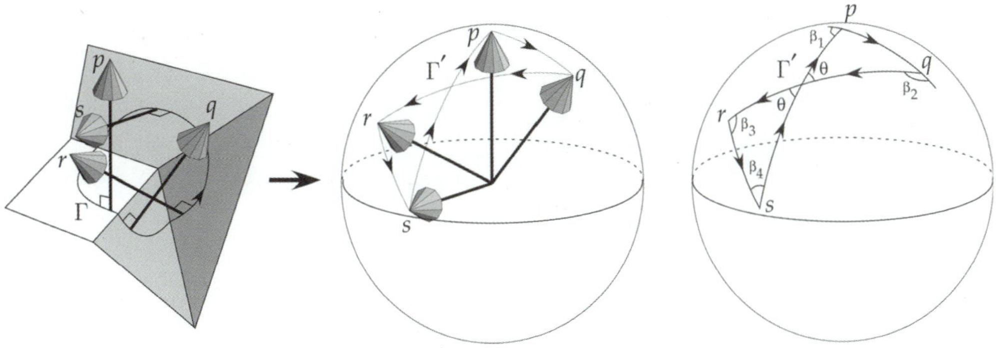

가우스 사상의 궤적 안에서 나타내는 것이다.

(1) 주름 패턴은 가우스 사상의 나비 넥타이 영역을 생성한다. 이것은 항상 3개의 골짜기 주름과 1개의 산 주름이 있는 차수가 4인 꼭짓점 접기에 대하여 발생한다. 또는 그 반대로 3개의 산 주름과 1개의 골짜기 주름이 있는 차수가 4인 꼭짓점 접기에 대하여 발생한다.

(2) 나비 넥타이는 2개의 구형 삼각형으로 생각할 수 있다. Γ와 Γ′가 이동하는 방향에 주의를 기울이면 이 삼각형 중 하나는 Γ와 같은 방향이고 다른 하나는 반대 방향이라는 것을 알 수 있다.

(3) 나비 넥타이의 각 β_1, β_2, β_3, β_4(이전 그림에 표시됨)는 종이의 주름선 사이의 각 α_i와 강한 관계를 가지고 있다. α_i가 영역의 각인데 법선 벡터가 나비 넥타이의 모서리 영역의 각 β_i를 갖는다고 한다면 $\beta_i = \pi - \alpha_i$가 된다.

Γ의 방향이 반대인 삼각형은 음의 면적을 가지므로 항목 (2)에 대해서는 확신할 수 있다. 따라서 나비 넥타이 구형 다각형은 2개의 (방향이 지정되지 않은) 삼각형의 면적이 동일하면 실제로 면적이 0일 수 있다.

항목 (3)은 시각화하기 가장 어렵고 다음 질문을 해결함으로써 해결할 수 있다.

질문 3. $\beta_i = \pi - \alpha_i$인 이유는 두 각이 서로 보각이기 때문이다. 각 β_3 및 β_4의 경우에 초점을 맞추어 보자. 곡선 Γ가 어떻게 동작하든 상관없이 그에 따른 법선 벡터는 주름선을 중심으로 회전한다. 실제로, 주름선을 중심으로 선회하고 주름선에 수직인 궤적을 따라 새로운 영역으로 들어가는 법선 벡터를 생각할 수 있다. 이 궤적과 나가는 궤적은 각 β_i를 결정한다. 그러나 이것은 β_i와 α_i가 다음 그림과 같이 서로 관련되어 있는데, 즉 서로 서로 보각인 관계를 의미한다.

β_1과 β_2의 경우는 꼭짓점의 하나뿐인 산주름이 각 α_1과 α_2 사이에 있으므로 다르다. 만약 이 주름이 골짜기 주름이라면, α_1의 영역(벡터 s에서 p로 또한 p에서 q로)을 지나가면서 선회하는 법선 벡터는 다른 주름에서와 같이 동작하고 벡터 p에서 가우스 사상에 의해 만들어진 구형 다각형의 내부에 있는 보조각 β_1을 갖게 된다. 그러나 주름이 산주름이므로 벡터 p가 반대 방향(이전 그림의 왼쪽이 아닌 오른쪽)으로 움직인다. 각 β_1은 여전히 이전과 같지만 p가 다른

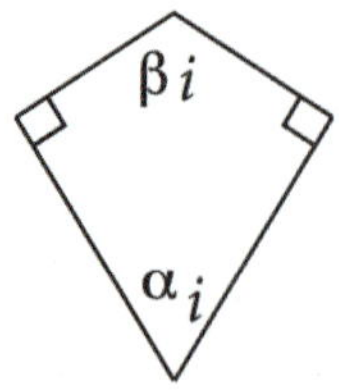

방향으로 이동했으므로 β_1은 구형 다각형에 대한 외각이 된다 (그림 참조). 이것은 구형 나비 넥타이의 p에서 실제 내각이 $\pi - \beta_1$임을 의미한다. 법선 벡터가 q인 종이의 α_2 영역에서도 똑같은 일이 발생하여 나비 넥타이의 내각은 $\pi - \beta_2$가 된다.

따라서 θ를 나비 넥타이의 교차점 t에서의 각으로 두면 구형 나비 넥타이에 포함된 면적, 즉 Area(Γ')를 계산할 수 있다.

$$\begin{aligned}\text{Area}(\Gamma') &= (\text{삼각형 } srt\text{의 면적}) - (\text{삼각형 } pqt\text{의 면적})\\ &= (\beta_3 + \beta_4 + \theta - \pi) - (\pi - \beta_1 + \pi - \beta_2 + \theta - \pi)\\ &= \beta_1 + \beta_2 + \beta_3 + \beta_4 - 2\pi\\ &= \pi - \alpha_1 + \pi - \alpha_2 + \pi - \alpha_3 + \pi - \alpha_4 - 2\pi\\ &= 2\pi - (\alpha_1 + \alpha_2 + \alpha_3 + \alpha_4) = 0.\end{aligned}$$

여기서 구형 삼각형의 면적이 내부 각도의 합에서 π를 뺀다는 사실을 사용했다. (자세한 내용은 [Hen01]을 참조하시오.) 이것은 차수가 4인 꼭짓점을 접을 때 종이의 곡률이 0인 속성이 어떻게 유지되는지 보여준다. 그림이 훨씬 더 복잡해지지만 더 높은 차수의 꼭짓점에 대하여도 유사하게 분석할 수 있다.

질문 4. 이 활동지에서 딱딱한 종이접기를 언급한 것은 이번이 처음이며, 지금이 바로 그 때이다! 사실 이런 방식으로 가우시안 곡률을 사용하여 종이접기를 분석하고 모델링 할 때 우리는 주름선 사이의 종이 영역에서 법선 벡터가 일정하다고 가정한다. 즉, 접는 부분을 제외하고는 종이가 딱딱하다고 가정한다.

즉, 종이접기가 딱딱하다면 접힌 종이에 그려진 Γ 곡선의 가우스 사상을 계산하고 Area(Γ') = 0이 되는 것을 보여줄 수 있다. 이것이 질문 4에 대한 학생들의 기대하는 답이다.

그러나 이 가우스 사상에 대한 계산이 잘 되지 않으면 종이접기가 딱딱하지 않다라는 것을 증명하게 된다. 다음의 일련의 질문에서 이러한 도구를 사용할 것이다.

질문 5. 차수가 3인 꼭짓점을 가진 단단한 종이접기 모델이 있다고 가정하자. 그런 다음 곡선 Γ을 이 꼭짓점 주위의 닫힌 루프로 두면 3개의 법선 벡터를 얻을 수 있다. 주름 때문에 이러한 벡터 중 어느 것도 같은 방향을 가리키지 않으므로 가우스 사상은 단위 구에서 구형 삼각형을 궤적으로 가질 것이다. 이 구형 삼각형의 면적이 0일 수 없다. 삼각형이 중복되지 않는 한, 3개의 다른 벡터들이 길이가 0인 한 변을 가질 수 없다. 따라서 이것은 단단한 종이접기를 할 수 없다.

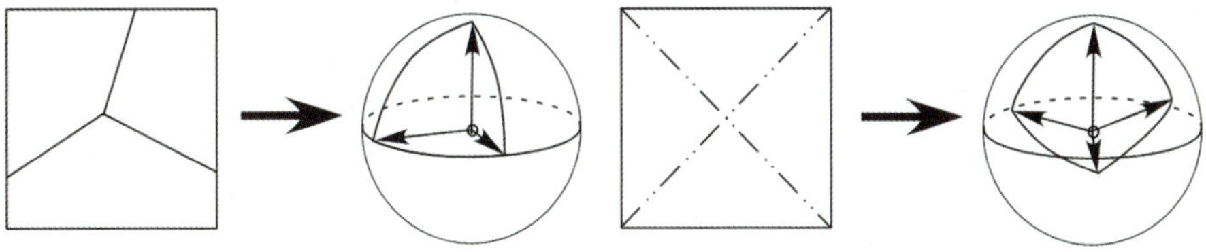

질문 6. 이것은 실제로 질문 5와 유사하다. 차수가 4인 꼭짓점이 산 주름을 모두 가지고 있는 경우 (또는 해당 문제에 대해 모두가 골짜기 주름인 경우) 가우스 사상을 통해 구형 사변형을 얻을 수 있다. 즉, 질문 2의 예제에서와 같이 나비 넥타이 현상이 나타나지 않는다. 이러한 구형 사변형은 면적이 0일 수 없으므로 불가능하다.

교수법. 이것은 확실히 고급 기하학 활동이며, 미분 기하학 수업 또는 구형 기하학을 완전히 다루는 기하학 수업에 이상적이고 적합하다. 학생들은 구형 삼각형의 면적을 계산하는 공식을 알아야 한다. 학생들은 또한 법선 벡터를 시각화하고 3차원 공간에서 어떻게 움직일 수 있는지 수월하게 할 수 있어야 한다.

그러나 종이접기가 단단하다는 것이 무엇을 의미하는지 이해하지 못한다면 이 활동의 대부분은 학생들에게 의미가 없다. 특히, 단일 꼭짓점 접기 및 미우라 지도 접기와 같은 많은 종이접기 모델이 단단하지만 그렇지 않은 모델도 많이 있다는 것을 이해해야 한다. 이 활동에 앞서 학생들은 단단하지 않은 종이접기 모델을 접는 경험이 있어야 한다. 쌍곡 포물면 모델은 이러한 경험을 제공한다. 학생들은 정사각형 비틀기 접기 활동에서 찾을 수 있는 '고전적인' 방법과 마찬가지로 딱딱하지 않은 종이접기 모델을 접는 경험을 할 수 있다. 사각형 꼬임이 단단하지 않다는 것을 증명하는 것은 훨씬 더 어렵다. 강체 접기 2 활동을 참조하시오.

활동지 3: 미우라 지도 접기

이것은 단단한 종이접기 모델의 가장 유명한 예제일 수 있기 때문에 활동지에 포함된 활동은 매우 흥미로운 종이접기이다. 이 활동은 심지어 우주 과학을 포함한 모든 것에 응용이 된다.

고료 미우라(Koryo Miura)는 우주 위성에 부착할 수 있고 로켓 캡슐 안에 들어갈 수 있는 패키지로 대형 태양 전지판을 축소하는 방법을 모색하면서 이 종이접기를 발명을 했다. 주름 패턴의 각 평행 사변형 영역이 태양 전지라고 상상할 수 있고, 접을 수 있는 주름을 만들기 위해 테이프로 붙일 수 있기 때문에 이 접힘은 이러한 목적에 적합해 보인다. 그러나 이것이 작동하는 유일한 방법은 유효하고 단단한 종이접기 모델인 경우이다 (태양 전지가 유연하지 않다고 가정한다). 이 접힘이 실제로 단단한지 확인하기 위해 미우라는 이 활동에서 수행한 대로 가우시안 곡률을 사용하여 모델링을 했다. [Miu89]를 참조하면 된다. 이것이 단단하다는 것을 증명하는 것은 아니지만, 어떤 수준에서 단단하게 접히는 것을 방해하는 것이 없다는 것을 확인할 수 있다.

그 후 미우라는 이 모델이 매우 쉽게 열리고 닫히기 때문에 이상적인 지도를 접을 수 있다는 것을 발견했다. 실제로 이렇게 접힌 도쿄 지하철 노선도를 살 수 있다.

이 모델은 가르치기에 어렵고 학생들이 접기 활동을 하는데 어려운 모델일 수 있다. 주름 패턴은 다소 독창적이고, 표준 정사각형 그리드에서 약간의 변형일 뿐이지만 각 90°에서 약간의 편차가 있기 때문에 모델이 작동한다. 동시에 이 모델을 접는 것은 도전적일 수 있다. 적절한 산-골짜기 패턴을 얻기 위해 일부 주름의 방향을 변경해야하는 단계 (7)에서 학생들은 90°에서의 이 편차를 쉽게 잃을 수 있다. 이런 일이 발생하면 모델을 다시 접을 때 (2)~(6) 단계가 생성하는 지그재그 주름이 사라지고 모델이 쉽게 열리고 닫히지 않는다.

이를 방지하는 한 가지 방법은 단계 (2)~(6)에서 만든 주름이 날카로워지는지 확인하는 것이다. 또한 단계 (2)~(6)에서 만들어지는 각도에 주의를 기울이고 이러한 각도가 결국 유지되어야 함을 강조하는 것이 도움이 될 수 있다.

이 모델을 우주 위성의 태양 전지판 배열에 적용하는 것은 교사가 훨씬 더 큰 미우라 지도 접기를 미리 준비하면 극적으로 만들 수 있다. 즉, 큰 직사각형의 두꺼운 종이 (예를 들어, 미술 용품점에서 얻은 복사 용지보다 무거운 종이)를 구하고 단계 (1)에서 세로로 1/8 또는 1/16로 접는다. 그런 다음 이전과 같이 진행하시오. (7) 단계에서는 반전할 주름이 더 많이 생기니 조심스럽게 인내심을 가지고 이 활동을 하시오. 정말 효과가 있을 것이다. 완성된 모델은 주머니에 들어갈만큼 작지만 팔 길이 전체로 확장할 수 있다. 여기에서 충분한 종이를 사용한다고 가정하자.

활동지 4: 쌍곡 포물면

이 모델은 이상한 역사를 가지고 있다. 이에 대한 자세한 설명은 [Jac89]와 같은 일부 종이접기 책과 웹에서 찾을 수 있지만 이상하게 접힌 모양은 1920년대 독일 바우하우스(Bauhaus) 예술가들에 의해 발견되었다고 하는 주장이 있다. 수많은 종이접기 예술가들이 이 모델을 스스로 발견하여 한 사람에게 귀속시키는 것은 불가능하다.

동심원 사각형이 종이로 접힐 때 종이가 이 쌍곡 포물면 모양이 되는 것은 놀랍지 않은 일이다. 종이가 왜 이런 식으로 작동하는지 학생들이 추측하게 하는 것은 재미있을 수 있다. 이를 설명하는 한 가지 방법은 (1) 단계의 대각선 주름으로 나눈 종이의 4분의 1을 보는 것이다. 이 종이의 4분의 1에는 번갈아 가며 평행한 산 주름-골짜기 주름-산 주름-골짜기 주름이 있다. 이제 평평한 시트 강도를 부여하는 확실한 방법 중 하나는 주름을 잡는 것이다. 건축가들은 수직의 평평한 콘크리트 슬래브가 앞뒤로 지그재그로 움직이는 것 만큼 강하지 않다는 것을 알고 수십 년 동안이 기술을 사용해 왔다. 쌍곡 포물면의 각 사분면에서 산과 골짜기가 번갈아 가며 이러한 주름을 제공하여 모델이 접힐 때 종이의 측면이 똑바로 유지되도록 하고 있다. 그 변을 구부리지 않고 정사각형의 변을 모으는 유일한 방법은 2개가 공간에서 '위로' 이동하고 2개가 '아래로' 이동하는 것이다. 이것이 종이접기 모델에 대하여 접기를 할 때 일어나는 일이다.

수업 팁. 이 모델을 가르칠 때 한 가지 함정은 (2)~(6) 단계의 주름을 종이 전체에 걸쳐 만드는 학생들이 있을 수 있다는 것이다. 이것은 치명적인 오류는 아니지만, 최종적으로 축소하는 것을 더 어렵게 만들게 된다.

이러한 다이어그램들에 표시된 버전은 1/4 쌍곡 포물면이다. 종이의 각 사분면이 4분면으로 접혀 있다. 학생들은 1/8 또는 심지어 1/16 버전을 만들도록 강력히 권장해야 한다. 실제로 교사는 수업을 보여주기 위해 최소한 1/16 버전을 만들어야 하며 가능하면 큰 사각형의 종이를 구하여 1/32 버전도 시도해야 한다. 이러한 대형 쌍곡 포물면 모델은 매우 인상적이다. 직선 주름, 부드러운 곡선 및 모델의 기하학적 특성을 조합하여 활동하게 하는 것은 학생들에게 큰 부담이 된다. 그러나 학생들은 자기 자신의 쌍곡 포물면을 반드시 만들어야만 할 것이다. 더 큰 버전을 만드는 데 필요한 유일한 방법은 종이의 같은 변에 1/2, 1/4, 1/8 등의 분할을 계속 만들고 마지막 분할 세트를 만들기 전에 종이를 뒤집는 것이다. 이렇게 함으로써 학생들은 적절한 방식으로 산-골짜기-산-골짜기(MVMV)를 번갈아 가며 주름을 만들게 된다.

그러나 더 큰 버전을 접는 것은 더 까다롭다. 모든 주름이 만들어지면 가장 바깥쪽에 있는 정사각형 링을 접은 후, 다음 링, 그 다음 링을 접는 식으로 시작해야 한다. 이 작업이 진행됨에 따라 종이가 구부러지기 시작하여 쌍곡 포물면 모양이 되려고 한다. 이로 인해 용지에 장력이 생겨 사각형 고리를 더 많이 접는 것이 어렵다. 이것을 극복하는 한 가지 방법은 모서리를 접고 종이의 중앙으로 작업할 때 납작하게 누르는 것이다. 정사각형의 대각선 주름은 산-골짜기-산-골짜기(MVMV)로 번갈아 가며 작은 부분으로 나뉘어 지게 된다. 그러나 모서리를 평평하게 누르는 것은 종이 중앙에 있는 사각형 고리를 얻는 방법일 뿐이다. 최종 모델이 올바른 모양이 되려면 그것들이 열려야 한다. 더 이상 평평하게 눌리지 않도록 이완하자.

질문에 답하기. 이 모델을 활동에 포함시키는 주된 이유는 매우 단단한 종이접기의 좋은 예를 제공하기 때문이다. 이 모델에서는 종이의 두 영역 (가장 중앙에 있는 삼각형)만 고정되어 있으며 다른 모든 사다리꼴 영역은 공간에서 뒤틀리게 된다. 이것은 실제 종이접기 모델에서 알 수 있지만 그것이 왜 발생하는지 설명을 제공해 주지는 않는다.

가우시안 곡률 및 종이접기 활동지의 질문 5 및 6에서 발생하는 두 문제가 쌍곡 포물면 모델에 있는 것으로 밝혀졌다. 아래 그림은 이를 보여준다. 우선, 모델이 접히면 가장 가운데 정사각형의 반대쪽 모서리에 차수가 3인 2개의 꼭짓점이 있다. 이 가운데 정사각형의 대각선 하나는 최종 접힌 모델에서 사용되지 않는다. 종이접기에서 정확히 3개의 주름이 있는 꼭짓점을 만나는 것은 매우 드문 일이므로 이 자체만으로도 흥미롭다. 그러나 질문 5에 대한 해답에 따라 이러한 꼭짓점들과 인접한 영역이 모두 딱딱할 수 없다는 것을 알 수 있다.

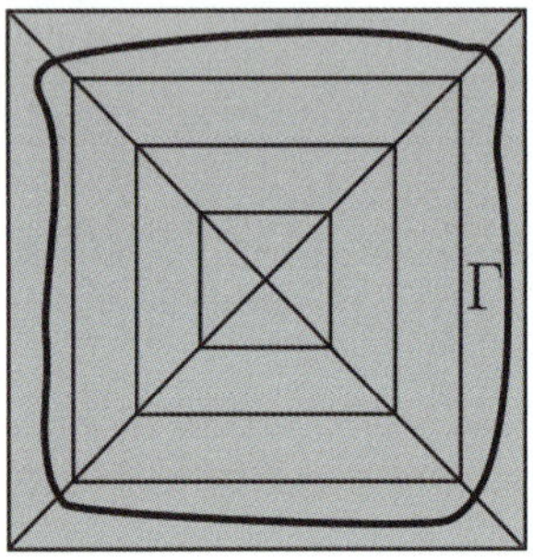

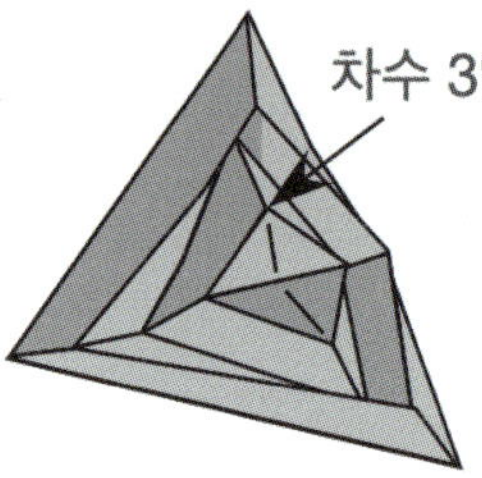

또한, 완전한 정사각형 링 (위 그림 참조)을 통해 원을 그리며 종이에 곡선 Γ를 그리면 모두 산 주름이거나 모두 골짜기 주름인 4개의 주름만 교차하게 된다. 질문 6에서 사용된 것과 동일한 주장으로, 이 모델이 단단한 강체라면 불가능하다. 이러한 곡선은 사각형 링 중 하나에 그릴 수 있으므로 모델 전체에 단단하지 않은 부분이 존재한다는 것을 증명하게 된다.

추가 문제 및 공적을 인정하기

위에서 언급했듯이 고료 미우라는 1980년대 초반쯤에 딱딱한 종이접기의 가우시안 곡률 모델을 개발했다 ([Miu89] 참조). 그러나 허프만(Huffman) 코드로 유명한 데이비드 허프만(David Huffman)은 1976년에 획기적인 논문에서 이와 동일한 모델을 연구했다 ([Huf76] 참조). 이러한 발견은 서로 독립적인 것처럼 보이지만 다른 국가의 연구자들이 흔히 그러하듯이 누구에게 공적을 돌릴지 말하기는 어렵다.

[Miu89]에서 미우라는 특정 종이접기 접기 문제에 가우시안 곡률을 적용하여 학생에게 매우 흥미로운 숙제 문제, 시험 문제 또는 추가 예들을 만들어 주었다.

접기. 정사각형 종이를 가져다가 반으로 두 번 접으므로, 종이를 접어 작게 만들 수 있다. 이 접기의 주름 패턴은 매우 간단하다. 주름 사이의 각도가 모두 90°인 4개의 주름선만 있다. 3개의 골짜기 주름과 1개의 산 주름 (또는 그 반대)이 있을 것이다.

과제. 차수 4인 꼭짓점은 강체 접기가 불가능함을 보이시오. 즉, 펼쳐진 상태에서 평평하게 접힌 상태로 강체 접기를 하기 위해 모든 주름을 동시에 연속적으로 접을 수 없음을 증명하시오.

| 증명 | 주름 사이는 모두 직각이므로, 3개의 골짜기 주름과 1개의 산 주름이 있는 차수 4인 꼭짓점에 대하여 이전의 표기법을 사용하면 $i = 1, \ldots, 4$에 대해 $\beta_i = 90^\circ$이다.

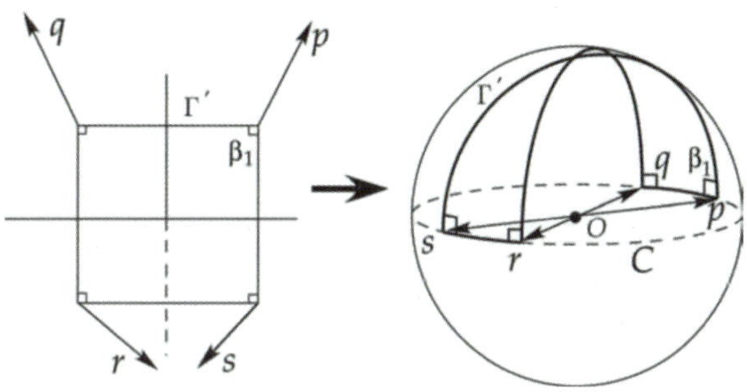

이제 종이가 완전히 펼쳐지면 꼭짓점에 대한 Γ 곡선의 가우스 사상 이미지는 단지 점이 되어 $\text{Area}(\Gamma') = 0$이 된다. 그러나 모든 주름을 단단히 접기 시작하면, 가우스 사상 이미지의 각 점들은 각 β_i가 모두 직각인 구형 나비 넥타이 사변형을 생성하게 된다. 그러나 네 모서리가 모두 큰 원을 따라 놓여 있지 않으면 구에 모두 직각이 그려진 나비 넥타이 사변형을 갖는 것은 불가능하다. (이전 그림을 참조하시오.) 예를 들어 오렌지나 테니스 공에 이러한 사변형을 실제로 그리려고 하면 이를 분명히 알 수 있다. 예를 들어, 벡터 p와 q의 점에서 2개의 직각을 그린다. 이 두 점은 구 위에 있고 대원 C의 일부분으로 연결된다. 그리고 p와 q의 두 점에서 C에 수직으로 확장되는 변들은 C의 '북극점'에서 만나게 된다. 이 호를 계속해서 연장하면 벡터 r와 s를 만나 직각을 형성할 수 있는 유일한 장소는 C의 반대편에 있을 것이다.

이것은 무엇을 의미하는가? 이는 4개의 주름을 동시에 사용하여 펼쳐진 상태에서 접힌 상태로 강체 접기를 할 방법이 없다는 것을 의미한다. 4개의 주름을 모두 사용하면 가우스 사상은 큰 원에 벡터가 있어야 하는 나비 넥타이를 생성하게 된다. □

그러나 가우스 사상은 우리가 이 강체 종이접기로 할 수 있는 일을 알려주고 있다. 모든 벡터 p, g, r 및 s가 대원에 있다는 것은 무엇을 의미할까? 우리는 전에 이것을 언급할 필요가 없었지만, 가우스 사상에서 벡터 사이의 호의 길이는 이 벡터의 종이 영역 사이의 접는 각 '$\pi-$(이 종이 평면 사이의 이면각)'과 같다. 따라서 p가 대원 C의 s와 반대이면 종이 영역 사이의 접는 각도가 π가 된다. 즉, 이면각은 0이 된다. p 영역은 s 영역 위에 평평하게 접혀 있다. 마찬가지로 q 영역은 r 영역 위에 평평하게 접혀 있다. 즉, 종이의 정사각형은 이미 반으로 접혀 있다. 가우스 사상 구의 호 pg 및 호 rs의 길이는 다른 주름이 얼마나 접혔는지 알려주고 있다.

이것은 이 모델을 단단히 접는 합법적인 방법을 알려 준다. 완전히 반으로 접은 다음 다시 반으로 접는다. 물론 우리는 이미 이것을 알고 있었지만 이것이 가우스 사상에 어떤 영향을 미치는지 시각화하는 것은 흥미로운 일이 될 것이다. 처음에 반으로 접으면 가우스 사상에서 벡터 p와 q가 서로 위에 유지가 된다 (r 및 s와 동일). 따라서 이 첫 번째 접기 동안 가우스 사상의 이미지는 원호이며 $\text{Area}(\Gamma') = 0$이다. 첫 번째 접기가 완전하게 평평하게 접힌다면 모든 벡터들이 대원에 있을 것이다. 그런 다음 p와 q (및 r과 s)를 분리하여 두 번째 접기를 만들 수 있다. 그러면 위의 그림에서 분명히 $\text{Area}(\Gamma') = 0$인 나비 넥타이가 표시된다.

이 종이접기에서 각 α_i를 살짝 바꾸면 이 접힌 부분에서 이 논의는 완전히 깨어지게 되고 꼭짓점은 주름을 동시에 접음으로써 단단히 접힐 수 있다. 사실, 미우라 지도에서 꼭짓점은 모든 직각 접기에서 약간의 편차를 준 것뿐이다.

강체 접기 2: 구면 삼각법

Activity 30

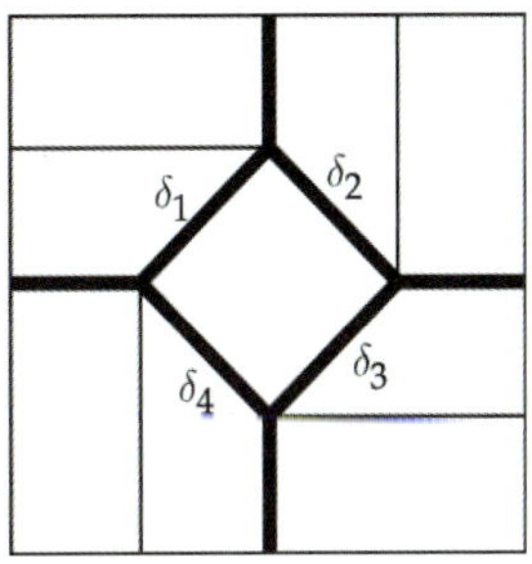

관련 과목: 기하학, 미분기하학

개요

학생들은 차수가 4인 평평한 꼭짓점 접기의 이면각들이 단단하게 열리고 닫힐 때 이면각들 사이의 강력한 관계를 발견하기 위하여 구면 삼각법을 사용할 것이다. 즉, 주름 사이의 종이 영역들은 단단한 상태로 유지된다. 그런 다음 이러한 결과를 사용하여 평평하게 접을 수 있는 주름 패턴은 강체 접기를 할 수 없다는 것을 증명할 수 있다.

내용

구면 코사인 법칙이 광범위하게 사용되며 평평한 꼭짓점 접기 탐구하기 활동(차수 4인 경우)에서 다루었던 카와사키 정리가 사용된다. 이것은 가우시안 곡률을 사용하지 않지만 강체 접기 1 활동을 따르기 위한 것이다. 그러나 단단하지 않은 접기에 대한 결과는 이전의 단단하지 않은 접기에 대한 결과와 잘 맞아 떨어진다. 정사각형 꼬임의 강체 접기에 대한 결과를 충분히 이해하려면 이전의 정사각형 꼬임 접기 활동을 이해해야만 한다.

또한 이면각 관계는 매끄럽고 단단하게 종이를 접거나 펼치기를 할 때 메이플 또는 매스매티카를 통해 컴퓨터 애니메이션을 만드는데 핵심이 되고 있다. 이를 3D 꼭짓점 접기 활동의 행렬 모델 활동에 있는 기술들과 결합하면 이러한 애니메이션을 만드는 데 필요한 모든 것을 제공받을 수 있다.

활동지와 수업 시간

활동지는 두 부분으로 되어 있고 약 두 페이지 분량으로 구성되며 아마도 별도로 제공되어야 한다. 첫 번째 페이지는 학생들이 차수가 4인 평평한 꼭짓점 접기의 특정 이면각이 어떻게 같은 지를 발견하는데 도움이 될 것이고, 이 활동을 완전히 끝내는데 약 20~30 분 정도 걸릴 것이다. 두 번째 활동지는 학생들이 이러한 이면각 중 일부가 항상 다른 각보다 더 클 것이라는 것을 발견하도록 안내하고 학생들에게 정사각형 꼬임이 단단한 접기가 아니라는 것을 엄격하게 증명하기 위해 이것을 사용한다. 이 활동은 20~30분 정도 걸리지만, 또는 학생들이 이전에 정사각형 꼬임을 본 적이 없다면 더 오래 걸릴 것이다.

활동지 1 구면 삼각법과 평평한 강체 종이접기 1

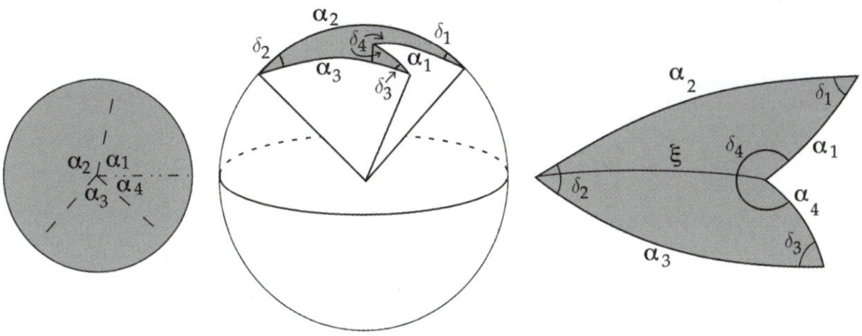

접힌 종이의 주름 패턴의 각 $\alpha_1, \ldots, \alpha_4$와 영역 사이의 **이면각** $\delta_1, \ldots, \delta_4$를 가진 차수가 4인 평평한 꼭짓점 접기를 고려해 보자. 이는 꼭짓점이 구의 중심에 있고 구의 표면에서 잘라낸 **구면 다각형** 종이를 상상해 보면 시각화하기 쉽다.

δ_4가 유일한 산 주름인 경우 ξ는 이 다각형의 δ_4와 δ_2 모서리를 연결하는 구의 원호로 2개의 구면 삼각형으로 나누게 된다. 그런 다음 **구면 코사인 법칙**을 사용할 수 있다.

$$\cos\xi = \cos\alpha_1\cos\alpha_2 + \sin\alpha_1\sin\alpha_2\cos\delta_1, \qquad (1)$$

$$\cos\xi = \cos\alpha_3\cos\alpha_4 + \sin\alpha_3\sin\alpha_4\cos\delta_3. \qquad (2)$$

질문 1: 이 꼭짓점이 평평하게 접히기 때문에 카와사키 정리에 의하면 $\alpha_3 = \pi - \alpha_1$ 및 $\alpha_4 = \pi - \alpha_2$이 된다. 이것을 방정식 (2)에 대입하고 단순화하면 무엇을 얻을까?

질문 2: 방정식 (1)에서 이 새로운 방정식을 뺀다. 이것을 사용하여 **이면각** δ_1 및 δ_3과 관련된 방정식을 찾으시오. δ_2와 δ_4는 어떨까?

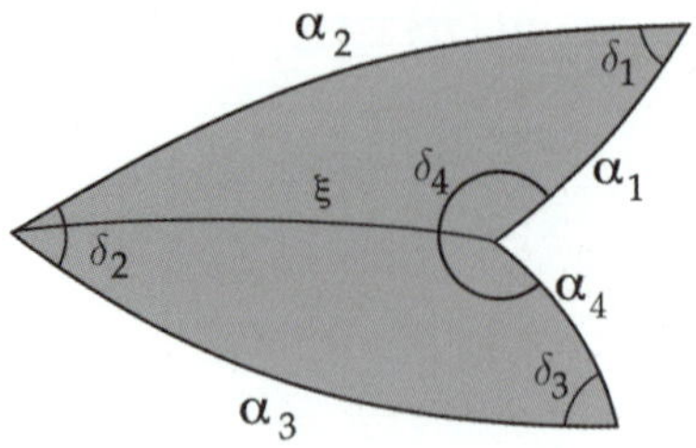

이 주제를 공부할 때, 종이접기 전문가인 로베르트 랑은 구면 삼각법과 위의 그림을 사용하여 다음 방정식을 도출했다.

$$\cos\delta_2 = \cos\delta_1 - \frac{\sin^2\delta_1 \sin\alpha_1 \sin\alpha_2}{1-\cos\xi}.$$

질문 3: 이 방정식은 이면각 δ_1과 δ_2 사이의 관계에 대해 어떤 것을 알려주는가?

질문 4: 이 결과는 종이가 주름 사이에서 단단하다고 가정한다는 것을 기억하시오. 그렇지 않으면 구면 다각형에 직선면이 없을 것이다. 따라서 질문 2와 3에 대한 답을 사용하여 아래 표시된 사각형 꼬임이 단단히 접힐 수 **없다**는 것을 증명하시오. 여기에서 굵은 주름은 산 주름, 굵지 않은 주름은 골짜기 주름을 나타낸다.

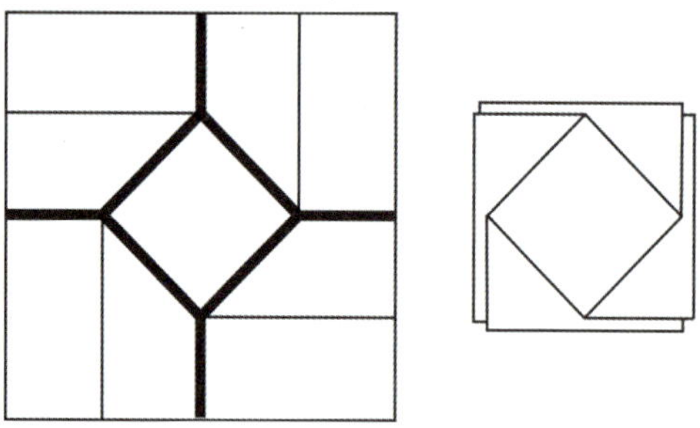

해답과 교수법

이 자료는 원래 로베르트 랑 [Lang01]에 의해 개발되었지만, 엔지니어가 운동학이라고 부르는 로봇 팔 움직임을 연구하는 데 사용하는 것과 동일한 종류의 수학적 모델이다. 데빈 발콤의 간단한 종이접기를 이용하여 로봇을 만드는 것에 관한 박사학위 논문 [Bal04]에는 이러한 접근법이 요약되어 제시되고 있다.

이 활동지는 학생들이 구면 코사인 법칙을 기억할 것을 요구하지 않는다. 사실, 여러분의 학생들 중 어느 누구도 전에 그것을 본 적이 없을 것이다. 그러나 활동지가 이들에 대한 공식을 제공하기 때문에 이것은 코사인의 구면 법칙을 도입하는 방법으로 생각할 수 있다. 학생들은 일반적으로 구에 대한 코사인 법칙의 버전이 존재한다는 사실에 전혀 놀라지 않으며, 교사는 이에 대한 자세한 정보를 위해 [Hen01]을 참조 할 수 있다. 그러나 이것은 활동의 주요 내용을 방해해서는 안된다.

학생들은 이 활동을 시각화 하는 데 매우 어려움을 겪을 수 있다. 평면 각도 α_i(주름선 사이의 각도)와 이면각 δ_i(종이가 접힐 때 단단한 평면 사이의 각도) 사이의 차이에 주의를 기울여야 한다. 어떤 학생들은 이면각을 측정하는 방법 (종이의 두 영역의 교차 선에 직교하는 평면에서 만든 각도를 측정하여)과 이면각이 구면 사변형의 내각과 같은 이유에 대해 여러 설명이 필요할 수 있다. 구면 사변형에서 접힘의 꼭짓점이 구의 중심에 있기 때문에 각 주름선은 구의 반지름이 되므로 각 중 하나에서 구에 접하는 평면은 주름선에 직각이 된다.

이 내용은 평면 대 이면각에 관한 유사 질문을 흔히 하는 3차원 입체 기하에 완벽하게 적합하다. 이러한 기하학에 대한 좋은 소개와 다면체 및 데카르트 정리와의 관계에 대해서는 [Cro99]를 참조하시오.

질문 1

학생들이 여기서 기억해야 할 중요한 것은 모든 각 $0 \le \alpha \le \pi$에 대해 $\cos(\pi - \alpha) = \cos\alpha$라는 사실이다. (그래서 우리는 실제로 평평한 꼭짓점 접기 탐색 활동에서 볼 수 있듯이 평평한 꼭짓점 접기의 모든 주름 각도가 180° 미만이어야 한다는 사실을 사용하고 있다.) 그런 다음 카와사키 정리의 결과를 방정식 (2)에 대입하여 다음을 얻는다.

$$\cos\xi = \cos\alpha_1 \cos\alpha_2 + \sin\alpha_1 \sin\alpha_2 \cos\delta_3.$$

질문 2

이 두 방정식을 빼면

$$\sin\alpha_1 \sin\alpha_2(\cos\delta_1 - \cos\delta_3) = 0.$$

각 α_i가 0 또는 180°가 아니기 때문에 이것은 $\cos\delta_1 = \cos\delta_3$을 의미한다. 이제 이러한 이면각의 범위는 $0 \le \delta_1 \le \pi$ 및 $0 \le \delta_3 \le \pi$이므로 $\delta_1 = \delta_3$이다.

와! 즉, 평평하게 접히는 차수 4인 단단한 꼭짓점의 경우, 동일한 산-골짜기 경향을 가진 반대쪽 주름선은 꼭짓점이 접히고 펴질 때 동일한 이면각을 갖게 된다.

δ_2 및 δ_4에 대해서도 유사한 결과가 적용되지만 $\delta_4 \ge \pi$이므로 그림이 다르게 된다. 대신 구면 사변형의 δ_1 및 δ_3 모서리를 원호 ξ로 연결하면 δ_4 주름이 산 주름이므로 사변형의 오목한 모서리를 형성하고 이 원호는 사변형 외부에 있게 된다. 아래 그림을 참조하시오.

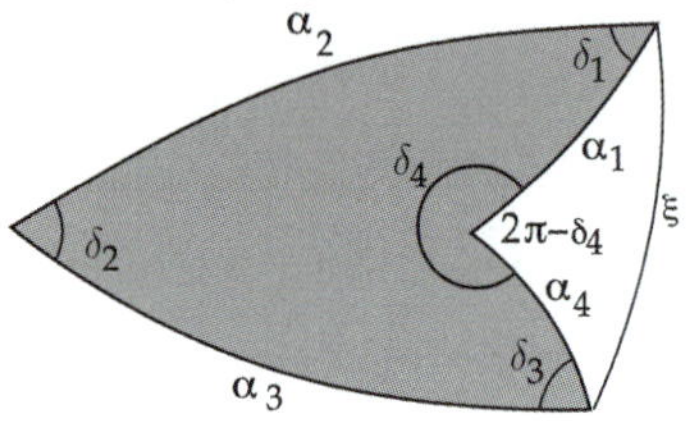

그러나 이것은 우리에게 코사인의 구면 법칙을 적용 할 수 있는 2개의 구면 삼각형을 제공하고 있다.

$$\cos\xi = \cos\alpha_2 \cos\alpha_3 + \sin\alpha_2 \sin\alpha_3 \cos\delta_2,$$

$$\cos\xi = \cos\alpha_1 \cos\alpha_4 + \sin\alpha_1 \sin\alpha_4 \cos(2\pi - \delta_4).$$

카와사키 정리를 사용하고 빼면

$$\sin\alpha_1 \sin\alpha_2(\cos\delta_2 - \cos(2\pi - \delta_4)) = 0.$$

따라서 $\delta_2 = 2\pi - \delta_4$, 즉, 반대쪽 산 골짜기 패리티를 갖는 반대쪽 주름선도 동일한 이면각을 갖게 되지만 δ_4가 볼록하기 때문에 이 각의 보각이 된다.

활동지의 두 번째 페이지는 약간 불공평하게 시작하고 있다. 즉, 이면각 δ_1 및 δ_2와 관련된 복잡한 식이 증명 없이 제공되고 있다. 그 이유는 이 식을 유도해 내는 것이 매우 복잡하고, 이전 페이지의 방정식, 사인의 구형 법칙 및 일부 터무니없는 삼각법 계산과 관련되어 있기 때문이다. 학생들이 이 공식을 스스로 개발하도록 요구하지 말아야 한다. (물론 이 식을 유도하면 학생들에게 추가 점수를 줄 수도 있다). 또한 이 식을 유도하는 것이 다음 질문들에 대하여 답하는 데 도움이 되지 않는다. 강체 종이접기를 연구하기 위해서는 이러한 식이 무엇을 말해 주고 어떻게 이 식을 사용할 수 있는 지에 중점을 두어야 한다.

질문 3

여기서 확인해야 할 관찰은 $(\sin^2\delta_1 \sin\alpha_1 \sin\alpha_2)/(1-\cos\xi)$이 양수라는 것이다. 이는 $\sin\delta_1$ 항이 제곱이고 $0 < \alpha_1 < \pi$, $0 < \alpha_2 < \pi$ 및 $\cos\xi \leq 1$이기 때문이다. 따라서 $\cos\delta_2 < \cos\delta_1$ 이다. 코사인은 0에서 π 구간에서 감소하는 함수이므로

$$\delta_2 > \delta_1.$$

즉, 차수가 4인 평평한 꼭짓점이 단단히 접히고 펴질 때, 서로 마주 보는 이면각들에서 두 주름 모양이 반대인 경우 같은 경우 중, 다른 경우의 이면각이 같은 경우의 이면각보다 더 커지게 된다.

질문 4

이러한 결과를 사용할 수 있는 방법의 한 예로서, 학생들은 이를 사용하여 고전적인 사각형 꼬임이 강체가 아닌 종이접기임을 증명할 것이다. 정사각형 꼬임 접기 활동을 수행한 학생들에게는 이 질문이 특히 흥미로울 것이다. 해당 활동을 완료하지 않은 경우 학생들은 이 주름 패턴을 정사각형 꼬임으로 접는 방법을 보여 주어야 한다. 실제로 하나를 접으면 접힌 부분이 강체가 되지 않고, 중간에 있는 사각형 다이아몬드는 꼬임이 수행되는 동안 강체로 유지되지 않는다.

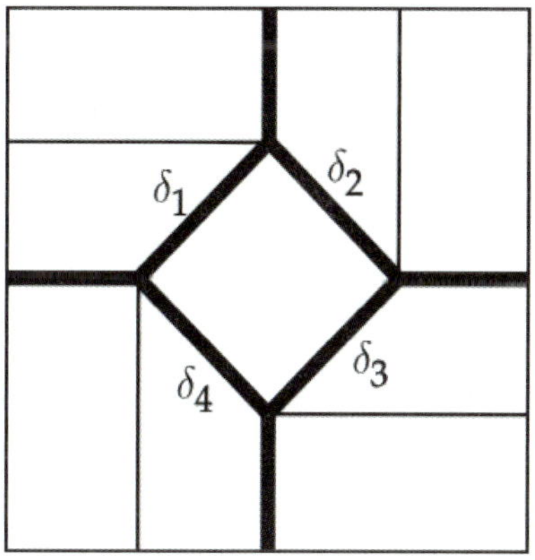

증명을 위해 강체접기를 할 수 있다고 가정하고 사각형 다이아몬드 주름의 이면각이 $\delta_1, \ldots, \delta_4$ 기 표시된 위의 그림을 고려하시오. 그러면 맨 위 꼭짓점에서 δ_1은 동일한 주름 쌍의 일부이고 δ_2는 반대되는 주름 쌍의 일부이다. 따라서 $\delta_2 > \delta_1$. 그런 다음 오른쪽 꼭짓점을 살펴보면 δ_2가 동일한 주름 쌍의 일부이고 δ_3이 반대되는 주름 쌍의 일부이므로 $\delta_3 > \delta_2$. 그런 다음 하단 꼭짓점으로 진행한 후 왼쪽 꼭짓점으로 진행하면 다음 부등식을 얻게 되는데

$$\delta_1 < \delta_2 < \delta_3 < \delta_4 < \delta_1,$$

이는 불가능하다.

후속 활동

정사각형 꼬임 접기 활동이 학생들에 의해 수행되었다면, 그들 중 어느 것이 강체 접기 가능한지 확인하기 위해 다른 산-골짜기 할당을 거치게 하라. 위와 같이 이면각 모순이 발생하면 그 주름 패턴으로 강체 접기를 할 수 없다는 사실에 유의하라. 그러나 이면각 모순이 발생하지 않는다 해도 강체 접기가 가능하다는 것을 증명하는 것은 아니다. 단지, 이면각이 정상적으로 작동한다는 것을 증명할 뿐이다. 그러한 주름 패턴들이 실제로 강체 접기가 가능하다는 설득력 있는 증거는 가우시안 곡률 모델을 결합하여 만들 수 있다. 강체 접기가 가능하다는 설득력 있는 증거들을 만든다. 이러한 조건이 증명으로서의 자격을 갖추기에, 충분한 '강체성'의 정의를 구성하는지를 결정하는 것은 학생 및 교사들의 몫이다.

또한 활동지의 두 번째 페이지에 있는 랑(Lang)의 방정식의 양쪽에 아크 코사인(arccosines)을 취하면, δ_1 및 α_i의 관점에서 δ_2에 대한 공식을 얻게 된다. 따라서 하나의 각 δ_1에서 차수가 4인 평평한 꼭짓점 접기의 모든 이면각을 결정하는 방법이 있다. 즉, δ_1을 종이의 나머지 부분의 위치를 결정하는 0에서 π까지의 매개 변수로 생각할 수 있다. 사실, 차수가 4인 평평하게 접기 가능한 꼭짓점만 있는 더 큰 주름 패턴이 있어도 미우라 지도 접기와 같이 하나의 매개 변수는 다른 모든 주름의 이면각을 결정하게 된다.

따라서 우리는 접는 각을 결정할 수 있다. 이것은 3D 꼭짓점 접기 활동의 행렬 모델의 행렬 변환과 결합하여 컴퓨터 대수 시스템에서 단단한 종이접기 주름 패턴의 접힘 및 전개를 모델링하는데 필요한 모든 것을 제공하게 된다.

부록 각 과목별 수업에 어울리는 활동들

다음은 이 책에 수록된 각 활동들이 어떤 수학 과목의 수업에 가장 적합한지를 목록화한 것이다. 그러나 어느 정도는 이러한 분류가 어려울 수 있음을 감안해야 한다. 일부 활동들은 여러 과목과 관련된다. 한편으로는 이 책에 수록된 모든 활동들을 기하학 활동이나 수학적 모델링과 관련된 실험으로도 볼 수 있다. 독자는 이 프로젝트들을 직접 탐색하면서 관련성을 확인할 수 있다.

한편 이 목록은 대학교 교육과정과 관련하여 설계되었기 때문에, 고등학교 교사들은 이 목록을 염두에 두지 않아도 된다. 고등학교 교사들은 각 활동들을 읽으면서 수업에 적절한 것을 찾아야 한다. 물론 모든 활동들이 기하학과 관련되기 때문에 고등학교 기하 과목에 도움이 될 수 있지만, 대학과 중등 교육의 접근 방식에 차이가 있으므로 어떤 것이 적절할지 신중하게 선택해야 할 것이다.

수학 동아리 활동을 원하는 사람들은 책 전체를 읽어야 한다. 이 책의 모든 활동은 수학 동아리 활동에 적합할 것이다.

교양수학	활동	페이지
하가의 종이접기수학	11	115
별모양 반시 모듈러	12	133
나비 폭탄 접기	13	143
몰리의 육면체	14	155
명함 모듈러	15	171
5개의 교차하는 정사면체	16	181
멩거 스펀지 모듈러	19	225
종이학 접기 및 색칠하기	20	235
평평한 꼭지점 접기 탐구하기	21	243
불가능한 주름 패턴	22	261
정사각형 꼬인 주름 접기	23	269

기초 미적분학/기초대수학/삼각법

기하학

참고문헌

[Alp00] R. C. Alperin, A mathematical theory of origami constructions and numbers, *New York Journal of Mathematics*, Vol. 6, 2000, 119∼133.

[AlpLan09] R. C. Alperin and R. J. Lang, One-, two-, and multi-fold origami axioms, in *Origami: Fourth International Meeting of Origami Science, Mathematics, and Education*, R. J. Lang, ed., AK Peters, Natick, MA, 2009, 371∼393.

[Auc95] D. Auckly and J. Cleveland, Totally real origami and impossible paper folding, *The American Mathematical Monthly*, Vol. 102, No. 3, March 1995, 215∼226.

[Bal04] D. Balkcom, *Robotic Origami Folding*, Ph.D. thesis, Carnegie-Mellon University Robotics Institute, 2004.

[Bar84] D. Barnette, *Map Coloring, Polyhedra, and the Four Color Problem*, Mathematical Association of America, Washington, D.C., 1984.

[bel02] s.-m. belcastro and T. Hull, Modeling the folding of paper into three dimensions using affine transformations, *Linear Algebra and its Applications*, Vol. 348, 2002, 273∼282.

[Bell11] G. Bell, Five intersecting tetrahedra, *Cubism for Fun*, No. 85, 2011, 20∼22.

[Belo36] M. P. Beloch, Sul metodo del ripiegamento della carta per la risoluzione dei problemi geometrici (in Italian), *Periodico di Mathematiche*, Ser. IV, Vol. 16, 1936, 104∼108.

[Bern96] M. Bern and B. Hayes, The complexity of flat origami, in *Proceedings of the Seventh Annual ACM-SIAM Symposium on Discrete Algorithms*, SIAM, Philadelphia, 1996, 175∼183.

[Bon76] J. A. Bondy and U. S. R. Murty, *Graph Theory with Applications*, North Holland, New York, 1976.

[Bri84] D. Brill, Asides: Justin's angle trisection, *British Origami*, No. 107, 1984, 14∼15.

[Cox04] D. Cox, *Galois Theory*, John Wiley & Sons, Hoboken, NJ, 2004.

[Cox05] D. Cox, J. Little, and D. O Shea, *Ideals, Varieties, and Algorithms: An Introduction to Computational Algebraic Geometry and Commutative Algebra*, 2nd ed., Springer, New York, 2005.

[Coxe71] H. S. M. Coxeter, Virus macromolecules and geodesic domes, in |em A Spectrum of Mathematics: Essays Presented to H.G. Forder, J. C. Butcher, editor, Auckland University Press, Auckland, 1971, 98~107.

[Cro99] P. R. Cromwell, Polyhedra, Cambridge University Press, Cambridge, UK, 1999.

[Dem99] E. Demaine, M. Demaine, and A. Lubiw, Folding and one straight cut suffice, in Proceedings of the Tenth Annual ACM-SIAM Symposium on Discrete Algorithms, SIAM, Philadelphia, 1999, 891~892.

[Dem02] E. Demaine and M. Demaine, Recent results in computational origami, in Origami: Third International Meeting of Origami Science, Mathenatics, and Education, T. Hull, editor, A K Peters, Natick, MA, 2002, 3~16.

[Dem07] E. Demaine and J. O'Rourke, Geometric Folding Algorithms: Linkages, Origami, Polyhedra, Cambridge University Press, Cambridge, UK, 2007.

[DiF00] P. Di Francesco, Folding and coloring problems in mathematics and physics, Bulletin of the American Mathematical Society, Vol. 37, No. 3, 2000, 251~307.

[Eng89] P. Engel, Folding the Universe: Origami from Angelfish to Zen, Vintage Books, New York, 1989.

[Fra99] B. Franco, Unfolding Mathematics with Unit Origami, Key Curriculum Press, Emeryville, CA, 1999.

[Fuj82] S. Fujimoto and M. Nishiwaki, Seizo suru origami asobi no shotai (Creative Invitation to Playing with Origami, in Japanese), Asahi Culture Center, Tokyo, 1982.

[Fuk89] H. Fukagawa and D. Pedoe, Japanese Temple Geometry Problems, Charles Babbage Research Centre, Winnipeg, Canada, 1989.

[Gal01] J.A. Gallian, Contemporary Abstract Algebra, 5th ed., Houghton Mifflin Co., Boston, 2001.

[Ger08] R. Geretschläger, Geometric Origami, Arbelos, Shipley, UK, 2008.

[Gje09] E. Gjerde, Origami Tessellations: Awe-Inspiring Geometric Designs, A K Peters, Wellesley, MA, 2009.

[Gro93] G. M. Gross, The Art of Origami, BDD Illustrated Books, New York, 1993.

[Haga95] K. Haga, Origamics, Parts 1-4 (in Japanese), ORU, No. 9~12, Summer 1995~Spring 1996, 64~67, 68~72, 60~64, and 60~64, respectively.

[Haga99] K. Haga, Origamics: Fold a Square Piece of Paper and Make Geometrical Figures, Part 1 (in Japanese), Nihon-hyouron-sha, Tokyo, 1999.

[Haga02] K. Haga, Fold paper and enjoy math: origamics, in Origami: Third International Meeting of Origami Science, Math, and Education, T. Hull, editor, A K Peters, Natick, MA, 2002, 307~328.

[Haga08] K. Haga, Origamics: Mathematical Explorations Through Paper Folding, World Scientific Publishing Co., River Edge, NJ, 2008.

[Hart01] G. W. Hart and H. Picciotto, Zome Geometry: Hands-on Learning with Zome Models, Key Curriculum Press, Emeryville, CA, 2001.

[Hat05] K. Hatori, How to divide the side of square paper, available at `http://www.origami.gr.jp`.

[Hen01] D. Henderson, Experiencing Geometry in Euclidean, Spherical, and Hyperbolic Spaces, 2nd ed., Prentice Hall, Upper Saddle River, NJ, 2001.

[Hil97] P. Hilton, D. Holton, and J. Pedersen, Mathematical Reflections: In a Room with Many Mirrors, Springer, New York, 1997.

[Huf76] D.A. Huffman, Curvature and creases: a primer on paper, IEEE Transactions on Computers, Vol. C-25, No. 10, Oct. 1976, 1010~1019.

[Hull94] T. Hull, On the mathematics of flat origamis, Congressus Numerantium, Vol. 100, 1994, 215~224.

[Hull02-1] T. Hull, The combinatorics of flat folds: a survey, in Origami: Third International Meeting of Origami Science, Mathematics, and Education, T. Hull, editor, A K Peters, Natick, MA, 2002, 29~38.

[Hull02-2] T. Hull, editor, Origami: Third International Meeting of Origami Science, Mathematics, and Education, AK Peters, Natick, MA, 2002.

[Hull03] T. Hull, Counting mountain-valley assignments for flat folds, Ars Combinatoria, Vol. 67, 2003, 175~188.

[Hull05-1] T. Hull, Origametry part 6: basic origami operations, Origami Tanteidan Magazine, No. 90, March 2005, 14~15.

[Hull05-2] T. Hull, Exploring and 3-edge-coloring spherical buckyballs, unpublished manuscript, 2005.

[Hull11] T. Hull, Solving cubics with creases: the work of Beloch and Lill, American Mathematical Monthly, Vol. 118, No. 4, 2011, 307~315.

[HullCha11] T. Hull and E. Chang, The flat vertex fold sequences, in Origami: Fifth International Meeting of Origami Science, Mathematics, and Education, A K Peters/CRC Press, Natick, MA, 2011, 599~607.

[Hus79] K. Hushimi and M. Hushimi, Origami no kikagaku (Geometry of Origami, in Japanese), Nihon-hyoron-sha, Tokyo, 1979.

[Hus80] K. Hushimi, Trisection of angle by H. Abe in Origami no kagaku (The Science of Origami, in Japanese), Saiensu (the Japanese edition of Scientific American), Oct. 1980 (appendix in separate volume), 8.

[Huz92] H. Huzita, Understanding geometry through origami axioms: is it the most adequate method for blind children?, in Proceedings of the First International Conference on Origami in Education and Therapy, J. Smith, editor, British Origami Society, London, 1992, 37~70.

[Huz89] H. Huzita and B. Scimemi, The algebra of paper-folding (origami), in Procedings of the First International Meeting of Origami Science and Technology, H. Huzita, editor, Ferrara, Italy, 1989, 205~222.

[Ike09] U. Ikegami, Fractal crease patterns, in Origami: Fourth International Meeting of Origami Science, Mathematics, and Education, R. J. Lang, ed., A K Peters, Natick, MA, 2009, 31~40.

[Jac89] P. Jackson, The Complete Origami Course, W. H. Smith, New York, 1989.

[Jus84] J. Justin, Coniques et pliages (in French), PLOT, APMEP Poitiers, No. 27, 1984, 11~14.

[Jus86] J. Justin, Mathematics of origami, part 9, British Origami, No. 118, 1986, 28~30.

[Jus97] J. Justin, Toward a mathematical theory of origami, in Origami Science and Art: Proceedings of the Second International Meeting of Origami Science and Scientific Origami, K. Miura, editor, Seian University of Art and Design, Otsu, 1997, 15~29.

[Kas83] K. Kasahara and J. Maekawa, Viva! Origami, Sanrio, Tokyo, 1983.

[Kas87] K. Kasahara and T. Takahama, Origami for the Connoisseur, Japan Publications, New York, 1987.

[Kaw88] T. Kawasaki and M. Yoshida, Crystallographic flat origamis, Memoirs of the Faculty of Science, Kyushu University, Ser. A, Vol. 42, No. 2, 1988, 153~157.

[Koe68] J. Koehler, Folding a strip of stamps, Journal of Combinatorial Theory, Vol. 5, 1968, 135~152.

[Lang95] R. J. Lang, Origami Insects and Their Kin, Dover, New York, 1995.

[Lang01] R. J. Lang, Tessellations and twists, unpublished manuscript, 2001.

[Lang03] R. J. Lang, Origami and geometric constructions, unpublished manuscript, 2003.

[Lang04-1] R. J. Lang, ReferenceFinder, available at `https://langorigami.com/article/referencefinder`.

[Lang04-2] R. J. Lang, Angle quintisection, available at `https://langorigami.com/article/angle-quintisection`.

[Lang09] R. J. Lang, editor, Origami: Fourth International Meeting of Origami Science, Mathematics, and Education, A K Peters, Natick, MA, 2009.

[Lang11] R. J. Lang, Origami Design Secrets: Mathematical Methods for an Ancient Art, 2nd ed., A K Peters/CRC Press, Boca Raton, 2011.

[Law89] J. Lawrence and J. E. Spingam, An intrinsic characterization of foldings of euclidean space, Annales de l'institut Henri Poincaré (C) Analyse non linéaire, Vol. 6, 1989 (supplement), 365∼383.

[Lill1867] E. Lill, Résolution graphique des equations numériques d'un degré quelconque à une inconnue (in French), Nouv. Annales Math., Ser. 2, Vol. 6, 1867, 359∼362.

[Lot1907] A. J. Lotka, Construction of conic sections by paper-folding, School Science and Mathematics, Vol. 7, No. 7, 1907, 595∼597.

[Lun68] W. F. Lunnon, A map-folding problem, Mathematics of Computation, Vol. 22, No. 101, 1968, 193∼199.

[Mae02] J. Maekawa, The definition of iso-area folding, in Origami: Third International Meeting of Origami Science, Matheniatics, and Education, T. Hull, editor, A K Peters, Natick, MA, 2002, 53∼59.

[Maor98] E. Maor, Trigonometric Delights, Princeton University Press, Princeton, NJ, 1998.

[Mar98] G. E. Martin, Geometric Constructions, Springer, New York, 1998.

[Mes86] P. Messer, Problem 1054, Crux Mathematicorum, Vol. 12, No. 10, 1986, 284∼285.

[Miu89] K. Miura, A note on intrinsic geometry of origami, in Proceedings of the First International Meeting of Origami Science and Technology, H. Huzita, editor, Ferrara, Italy, 1989, 239∼249.

[Mon79] J. Montroll, Origami for the Enthusiast, Dover, New York, 1979.

[Mon09] J. Montroll, Origami Polyhedra Design, A K Peters, Natick, MA 2009.

[Mor24] F. V. Morley, Discussions: a note on knots, American Mathematical Monthly, Vol. 31, No. 5, 1924, 237∼239.

[Mos] J. Mosely, The Menger Sponge and The Business Card Menger Sponge Project, available at `http://theiff.org/oexhibits/menger02.html`.

[OR011] J. O'Rourke, How to Fold It: The Mathematics of Linkages, Origami, and Polyhedra, Cambridge University Press, Cambridge, UK, 2011.

[Ow86] F. Ow, Modular origami (60° unit), British Origami, No. 121, 1986, 30∼33.

[Pal11] C. Palmer and J. Rutzky, Shadowfolds: Surprisingly Easy-to-Make Geometric Designs in Fabric, Kodansha International, New York, 2011.

[Pet01] I. Peterson, Fragments of Infinity, John Wiley & Sons, New York, 2001.

[Riaz62] M. Riaz, Geometric solutions of algebraic equations, American Mathematical Monthly, Vol. 69, No. 7, 1962, 654~658.

[Rob77] S. A. Robertson, Isometric folding of Riemannian manifolds, Proceedings of the Royal Society of Edinburgh, Vol. 79, No. 3~4, 1977~78, 275~284.

[Robi00] N. Robinson, Top ten favorite models, British Origami, No. 200, Feb. 2000, 1, 34~42.

[Row66] T. S. Row, Geometric Exercises in Paper Folding, Dover, New York, 1966. (This is a reprint of older editions dating back to 1893.)

[Rupp24] C. A. Rupp, On a transformation by paper folding, American Mathematical Monthly, Vol. 31, No. 9, 1924, 432~435.

[Sch96] D. P. Scher, Folded paper, dynamic geometry, and proof: a three-tier approach to the conics, Mathematics Teacher, Vol. 89, No. 3, 1996, 188~193.

[Ser03] L. D. Servi, Nested square roots of 2, American Mathematical Monthly, Vol. 110, No. 4, 2003, 326~330.

[Smi03] S. Smith, Paper folding and conic sections, Mathematics Teacher, Vol. 96, No. 3, 2003, 202~207.

[Tan01] J. Tanton, A dozen questions about the powers of two, Math Horizons, Sept. 2001,5~10.

[Tuc02] A. Tucker, Applied Combinatorics, 4th ed., John Wiley & Sons, New York, 2002.

[Wang11] P. Wang-Iverson, R. J. Lang, M. Yim, Origami: Fifth International Meeting of Origami Science, Mathematics, and Education, A K Peters/CRC Press, Natick, , 2011.

[Wei1] E. W. Weisstein, Cubohemioctahedron, MathWorld~A Wolfram Web Resource, available at `http://mathworld.wolfram.com/Cubohemioctahedron.html`.

[Wei2] E. W. Weisstein. Chiral, MathWorld~A Wolfram Web Resource, available at `http://mathworld.wolfram.com/Chiral.html`.

[Wen74] M. J. Wenninger, Polyhedron Models, Cambridge University Press, London, 1974.

수학 탐구를 위한
종이접기 프로젝트

지은이 Thomas Hull
옮긴이 안재만 · 김영록 · 임해미
펴낸이 조경희
펴낸곳 경문사
펴낸날 2022년 4월 15일 1판 1쇄
등 록 1979년 11월 9일 제1979-000023호
주 소 04057, 서울특별시 마포구 와우산로 174
전 화 (02)332-2004 팩스 (02)336-5193
이메일 kyungmoon@kyungmoon.com

값 30,000원

ISBN 979-11-6073-517-8